中国作物种质资源
科学调查与研究报告
广西卷

邓国富　主编

科学出版社

北京

内 容 简 介

本书依托"第三次全国农作物种质资源普查与收集行动"和"广西农作物种质资源收集鉴定与保存"项目成果编著而成。全书共 12 章，第一章重点概述了立项背景，项目目标、任务和考核指标，项目实施方案和组织管理，项目执行情况，普查与收集主要进展及重要发现，鉴定评价完成情况及特异种质资源；第二章至第十章系统介绍了广西粮食作物、蔬菜作物、果树作物、经济作物、甘蔗、绿肥作物、药用植物、菌类作物和花卉的种质资源多样性及其利用，涉及各类种质资源的基本情况、类型与分布、多样性变化、主要特点、创新利用及产业化应用等；第十一章详细阐述了广西农作物种质资源的威胁因素及其根源、农作物种质资源多样性变化趋势及种质资源有效保护和可持续利用对策；第十二章简要介绍了广西农作物种质资源数据共享平台建设、开放的情况。

本书既可为农业生物种质资源、作物育种、生物多样性等相关专业院校师生、科研院所工作者提供学术参考，也可作为植物爱好者的科普读物。

图书在版编目（CIP）数据

中国作物种质资源科学调查与研究报告. 广西卷 / 邓国富主编.

北京：科学出版社，2024. 6. -- ISBN 978-7-03-078773-6

Ⅰ. S329. 2

中国国家版本馆 CIP 数据核字第 2024U47S85 号

责任编辑：陈　新　郝晨扬/责任校对：郑金红
责任印制：肖　兴/封面设计：无极书装

科学出版社 出版

北京东黄城根北街 16 号
邮政编码：100717
http://www.sciencep.com

北京中科印刷有限公司印刷
科学出版社发行　各地新华书店经销

*

2024 年 6 月第 一 版　　开本：787×1092　1/16
2024 年 6 月第一次印刷　　印张：21 1/2
字数：510 000

定价：368.00 元
（如有印装质量问题，我社负责调换）

《中国作物种质资源科学调查与研究报告·广西卷》
编委会

主　编　邓国富

副主编　刘开强　戴高兴　李丹婷

编　委（以姓名汉语拼音为序）

卜朝阳	陈东奎	陈豪军	陈华文	陈怀珠	陈　涛	陈天渊
陈香玲	陈雪凤	陈燕华	陈振东	程伟东	崔学强	董文斌
段维兴	樊吴静	方　辉	方　沩	甘秀芹	高爱农	高轶静
郭小强	郭阳峰	韩柱强	何铁光	贺梁琼	侯文焕	胡小荣
滑金锋	黄国弟	黄　鹏	黄如葵	黄咏梅	黄　羽	黄玉新
黄珍玲	江禹奉	蒋慧萍	康德贤	赖　容	兰　秀	李博胤
李春牛	李冬波	李果果	李慧峰	李经成	李日旺	李彦青
李　洋	李忠义	梁　江	梁玲玲	梁云涛	刘文君	陆柳英
罗高玲	蒙　平	蒙炎成	宁　琳	农保选	农　嫒	庞新华
彭宏祥	祁广军	祁亮亮	覃初贤	覃兰秋	覃斯华	覃欣广
尚小红	申章佑	石保纬	石　前	石云平	时成俏	苏　群
谭秋锦	唐红琴	王虹妍	王文林	王晓国	王益奎	望飞勇
韦彩会	温东强	温立香	吴长英	吴圣进	夏秀忠	谢和霞
邢钇浩	徐志健	许　娟	闫海霞	严华兵	阎　勇	杨翠芳
杨海霞	杨　柳	尧金燕	叶建强	叶小滢	庾韦花	袁冬寅
张保青	张　芬	张　力	张向军	张自斌	张宗琼	赵　坤
赵艳红	赵　嫒	周海兰	周锦业	周　珊	朱鹏锦	

审　校　邓国富　刘开强　戴高兴

前　言

广西壮族自治区（后简称广西）地处祖国南疆，北回归线横贯中部，跨越中亚热带、南亚热带、北热带3个气候带，雨水丰沛，光照充足，气候宜人，自然资源条件优越，是全国唯一具有沿海、沿边、沿江优势的少数民族自治区。广西生物多样性水平居全国前列，生物资源数量多、分布广、特异性突出。但随着社会经济的快速发展，以及气候、自然环境、种植业结构、土地经营方式等的变化，广西优异特色地方品种资源和作物野生近缘植物种质资源不断减少、逐渐消失，种质资源全面普查和抢救性收集工作迫在眉睫。

农作物种质资源是国家关键性战略资源。新中国成立以来，我国先后组织过两次全国农作物和畜禽种质资源征集调查，距今已分别过去30余年和10余年。为贯彻落实《全国农作物种质资源保护与利用中长期发展规划（2015—2030年）》，农业部（现农业农村部）自2015年起组织开展了"第三次全国农作物种质资源普查与收集行动"。广西是首批启动"第三次全国农作物种质资源普查与收集行动"的4个省（自治区、直辖市）之一，由广西壮族自治区农业科学院（后简称广西农业科学院）、广西壮族自治区农业农村厅（后简称广西农业农村厅），以及相关县（市、区）农业农村局等单位共同完成。2017年，广西壮族自治区人民政府启动实施了广西创新驱动发展专项资金项目"广西农作物种质资源收集鉴定与保存"，由广西农业科学院组织广西壮族自治区中国科学院广西植物研究所（后简称广西植物研究所）、广西特色作物研究院等17家单位共同完成。通过"第三次全国农作物种质资源普查与收集行动"和"广西农作物种质资源收集鉴定与保存"的实施，对包括广西75个普查县（市、区）和22个系统调查县（市、区）在内的111个县级行政区开展了农作物种质资源的全面普查和抢救性收集，首次实现了广西农作物种质资源收集区域、收集种类、生态类型三大全覆盖，基本摸清了广西主要农作物种质资源的现状、分布情况及历史变化，经过鉴定、评价，发掘出一批具有优异性状及产业开发利用价值的优异种质资源，建立了广西农作物种质资源数据共享平台，为广西农业生物资源多样性的保护和开发利用与优良新品种选育提供了宝贵的基础材料，培养和锻炼了一支热爱和熟悉农作物种质资源普查、收集与鉴定工作的专业技术人才队伍。

本书是对"第三次全国农作物种质资源普查与收集行动"和"广西农作物种质资源收集鉴定与保存"所获成果的系统化、规范化梳理。全书共12章，详细介绍了广西粮食作物、蔬菜作物、果树作物、经济作物、甘蔗、绿肥作物、药用植物、菌类作物、花卉等优势特色作物的调查结果、多样性变化及其利用，以及数据共享情况。全书由邓国富、刘开强、戴高兴、李丹婷、王益奎设计提纲、组织撰稿和统稿，具体撰稿分工如下（以姓名汉语拼音为序）。

第一章编写人员：赖容，李博胤，农媛。

第二章编写人员：陈天渊，程伟东，樊吴静，郭阳峰，滑金锋，黄咏梅，江禹奉，李丹婷，李慧峰，李彦青，李艳英，梁云涛，陆柳英，农保选，覃初贤，覃兰秋，覃欣广，尚小红，申章佑，时成俏，谭贤杰，望飞勇，温东强，夏秀忠，谢和霞，谢小东，邢钇浩，徐志健，严华兵，杨行海，曾艳华，曾宇，张宗琼，周海宇，周锦国。

第三章编写人员：陈琴，陈燕华，陈振东，董伟清，甘桂云，高美萍，郭元元，何芳练，何毅，黄皓，黄如葵，江文，蒋慧萍，康德贤，黎炎，李经成，李韦柳，李洋，刘文君，柳唐镜，罗高玲，覃斯华，史卫东，王萌，张力，赵坤，赵曾菁，周生茂。

第四章编写人员：蔡昭艳，陈东奎，陈格，陈豪军，陈香玲，邓彪，董龙，黄国弟，黄羽，姜新，李冬波，李果果，李日旺，李一伟，陆贵锋，罗瑞鸿，宁琳，庞新华，覃振师，任惠，谭秋锦，汤秀华，王文林，王小媚，杨柳，尧金燕，叶小滢，郑树芳。

第五章编写人员：陈怀珠，陈涛，郭小红，韩柱强，贺梁琼，侯文焕，黄志鹏，梁江，庞新华，温立香，袁冬寅，曾维英，张芬，赵艳红，赵媛，周海兰，朱鹏锦。

第六章编写人员：邓宇驰，段维兴，高轶静，黄海荣，黄玉新，经艳，刘俊仙，丘立杭，谭芳，唐仕云，王泽平，吴建明，杨翠芳，杨荣仲，张保青，张革民，周会，周珊。

第七章编写人员：董文斌，何铁光，李忠义，蒙炎成，唐红琴，韦彩会。

第八章编写人员：黄珍玲，兰秀，李婷，蒙平，石前，石云平，许娟，杨海霞，庾韦花，张尚文，张向军。

第九章编写人员：陈雪凤，祁亮亮，王晓国，吴圣进，阎勇，叶建强。

第十章编写人员：卜朝阳，崔学强，李春牛，苏群，苏源，王虹妍，闫海霞，张自斌，周锦业。

第十一章编写人员：赖容，李博胤，农媛。

第十二章编写人员：方辉，赖容，李博胤。

本书得到了"第三次全国农作物种质资源普查与收集行动"、广西创新驱动发展专项资金项目"广西农作物种质资源收集鉴定与保存"，以及广西农业科学院科技发展基金和基本科研业务费项目的支持。在农作物种质资源收集、保存和图书编撰过程中，得到了农业农村部特别是中国农业科学院，以及广西农业农村厅等单位的大力支持。在此，一并致以衷心的感谢。

广西农业科学院党组书记、院长 邓国富

2024 年 3 月

目 录

第一章

概　述

　　广西属于亚热带季风气候区，雨水丰沛，气候宜人，光照充足，生物资源具有数量多、分布广、特异性突出等特点。但随着气候、自然环境、种植业结构和土地经营方式等的变化，广西大量优异特色地方品种逐渐消失，作物野生近缘植物资源也因其赖以生存繁衍的栖息地遭受破坏而急剧减少。为贯彻落实《全国农作物种质资源保护与利用中长期发展规划（2015—2030年）》（农种发〔2015〕2号），农业部（现农业农村部）自2015年起组织开展了"第三次全国农作物种质资源普查与收集行动"。广西是首批启动普查行动的4个省（自治区、直辖市）之一，由广西农业科学院、广西农业农村厅，以及相关县（市、区）农业农村局等单位共同完成。同时，广西壮族自治区人民政府于2017年启动实施广西创新驱动发展专项资金项目"广西农作物种质资源收集鉴定与保存"（桂科 AA17204045），由广西农业科学院组织广西植物研究所、广西特色作物研究院等17家单位共同完成。

　　通过实施"第三次全国农作物种质资源普查与收集行动"和广西创新驱动发展专项资金项目"广西农作物种质资源收集鉴定与保存"，对包括广西75个普查县（市、区）和22个系统调查县（市、区）在内的111个县级行政区开展农作物种质资源普查与收集工作，通过专项形式开展农作物种质资源的全面普查和抢救性收集，查清广西农作物种质资源家底，保护携带重要基因的资源，为各作物今后开展相应优异性状开发利用提供宝贵基础材料。本章概述了"第三次全国农作物种质资源普查与收集行动"的立项背景，项目目标、任务和考核指标，实施方案和组织管理，项目执行情况；介绍了种质资源普查与收集的主要进展及重要发现，并展示了部分通过鉴定、评价发掘的优异种质资源。

第一节　立项背景

　　广西地处我国南疆、云贵高原边缘，南邻北部湾，跨越中亚热带、南亚热带、北热带3个气候带，拥有大陆海岸线1595km和众多的岛屿，是中国大陆地貌第二阶梯向第三阶梯的过渡地带，地形、地貌及气候条件十分复杂。广西四周多山，呈向南开口的盆地状，盆地中部被山脉分割形成著名的广西山字型构造，在地貌上表现为弧形山脉，大致形成3个大弧。这样的山脉结构，不但对广西水系、降雨、热量分布造成了直接影响，也间接影响了生物资源分布和农业生产布局，最终使得广西成为我国西南地区重要的生态屏障，是我国西南地区动植物的重要保护区之一，生物多样性丰富度居全国前列。

一、广西地区民族的多样性与独特性

广西是多民族聚居的自治区，世居民族有壮、汉、瑶、苗、侗、仫佬、毛南、回、京、彝、水、仡佬等12个，另有满、蒙古、朝鲜、白、藏、黎、土家等40多个其他民族。根据2020年第七次全国人口普查数据，广西少数民族人口1881万人，占自治区常住人口总数的35.5%。各民族因彼此的文化差异，在长期的社会生产实践中，逐步形成了在农事习俗、农地管理等方面独特的民族文化。

广西的农耕文化是以农民为主体、培植水稻为客体，在长期农业生产过程中形成的风俗文化。水稻是广西少数民族聚居地区种植最广泛的粮食作物，以种植水稻为基础，从水稻生产中衍生出了饮食习惯、丰庆节日等文化习俗。这些文化习俗可以由物质形式与非物质形式体现出来。例如，依傍水稻而居，为防止湿气与毒蛇伤害而发明了干栏式建筑；为便于田间耕种，选择以深色、宽松型着装为主；结合水稻的生长习性，有关文化活动都是根据农忙时节来举办的；为了满足水稻的生长需求、促进水稻生长，产生了求雨拜神的节日活动等（广西生物多样性保护战略与行动计划编制工作领导小组，2016）。

二、广西分布有丰富多彩的农作物种质资源

广西气候资源丰富、地形地貌复杂（有山地、丘陵、台地、平原、石山、水面等六大类）、森林覆盖面大，为各类生物提供了生长、演化的多样性生态条件，同时各民族独具特色的传统农耕文化更是造就了丰富多彩的生物遗传资源，使得该地区成为国内公认的农业生物多样性富集区，其生物多样性居全国第三位。仅在农作物资源方面，截至2016年，据不完全统计，广西有农作物及其野生近缘植物数千种，其中栽培植物约1200种，主要栽培作物400多种，包括粮食作物30多种、经济作物90种、蔬菜作物120种、绿肥作物约20种、牧草50余种等。此外，广西还是我国稻种资源重点省（区）之一，可分为栽培稻和野生稻，其中栽培稻有籼粳2个亚种、32个变种、260个变型，籼亚种较集中分布于桂中、桂南、桂东南的平原地区，粳亚种主要分布于桂西北山区或其他高寒山区，遗传多样性十分突出。野生稻可分为普通野生稻和药用野生稻，广西的野生稻具有较好的抗病性、抗逆性，是优异的遗传育种材料（广西生物多样性保护战略与行动计划编制工作领导小组，2016）。

三、广西特有生物资源

在长期生产实践中，广西少数民族栽培种植了许多与生产生活和发展息息相关的地方特色资源。例如，在河池市东兰县等地区已有400多年种植历史的东兰墨米，因当地中医常用墨米治疗跌打损伤、风湿痹症、早期白发以及神经衰弱等病症，故有"药米"之美称；宜山糯的代表品种之一北关糯玉米，产量较高、口感好、糯性足、果穗品质好、适宜鲜食和成品加工，是广西糯玉米育种的重要基础材料；防城港市上思县的华兰白高粱，具有抗旱、抗蚜虫、抗叶锈病、耐贫瘠的优异性状，当地制作加工地方特色米花糖糕做祭品或送礼佳品从而对其进行种植利用。此外，还有三街南瓜、张黄黄瓜、下冻黄瓜、龙脊辣椒、红叶茶、高山红花春兰、容西田菁、竹梅割手密、巴马黑豆、荔浦芋等具有区域特色的优

异种质资源。这些宝贵的种质资源不但在广西区域经济发展、当地少数民族文化发展中起到了重要作用，而且在少数民族文化保护、边远地区农民增收致富及乡村振兴建设中起到重要的指导和推动作用。

四、广西农作物种质资源调查保护的基础

广西历来高度重视农作物种质资源收集工作，在开展"第三次全国农作物种质资源普查与收集行动"之前，在国家有关部门的统筹安排下，先后于 1955～1958 年、1983～1985 年开展了第一次、第二次全国农作物种质资源普查与收集行动，并于 1978～1980 年、1991～1995 年、2008～2010 年分别针对广西野生稻、桂西山区、沿海地区等单一作物或区域性的农作物种质资源开展了考察与收集行动。但几次普查行动普遍存在缺乏系统性的问题，开展得更多的是突击性调查，涉及的范围小，作物种类及区域覆盖面依然不足，因此尚未能完全查清广西主要农作物种质资源的家底。近年来，随着气候、自然环境、种植业结构和土地经营方式等的变化，大量地方品种迅速消失，作物野生近缘植物资源也因其赖以生存繁衍的栖息地遭受破坏而急剧减少。因此，通过专项形式开展农作物种质资源的全面普查和抢救性收集，查清广西农作物种质资源家底，保护携带重要基因的资源，将为各作物今后开展相应优异性状开发利用提供宝贵的基础材料。

五、调查与保护广西特有生物资源刻不容缓

农作物种质资源是国家关键性战略资源，加强农作物种质资源的收集、保护和创新利用对保障国家粮食安全、打赢种业翻身仗具有重要意义。"十三五"以来，随着社会经济的发展，广西农作物种植产业结构不断调整，商品经济效益高的经济作物、果树作物及其他作物逐步取代传统粮食作物，广西各地农户种植杂粮等传统粮食作物地方品种的积极性不高，致使粮食作物种植面积、种植点和品种数锐减。以防城港市上思县为例，通过前期查阅资料、走访调查得知，防城港市上思县水稻种植面积由 1981 年的 36.9 万亩（1 亩 $\approx 666.7 m^2$，后文同）减少为 2014 年的 10.7 万亩；地方品种种植比例由 1981 年的 8.9% 减少为 2014 年的 4.7%（曾宇等，2019）。

农作物种质资源是保障国家粮食安全的关键性战略资源，对实现我国农业可持续发展战略具有重要的生态功能价值，是支撑农业可持续发展的关键资源，农业的重大突破都有赖于种质的革命性创新。因此，尽快开展农作物种质资源的全面普查和抢救性收集，保护携带重要基因的资源十分迫切。这不但能进一步有效地保护广西特有生物资源及生态环境，而且对丰富我国农作物种质资源基因库、为国家生物产业的发展提供源源不断的基因资源、提升国家农业竞争力具有重要意义。

第二节 项目目标、任务和考核指标

一、项目目标

本项目通过全面普查、系统调查，重点抢救性收集一批广西特色、优异的作物种质资

源，并通过开展科学评价和数据采集，筛选出一批优异的作物种质资源，为生物育种和种质创新提供基础材料。同时，通过对评价、采集数据的系统整理建立农作物种质资源数据库和共享平台，进一步提高广西主要作物种质资源利用效率，加快作物新品种选育进程，为我国物种资源保护、科学开发利用及原始创新提供权威性的基础材料信息。

二、项目任务

（一）作物种质资源普查与征集

75个普查县（市、区）农业农村局承担辖区内农作物种质资源的全面普查和征集。组织普查人员对辖区内的种质资源进行普查，每个普查县（市、区）需征集当地古老、珍稀、特有、名优作物地方品种和作物野生近缘植物种质资源，并将征集的农作物种质资源送交广西农业科学院。同时，完成"普查表"和"种质资源征集表"的填报，并交由广西农业农村厅汇总和审核后统一提交。

（二）作物种质资源调查收集

广西农业科学院负责对玉林市博白县、河池市大化瑶族自治县、河池市都安瑶族自治县、崇左市扶绥县等22个农作物种质资源丰富的重点县（市、区）的农作物种质资源进行系统调查，通过组建由相关专业专家、当地农业农村局干部、当地群众向导参与的综合调查队，查清各类作物种质资源的种类、分布、生态环境等基本信息，每个调查县（市、区）通过收集及征集的手段采集各类农作物种质资源。

（三）作物种质资源鉴定评价与编目入库

根据《农作物种质资源描述规范和数据标准》，对收集的种质资源进行鉴定评价、繁殖保存，筛选出一批优异、特色、具有重要利用价值的种质资源，并将种子数量和质量符合相关要求的资源编目入国家作物种质库（圃）。

（四）广西农作物种质资源数据库、共享平台建设与应用

对征集、收集到的农作物种质资源进行整理、编目，并按照数据管理规范建立广西农作物种质资源数据库和共享平台。

三、项目考核指标

（一）农作物种质资源收集与征集

75个普查县（市、区）征集当地古老、珍稀、特有、名优作物地方品种和作物野生近缘植物种质资源20～30份，22个系统调查县（市、区）通过收集及征集的手段采集各类农作物种质资源80～100份。

（二）农作物种质资源鉴定评价与编目入库

完成 2840 份农作物种质资源的鉴定评价，将 1520 份农作物种质资源编目入国家作物种质库（圃）。

（三）数据共享平台建设

对征集、收集到的农作物种质资源进行整理、编目，并将汇交的数据统一上传至广西农作物种质资源数据库和共享平台，在育种家间共享，提高种质资源利用效率。

（四）普查表、征集表、调查表

按规定要求完成 75 个普查县（市、区）"普查表"和"种质资源征集表"，以及 22 个系统调查县（市、区）"种质资源调查表"的填报工作。

第三节　项目实施方案和组织管理

一、成立普查与收集行动领导小组

广西农业农村厅对农作物种质资源普查与收集行动工作高度重视，会同广西农业科学院成立了由厅分管领导任组长，广西农业科学院、广西壮族自治区种子管理站（后简称广西种子管理站）主要负责同志任副组长的普查与收集行动工作领导小组。领导小组办公室设在广西种子管理站，主要承担领导小组的日常工作。各县（市、区）也相应成立项目工作领导小组，下设普查工作组，具体负责普查工作，并加强与县志、统计、国土等部门通力合作，确保普查与收集行动顺利进行。在项目实施过程中，各级领导小组加强对行动工作的指导检查，了解工作中遇到的具体问题和困难并及时解决，准确掌握工作进展动态，根据实际情况进行计划调整和优化，保证按质按量完成项目各项技术指标。

二、及时组织签订合同，推进各项工作有序进行

组织广西农业科学院及广西 75 个普查县（市、区）及时与农业农村部种子管理局、中国农业科学院作物科学研究所签订了"第三次全国农作物种质资源普查与收集行动"业务委托合同。合同签订后，项目资金及时到位，各承担单位及各普查县（市、区）按合同要求明确任务分工，组织开展业务培训，开展基本情况普查，以及种质资源摸底调查、分类筛选、现场核实定位、样品采集寄送等有关工作。

三、制定实施方案，明确目标任务

根据《第三次全国农作物种质资源普查与收集行动实施方案》（农办种〔2015〕26 号）的要求，结合广西实际，普查与收集行动工作领导小组办公室制定了《广西壮族自治区农作物种质资源普查与收集行动实施方案》，广西农业科学院具体印发了《广西农业科学院实施第三次全国农作物种质资源普查与收集行动方案》，明确了全区 75 个普查县（市、区）

征集各类栽培作物和珍稀、濒危作物野生近缘植物的种质资源 1060～1590 份，广西农业科学院对 22 个重点县（市、区）进行系统调查，抢救性收集各类栽培作物的古老地方品种、种植年代久远的育成品种、重要作物的野生近缘植物以及其他珍稀、濒危野生植物种质资源 1760～2200 份，对征集、收集的 2840 份种质资源进行繁殖和基本生物学特征特性的鉴定评价，编目入库（圃）并妥善保存各类作物种质资源 3040 份。其中对广西种子管理站、普查县（市、区）农业农村局、广西农业科学院等单位进行了任务分工。对广西普查与收集工作进行了全面部署，要求各普查县（市、区）制定县级实施方案，进一步细化工作措施。

四、加强培训和交流

2015 年 7 月 27～28 日，中国农业科学院作物科学研究所与广西农业厅（现广西农业农村厅）联合在南宁市举办"第三次全国农作物种质资源普查与收集行动广西普查与征集培训会"。会议部署了 2015 年普查与征集任务，并开展了种质资源普查与征集技术培训。全区 75 个普查县（市、区）农业农村局负责人及熟悉本县（市、区）农作物种质资源情况的专业技术人员近 200 人参加培训。2016 年 10 月 18 日，"第三次全国农作物种质资源普查与收集行动"广西培训班再次在南宁市举办，全区 75 个普查县（市、区）代表以及广西农业科学院等有关部门技术负责人共 160 多人参加了培训班。培训班采取典型交流、专家授课的方式进行。河池市东兰县、桂林市资源县两个县分别派代表进行发言，中国农业科学院作物科学研究所高爱农博士、广西农业科学院梁云涛博士等专家作了专题技术培训。通过学习和培训提高业务水平，规范化开展资源普查与收集行动。

广西农业科学院定期开展总结和指导工作，提高方案实施的效率和质量。2016 年 1 月 18 日、7 月 13 日、7 月 26 日及 2017 年 1 月 16 日先后 4 次召开专题推进会议，汇报资源收集情况，针对发现的问题不断改进和优化实施方案与工作计划，促进了种质资源收集与鉴定评价工作全面开展。2017 年 7 月 10 日、9 月 29 日先后召开 2 次总结会议，对前期工作进行全面总结，部署将工作重点逐步转移到资源鉴定和编目入库上，保证了项目的有序实施。

五、成立专业调查队与依靠当地农业部门相结合

广西农业科学院按照项目的技术要求，从各专业研究所抽调技术过硬、理论水平高的科技干部组成 3 个综合调查队和 12 个专业调查队，分别由各研究所主要负责同志任队长，每支队伍均包括研究不同农作物的科研人员，并根据工作需要，及时优化人员组成、专业搭配。专业调查队根据工作任务，依靠当地农业行政管理部门，先行查阅资料，走访老专家、老农户，通过座谈、走访等方式，及时了解当地农作物资源和种植生产情况，摸清家底，有针对性地制订各县（市）农作物资源的调查和收集行动方案，做到"一县一手册""一点一方案"，并将有关工作手册在调查队出发前印发给队员，最大限度地保证了在最佳时期对当地农作物进行全覆盖的资源调查和收集，有效地保证了数据资料的科学性和完整性，尽可能收集到当地代表性种质资源。

六、建立信息交流平台，有效提高工作效率

为做好农作物种质资源普查与收集工作，专门组建了全区种质资源普查工作QQ群，中国农业科学院、广西农业科学院、广西种子管理站以及各县（市、区）相关工作人员沟通交流和问题解答及时顺畅，工作效率和质量水平得到有效保障。

第四节　项目执行情况

一、项目执行概况

参与本项目的科技人员及75个县（市、区）农业农村局负责人共计1700多人，参与人员主要来自全区各级农业行政管理部门领导和技术人员、广西农业科学院各研究所专家、乡村干部、农户。参与人员主要从事农学、作物种质资源学（粮食作物、经济作物、果树作物、蔬菜作物、花卉类、菌类作物）和科技信息学研究工作。

（一）普查

2015～2017年对广西75个普查县（市、区）进行了农作物种质资源普查，并于2021年再次对75个普查县（市、区）进行了资源补充征集，各县（市、区）按照1964年、1981年、2014年3个阶段，详细填写了普查表中农作物种质资源相关信息及数据。总体来看，本次资源普查所选取的75个县（市、区）仍然属于广西农业县（市、区）范畴，但随着各地经济发展、产业结构调整、自然条件变化等因素的影响，农业资源结构发生了改变。

（二）系统调查

本次共计调查78个县（市、区），其中项目任务系统调查县（市、区）22个，累计调查走访363个乡（镇）、859个行政村，累计访问群众9743人次，总行程累计约达18.82万km。2015～2020年共组建3个综合调查工作队，13个各类别作物调查小队，对广西22个系统调查县（市、区）、56个非系统调查县（市、区）进行系统调查。

二、项目任务完成情况

对照项目计划任务书的考核指标，本项目已全部完成各项研究任务。具体完成情况如下。

（一）征集、收集种质资源情况

2015～2021年，按照"第三次全国农作物种质资源普查与收集行动"工作方案，从广西75个普查县（市、区）征集水稻、玉米、甘蔗等各类农作物种质资源共1797份（表1-1），其中粮食作物934份、经济作物174份、蔬菜作物556份、果树作物133份。

表 1-1　广西 75 个普查县（市、区）种质资源征集情况

序号	普查县（市、区）	征集份数	序号	普查县（市、区）	征集份数
1	南宁市武鸣区	22	39	玉林市博白县	21
2	南宁市隆安县	22	40	玉林市兴业县	20
3	南宁市马山县	22	41	来宾市合山市	27
4	南宁市上林县	23	42	来宾市象州县	21
5	南宁市宾阳县	23	43	来宾市武宣县	21
6	南宁市横州市	21	44	来宾市忻城县	22
7	柳州市柳江区	24	45	来宾市金秀瑶族自治县	25
8	柳州市柳城县	22	46	百色市凌云县	33
9	柳州市鹿寨县	20	47	百色市平果市	24
10	柳州市融安县	28	48	百色市西林县	26
11	柳州市融水苗族自治县	67	49	百色市乐业县	22
12	柳州市三江侗族自治县	23	50	百色市德保县	20
13	桂林市阳朔县	21	51	百色市田林县	25
14	桂林市临桂区	21	52	百色市田阳区	21
15	桂林市灵川县	27	53	百色市靖西市	21
16	桂林市全州县	21	54	百色市田东县	28
17	桂林市平乐县	21	55	百色市那坡县	31
18	桂林市兴安县	22	56	百色市隆林各族自治县	34
19	桂林市灌阳县	24	57	贺州市钟山县	25
20	桂林市荔浦市	22	58	贺州市昭平县	22
21	桂林市资源县	26	59	贺州市富川瑶族自治县	22
22	桂林市永福县	21	60	河池市宜州区	21
23	桂林市龙胜各族自治县	21	61	河池市天峨县	22
24	桂林市恭城瑶族自治县	22	62	河池市凤山县	26
25	梧州市岑溪市	23	63	河池市南丹县	22
26	梧州市苍梧县	23	64	河池市东兰县	30
27	梧州市藤县	22	65	河池市都安瑶族自治县	28
28	梧州市蒙山县	24	66	河池市罗城仫佬族自治县	20
29	北海市合浦县	21	67	河池市巴马瑶族自治县	23
30	防城港东兴市	22	68	河池市环江毛南族自治县	25
31	防城港上思县	29	69	河池市大化瑶族自治县	23
32	钦州市灵山县	24	70	崇左市凭祥市	33
33	钦州市浦北县	20	71	崇左市宁明县	28
34	贵港市桂平市	21	72	崇左市扶绥县	22
35	贵港市平南县	21	73	崇左市龙州县	25
36	玉林市北流市	20	74	崇左市大新县	21
37	玉林市容县	20	75	崇左市天等县	21
38	玉林市陆川县	20		合计	1797

按照"第三次全国农作物种质资源普查与收集行动"工作方案，广西22个系统调查县（市、区）每个县（市、区）均收集种质资源80份以上，共收集各类农作物种质资源2115份。同时，通过实施广西创新驱动发展专项资金项目"广西农作物种质资源收集鉴定与保存"，调查县（市、区）扩大到111个，全区总共收集种质资源达2982份。此外，完成了262份花卉、64份菌类作物等广西特色种质资源的收集工作（表1-2，表1-3）。

表1-2 广西22个系统调查县（市、区）收集资源汇总表

序号	县（市、区）	收集份数	序号	县（市、区）	收集份数
1	玉林市博白县	82	13	桂林市龙胜各族自治县	118
2	河池市大化瑶族自治县	95	14	百色市隆林各族自治县	114
3	河池市都安瑶族自治县	84	15	百色市那坡县	96
4	崇左市扶绥县	85	16	崇左市宁明县	80
5	贺州市富川瑶族自治县	87	17	百色市平果市	87
6	桂林市恭城瑶族自治县	119	18	崇左市凭祥市	84
7	桂林市灌阳县	91	19	柳州市融水苗族自治县	82
8	桂林市荔浦市	98	20	防城港市上思县	88
9	桂林市灵川县	105	21	百色市西林县	107
10	钦州市灵山县	91	22	桂林市资源县	108
11	百色市凌云县	133	23	其余县（市、区）	867
12	柳州市柳城县	81		合计	2982

表1-3 征集收集各类农作物种质资源汇总表

作物种类	作物名称	征集收集资源份数		
		普查征集	调查收集	合计
粮食作物	栽培稻、野生稻、玉米、食用豆、杂粮、甘薯、大豆等	934	1467	2401
经济作物	甘蔗、木薯、花生、芝麻、麻等	174	646	820
果树作物	火龙果、柑橘、香蕉、葡萄等	133	234	367
蔬菜作物	淮山、芋、旱藕、南瓜、生姜、辣椒、黄瓜、韭菜、葱等	556	635	1191
合计		1797	2982	4779
花卉	金花茶、兰花等	0	262	262
菌类作物	大型真菌	0	64	64
总计		1797	3308	5105

注：花卉、菌类作物未列入"第三次全国农作物种质资源普查与收集行动"普查范围，由广西农业科学院组织相关单位自行收集，故表中的数据为0。旱藕既可作为粮食作物种植，亦可作为蔬菜作物食用，就其经济用途还可列入经济作物，在本次普查中将其列入蔬菜作物进行数据统计

（二）种质资源鉴定评价情况

2015～2020年，对收集的水稻、甘蔗、玉米、蔬菜等各类作物资源开展鉴定评价工作，共鉴定评价各类种质资源3492份。此外，额外完成150份花卉、64份菌类作物种质资源的鉴定评价工作（表1-4）。

表 1-4　种质资源鉴定评价情况

作物种类	作物名称	鉴定份数	作物种类	作物名称	鉴定份数
粮食作物	栽培稻	337	经济作物	木薯	38
粮食作物	野生稻	375	经济作物	花生、芝麻、麻等	251
粮食作物	玉米	338	果树作物	荔枝、龙眼、火龙果、香蕉、葡萄等	190
粮食作物	食用豆	212	蔬菜作物	淮山、芋、旱藕等	147
粮食作物	杂粮	188	蔬菜作物	丝瓜、黄瓜、苦瓜、番茄等	509
粮食作物	甘薯	199	花卉	兰花、金花茶、茉莉花等	150
粮食作物	大豆	269	菌类作物	大型真菌	64
经济作物	甘蔗	439		合计	3706

各类种质资源严格按照种质资源描述规范进行鉴定，2021 年补充征集、收集的种质资源以及部分果树种质资源还在进行性状调查、信息采集和数据整理中，尤其是果树种质资源由于生长期较长，目前处于成长期，需要等待其成熟后才能开展鉴定评价工作。

（三）种质资源繁殖保存情况

经鉴定评价，部分种质资源已达到编目入库标准，2016 年以来对征集（收集）的各类作物种质资源开展编目入国家作物种质库（圃）并已获得接收证明的农作物种质资源共计 4779 份（表 1-5）；任务外收集的花卉类种质资源 262 份及菌类作物种质资源 64 份，已完成收集整理、查重以及鉴定编目工作的种质资源保存至广西农业科学院种质库（圃）。

表 1-5　编目入国家作物种质库（圃）种质资源汇总表

编号	作物名称	作物种类	资源份数	种质库（圃）	入库（圃）时间
1	水稻	粮食作物	423	国家作物种质库/中国农业科学院作物科学研究所作物种质资源中心	2019 年 4 月 26 日，2021 年 12 月 7 日，2022 年 1 月 6 日，2022 年 1 月 18 日，2022 年 4 月 8 日
2	野生稻	粮食作物	487	国家种质南宁野生稻圃/广西农业科学院水稻研究所	2019 年 6 月 25 日，2020 年 12 月 16 日，2022 年 4 月 11 日
3	玉米	粮食作物	370	国家作物种质库/中国农业科学院作物科学研究所作物种质资源中心	2020 年 11 月 17 日，2021 年 8 月 24 日，2021 年 10 月 29 日，2022 年 1 月 6 日，2022 年 1 月 18 日，2022 年 2 月 27 日，2022 年 4 月 8 日
4	大豆	粮食作物	323	国家作物种质库/中国农业科学院作物科学研究所作物种质资源中心	2019 年 3 月 26 日，2020 年 1 月 9 日，2022 年 2 月 27 日，2022 年 4 月 18 日，2022 年 5 月 14 日
5	杂粮	粮食作物	222	国家作物种质库/中国农业科学院作物科学研究所作物种质资源中心	2019 年 2 月 25 日，2020 年 5 月 25 日，2022 年 1 月 6 日，2022 年 1 月 18 日
6	甘薯	粮食作物	199	国家种质徐州甘薯试管苗库/江苏徐淮地区徐州农业科学研究所，国家种质广州甘薯圃/广东省农业科学院作物研究所	2019 年 9 月 9 日，2020 年 12 月 10 日，2021 年 9 月 27 日，2021 年 12 月 30 日，2022 年 4 月 22 日，2022 年 5 月 11 日

续表

编号	作物名称	作物种类	资源份数	种质库（圃）	入库（圃）时间
7	食用豆	粮食作物	376	国家作物种质库/中国农业科学院作物科学研究所作物种质资源中心	2019 年 6 月 14 日，2020 年 6 月 23 日，2022 年 1 月 15 日，2022 年 4 月 8 日，2022 年 5 月 7 日
8	甘蔗	经济作物	486	国家甘蔗种质资源圃/云南省农业科学院甘蔗研究所	2018 年 9 月 30 日，2019 年 6 月 12 日，2020 年 12 月 29 日，2022 年 5 月 12 日
9	木薯	经济作物	52	国家木薯种质资源圃/中国热带农业科学院热带作物品种资源研究所	2019 年 3 月 26 日，2022 年 4 月 21 日
10-11	姜、苦瓜、南瓜等	蔬菜作物	983	国家作物种质库/中国农业科学院作物科学研究所作物种质资源中心，国家多年生及无性繁殖蔬菜种质资源圃/中国农业科学院蔬菜花卉研究所	2018 年 5 月 18 日，2019 年 2 月 28 日，2019 年 3 月 25 日，2019 年 4 月 26 日，2020 年 6 月 23 日，2020 年 11 月 26 日，2022 年 1 月 5 日，2022 年 1 月 14 日，2022 年 4 月 12 日，2022 年 4 月 20 日，2022 年 5 月 7 日
12	荔枝、龙眼、柑橘、香蕉、阳桃等	果树作物	293	广东省农业科学院果树研究所/国家果树种质广州香蕉、荔枝圃，国家龙眼种质资源圃（福州）/福建省农业科学院果树研究所，国家果树种质重庆柑橘圃，中国热带农业科学院南亚热带作物研究所/国家热带果树种质资源圃，国家果树种质熊岳李杏资源圃	2017 年 1 月 3 日，2017 年 1 月 16 日，2018 年 1 月 15 日，2020 年 11 月 18 日，2021 年 1 月 13 日，2021 年 1 月 14 日，2021 年 1 月 18 日，2021 年 9 月 13 日，2021 年 9 月 20 日，2021 年 10 月 11 日，2022 年 3 月 18 日，2022 年 3 月 21 日，2022 年 3 月 28 日，2022 年 3 月 29 日，2022 年 4 月 12 日，2022 年 4 月 26 日，2022 年 5 月 9 日，2022 年 5 月 16 日
13	葡萄	果树作物	74	国家果树种质郑州葡萄、桃圃	2020 年 8 月 4 日，2020 年 11 月 20 日
14	花生	经济作物	173	国家作物种质库/中国农业科学院作物科学研究所作物种质资源中心	2020 年 11 月 25 日，2021 年 11 月 4 日，2022 年 4 月 18 日，2022 年 5 月 14 日
15	苎麻、火麻等	经济作物	30	中国农业科学院麻类研究所品种资源研究室/国家麻类种质资源中期库/中国农业科学院麻类研究所，国家作物种质库/中国农业科学院作物科学研究所作物种质资源中心	2021 年 3 月 25 日，2022 年 4 月 18 日，2022 年 5 月 5 日，2022 年 5 月 14 日
16	芝麻	经济作物	78	国家作物种质库/中国农业科学院作物科学研究所作物种质资源中心	2020 年 11 月 27 日，2021 年 11 月 30 日，2022 年 4 月 11 日
17	芋、慈姑	蔬菜作物	88	国家种质武汉水生蔬菜资源圃	2021 年 9 月 17 日，2022 年 5 月 5 日
18	旱藕	蔬菜作物	27	国家多年生及无性繁殖蔬菜种质资源圃/中国农业科学院蔬菜花卉研究所	2022 年 5 月 12 日

续表

编号	作物名称	作物种类	资源份数	种质库（圃）	入库（圃）时间
19	葛、粉葛	蔬菜作物	3	国家多年生及无性繁殖蔬菜种质资源圃/中国农业科学院蔬菜花卉研究所	2022 年 5 月 6 日
20	淮山	蔬菜作物	91	国家多年生及无性繁殖蔬菜种质资源圃/中国农业科学院蔬菜花卉研究所	2022 年 5 月 5 日
21	凉薯	经济作物	1	国家作物种质库/中国农业科学院作物科学研究所作物种质资源中心	2022 年 4 月 27 日
合计			4779		
22	兰花等	花卉	262	广西农业科学院花卉研究所兰科植物种质资源圃等	2020 年 11 月 20 日
23	大型真菌	菌类作物	64	广西农业科学院微生物研究所（食用菌研究所）菌物标本室	2020 年 11 月 20 日
合计			5105		

（四）普查表、征集表、调查表

75 个普查县（市、区）已完成填报"普查表"和"种质资源征集表"，广西农业农村厅汇总和审核后统一提交；广西农业科学院完成了 22 个系统调查县（市、区）"种质资源调查表"并提交。共计提交"普查表"225 份、"种质资源征集表"1797 份、"种质资源调查表"2982 份。

（五）数据共享平台

对征集、收集到的农作物种质资源进行整理、编目，已完成广西农作物种质资源数据库和共享平台的建立，可实现资源数据、信息共享，在育种家间共享。

第五节 普查与收集主要进展及重要发现

一、普查与收集主要进展

通过对包括广西 75 个普查县（市、区）和 22 个系统调查县（市、区）在内的 111 个县级行政区的农业生物资源开展普查与收集工作，基本摸清了本地区农业生物资源的种类、分布、变化趋势等基础信息和数据。

（一）广西仍保持丰富的农作物种质资源多样性

经本次调查发现，广西地区的粮食作物、经济作物、蔬菜作物、果树作物、菌类作物、花卉等农作物种质资源丰富。参照《农作物种质资源基本描述规范和术语》（刘旭，2008），广西农作物种质资源主要类别详见表 1-6。

表 1-6　广西农作物种质资源主要类别

资源大类	地方品种及育成品种主要种类	野生种类
粮食作物	水稻、玉米、扁豆、蚕豆、大豆、刀豆、饭豆、甘薯、高粱、谷子、豇豆、黎豆、绿豆、荞麦、穄子、籽粒苋等	水稻、野生稻、饭豆、豇豆、籽粒苋、大豆等
蔬菜作物	白菜、扁豆、菜豆、菜心、葱、冬（节）瓜、番茄、胡葱、瓠瓜、黄瓜、姜黄、辣椒、南瓜、姜、豇豆、旱藕、藠头、芥菜、韭菜、苦瓜、苦麦菜、丝瓜、萝卜、棉豆、茄子、淮山、蛇瓜、四棱豆、蒜、蕹菜、苋菜、薤白、油菜、芋、芫荽等	番茄、黄蜀葵、藠头、野茄子、苦麦菜、山姜、芋等
果树作物	菠萝蜜、蛋黄果、柑橘、黄皮、龙眼、木奶果、苹婆、香蕉、阳桃、火龙果等	柑橘、枇杷、葡萄、香蕉、李、阳桃等
经济作物	花生、黄麻、木薯、芝麻、苎麻、大麻等	芝麻、黄麻、苎麻等
糖料作物	甘蔗	甘蔗
牧草绿肥	苕子、绿豆、豌豆、蚕豆、猪屎豆和紫云英等绿肥作物	苕子、豌豆、猪屎豆、紫云英等
药用植物	铁皮石斛、白及、天冬	铁皮石斛、山银花、白及、桄榔、赤苍藤、凉粉草、天冬
菌类作物	—	白假鬼伞、白微皮伞、薄边蜂窝菌、草菇、侧柄木层孔菌、缠结秀革菌、蝉花、椿象虫草、丛伞胶孔菌、淡褐奥德蘑、弹球菌、耳匙菌、冠状环柄菇、褐红炭褶菌、褐鳞白伞菇、褐褶边小奥德蘑、红缘拟层孔菌、虎皮香菇、环柄香菇、黄褐微孔菌、尖顶地星、角质木耳、近裸香菇、晶粒鬼伞、可爱蜡伞、宽鳞大孔菌、栎金钱菌、亮盖鸡枞菌、裂褶菌、漏斗波形边革菌、漏斗多孔菌、毛蜂窝孔菌、毛木耳、木生地星、南方灵芝、黏柄小菇、盘基小菇、片状韧革菌、谦逊迷孔菌、翘鳞伞、热带灵芝、软靴耳、桑多孔菌、上思灵芝、肾形亚侧耳、树舌扁灵芝、梭孢环柄菇等
花卉	兰花、茉莉花、睡莲	兰花、金花茶、苦苣苔、秋海棠

注：因目前广西尚无菌类作物品种审定或登记制度，故菌类作物地方品种及育成品种一栏暂时空缺，以"—"表示

（二）广西农作物种质资源类型与分布

1. 粮食作物种质资源类型与分布

粮食作物主要有稻、玉米、薯类及杂粮等，在地域分布上，所调查的广西各县（市、区）中，以桂林市、河池市种质资源最为丰富。

（1）野生稻种质资源类型与分布

野生稻是禾本科（Poaceae）稻属（*Oryza*）中除亚洲栽培稻和非洲栽培稻以外所有野生种的总称。根据目前比较公认的分类方法，野生稻共有 21 种，主要分布在中国南部，以及南亚、东南亚、中美洲、南美洲、非洲、大洋洲等世界多个地区。中国已发现 3 种野生稻，即普通野生稻（*O. rufipogon*）、药用野生稻（*O. officinalis*）、疣粒野生稻

（*O. meyeriana*），分布范围东起台湾省，西至云南省，南起海南省，北抵江西省。其中，广西发现了 2 个野生稻种，即普通野生稻和药用野生稻。全国第一次野生稻普查发现，广西是我国野生稻种质资源分布最丰富的地区，在所辖 14 个地级市 47 个县（市、区）均有发现，共 1100 多个分布点，其中普通野生稻覆盖面积达 369.93hm²、药用野生稻覆盖面积达 25.00hm²。后经行政区划调整，原 47 个县（市、区）的野生稻分布地归属为现在的 59 个县（市、区）240 个乡（镇）（陈成斌和庞汉华，2001）。

（2）栽培稻种质资源类型与分布

水稻属于禾本科（Poaceae）稻属（*Oryza*）。稻属包含亚洲栽培稻（*Oryza sativa*）、非洲栽培稻（*Oryza glaberrima*）两个栽培种及 20～25 个野生种，广西栽培稻属于亚洲栽培稻（*Oryza sativa*）。早期丁颖先生将水稻划分为籼稻、粳稻两个亚种，并运用生态学观点，按籼-粳、晚-早、水-陆、粘-糯的层次对栽培品种进行分类。随着杂种优势的利用，还可以分为常规稻、杂交稻等。广西开展"第三次全国农作物种质资源普查与收集行动"收集的 476 份栽培稻地方品种多样性丰富，按籼粳类型划分，籼稻种质资源占比 74.79%、粳稻种质资源占比 25.21%；按光温性类型划分，早稻种质资源占比 63.03%、中晚稻种质资源占比 36.97%；按水旱性类型划分，水稻种质资源占比 95.59%、陆稻种质资源占比 4.41%；按粘糯性类型划分，粘稻种质资源占比 37.82%、糯稻种质资源占比 62.18%；按种皮色类型划分，白米种质资源占比 73.74%、有色米种质资源占比 26.26%。广西地方稻种资源分布广泛，广泛分布于本次普查（调查）的 13 个地级市 61 个县（市、区）188 个乡（镇）265 个村（屯）。从水平分布来看，主要分布于北纬 21°78′～26°28′、东经 104°80′～111°43′，涵盖广西四大稻作区，其中从桂南、桂中、桂北、高寒山区收集资源 109 份、139 份、108 份、120 份，分别占比 22.90%、29.20%、22.69%、25.21%。

（3）玉米种质资源类型与分布

中美洲和加勒比地区是玉米的原产地，广西是玉米最早传入我国的地区之一。通过实施"第三次全国农作物种质资源普查与收集行动"和"广西农作物种质资源收集鉴定与保存"，对广西 111 个县（市、区）进行了全覆盖的种质资源普查与收集，做到了应收尽收，在此期间收集的种质资源代表了现阶段广西玉米地方种质资源的在地种植和保存情况。2015 年以来在广西 80 个县（市、区）共收集玉米地方种质资源 879 份，主要分布在百色市、河池市等地，其中百色市 220 份、河池市 189 份、南宁市 92 份、桂林市 78 份、来宾市 79 份、崇左市 31 份、柳州市 61 份、贺州市 22 份、玉林市 9 份、贵港市 11 份、防城港市 16 份、梧州市 61 份、钦州市 10 份。目前，广西自 1956 年以来累计收集、鉴定与入库保存玉米地方种质资源共 2284 份。收集的玉米种质资源囊括了全部栽培品种类型：糯质型、爆裂型、中间型、硬粒型、马齿型、粉质型、有稃型、甜质型。

（4）甘薯种质资源类型与分布

甘薯于明朝万历年间传入我国，至今已有 400 多年的历史，是广西重要的粮食作物。通过实施"第三次全国农作物种质资源普查与收集行动"和"广西农作物种质资源收集鉴定与保存"，科技人员经过走访调查了解到，在种质资源类型上，桂林市、河池市、柳州市等地交通不便的部分边远山区种植的品种类型较多，有食用型、食饲兼用型和叶菜专用型等多种类型。而经济条件较发达、交通便利的地区主要种植食用型和叶菜专用型，食饲兼用型很少，因为这些地区甘薯饲用已很少，人们种植甘薯主要作为休闲食品或杂粮，因此人们主动保留了食味品质较好的食用型品种，而口感不好甚至产量较高的食饲兼用型品种则逐渐淡出人们的视线。叶菜专用型品种由于具有适应性强、易于种植管理、食味品质较佳等特点，人们常将其作为日常蔬菜的补充，各家各户在自家房前屋后或菜园中都有少量种植。虽然各地均有广西甘薯种质资源的分布，但分布不均匀，从"第三次全国农作物种质资源普查与收集行动"和"广西农作物种质资源收集鉴定与保存"收集到的335份甘薯种质资源来看，水平分布呈连续性，垂直分布在海拔0～1245m。在水平分布上，以河池市（85份）、桂林市（82份）、柳州市（37份）等地的甘薯种质资源分布比较集中，百色市（29份）、崇左市（27份）、贺州市（17份）、玉林市（13份）、钦州市（10份）等地也有较多分布，其余地市则有少量分布。在垂直分布上，以海拔0～900m的区域分布较多，海拔900～1245m的区域分布较少。有些品种由于品质好或有特定的用途而被作为甘薯产业开发的对象，因此得以长期被动地保存下来，如姑娘薯主要分布在防城港市东兴市一带，该品种有明显的地理种植优势，在东兴市种植品质较好，为此作为当地的主栽品种长期保留下来。

（5）木薯种质资源类型与分布

栽培木薯最初出现在公元前7000～前5000年巴西亚马孙地区，18世纪经非洲引入亚洲，19世纪在南亚和东南亚地区广泛种植。我国于1820年开始引种栽培，主要种植于广西、广东、海南、云南、江西、福建等地。广西是我国木薯主产区，种植面积和产量均占全国60%以上，蕴含丰富的木薯种质资源。广西木薯种质资源类型多样，按用途可分为食用木薯和工业木薯。食用木薯一般指薯肉氢氰酸含量低于50mg/kg的木薯种质，也称为甜木薯，在广西俗称面包木薯。由于广西各地均有食用面包木薯的传统，因此地方面包木薯种质资源在广西全区均有分布。从收集的264份木薯种质资源在各地市的分布来看，在水平分布上，以崇左市（45份）、南宁市（29份）、北海市（29份）、钦州市（27份）、贵港市（27份）种质资源较为丰富；在垂直分布上，集中在0～200m的低海拔地区（203份）、200～400m的低海拔地区（32份），海拔400～800m地区（29份）。工业木薯的氢氰酸含量较高，味道苦涩，被称为苦木薯，主要用于生产木薯淀粉、变性淀粉、乙醇等。工业木薯的种质资源集中在桂东南、桂西南及沿海优势区域，特别是在南宁市、崇左市、北海市等具有大中型木薯加工企业的地区。

（6）淮山种质资源类型与分布

广西淮山种类主要有褐苞薯蓣、参薯、山薯、日本薯蓣、薯蓣、甜薯六大类，其中褐苞薯蓣是广西的一个广布种，主产于桂南、桂中、桂西经桂北至桂东北，主要分布在南宁市邕宁区、马山县，玉林市博白县、容县、陆川县，贺州市八步区、钟山县、昭平县，来宾市金秀瑶族自治县，柳州市融水苗族自治县、融安县，崇左市大新县、龙州县，贵港市覃塘区、桂平市，百色市乐业县、隆林各族自治县、田林县、靖西市，河池市天峨县、罗城仫佬族自治县，桂林市雁山区、兴安县、平乐县、荔浦市、临桂区、资源县、阳朔县、龙胜各族自治县、恭城瑶族自治县。其中，南宁市邕宁区、桂林市平乐县、贺州市八步区、贵港市桂平市属于淮山传统种植区域。

在淮山各种类分布上，参薯在广西各地有产，普遍栽培，亦粮亦菜，各地俗称大薯、脚板薯。以长圆柱白肉型种类为主，在桂林市平乐县、柳州市融水苗族自治县、柳州市融安县、南宁市武鸣区等地大面积种植；紫色脚板薯类型在各地均有零星种植。山薯，块根称作野淮山，分布于崇左市龙州县，南宁市武鸣区，百色市乐业县、那坡县，贺州市昭平县，来宾市金秀瑶族自治县，桂林市恭城瑶族自治县、荔浦市等。日本薯蓣，其块茎各地俗称山药或山薯，主产于桂东北及桂北，主要分布在桂林市雁山区、临桂区、龙胜各族自治县、兴安县、灌阳县、恭城瑶族自治县、全州县，贺州市昭平县，来宾市金秀瑶族自治县，柳州市融水苗族自治县。薯蓣，主要分布在广西北部地区，少见栽培种，以野生种为主。甜薯，俗称毛薯，主要分布于玉林市北流市、博白县，钦州市灵山县，桂林市龙胜各族自治县、灌阳县，南宁市横州市、马山县，北海市合浦县等。

（7）葛种质资源类型与分布

广西葛栽培历史久远，可追溯至清代，是广西传统特色优势产业。广西葛种质资源按植物学分类主要有粉葛、野葛、葛麻姆，偶有少量苦葛。生产上以粉葛为主，种植区域集中在梧州市、桂林市、贵港市、来宾市、南宁市等地，生产的葛根可鲜食，也可加工成各类葛根产品，如葛根粉、葛根面、葛根酒等；野葛目前未实现规模化栽培，尚处于破坏采挖野生资源的原始利用阶段；葛麻姆及苦葛由于块根几乎不膨大，利用价值偏低。野生的葛种质资源，除沿海的防城港市、钦州市及北海市外，广西11个地级市均有分布。

（8）旱藕种质资源类型与分布

旱藕原产于南美洲热带、亚热带地区，于20世纪20年代传入我国，现广泛种植于云南、贵州、广西、四川、湖南、重庆、河南等地（欧珍贵等，2012）。对"第三次全国农作物种质资源普查与收集行动"及广西创新驱动发展专项资金项目"广西农作物种质资源收集鉴定与保存"收集到的广西旱藕种质资源进行初步分析和分类，广西旱藕种质资源从形态学上可分为紫边绿叶、绿叶、紫叶3种外观类型；根据用途分类，广西旱藕种质资源主要有加工、食用、药用3种类型。旱藕耐旱、耐贫瘠，对土壤要求不高，适应性广，而广西气候温和，雨量充沛，因此旱藕分布广泛，地理范围为北纬21°35′～26°01′、东经105°08′～111°17′，垂直分布在海拔15～1178m处。根据调查结果，广西14个地级市均有旱藕种质资源分布。

（9）薏苡种质资源类型与分布

薏苡又称薏米、薏仁、川谷、六谷米、六谷、老鸦珠等，隶属于禾本科（Poaceae）玉蜀黍族（Maydeae）薏苡属（Coix），为C$_4$草本一年生或多年生植物，是粮饲药兼用的多用途作物。薏苡喜温和潮湿气候，忌高温闷热，不耐寒，忌干旱。收集的薏苡种质资源类型主要有地方品种、小果野生薏苡、野生薏苡和水生薏苡。在广西多生于湿润的屋边、池塘、河沟、山谷、溪涧或易受涝的农田等地，海拔−2～1250m处有分布，野生或栽培。经对2015～2020年"第三次全国农作物种质资源普查与收集行动"及"广西农作物种质资源收集鉴定与保存"收集结果的分析，广西14个地级市均有薏苡种质资源分布，分布地点最北在桂林市全州县，最南在防城港市东兴市，最西在百色市西林县，最东在梧州市苍梧县；东西跨度约700km，南北跨度约600km，最高海拔在百色市田林县（1237m），最低海拔在钦州市钦南区（2.2m）。经过5年考察收集，在广西14个地级市69个县（市、区）均有薏苡分布，所收集的 225 份薏苡种质资源中来自桂林市、河池市、百色市、梧州市的薏苡种质资源有 113 份（占比 50.22%），说明这 4 个地级市薏苡种质资源分布特别丰富。

（10）荞麦种质资源类型与分布

荞麦又名花荞、三角麦，是一种粮饲菜药蜜源兼用的粮食作物。经对 2015～2020 年荞麦作物种质资源考察收集结果分析，收集的荞麦种质资源类型主要有甜荞地方品种、苦荞地方品种、野生荞麦。在广西百色市、崇左市、南宁市、来宾市、柳州市、河池市和桂林市 7 个地级市 38 个县（市、区）有荞麦种质资源分布，分布地点最北在桂林市全州县（北纬 26º15′），最南在崇左市龙州县（北纬 22º17′），最西在百色市西林县（东经 104º39′），最东在桂林市全州县（东经 111º26′）；东西跨度约 700km，南北跨度约 650km，最高海拔在百色市隆林各族自治县（1397m），最低海拔在南宁市上林县（151m）。

（11）籽粒苋种质资源类型与分布

籽粒苋隶属于苋科（Amaranthaceae）苋属（*Amaranthus*）苋组（Section *Amaranthus*），是一种分布广泛、营养价值高、抗逆性强、生长快、再生性强、产量高的一年生草本植物（聂婷婷等，2016），也是粮用、菜用、饲用和药用及观赏等多用途作物（徐环宇等，2018）。广西 11 个地级市收集到籽粒苋种质资源，种质资源类型主要有繁穗苋、绿穗苋、苋三大类，收集种质资源地点最北在桂林市龙胜各族自治县，最南在防城港市东兴市，最西在百色市隆林各族自治县，最东在贺州市平桂区；东西跨度约 635km，南北跨度约 525km，籽粒苋种质资源分布的最高海拔在百色市隆林各族自治县（1578m），最低海拔在防城港市东兴市（5m）。

2. 蔬菜作物种质资源类型与分布

根据 2015～2020 年采集的种质资源数据，蔬菜作物种质资源在广西主要有瓜类蔬菜、茄果类蔬菜、豆类蔬菜、葱姜蒜类蔬菜、叶菜类蔬菜、水生蔬菜六大类，其中瓜类蔬菜和豆类蔬菜种质资源分布广泛，在区内 14 个地级市均有分布。从种质资源分布总体情况来看，区内蔬菜作物种质资源主要分布于桂林市、柳州市、河池市和百色市。

（1）瓜类蔬菜种质资源类型与分布

广西瓜类蔬菜种质资源主要有南瓜、丝瓜、苦瓜、冬（节）瓜、瓠瓜、黄瓜、佛手瓜、蛇瓜、西瓜、甜瓜等。2015～2020 年从全区收集到瓜类蔬菜种质资源 788 份，其中南瓜 298 份、丝瓜 157 份、冬（节）瓜 101 份、黄瓜 72 份、瓠瓜 59 份、苦瓜 43 份、蛇瓜 19 份、西瓜 17 份、甜瓜 11 份、佛手瓜 11 份。收集的瓜类蔬菜种质资源主要分布在桂北和桂西地区，尤其是桂林市和百色市，主要分布在海拔 100～300m 的区域。

（2）茄果类蔬菜种质资源类型与分布

广西茄果类蔬菜种质资源主要是番茄、茄子、辣椒等。2015～2020 年从全区收集到茄果类蔬菜种质资源 421 份，其中辣椒 242 份、番茄 101 份、茄子 78 份。收集的茄果类蔬菜种质资源主要分布在桂北和桂西地区，尤其是桂林市和百色市，主要分布在海拔 100～300m 的区域，占收集茄果类蔬菜种质资源总数的 49.9%。经鉴定，大部分番茄种质资源为野生番茄。

（3）豆类蔬菜种质资源类型与分布

广西豆类蔬菜种质资源主要是豇豆、菜豆、扁豆、黎豆、刀豆等。2015～2020年从全区收集到豆类蔬菜种质资源1152份，其中豇豆860份、菜豆51份、扁豆92份、黎豆67份、刀豆35份、其他豆类47份，这些种质资源在广西14个地级市均有分布，其中河池市、桂林市、百色市收集的较多。收集的豆类蔬菜种质资源主要分布在桂北和桂西海拔0～300m的区域，占收集豆类蔬菜种质资源总数的53.4%。其中，收集的刀豆种质资源主要分布于桂林市，这与当地喜欢使用嫩刀豆荚与辣椒做酱等生活习俗有关。

（4）葱姜蒜类蔬菜种质资源类型与分布

广西葱姜蒜类蔬菜种质资源丰富。从全区收集到葱、姜、蒜、韭菜等蔬菜种质资源534份，其中葱163份、姜192份、蒜69份、韭菜110份。收集的葱姜蒜类蔬菜种质资源主要分布在桂北和桂西地区，以桂林市、百色市、河池市居多，其中桂林市142份、百色市83份、河池市62份。收集的葱姜蒜类蔬菜种质资源主要分布在海拔100～300m的区域，占收集葱姜蒜类蔬菜种质资源总数的44.2%。其中，收集到的西林小黄姜、田林大肉姜等地方品种深受当地民众喜爱，具有一定的种植规模，兴业大叶姜黄等地方品种则具有较高的药用价值。

（5）叶菜类蔬菜种质资源类型与分布

广西叶菜类蔬菜种质资源主要是白菜、芥菜、叶用莴苣、苋菜、蕹菜等。2015～2020年从全区共收集到叶菜类蔬菜种质资源260份，其中白菜78份、芥菜62份、叶用莴苣45份、苋菜35份、蕹菜17份、其他叶菜23份。收集的叶菜类蔬菜种质资源主要分布在桂北和桂西地区，尤其是桂林市和百色市。与1960～1995年普查收集数据对比发现，白菜和芥菜种质资源数量在叶菜类蔬菜种质资源中仍居主导地位，说明白菜和芥菜一直以来都在老百姓的餐桌上占有主要地位。

（6）水生蔬菜种质资源类型与分布

广西水生蔬菜种质资源主要是芋、荸荠、莲藕、慈姑四大类。2015～2020年从全区收集到水生蔬菜种质资源130份，其中芋60份、荸荠10份、莲藕15份、慈姑35份、其他水生蔬菜10份，主要分布在桂林市、百色市、柳州市、贺州市、贵港市海拔100～300m的区域，对比发现原来收集的很多品种资源已经难以找到，其中不乏一些特色种质资源。

3. 果树作物种质资源类型与分布

（1）荔枝种质资源类型与分布

荔枝是无患子科（Sapindaceae）荔枝属（*Litchi*）的常绿果树。广西荔枝栽培历史悠久，传统上广泛采用实生繁殖的方法，其种质资源类型主要有野生荔枝、桂西南早熟荔枝、古树及实生种质资源3种。广西野生荔枝主要分布在玉林市博白县和钦州市浦北县交界的六万大山。桂西南早熟荔枝种质资源主要分布在崇左市龙州县、天等县、大新县，百色市靖西市、德保县、那坡县，河池市都安瑶族自治县、大化瑶族自治县，南宁市马山县等地。在各荔枝老产区都拥有丰富的古树和实生种质资源，如在广西钦州市灵山县的灵山香荔千年古树，树龄在1500年以上；在钦州市钦北区3个乡（镇）拥有实生种质资源60万株以上。

（2）龙眼种质资源类型与分布

龙眼是无患子科（Sapindaceae）龙眼属（Dimocarpus）的常绿果树。龙荔是龙眼的近缘种。广西是我国龙眼主要分布区，各地均有龙眼及其近缘种龙荔种质资源分布，目前近缘种龙荔主要分布在桂南和桂西南的自然保护区，而近年来通过种质资源调查发现，广西弄岗国家级自然保护区有野生龙眼种群分布，种群分布地点在远离人类活动的石山地区。此外，在各龙眼老产区都拥有丰富的古树和实生种质资源，如在崇左市、钦州市、玉林市等地都发现了数百年的古树和大量的实生种质资源。

（3）柑橘种质资源类型与分布

柑橘是芸香科（Rutaceae）柑橘亚科（Aurantioideae）的亚热带常绿果树。广西是柑橘原产地之一，也是我国柑橘的主产区。目前，广西柑橘种质资源的分布以柳州市、南宁市为分界线，全区柑橘生产区分为三大片区。一是桂北宽皮柑橘、甜橙区，包括桂林市，贺州市的富川瑶族自治县、昭平县、钟山县、八步区和河池市的环江毛南族自治县、罗城仫佬族自治县等县（市、区），主栽品种有砂糖橘、金柑、脐橙、贡柑、沙田柚、沃柑、夏橙、早熟温州蜜柑等；二是桂中柑橘区，包括柳州市、来宾市、河池市南部、百色市西北部区域等，主栽品种有砂糖橘、沃柑、金柑、沙田柚、琯溪蜜柚、柳城蜜橘、茂谷柑等；三是桂南宽皮柑橘区，包括南宁市、崇左市、玉林市、梧州市、钦州市、北海市、防城港市等地，主栽品种有沃柑、茂谷柑、沙田柚、琯溪蜜柚、特早熟温州蜜柑、砂糖橘、夏橙等。

（4）杧果种质资源类型与分布

杧果是漆树科（Anacardiaceae）杧果属（Mangifera）的常绿果树。广西目前保存的杧果属近缘种主要有冬杧（Mangifera heimalis）、扁桃杧（M. persiciforma）、暹罗杧（M. siamensis）、香花芒（M. odorata）、林生杧（M. sylvatica）、云南野杧（M. austroyunanensis）、长梗杧（M. longipes），均保存在广西壮族自治区亚热带作物研究所杧果种质资源圃内，其中冬杧是广西特有的野生种。经调查统计，全区栽培的品种有40多个，主要有台农一号杧、桂七杧、金煌杧、桂热杧10号、红象杧、贵妃杧等，大部分为外省或外国引进。广西杧果种质资源主要分布在百色市的右江区、田阳区、田东县等54个县（市、区）。

（5）菠萝种质资源类型与分布

菠萝是凤梨科（Bromeliaceae）凤梨属（Ananas）的热带多年生草本植物，原产于中南美洲，1558年后由澳门传入台湾、广东、海南、广西等地，是世界和我国重要的热带特色果树，也是广西传统的优势特色果树。根据目前收集到的58份菠萝种质资源，种质资源主要有4个类型，即卡因类、皇后类、西班牙类、杂交类，集中分布在广西菠萝种植适宜气候区桂南地区的传统种植区，且桂林市、河池市、柳州市、来宾市等地级市目前还没有收集到菠萝种质资源。

（6）阳桃种质资源类型与分布

阳桃是酢浆草科（Oxalidaceae）阳桃属（Averrhoa）的常绿乔木，又名五敛子、杨桃、洋桃等。阳桃在广西主要以北纬24°以南的地区种植较多，主要栽培区在南宁市、崇左市、钦州市、玉林市、百色市、贵港市、北海市等地，且多分布于村头村尾和房前屋后的空隙地，零星分散生长的较多，规模化栽培较少。北纬24°以北的地区分布较为分散，且多为酸阳桃，以实生树为主，产量较南部地区低，品质差。

（7）火龙果种质资源类型与分布

火龙果是仙人掌科（Cactaceae）量天尺属（*Hylocereus*）或蛇鞭柱属（*Selenicereus*）的热带多肉植物。目前由农业农村部南宁火龙果种质资源圃收集保存的种质资源超过 400份，基于果皮果肉的颜色进行分类，主要有红皮白肉、红皮红肉、红皮粉肉、红皮双色、黄皮白肉、青皮白肉、青皮红肉 7 个类型。广西火龙果主要分布于南宁市、百色市、玉林市、河池市、钦州市、崇左市、防城港市、北海市等地。

（8）香蕉种质资源类型与分布

香蕉，统称芭蕉，是芭蕉科（Musaceae）芭蕉属（*Musa*）植物。广西蕉类种质资源按生产用途划分主要有野生蕉和栽培蕉两种。栽培蕉以鲜食类为主，主要有香牙蕉、粉蕉、大蕉等，通称为香蕉，全区各地均有分布。其中，香牙蕉以桂中、桂南分布种植为主，是广西香蕉的主要产区。粉蕉和大蕉抗逆性与耐寒性较强，分布区域相对较广，桂南有规模种植粉蕉和少量大蕉。桂北山区大蕉或粉蕉常见零星分布于房前屋后。在不同香蕉种植地区，香牙蕉也形成不同地方特色品种，如浦北矮蕉、那龙矮蕉、坛洛鸡蕉、玉林粉蕉等分别以独特的品种特性占据区域生产优势。20 世纪 80 年代以来组培技术的推广与国外优异品种的引进，使得本地农家品种因产量劣势逐渐被淘汰。

（9）葡萄种质资源类型与分布

广西葡萄种质资源种类繁多，依据生物学分类包括野生种、栽培品种、无性系、杂交种等。根据"第三次全国农作物种质资源普查与收集行动"及"广西农作物种质资源收集鉴定与保存"调查的情况，广西河池市、来宾市、柳州市、百色市、桂林市等喀斯特石山区均普遍分布着毛葡萄和腺枝葡萄；同样还有丰富的绵毛葡萄及小叶葡萄。桂林市全州县、资源县、龙胜各族自治县，柳州市三江侗族自治县，贺州市等地则分布有刺葡萄；桂林市、柳州市沿着溪流则有丰富的华东葡萄种质资源，并有少量蘡薁分布；在南宁市辖区、崇左市扶绥县、玉林市等地，在野外道路边经常可见小果葡萄。

（10）百香果（西番莲）种质资源类型与分布

百香果又称西番莲，是西番莲属（*Passiflora*）植物栽培种水果的总称。全世界西番莲属植物超过 500 种，其中能够结可食用果实的约有 60 种，但能用于商业化栽培的只有 6 种（Cerqueira-Silva et al.，2016；Onildo et al.，2016）。我国西番莲属植株种质资源较少，原产于我国的有 13 种 2 变种，引进栽培的有 11 种。其中，原产种西番莲属植物几乎均为野生植物，广西野外大多有分布，但因其应用价值不高，鲜有人工驯化种植。引进种百香果因大多有明确的利用价值，如作为水果、观赏植物及药用植物，在包括广西在内的亚热带省（区）都有种植。

（11）番石榴种质资源类型与分布

番石榴是桃金娘科（Myrtaceae）番石榴属（*Psidium*）的常绿灌木或小乔木，原产于美洲秘鲁至墨西哥一带。番石榴因其果实形似袖珍石榴而得名，约 17 世纪末传入我国。目前，除珍珠番石榴、西瓜番石榴等少数品种有规模化种植外，大部分种质为当地实生种，农户零星种植，主要供给当地鲜果市场。由于番石榴的生长特性，广西的番石榴种质资源基本分布于桂南地区。

（12）澳洲坚果种质资源类型与分布

澳洲坚果隶属于山龙眼科（Proteaceae）澳洲坚果属（*Macadamia*），又名昆士兰坚果、澳洲胡桃、夏威夷果等。世界澳洲坚果在北纬34°到南纬34°之间均有种植，涉及20多个国家和地区，但大多数商业性产区位于南北纬16°~24°，主产国为中国、澳大利亚、南非、美国和肯尼亚等。目前发现的澳洲坚果属植物有23种。澳洲坚果自20世纪70年代引入广西种植，经过多年的产业发展，目前广西已成为我国澳洲坚果第二大产区，种植面积达3.66万 hm²，种植区域覆盖13个地级市52个县（市、区），广西面积较大的区域是崇左市、梧州市。

（13）黄皮种质资源类型与分布

黄皮隶属于芸香科（Rutaceae）柑橘亚科（Aurantioideae）黄皮属（*Clausena*），是热带亚热带常绿果树。黄皮原产于我国华南地区，按果实成熟期划分，种质资源主要分为早、中、晚熟3个品种；按果实形状划分，主要可分为圆粒种、椭圆形种、阔卵形种、鸡心形种4种；按果实风味划分，主要可分为酸黄皮（多为野生品种，作为加工果汁、果酱、果冻和果脯的品种，同时也作为品种改良的种质资源库）和甜黄皮（栽培食用品种）；按果实利用率和经济效益分类，可分为无核黄皮、有核黄皮两类。广西区内栽培种植历史较早，其种质资源分布面积较为广泛。经对黄皮种质资源的调查，目前，广西黄皮种质资源约有8种，分布于北纬21°29′~25°25′的南亚热带与中亚热带南端之间的83个县（市、区），东到梧州市，南到北海市，西到百色市隆林各族自治县，北到桂林市灵川县。

（14）乌榄种质资源类型与分布

乌榄，别名黑榄、木威子，属于橄榄科（Burseraceae）橄榄属（*Canarium*）乔木。乌榄在我国华南地区栽培历史悠久，主要分布在广东、广西、海南、福建、云南和台湾等省（区）。广西乌榄种质资源多样性较为丰富，农家乌榄种质资源名录中共30余种，表型性状存在较大差异，如叶形有披针形、长椭圆形、椭圆形、卵形等，果实有近圆形、广椭圆形、长椭圆形、纺锤形、长梭形、卵形、弯月形、子弹形等，果核有短梭形、长梭形等。主要分布在崇左市、玉林市、贵港市、梧州市、钦州市、北海市、防城港市等地，以野生和半野生状态为主。广西乌榄种质资源利用仍以食用为主，食用历史久远，传统古老的"榄角"，可拌粥拌饭食用，还可制作成多种乌榄酱、乌榄果脯、五仁月饼等食品。

（15）油梨种质资源类型与分布

油梨隶属于樟科（Lauraceae）鳄梨属（*persea*），也称鳄梨（alligator pear），国内又多称为牛油果，最早于1918年引进我国，20世纪50年代末60年代初引入广西。油梨主要分为墨西哥系（*Persea americana* var. *drymifolia*）、危地马拉系（*P. americana* var. *guatemalensis*）、西印度系（*P. americana* var. *americana*）三大种群（Vallejo Perez et al.，2017）。目前，广西区内油梨存在的纬度最高地区为桂林市叠彩区，纬度最低地区为北海市。随着多年间的多次引种，油梨种质资源在区内各农场、学校、小区及绿化景观树均可发现，种质资源在果实形状、大小、果皮颜色、粗糙程度、物候期以及果实品质性状等方面变异幅度大。

（16）李种质资源类型与分布

李是蔷薇科（Rosaceae）李亚科（Prunoideae）李属（*Prunus*）植物，全世界有30多种，原产和引进中国栽培多年的主要有欧洲李（*P. domestica*）、中国李（*P. salicina*）、樱桃李（*P. cerasifera*）、杏李（*P. simonii*）、乌苏里李（*P. ussuriensis*）、美洲李（*P. americana*）、加拿大李（*P. nigra*）、黑刺李（*P. spinosa*）。广西李种质资源十分丰富，是中国李系统的主要组成部分，主要分布在百色市、河池市、柳州市、桂林市及贺州市等地各县（市、区）。对广西收集保存的58个李品种（类型）进行鉴定，共鉴定出35个品种，依据果实形态可分为红皮黄肉、红皮红肉、黄皮红肉三类（彭宏祥等，1995）。对广西本地李种质资源的深入研究发现，地理隔离、交通不便、信息交流不畅等因素可能造成种质资源同物异名、同名异物的情况，还需进一步鉴定、分析确定。

（17）山楂种质资源类型与分布

山楂是蔷薇科（Rosaceae）山楂属（*Crataegus*）植物。广西区内山楂种质资源为靖西大果山楂，栽培历史悠久，按形态可分为苹果形大果山楂、梨形大果山楂两个类型，主要分布在百色市靖西市、德保县、那坡县及近邻的云南省文山壮族苗族自治州富宁县、西畴县等县（市、区）。近年来，随着引进种植，广西河池市、柳州市、桂林市、贺州市、梧州市及广东省等地也有不同规模的种植面积。

（18）柿种质资源类型与分布

柿隶属于柿科（Ebenaceae）柿属（*Diospyros*）。我国是柿属作物的原产中心，广西柿种质资源分布广泛，品种适应性强，遗传资源丰富，在高海拔的桂北高寒山区以及中低纬度的桂南地区均有分布，多数为野生、半野生及地方品种，散生于房前屋后、田地边角、山腰陡坡间，包括柿、油柿、君迁子、山柿等，绝大部分为完全涩柿。

4. 经济作物种质资源类型与分布

经济作物种质资源是广西农作物种质资源的重要组成部分，通过"第三次全国农作物种质资源普查与收集行动"等项目的实施，从全区各普查、系统调查县（市、区）征集、收集到花生、黄麻、木薯、芝麻、苎麻、大麻、甘蔗等经济作物种质资源共820份，从种质资源收集数据统计分析结果来看，经济作物种质资源在广西分布广泛，其中花生、大豆、甘蔗种质资源在全区14个地级市均有分布。

（1）花生种质资源类型与分布

花生是广西重要的油料与经济作物。从历年来收集的花生种质资源来看，广西的花生资源根据品种分类可分为珍珠豆型、多粒型、普通型、龙生型等四大类型；根据生长习性划分，包含蔓生型、半蔓生型和直立型。但在"第三次全国农作物种质资源普查与收集行动"征集及收集的花生种质资源中，没有收集到龙生型和普通型的花生种质资源，且蔓生型和半蔓生型已经很少。1956~2020年广西农作物种质资源调查数据显示，广西花生种质资源主要分布于西江、南流江、钦江及湘江流域的丘陵红壤和沿河冲积地带。按当前的行政区域划分，玉林市、南宁市、贵港市、崇左市、柳州市、来宾市、钦州市为主产区，其次是梧州市、贺州市和桂林市，百色市、河池市种植较少。

（2）大豆种质资源类型与分布

广西大豆栽培历史久远，种质资源分布广泛且类型十分丰富，广西大豆种质资源主要可分为野生大豆种质资源和栽培大豆种质资源。野生大豆主要分布在来宾市象州县，柳州市融安县、鹿寨县，桂林市永福县、灵川县、兴安县、全州县、荔浦市、平乐县、恭城瑶族自治县、灌阳县、雁山区，贺州市昭平县、八步区等县（市、区），广西栽培大豆种质资源集中在河池市大化瑶族自治县、崇左市大新县、百色市凌云县、百色市西林县、河池市南丹县、河池市都安瑶族自治县等山区。与"第二次全国农作物种质资源普查与收集行动"专项数据进行对比发现，大豆种质资源的分布特点和农艺性状都有不同程度的改变。

（3）麻类作物种质资源类型与分布

麻类作物是韧皮纤维作物或叶纤维作物的一个集群，分属于不同的科、属、种（粟建光等，2016）。广西栽培的主要麻类作物有红麻、黄麻、苎麻、剑麻、大麻（火麻）、玫瑰茄（玫瑰麻变种）。其中，苎麻种质资源集中分布于桂林市平乐县、阳朔县、荔浦市、灌阳县、恭城瑶族自治县，梧州市苍梧县等地；玫瑰茄种质资源主要分布于桂林市永福县，玉林市，北海市合浦县，南宁市武鸣区等地；大麻（火麻）种质资源主要分布在河池市巴马瑶族自治县及邻近的东兰县、凤山县、南丹县、大化瑶族自治县、都安瑶族自治县等地，这些地区的少数民族聚居区历来有种植和食用火麻的习惯；剑麻种质资源主要分布于崇左市扶绥县、广西壮族自治区亚热带作物研究所（南宁市）；菜用黄麻在广西全区均可种植。

（4）茶树种质资源类型与分布

茶原产于中国，隶属于山茶科（Theaceae）山茶属（Camellia）。广西茶树种质资源丰富，全区 111 个县（市、区）中 60 多个县（市、区）均有茶树种质资源分布。其中，野生茶树种质资源的多样性丰富，百色市右江区、凌云县、隆林各族自治县、西林县、德保县等地主要为乔木，防城港市、崇左市扶绥县等地以小乔木为主，来宾市金秀瑶族自治县、贵港市桂平市等地有小乔木、灌木，贺州市、梧州市等地乔木、小乔木、灌木 3 种树型都有，桂林市龙胜各族自治县、柳州市融水苗族自治县等地为小乔木、灌木。而区内栽培茶树品种多是由野生种质资源驯化而来，随着人们对野生茶树种质资源的不断开发利用，形成了凌云白毫茶、桂平西山茶等多个独具特色的地方品种资源群体。

5. 甘蔗种质资源类型与分布

甘蔗种质资源是指甘蔗属及其近缘属植物，以及通过遗传改良获得的杂交品种、杂交亲本和中间材料，可分为栽培原种资源、野生种资源和杂交种资源。广西甘蔗野生资源丰富，是我国甘蔗野生资源的主要分布地区。广西甘蔗野生近缘植物种类有割手密、斑茅、河八王、滇蔗茅、蔗茅和芒，但是不同甘蔗野生近缘植物的分布有差异，如甘蔗属割手密、蔗茅属斑茅、芒属芒和五节芒广泛分布于广西各地，河八王属河八王主要分布在河池市、柳州市和桂林市部分县。

6. 绿肥作物种质资源类型与分布

广西绿肥作物种植历史悠久，原保存的绿肥作物种质资源主要有苕子、绿豆、豌豆、蚕豆、猪屎豆和紫云英等，占种质资源保存总数的 94.08%。在"第三次全国农作物种质资源普查与收集行动"及"广西农作物种质资源收集鉴定与保存"项目支持下，自 2016

年起，历时 4～5 年，在广西 111 个县（市、区）开展地毯式调查和收集行动，在 88 个县（市、区）277 个乡（镇）收集到不同绿肥作物种质资源 427 份，收集到的种质资源主要是田菁（124 份）、羊角豆（85 份）、紫云英（64 份）、猪屎豆（62 份）、决明（46 份）、红萍（34 份）等，占收集保存种质资源总数的 97.19%。广西绿肥作物种质资源分布广泛，在广西各县（市、区）均有分布。

7. 药用植物种质资源类型与分布

广西是我国四大药材产区之一，铁皮石斛、山银花、白及、桄榔、赤苍藤、凉粉草等广西特色中药材种质资源较多。桂北、桂西北地区主要是铁皮石斛、山银花、白及等药用植物；桂东地区的药用植物主要是赤苍藤、桄榔等；桂南、桂西南地区主要是桄榔、凉粉草等，以及少量的白及和山银花。

8. 菌类作物种质资源类型与分布

菌类作物种质资源的分布与生态环境密不可分，不同的植被类型、温度、湿度等与食用菌的种类密切相关。如桂南地区，年平均气温较高，降水量较大，常绿阔叶林分布广泛，灰肉红菇（红椎菌、红菌）、红色红菇、鸡油菌、巨大口蘑、双孢蘑菇、多种牛肝菌类、木耳属、灵芝属、虫草属、线虫草属等菌类作物种类分布较多；桂北地区，年平均气温较低，降水量适中，昼夜温差较大，针阔混交林分布较多，松乳菇、鸡枞菌属、香菇、紫芝、竹荪、少数牛肝菌属等分布较多；桂中地区，年平均气温、降水量适中，植被类型多样，分布的物种依据不同季节呈现出"南北混合"的状态，既有桂南地区特色的灰肉红菇、牛肝菌属、鸡油菌属、鸡枞菌属等菌类作物种类，又有稍具特色的中华鹅膏、珊瑚菌等物种分布。

9. 花卉种质资源类型与分布

（1）野生兰花种质资源类型与分布

广西境内兰科植物 113 属，划分为 4 个等级，其中具有 10 种以上的优势属共有 8 个。受气候和地形地貌的双重影响，防城港市、崇左市、百色市是广西野生兰科植物分布最丰富的区域；河池市和柳州市次之；第三则是桂林市及贺州市北部区域；其他区域兰科植物也常见分布，只是相对于以上 3 个集中分布区丰富度较低。

（2）茉莉花种质资源类型与分布

我国茉莉花主要产区在广西南宁市横州市、四川乐山市犍为县、福建福州市、云南玉溪市元江哈尼族彝族傣族自治县等，主要种植双瓣茉莉。其中，南宁市横州市是"中国茉莉之乡"，茉莉花产量占全国总产量的 80%，具有"面积大、产量高、质量好、花期长"四大优势。

（3）金花茶种质资源类型与分布

广西金花茶种质资源丰富，目前 14 个中国特有种中除簇蕊金花茶（*Camellia fascicularis*）在云南分布，其余均分布于广西。从金花茶种类的区域分布情况来看，金花茶集中分布在桂南地区，桂西地区有少量分布。

（4）睡莲种质资源类型与分布

根据生活型分类，睡莲可分为耐寒睡莲和热带睡莲。广西的气候非常适宜热带睡莲种植及种质资源的保存，在广西大部分地区几乎可全年开花和生长。目前南宁市、柳州市、玉林市、贵港市、百色市平果市、来宾市武宣县等市（县）有一定面积的睡莲种植，种植单位主要为科研单位、企业、农业合作社及公园等。耐寒睡莲生长情况整体上在广西表现不佳，常见的综合性状优良的品种有'品瓦里'[①]睡莲（Nymphaea 'Pin Waree'）、'科罗拉多'睡莲（N. 'Colorado'）、'克莱德艾肯斯'睡莲（N. 'Clyde Ikins'）等。

（5）苦苣苔种质资源类型与分布

广西现有的苦苣苔科植物属数量是我国最多的，种数量仅次于云南而位居第二。截至2020年11月，广西拥有的苦苣苔科植物属数为33属，苦苣苔科植物的分布几乎覆盖了区内全境，除北海市外，从南到北、从东到西均有分布。区内苦苣苔科的种类和属数量丰富，但属内种间分化明显，除报春苣苔属（Primulina）之外，大部分属内所包含的种及种下变种数量较少。

（6）秋海棠种质资源类型与分布

根据对已有文献资料的统计，发现广西地区分布公开发表的秋海棠属植物已达100种，包括种92个、亚种1个、变种6个、天然杂交种1个，仅次于云南的119种（董莉娜和刘演，2019；税玉民等，2019；爱棠iBegonia，2022），约占全国总数的38%，其中广西特有种约60种。但结合本次实地种质资源调查情况来看，上述数据将进一步明显增加。此外，结合文献资料发现，广西地区秋海棠种质资源分布呈现明显的西多东少的现象。尤以崇左市、百色市、河池市3个市分布数量最多，而贵港市、钦州市、贺州市、北海市、玉林市、梧州市6个市分布数量相对较少，其中北海市目前资料显示尚无分布。

（7）杜鹃花种质资源类型与分布

广西杜鹃花分布与广西土山山脉分布完全一致（欧祖兰等，2003），主要分布在桂东北、桂中、桂北、桂西北地区，其中桂东北是广西杜鹃花种质资源种类最丰富的地区。

（三）获得了一批重要的基础资料

通过"第三次全国农作物种质资源普查与收集行动"，共收集到粮食作物、经济作物、果树作物、蔬菜作物、菌类作物及花卉等农业生物种质资源5105份，其中粮食作物2401份、经济作物820份、果树作物367份、蔬菜作物1191份、花卉262份、菌类作物64份。采集的每份种质资源均记录了其学名、品种（种质）名称、采集地、分布的海拔和经纬度、突出特点和利用途径、资源照片、提供者及采集人等基本信息。这些信息对于进一步了解广西农作物种质资源消长变化、加强种质资源保护及开发利用、国家农作物种质资源多样性保护具有极高的价值。

（四）通过鉴定评价发现了一批具有价值的种质资源

1. 发现一批优异的珍稀种质资源

通过调查收集，基本摸清了广西大部分农作物种质资源的情况，对当地农作物种质资

---

① 鉴于本书体例，书中作物品种名称不加注单引号。因花卉等作物的品种名称较为特殊，为免误读，这些品种名称在正文中加注单引号表示。

源的种类、分布、生长情况、生态环境以及威胁因素等关键信息有了清晰而全面的了解和掌握，同时也发现了一批优异的种质资源。例如，在割手密种质资源中锤度最高达 18.5%，大于 17% 的材料有 10 个，这些材料可作为甘蔗杂交亲本，改良现有甘蔗品种的糖分、宿根性。斑茅种质资源中株高最高达 514cm，高大型斑茅作为亲本可改善现有甘蔗品种的产量、生物量。芒具有高生物量，与甘蔗杂交可改良宿根性、适应性。河八王具有高抗黑穗病的特性，与甘蔗杂交后可获得抗黑穗病新亲本。又如，高抗霜霉病和根结线虫的上思野生葡萄。另外，发现了一批优良特色地方品种，如那坡小黄姜、上思野生生姜、爆裂玉米、黄姚黑豆、东庙旱藕、翰田红粟米、溪庙穄子、"广州妹"和"大粒谷"米粉专用稻、灵川野生番茄、灌阳雪萝卜、地灵红糯、上隆香糯、恭城月柿等。此外，收集的部分柑橘、荔枝、龙眼、香蕉、阳桃、菠萝、杧果、油梨果实品质高，具有贮藏性和抗病性，可以作为杂交育种的亲本，培育更高效、更有特色、更优质的优良品种。

2. 发现新种 1 个

在对广西百色市乐业县的雅长兰科植物国家级自然保护区开展调查时，在海拔 1685m 潮湿的盘古王沟边，发现山兰属一个物种，该种花朵小，花萼和花瓣黄色，花瓣与唇瓣上都有紫色斑点，与同属的山兰比较接近，但是前者以唇瓣长圆形、唇瓣中裂片先端 2 裂为明显特征而区别于山兰。根据资料，该物种为山兰属 1 新种，根据地名命名法则，以发现地广西乐业县雅长兰科植物国家级自然保护区的地名命名为雅长山兰（图 1-1）。根据扩展区域调查结果，雅长山兰仅在中国西南的广西雅长兰科植物国家级自然保护区内有分布，只有 1 个居群，种群数量不超过 100 株。

雅长山兰分布在亚热带落叶阔叶林下，海拔为 1650～1690m。伴生物种主要为西南桦、栓皮栎、拟赤杨、大花斑叶兰和细花虾脊兰。

3. 发现广西植物分布新记录种 2 个

在对广西雅长兰科植物保护区开展野生花卉种质资源调查时，在蓝家湾天坑壁上发现一个植株小而特殊的兰科植物。该种株高 18～20cm，茎直立，基部具 5 或 6 片集生成莲座状的叶。花茎直立，被较密的、腺状具节的长柔毛；总状花序具多、稍密集、近偏向一侧的花；花小，白色，半张开。经拍照、鉴定和查询文献后，确定该种为莲座叶斑叶兰，属于广西新记录种（图 1-2）。

广西兰科植物分布新记录种——蔓生山珊瑚（图 1-3）。蔓生山珊瑚原分布于中国海南、云南，以及印度、缅甸、越南、泰国、马来西亚、印度尼西亚、菲律宾。在广西发现蔓生山珊瑚新分布，打破了山珊瑚属在广西仅 1 个种的记录，填补了原分布区最北部的缺口，证明该物种在总体上呈连续分布状态。蔓生山珊瑚广西新分布的发现，在研究该物种的分布格局和地理起源等方面有重要意义。

（五）建立广西农作物种质资源数据库（广西农作物种质资源信息网）

1. 种质资源数据平台总体技术路线

广西农作物种质资源数据平台采用 B/S 结构，利用 Python 3.6 编程语言、Django 2.2 框架、MySQL 5.7 数据库进行开发设计。设计了基于 PC 端和移动端、外部用户通过浏览器即可访问的平台系统。

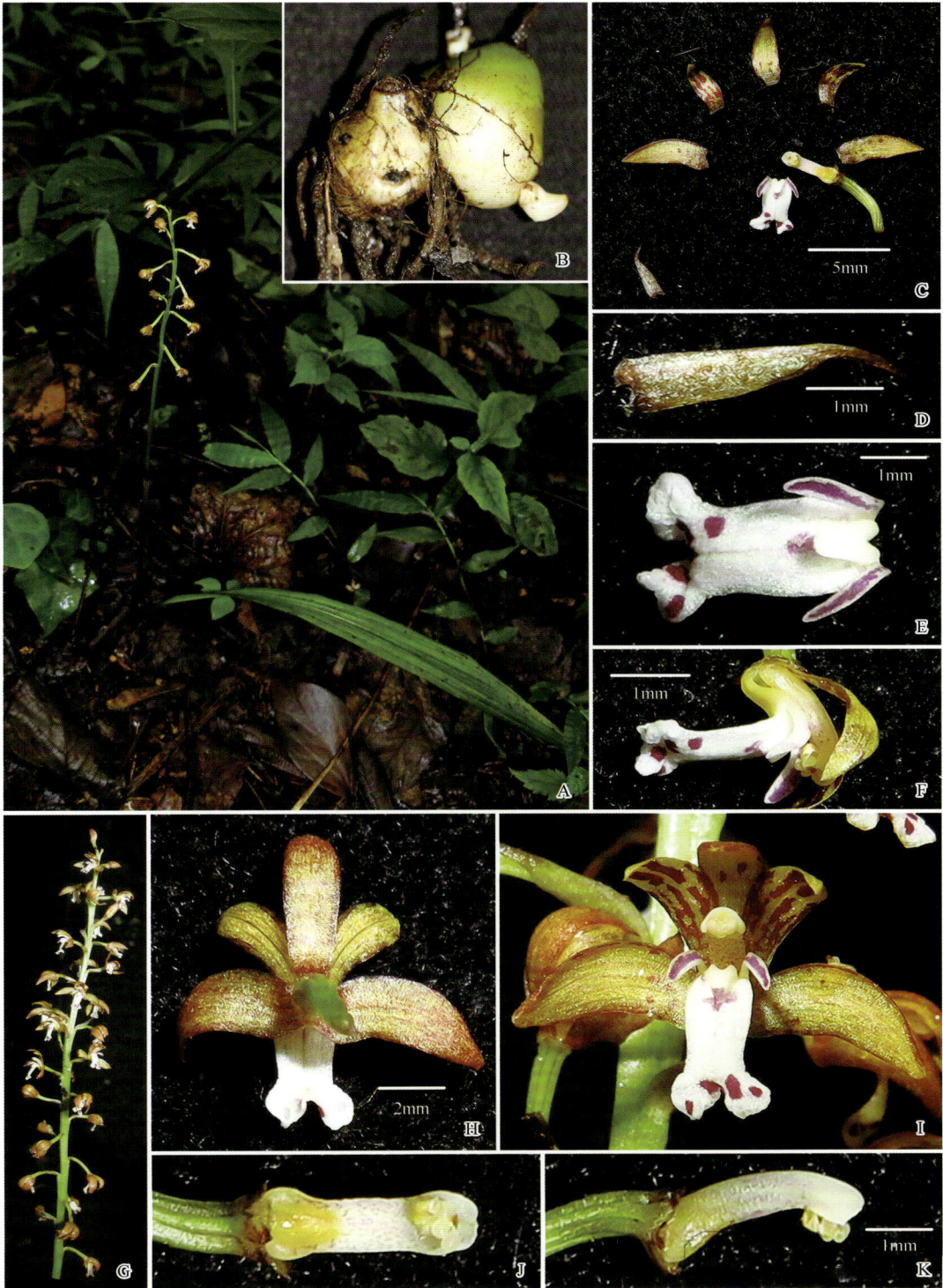

图 1-1　雅长山兰

A. 生境；B. 根与假鳞茎；C. 花朵组成部分；D. 萼片；E. 唇瓣前视；F. 花朵侧视；G. 花序；
H. 花朵后视；I. 花朵前视；J. 柱头前视（花粉块）；K. 柱头侧视

图 1-2　莲座叶斑叶兰

图 1-3　蔓生山珊瑚

A. 植株和生境；B. 花枝；C. 花序及气生根；D. 花正面观；E. 花朵解剖（萼片、花瓣、唇瓣、合蕊柱及子房）；
F. 花萼背面、合蕊柱和子房；G. 茎及肉质鳞片；H. 新生花序

2. 种质资源数据平台功能模块的构建

广西农作物种质资源信息网功能模块包括工作动态、种质信息库、优异种质、育成品种、重要资源、政策法规、资源获取等栏目。建设有广西农作物种质资源微信公众号，实现移动端访问。该平台集成了广西最全的农作物种质资源信息数据，包含粮食作物、经济作物、果树作物、蔬菜作物、花卉、中草药、绿肥作物等多个农作物种质类别，分别建设了种质信息库、优异资源库和育成品种库，保存了广西实施"第三次全国农作物种质资源普查与收集行动"和"广西农作物种质资源收集鉴定与保存"的成果，还保存了目前广西历年育成的品种信息，收集信息齐全。建成的共享平台既有 PC 端又支持手机移动端访问和查询，是目前广西最全面的农作物种质资源共享平台。广西农作物种质资源共享服务平台的建立在促进农业种质资源信息共享利用、政府宏观决策支持、科普教育等方面发挥十分重要的作用。此外，该平台对外提供信息共享服务能力，有力地促进了种质资源实物共享，提高种质资源的利用效率。

3. 种质资源数据平台手机移动端的开发

为方便广西种质资源的信息查询、共享，开发了广西农作物种质资源移动端公众号，公众号设置行业信息（工作动态、政策法规）、种质资源（优异资源库、育成品种库）、资源获取（联系方式、种质申请）等模块，可实现在线资讯获取、种质信息查询和资源获取功能。

二、普查与收集重要发现

（一）玉米普查收集重要发现

在地种植的以饲用为主的普通玉米地方品种尤其是硬粒型品种流失严重，流失率超过 50%。而特用玉米品种，即糯玉米、甜玉米、爆裂玉米有所增加，这与当前玉米产业发展有密切关系。

玉米地方种种植面积进一步萎缩，绝大部分品种属于小范围、小面积的零星种植，有些品种面积只有 1～2 分地（1 分地=0.1 亩，1 亩≈666.7m²，后同），存在进一步流失的巨大风险。

玉米地方品种的地域分布有所变化，部分县（市、区）玉米地方品种已完全消失。种质资源集中在桂西、桂西北和桂南地区的河池市、百色市、南宁市等，桂南和桂东南地区较少。目前，全区 111 个县（市、区）中有 30 个县（市、区）没有收集到地方品种，尤其是市城区，县域只有玉林市北流市、容县以及北海市合浦县没有收集到玉米种质资源。

普查收集到了一些在产量、抗性、品质等方面表现优异的种质资源，这些种质资源可以进一步被开发利用。例如，来宾市忻城县的板河小粒糯和大粒珍珠糯，河池市宜州区的怀远糯和北关糯玉米，河池市巴马瑶族自治县的那社爆玉米，桂林市灌阳县的集全爆裂玉米，等等，这些品种具有产量较高或品质优、食味好、综合抗性优良等特点，在生产及遗传育种质创新和新品种选育等方面具有进一步开发利用的潜力。来宾市忻城糯目前已申请地理标志农产品，常年种植面积在 2000～2500hm²，主要特点是风味好，产量稳定，干籽粒用于加工成糯玉米头出米率高，忻城糯玉米头也是广西久负盛名的特色农产品；宜州（宜山）糯在广西糯玉米育种及种质改良创新上具有较高的利用价值，广西育成及推广的糯玉米品种中很多亲本来源于宜山糯或其衍生系莫宜糯，是糯玉米育种的重要基础材料，为广西糯玉米产业发展做出了重要贡献。

（二）薯类作物普查收集重要发现

1. 甘薯普查收集重要发现

（1）部分甘薯种质具有地域性的分布特点

对本次调查收集的种质资源进行查重鉴定后，发现不同的种质具有不同的分布特点。例如，槟榔薯的收集地域分布在 24 个县（市、区），涉及 34 个乡（镇）37 个村，尽管在各地的名称不同，有花心薯、紫心薯、紫花心薯、蓝心薯、乌心薯等，有的地方甚至直接称为红薯，但经鉴定后确认为同一种质——槟榔薯。从水平分布来看，该品种在广西各地均有种植，是所有品种中分布最广的一个甘薯种质；黄皮黄心薯主要分布在河池市大化瑶族自治县、天峨县、南丹县和百色市凌云县等桂中、桂西地区；南瓜薯主要分布在桂林市资源县、恭城瑶族自治县、荔浦市、灵川县和灌阳县等桂北一带；紫薯在桂东、桂南、桂西、桂北均有分布；六十日薯在广西各地均有分布。说明这些品种在广西的分布较广泛。

（2）部分种质遭到淘汰而消失，同时出现新的种质

近年来，随着育种技术的发展、优良品种的推广、种植业结构的调整和土地经营方式等的变化，很多地方甘薯种质遭到淘汰而消失，但甘薯作为广西重要的粮食或经济作物，在广西各地仍获得广泛种植，多样性的生态环境、耕作制度，以及长期的人为选择，使新的甘薯种质形成。例如，20 世纪 70 年桂林市灌阳县的范国佳培育出闻名全国的灌阳大红薯，采用的品种就是白二八三（原名二八三），该品种产量高、结薯性好，但食味品质一般。在饥荒年代，由于缺少大米等粮食物资，人们急需大量的粮食替代品作为日常口粮补充，高产、抗旱、耐贫瘠的甘薯则成为首选作物，因此产量高、结薯性好的二八三在当地获得广泛种植，之后随着粮食危机解除，人们对食物的要求已从当初的饱腹向营养及美味等方向转变，因此二八三逐渐退出了生产，直至消失，故本次在桂林市灌阳县未能收集到该种质，但收集到了另外一个地方种质红二八三。对于红二八三的来由，据范国佳老人介绍，该品种薯皮红色、产量高、薯块大，有培育成大红薯的潜质，颇有当年二八三的风范，为了将两个品种区别开，人们把红皮的品种称为红二八三，而把原来白皮的二八三称为白二八三。据当地农户反映，红二八三的食味品质较好，熟食口感细腻软滑、香甜可口，尤其是收获后放置糖化一段时间后再蒸煮，剥皮后"流糖"效果非常好，口感十分甜美，深受当地人们喜爱，因而获得较广泛的种植，并得以长期保留下来，而食味品质一般的白二八三则被弃耕直至消失。

（3）加工业兴起，部分甘薯种质资源得到产业化发展

第二次种质资源收集普查于 1983～1985 年进行，此时处于改革开放初期，甘薯仍然是这些地区的主要粮食作物，作为主食直接鲜食以达到饱腹的目的，很少有甘薯加工业。而本次全区大范围调查发现，很多地区都有一定规模的甘薯薯脯及甘薯粉丝加工。近年来，

由于人们生活水平的提高，人们对食物的需求已从饱腹到营养、健康、美味等多样化以及产品多元化方向发展，因此甘薯初加工产品甘薯薯脯和甘薯粉丝在市场深受人们喜爱，具有较高的市场价格，催生了很多甘薯薯脯和甘薯粉丝加工产业。这些地区因地制宜地选择适宜加工的甘薯种质进行加工，获得了较高的经济效益，为当地的脱贫攻坚做出了积极贡献。

通过"第三次全国农作物种质资源普查与收集行动"发现，有的甘薯种质资源不仅种植历史悠久，而且产业化应用程度很高，个别种质甚至在全区范围内均有分布，如防城港市东兴市的姑娘薯，作为当地主栽品种，已有 200 多年的种植历史，2010 年获国家农产品地理标志认证，并成为广西的名牌产品，近 10 年来年种植面积为 2 万亩左右，是当地特色农业产品之一。槟榔薯作为广西分布范围最广的地方甘薯品种，也有近百年的种植历史。在柳州市三江侗族自治县，河池市都安瑶族自治县、东兰县，百色市凌云县、乐业县等地产业化应用较高，这些地区主要采用"合作社+农户"的经营模式，以品牌化和规模化为发展方向，一二三产业融合发展，提高了甘薯种植的综合效益，成为当地农户增收致富的主要途径。甘薯种质资源的合理利用，对于推动甘薯产业扶贫、促进农民增收、实施乡村振兴战略具有重要意义。

2. 木薯普查收集重要发现

研究结果表明，广西地方食用木薯种质资源遗传多样性具有一定的丰富度，可为优异基因种质资源挖掘和创制特色食用木薯新品种奠定基础。项目组通过营养品质和加工品质的鉴定评价，筛选出一批氢氰酸含量低、适宜制作丰富多样木薯食品的优异种质资源，如蒸煮食用口感香、粉的沙田木薯，口感糯质 Q 弹的岭脚木薯，鲜食口感脆甜的锣圩木薯等。

3. 淮山普查收集重要发现

对于收集到的种质资源，经过系统方法，我们选育出了桂淮系列淮山新品种，包括桂淮 2 号、桂淮 5 号、桂淮 6 号、桂淮 7 号、桂淮 10 号、桂淮 11 号、桂淮 12 号、桂淮 13 号、桂淮 14 号、桂淮 15 号、桂毛薯 1 号等，其中桂淮 5 号、桂淮 6 号曾经为广西地区的主栽品种，而桂淮 2 号、桂淮 7 号、桂淮 11 号至今仍然是广西地区的主栽品种。

4. 葛普查收集重要发现

根据当地农户对本地种质资源的认知，以及对所收集的种质资源进行分类和评价，结合表型精准鉴定和分子标记技术对种质资源进行鉴定评价，筛选出优异的葛种质资源 26 份，分别获得了适于菜用、加工、药用、开发花茶、饲用等各类葛种质资源。

5. 旱藕普查收集重要发现

根据调查发现，广西全区 14 个地级市均有旱藕种质资源分布，其中有紫边绿叶、绿叶和紫叶 3 种外观类型，主要分为加工、食用和药用 3 种用途类型。广西绝大多数旱藕种质资源为加工型旱藕，即淀粉含量较高，主要用于提取淀粉；食用型旱藕即淀粉含量较低，糖分较高，当地主要用于鲜食、炒食或火锅等，成为当地群众喜爱的菜肴。本次收集到 2 份药用型旱藕，据当地人介绍，其煮食可有效祛除冷汗虚汗、治疗肠胃病等。近年来，广西旱藕产业发展得到地方政府的高度重视，河池市、百色市、南宁市、崇左市等地的许多大石山区将旱藕产业定为致富产业，在广西的脱贫攻坚和乡村振兴中发挥了重要作用。

（三）杂粮普查收集重要发现

1. 薏苡普查收集重要发现

首次发现水生薏苡新变种——白柱头的潭东水生薏苡，过去所收集的广西水生薏苡柱头均为紫色，而潭东水生薏苡柱头为白色。潭东水生薏苡（*Coix aquatica*）为广西水生薏苡新发现种，在梧州市藤县有零星分布。在南宁市种植表现：株高 297.3cm，单株茎数 12～14 个，茎粗 1.17cm，籽粒着生层高度 65cm，苞果长 0.99cm、宽 0.61cm，根系发达，茎黄绿色，茎秆髓部蒲心海绵质地无汁、气孔发达，柱头白色，雄小穗无花药，苞果黄白色珐琅质地，近圆柱形，苞果内无果仁空粒，为雄性不育植株。抗病虫性强，靠茎无性繁殖后代。柱头白色为最原始的野生水生薏苡，在薏苡起源研究上有较高的学术价值。

对广西 14 个地级市 87 个主要农业县级区域进行了全面、系统和深入的薏苡种质资源收集，共收集到薏苡地方品种、小果野生薏苡、野生薏苡和水生薏苡种质资源 224 份，入库保存 198 份，高于广西历次薏苡种质资源收集入库总数。这些资源为种质资源的挖掘利用和新材料、新品种的创制奠定了扎实的基础。

对收集的 205 份薏苡种质资源的植物学性状和农艺性状进行繁种鉴定评价，筛选出地方优异薏苡种质资源 87 份，其中特别优异的种质资源有 15 份，可供科研、育种或生产上直接利用。15 份特别优异的种质资源介绍如下。①有重要遗传多样性、生物进化研究价值、药用价值的百色市靖西市的新甲水生薏苡和梧州市藤县的潭东水生薏苡。②适应性广、高产优质、抗病的崇左市天等县的福星野薏苡。③大粒（百颗重≥30g）、壮秆、抗白叶枯病、药用价值高的优异野生薏苡种质资源：桂林市平乐县的榕津薏苡、贺州市钟山县的黄岭薏苡、梧州市岑溪市的振大薏米和大南薏苡、梧州市藤县的旺国薏米和雅瑶薏米、贵港市平南县的雅水薏米、防城港市上思县的渠坤薏苡。④适应性广、优质的地方优异薏苡种质资源：百色市乐业县的龙洋川谷、百色市西林县的那哈薏米、贵港市平南县的的新河薏米、桂林市荔浦市的双安六谷米。

2. 荞麦普查收集重要发现

首次在广西收集到野生荞麦 37 份，其中 11 份可开花结果、26 份只开花不结果，既可粮用、饲用和菜用，又具有很高的药用价值。

首次对收集的 15 份野生荞麦植株、8 份荞麦籽粒分别进行蛋白质、淀粉、粗脂肪、氨基酸和微量元素硒含量的品质分析。野生荞麦植株蛋白质含量 12.35%～23.48%，平均含量 16.07%；淀粉含量 8.21%～16.28%，平均含量 11.77%；粗脂肪含量 1.93%～4.48%，平均含量 3.07%；氨基酸含量 2.12～7.57g/kg，平均含量 5.01g/kg；硒含量 0.027～0.107g/kg，平均含量 0.07g/kg。荞麦籽粒蛋白质含量 7.27%～14.76%，平均含量 11.59%；淀粉含量 34.13%～48.10%，平均含量 42.77%；粗脂肪含量 1.41%～3.70%，平均含量 2.72%；氨基酸含量 1.32～7.26g/kg，平均含量 4.55g/kg；硒含量 0.060～0.120g/kg，平均含量 0.09g/kg。广西野生荞麦植株蛋白质含量高，蛋白质平均含量达 16.07%。

对广西 14 个地级市 87 个主要农业县级区域进行了全面、系统和深入的荞麦种质资源收集，共收集到甜荞地方品种、苦荞地方品种、野生荞麦种质资源 115 份，入国家种质库长期保存的荞麦种质资源 22 份,入广西农业科学院种质库保存的有 81 份,高于广西历次荞麦种质资源收集入库总数。这些资源为种质资源的挖掘利用和新材料、新品种的创制奠定了扎实的基础。

对收集的 83 份荞麦种质资源的植物学性状和农艺性状进行繁种鉴定评价,筛选出地方优异荞麦种质资源 40 份,其中特别优异的杂粮种质资源有 11 份,可供科研、育种或生产上直接利用。11 份特别优异的荞麦种质资源介绍如下。①茎、叶蛋白质含量≥16.0% 的野荞麦优异种质资源有桂林市永福县的清坪野三角麦、桂林市资源县的车田野荞麦、柳州市三江侗族自治县的高岩野荞麦、河池市大化瑶族自治县的弄合野荞、南宁市马山县的独山野荞麦;②早熟优异种质资源有百色市德保县的巴头甜荞;③矮秆优异种质资源有河池市宜州区的建立春荞;④大粒富硒(0.12mg/kg)的桂林市全州县的瓦渣荞麦;⑤花粉白色、蜜源优、观赏价值高的南宁市隆安县的龙礼荞麦;⑥抗旱、耐寒、药用价值高百色市凌云县的弄王苦荞、百色市隆林各族自治县的牛场苦荞。

3. 籽粒苋普查收集重要发现

首次在广西域内较全面地收集到苋、繁穗苋、绿穗苋、尾穗苋、野生刺苋、青葙等籽粒苋种质资源 127 份。

首次对收集的 61 份籽粒苋植株和籽粒分别进行蛋白质、淀粉和微量元素硒含量的品质分析,结果表明:①植株茎、叶蛋白质含量 14.07%~27.44%,平均含量 18.96%;淀粉含量 9.18%~22.50%,平均含量 13.61%;粗脂肪含量 0.1%~2.0%,平均含量 0.808%;硒含量 0.025~0.062g/kg,平均含量 0.042g/kg。②籽粒蛋白质含量 12.1%~16.7%,平均含量 14.59%;淀粉含量 29.1%~51.4%,平均含量 41.37%;粗脂肪含量 3.5%~7.5%,平均含量 4.89%;硒含量 0.002~0.112g/kg,平均含量 0.056g/kg。由此可见,广西籽粒苋蛋白质含量丰富,植株茎、叶蛋白质含量高达 27.44%,籽粒蛋白质含量高达 16.7%。

对广西 14 个地级市 87 个主要农业县级区域进行了全面、系统和深入的籽粒苋种质资源收集,共收集到籽粒苋种质资源 127 份,已入国家种质库长期保存 10 份,入广西农业科学院种质库保存 118 份,高于广西历次籽粒苋种质资源收集入库总数。籽粒苋收集实现了广西行政区域全覆盖。这些资源将为种质资源的挖掘利用和新材料、新品种的创制奠定扎实的基础。

对收集的 122 份籽粒苋种质资源的植物学性状和农艺性状进行繁种鉴定评价,筛选出地方优异荞麦种质资源 56 份;特别优异的杂粮种质资源有 13 份,可供科研、育种或生产上直接利用。13 份特别优异的籽粒苋种质资源如下:①蛋白质含量≥15.5% 且硒含量≥0.1mg/kg 的籽粒苋优异种质资源有百色市乐业县的板洪红米菜、同乐红米菜、龙瑶白籽苋等;②籽粒蛋白质含量≥16.0% 的高蛋白籽粒苋优异种质资源有百色市凌云县的洋妹红米菜和逻西籽粒苋、百色市那坡县的那赖红穗苋和龙合红米菜、河池市凤山县的陇罗红米菜、桂林市灌阳县的坝石屯苋菜;③茎、叶蛋白质含量≥20.0% 的苋菜优异种质资源有河池市凤山县的寿源红米菜、河池市巴马县的命河红米菜、百色市凌云县的弄谷红米菜、百色市乐业县的龙南红米苋。

4. 穄子普查收集重要发现

对广西 14 个地级市 87 个主要农业县级区域进行了全面、系统和深入的穄子种质资源收集，共收集到穇子种质资源 170 份，入国家作物种质库保存穇子种质资源 58 份，入广西农业科学院种质库保存 153 份，高于广西历次穇子种质资源收集入库总数。实现了穇子种质资源收集在广西行政区域全覆盖。这些资源为种质资源的挖掘利用和新材料、新品种的创制奠定了扎实的基础。

首次大规模对收集的 156 份穇子种质资源的植物学性状和农艺性状进行繁种鉴定评价，全为地方老品种，熟期不一、穗形多样、遗传多样性丰富。鉴定评价筛选出地方优异穇子种质资源 61 份，其中特别优异的种质资源有 12 份，可供科研、育种或生产上直接利用。蛋白质含量≥10% 且硒含量≥0.1mg/kg 的穇子优异种质资源有 12 份：桂林市龙胜各族自治县的平定穇子、麻岭穇子，百色市凌云县的莲灯穇子，百色市隆林各族自治县的委尧红稗，河池市东兰县的泗孟鸭脚粟，南宁市武鸣区的马头红稗，河池市融水苗族自治县的洞头糯穇籽，北海市合浦县的常乐鸭脚粟，河池市南丹县的红汉穇子，贺州市富川瑶族自治县的洞井穇籽，桂林市全州县的蕉江穇子，百色市田林县的茅草坪红稗等。

5. 高粱普查收集重要发现

首次收集到特长穗（穗长 56.25cm）珍稀高粱种质资源 1 份。

对广西 14 个地级市 87 个主要农业县级区域进行了全面、系统和深入的高粱种质资源收集，共收集到高粱种质资源 442 份，入国家种质库保存高粱种质资源 79 份，入广西农业科学院种质库保存 420 份，高于广西历次高粱种质资源收集入库总数。实现了高粱种质资源收集在广西行政区域全覆盖。这些资源为种质资源的挖掘利用和新材料、新品种的创制奠定了扎实的基础。

首次大规模对收集的 421 份高粱种质资源的植物学性状和农艺性状进行繁种鉴定评价，鉴定评价筛选出地方优异高粱种质资源 100 份，其中特别优异的种质资源有 13 份，可供科研、育种或生产上直接利用。13 份特别优异的种质资源介绍如下。①茎秆粗壮、抗倒伏，锤度≥15% 的甜高粱优异种质资源有桂林市资源县的洞田红高粱、咸水口甜高粱，柳州市三江侗族自治县的高岩甜高粱，贺州市平桂区的清水塘甜高粱，桂林市荔浦市的福文甜高粱。②抗旱、抗蚜虫、质优的高粱种质资源有梧州市藤县的仁安红高粱、河池市都安瑶族自治县的伍仁黑高粱。③特长穗（56.25cm）、高秆茎粗的百色市西林县的水头红高粱。④白粒、质优、抗蚜虫、爆粒率≥97% 的优异种质资源有防城港市上思县的华兰白高粱、崇左市大新县的德天白高粱、梧州市岑溪市的六凡爆裂高粱、玉林市容县的五一白高粱。⑤矮秆大粒（千粒重 29.74g）的南宁市上林县的内蓬高粱。

6. 谷子普查收集重要发现

首次在广西域内收集到谷子近缘野生种狗尾草 26 份，丰富了广西谷子近缘野生种质资源种类和数量。

所收集到的广西谷子种质资源均为地方品种资源，小粒种，穗形和粒色多样，85% 以上为糯性，具有遗传多样性。

对广西 14 个地级市 87 个主要农业县级区域进行了全面、系统和深入的谷子种质资源收集，共收集到谷子地方品种、近缘野生种狗尾草种质资源 173 份，入国家种质库长期库保存谷子种质资源 42 份，入广西农业科学院种质库保存 138 份，高于广西历次谷子种质资源收集入库总数。谷子种质资源收集实现了广西行政区域全覆盖。这些资源为种质资源的挖掘利用和新材料、新品种的创制奠定了扎实的基础。

对收集的 140 份广西谷子地方种质资源的植物学性状和农艺性状进行繁种鉴定评价，鉴定评价筛选出地方优异谷子种质资源 63 份，其中特别优异的种质资源有 9 份，可供科研、育种或生产上直接利用。9 份特别优异的种质资源介绍如下：抗旱质优的河池市东兰县的隆通糯小米、河池市罗城仫佬族自治县的小山黑小米，长穗长刺毛的桂林市兴安县的保林粟子，质优佳酿的河池市环江毛南族自治县的高王小米，适合间套种植、机械收割的百色市西林县的旺子黄小米，紫颖长穗的南宁市隆安县的荣朋糯小米，种植百年的百色市凌云县的陇浩黑小米，穗型独特的百色市隆林各族自治县的者艾小米，早熟抗旱耐盐碱的北海市合浦县的本地黄粟。

（四）蔬菜作物普查收集重要发现

1. 采集到多份野生苦瓜属种质资源

在南宁市马山县、百色市平果市、百色市乐业县、河池市天峨县等地采集到野生苦瓜属种质资源，经初步鉴定为葫芦科苦瓜属凹萼木鳖。凹萼木鳖为雌雄异株，种子发芽率较低，此次收集不仅获得凹萼木鳖的种子，还获得雌雄植株，为日后开展苦瓜远缘杂交育种研究提供了很好的材料（图 1-4）。

图 1-4　凹萼木鳖

2. 首次收集到红皮生姜种质资源

在百色市德保县采集到 1 份红姜种质资源，该种质资源姜块皮色暗红色，具有浓烈姜味，在当地药食两用，是该地区特有的生姜种质资源，为日后开展红皮生姜育种研究提供了材料（图 1-5）。

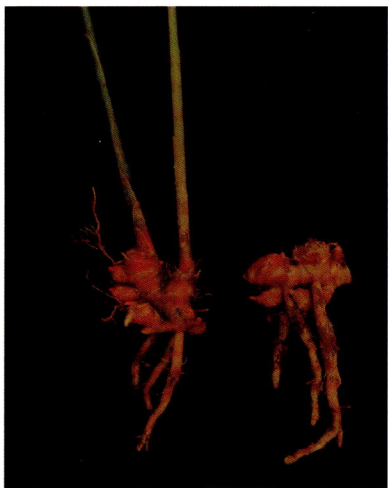

图1-5　红皮生姜

（五）经济作物普查收集重要发现

1. 大豆普查收集重要发现

广西大豆种质资源有栽培大豆（*Glycine max*）和野生大豆（*Glycine soja*）两种，栽培大豆全区均有分布，野生大豆分布区域为北纬24°04′以北，广西被认为是野生大豆分布的南缘。

广西大豆地方种质资源的分布特点有变化。自20世纪50年代初以来，广西已经开展了5次不同规模的大豆地方种质资源调查与收集，前4次共收集大豆地方种质资源663份，鉴定评价广西51个县（市、区）春大豆221份、夏大豆442份。此次调查行动中发现26个县（市、区）有春大豆地方种质资源，但仅收集到45份。原来有春大豆种质资源的地区，如河池市巴马瑶族自治县、东兰县、凤山县、环江毛南族自治县，南宁市宾阳县、横州市，崇左市扶绥县、龙州县，北海市合浦县，百色市乐业县、隆林各族自治县，柳州市柳城县、柳江区，玉林市陆川县，桂林市平乐县等县（市）在此次种质资源调查过程中没有收集到春大豆；而原来没有收集到春大豆种质资源的地区，如桂林市兴安县、贺州市昭平县、百色市凌云县、贺州市富川瑶族自治县、防城港市、钦州市等县（市）此次共收集到13份；另外，还收集到夏大豆地方种质资源308份，秋大豆种质资源29份。采集地点多为偏远贫困山区，地理环境相对闭塞，交通不便利，种植年限多在30年以上，种源来源于邻里相传，种植在田间地头且仅供自家食用，普遍种植面积不大。说明随着大豆新品种的推广普及、农业种植结构调整、城镇化发展、农村劳动力减少以及气候变化，很多大豆地方种质资源消失，同时也会出现一些新的地方种质资源。

原来有野生大豆分布的河池市南丹县和百色市乐业县在此次调查中没有发现野生大豆种质资源，可能这两个县的野生大豆种质资源已灭绝，其余县份的野生大豆由于受城镇建设、开垦、生态环境等诸多因素的影响，其分布点、覆盖面积等也在发生变化。

研究发现一批可直接产业化开发的优异种质资源。此次种质资源普查与收集行动中，收集到如平果珍珠黄豆、黄姚黑豆、巴马黑豆、巴马黄豆、都结黄豆、天南黑豆等珍贵大豆农家品种资源，这些资源在当地种植历史悠久，已形成加工产业或主要旅游特产，是可直接产业化开发的优异资源。

平果珍珠豆又名平果黄豆，是广西平果市的一种黄豆品种特产，被载入《大豆栽培技术》一书中，列为全国大豆主要优良品种之一，曾经出口东南亚国家和我国港澳地区，香港《大公报》曾对平果珍珠豆作介绍，从此便享有"珍珠豆"盛誉；黄姚古镇自古就盛产豆豉，还被誉为豆豉之乡，这里生产的豆豉在古代作为贡品上供给皇上，黄姚豆豉主要以当地地方品种黄姚黑豆为原料；在河池市巴马瑶族自治县的五谷杂粮中，数巴马黑豆和巴马黄豆为"养生主食之最"，富含多种抗衰老微量元素，抗衰老、养肾功效首屈一指；利用都结黄豆制作的都结豆腐，获得南宁市非物质文化遗产称号；产自崇左市天等县进结镇天南村的天南黑豆成为乡村振兴扶贫产品，是当地的脱贫"致富豆"。近年来，天南村突出发展黑豆特色产业，在政府大力支持下，建立黑豆加工厂，成立了黑豆种植协会及合作社，大力发展天南黑豆种植。目前，黑豆制品年产50t，并从2020年开始举办"天南黑豆养生节"，带动当地经济发展。

2. 麻类作物普查收集重要发现

广西的苎麻属野生近缘植物种质资源丰富，发现有帚序苎麻、水苎麻等稀有种质资源；我国南部为栽培和野生圆果种黄麻起源中心，广西圆果种黄麻种质资源遗传多样性丰富，野生种质资源和地方品种多，调查中发现了特异栽培种那禄黄麻以及野生近缘种假黄麻；广西保存有优异剑麻种质，如纤维率高的种质维里迪斯（Agave Viridis），含糖量高、具有酿酒潜力的种质特奇拉（Agave Tequilana）。

第六节 鉴定评价完成情况及特异种质资源

2015年至今广西开展"第三次全国农作物种质资源普查与收集行动"等共计完成农作物种质资源鉴定评价3706份，其中完成行动任务部分3492份。各类作物完成情况如表1-7所示。

表 1-7 征集、收集各类种质资源鉴定评价统计

作物种类	作物名称	鉴定份数	作物种类	作物名称	鉴定份数
粮食作物	栽培稻	337	经济作物	木薯	38
粮食作物	野生稻	375	经济作物	花生、芝麻、麻等	251
粮食作物	玉米	338	果树作物	荔枝、龙眼、火龙果、香蕉、葡萄等	190
粮食作物	食用豆	212	蔬菜作物	淮山、芋、旱藕等	147
粮食作物	杂粮	188	蔬菜作物	丝瓜、黄瓜、苦瓜、番茄等	509
粮食作物	甘薯	199	花卉	兰花、金花茶、茉莉花等	150
粮食作物	大豆	269	菌类作物	大型真菌	64
经济作物	甘蔗	439		合计	3706

各类种质资源均严格按照种质资源描述规范进行鉴定，2016年以来通过种质资源鉴定评价获得了一批在生产、育种上极具利用价值的优异种质资源，如适合做优质豆豉的特异种质——黄姚黑豆，适合加工成旱藕粉丝的特异种质——东庙旱藕，优异的农家老品种——翰田红粟米，流传千年的主栽水稻品种——地灵红糯，桂林市灌阳县传统优良的秋冬季蔬菜品种——灌阳雪萝卜等。

一、黄姚黑豆

收集到适合做优质豆豉的特异种质——黄姚黑豆（采集编号2018453246），采集地为贺州市昭平县，该种质是世世代代保留下来的本地黑豆种（图1-6）。由于该种质皮较薄，籽粒大小合适，做出来的黑豆豉，豉香浓郁，入口有种清甜的味道，并且营养价值较高。

检测结果显示，黄姚黑豆做出来的黑豆豉不仅氨基酸含量丰富，而且富含硒。用该本地种做出的豆豉要比从北方收购的黑大豆做成的豆豉价格高出好几倍。目前黄姚黑豆由贺州市杨晋记豆豉有限公司大面积种植，该公司采取“公司+农户”的模式在当地几个村进行示范种植，再从农户手上以高出普通大豆 2 倍以上的价格回收，在当地精准扶贫和乡村振兴等方面具有巨大的利用价值。

图 1-6　黄姚黑豆

从杨晋记豆豉有限公司了解到，尽管该地方品种种植面积有 500 多亩，但远远无法满足生产需求。通过科企联合，对该地方品种进行提纯复壮和有性杂交等，在不改变原有优良品质的条件下提高其产量，并通过在当地建立种植基地实现规模化种植，为谋划“一村一品”战略、实现乡村振兴助力。

二、东庙旱藕

收集到适合加工成旱藕粉丝的特异种质——东庙旱藕（图 1-7）。采集地为河池市都安瑶族自治县，该种质叶片为紫边绿叶，块茎产量高、淀粉含量高、抗病性强。由于当地为高寒石山地区，旱藕吸收了石灰岩土质里的营养，藕质极优，以块茎淀粉作为原料，采用传统手工工艺制成的旱藕粉，不加任何添加剂，具有色泽透明、易煮食、久煮不煳、清爽可口、味道独特等特点，煮汤、炒制、凉拌均可，是当地百姓饱腹健身、延年益寿的家常菜。旱藕粉不仅是当地群众比较喜爱的食品，还深受我国各地及东南亚国家人们的喜爱。近年来，河池市都安瑶族自治县大力发展旱藕种植，形成了旱藕粉丝的产供销“一条龙”，成为当地群众脱贫致富的重要支柱产业。2019 年，河池市都安瑶族自治县扶贫办在《都安瑶族自治县 2019 年旱藕产业发展实施方案》（都扶领发〔2019〕11 号）中提出“农户自种、以奖代补”的运行模式，引导贫困户种植旱藕，将发展旱藕产业定为贫困村和贫困群众致富之路。

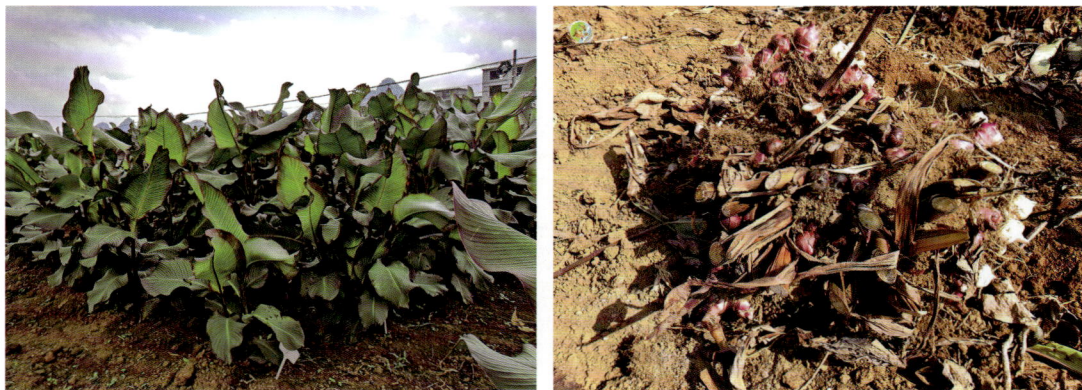

图 1-7　东庙旱藕

三、翰田红粟米

翰田红粟米（采集编号 P450481048）是 2016 年 11 月于梧州市岑溪市采集的穄子农家老品种，是穄子的一个品种（图 1-8）。该品种在南宁市种植生育期 110 天，植株直立，平均株高 95.8cm，平均穗长 9.0cm，穗为鸭掌形，一般 4～6 个分叉，单穗重 4.9g，千粒重 1.51g，糯性，具有优质、抗旱和适应性广的特点，可在生产上直接利用。

图 1-8　翰田红粟米

四、溪庙穄子

溪庙穄子（采集编号 2016452514）是 2016 年 9 月于桂林市龙胜各族自治县采集的农家老品种，是穄子的一个品种（图 1-9）。该品种在南宁市种植生育期 110 天，植株直立，平均株高 130.4cm，平均穗长 18.1cm，穗为鸡爪形，一般 6～9 个分叉，单穗重 5.6g，千粒重 2.06g，粳性，具有抗病、优质、耐贫瘠的特点。当地村民利用穄子做年糕、糍粑，酿酒等，磨粉做粥喝可以强身健体，是一种长寿食品。

图 1-9 溪庙稗子

五、广州妹、大粒谷

在玉林市博白县收集到广州妹和大粒谷 2 份直链淀粉含量较高的米粉专用稻，这两个品种米质较硬，作主食食用口感差，已渐渐被松软可口的新品种取代，因其适合作为制作米粉的原料，仍有农户种植。

广州妹在南宁市晚造种植表现为：株高 109cm，有效穗 9 穗，穗长 26.6cm，每穗粒数 344 粒，粒长 0.8cm、粒宽 0.3cm，长宽比 2.7，千粒重 21.0g，结实率 58%，谷壳黄色，种皮白色，米质硬（图 1-10）。

图 1-10 广州妹

大粒谷在南宁市晚造种植表现为：株高116cm，有效穗7穗，穗长25.0cm，每穗粒数344粒，粒长0.8cm、粒宽0.3cm，长宽比2.7，千粒重24.8g，结实率88%，谷壳黄色，种皮白色，米质硬（图1-11）。

图1-11 大粒谷

六、灵川野生番茄

灵川野生番茄（采集编号2015452001），2015年10月16日采集自桂林市灵川县。主要性状：无限生长类型，株高200cm以上，叶片类型为薯叶型，小红果番茄，单果重4.26g，果实纵径18.09mm、横径20.6mm，果肉厚度1.17cm。该资源生长势旺，抗病性强，茎秆粗壮，果实高圆形，果面光滑，不易裂果、落果，连续坐果能力强，为抗病育种材料（图1-12）。

七、灌阳雪萝卜

灌阳雪萝卜，又名灌阳红萝卜，是桂林市灌阳县优良的传统秋冬季蔬菜品种。其呈椭圆形，单根重300～500g，表皮全红或红白色，肉质雪白，脆甜可口，营养丰富，食

图1-12 灵川野生番茄

后能清热解毒，具有治疗咽喉肿痛、咳嗽等保健作用，是萝卜类中的优良品种（图1-13）。

图 1-13　灌阳雪萝卜

八、地灵红糯

地灵红糯，又称胭脂米，是桂林市龙胜各族自治县的传统农作物。种植历史可上溯至公元 1024 年北宋年间。该村拥有红糯生长的最佳环境，它处于高寒或半高寒山区，水田土质肥沃，还有浇灌用的天然山泉水，种植面积在 350 亩左右，是当地的主栽水稻品种。地灵红糯生育期长，在 160 天以上；植株高大，有 170cm 左右；产量降低，亩产 300kg 左右；米粒呈椭圆柱形，搓去稻壳，稻米光泽如胭脂，发出沁人清香（图 1-14）。

图 1-14　地灵红糯

地灵红糯有着特殊的蒸煮方式——蒸熟"波"装。红糯米需定时泡胀，装入木蒸笼，文火蒸熟。这样蒸熟后的糯米饭细腻油亮且色泽红润，溢香四座，口感弹软滑嫩，余味无穷；红糯饭蒸好后，当地侗族村民喜欢装在大葫芦壳里（侗语称为"波"），可以保持多天都不会变质。红糯营养极其丰富，含有蛋白质、钙、磷、铁、维生素等，有温补强壮、补气养血等功效。20 世纪 80 年代后，随着杂交水稻的推广种植，地灵红糯由于在生育期及产量方面均不如杂交水稻，加上其烦琐的蒸煮过程，种植面积逐渐减少。

九、东兰墨米

东兰墨米是河池市东兰县的特色地方品种，已有 400 多年的种植历史，目前仍有较大面积种植。《东兰县志》记载：墨米属于传统软秆中稻作物，滋补性强，粮药兼用，历来为本县特产；也有"药米"之称。收集到的代表品种东兰墨米（采集资源名称：墨米一号，采集编号 P452728003）（图 1-15），米质优、糯性强、高产、抗病虫、耐热、富含花青素；株高约 120cm，茎秆及叶基部紫色，谷粒椭圆形，黑褐色，千粒重 26.4g，米饭紫黑色，软硬适中，富有弹性，气味芳香浓郁，稻米营养品质优；维生素 B_1 含量 170～210μg/100g，维生素 B_2 含量 35～36μg/100g，原花青素含量 850～1100mg/100g，氨基酸含量 6%～8%，直链淀粉含量 2%～7%，蛋白质含量在 9% 以上。在当地主要用于制作壮乡墨米酒、墨米速食粉、墨米粥、墨米饮料等，获得中国农产品地理标志登记，是广西特色农作物地方品种。

图 1-15　东兰墨米

第二章

广西粮食作物种质资源多样性及其利用

广西地处我国华南地区，位于北纬 20°54′～26°24′、东经 104°28′～112°04′，跨越中亚热带、南亚热带、北热带 3 个气候带，气候温暖，雨水丰沛，光照充足。广西统计局发布 2020 年数据，广西农作物播种面积为 610.73 万 hm²，其中粮食作物播种面积为 280.61 万 hm²，占广西农作物播种面积的 45.95%。广西粮食作物主要包括水稻、玉米、薯类、大豆、杂粮，分别占粮食作物播种面积的 62.72%、21.28%、9.53%、3.43%、3.04%。

自 20 世纪 30 年代初开始，广西开展粮食作物种质资源调查与收集工作，至 2020 年"第三次全国农作物种质资源普查与收集行动"结束，广西开展了 15 次不同规模的栽培稻种质资源调查，收集水稻种质资源 3.28 万份；开展了 5 次玉米种质资源调查，收集玉米种质资源 2284 份；开展了 4 次甘薯种质资源调查，收集甘薯种质资源 335 份；开展了 4 次大豆种质资源调查，收集大豆种质资源 1142 份；开展了 4 次杂粮种质资源调查，收集荞麦种质资源 115 份、薏苡种质资源 480 份。

广西粮食作物种质资源类型丰富，水稻、大豆、荞麦等有野生种和栽培种，而玉米、甘薯等只有栽培种。野生种或野生近缘种、地方品种资源主要分布在山区和少数民族聚居地区，如地方稻种资源主要分布于柳州市融水苗族自治县、防城港市上思县、河池市凤山县、桂林市资源县、百色市隆林各族自治县、河池市东兰县等 6 个山区县。从不同时期调查收集的种质资源种类和数量来看，所有的粮食作物种质资源数量都在逐渐减少，多样性水平降低。在 1982 年记录有野生稻分布的 59 个县（市、区）中，到 2010 年，除覃塘区为近危外，其余 58 个县（市、区）均处于濒危以上等级；与 2009 年以前收集的种质资源相比，现阶段收集的玉米地方品种资源数量发生了较大变化，2015～2021 年收集的玉米种质资源总量仅占 2009 年以前的 62.6%。加强粮食作物种质资源保护和安全保存迫在眉睫。

广西粮食作物种质资源具有明显地方特色和优异性状，如粳型香糯稻、有色稻、深水稻、耐热耐瘠玉米、高脂肪含量黑大豆、适应性强甘薯等。经过提纯复壮和种质创新，在产业上发挥了重要作用。例如，利用广西野生稻种质资源育成国内应用最广泛的水稻恢复系之一的桂 99，至今利用该恢复系配组出杂交稻组合 20 多个，应用面积累计达 1000 万 hm²，为社会带来经济效益超 40 亿元。

第一节 水稻种质资源多样性及其利用

水稻是广西最主要的粮食作物，2020 年种植面积为 176.01 万 hm²，总产量为 1013.74

万 t，占广西粮食总产量的 73.9%。

　　广西稻作历史悠久，在桂林市资源县出土了历史久远的炭化稻米，距今约 6000 年。贾乃昌从语言学、遗传学、考古学等方面论证了广西是稻种起源地之一，早在 6000 多年前已有水稻栽培，且在古壮语中已有籼稻、糯稻和旱稻的分类。另外，有学者研究认为广西是亚洲栽培稻的起源地之一（Huang et al.，2012）。广西具有独特的地理位置、复杂的地形地貌、多样的气候类型和多民族稻作文化等特点，这些特点造就了广西丰富多样的野生稻和栽培稻种质资源。

一、水稻种质资源基本情况

（一）野生稻种质资源基本情况

　　广西野生稻种质资源十分丰富，境内生长有普通野生稻（*O. rufipogon*）和药用野生稻（*O. officinalis*）两个野生稻种。1978～1981 年，在农业部（现农业农村部）和中国农业科学院作物品种资源研究所（现中国农业科学院作物科学研究所）的资助和组织下，广西农业科学院组织开展了第一次野生稻资源考察与收集工作，完成了广西 85 个县 736 个公社的调查。2002～2009 年，广西农业科学院水稻研究所对第一次调查有记录的所有野生稻分布点开展了第二次全面调查（徐志健等，2010）。1990 年，广西农业科学院建成了国家种质南宁野生稻圃，现圃内保存有野生稻种质资源（植株）超过 1.78 万份，包括世界公认的稻属 21 个野生稻种和 3 个异名种。共有 5006 份野生稻种质资源（种子）保存于广西农业科学院种质资源中期库，在玉林市、梧州市、桂林市等地共建成了野生稻原位保护点 10 个（陈成斌等，2009）。

（二）栽培稻种质资源基本情况

　　自 20 世纪 30 年代初开始，广西开展了 15 次不同规模的栽培稻种质资源调查与收集。其中，从 2015 年开展"第三次全国农作物种质资源普查与收集行动"起，共完成了 13 个地级市 61 个县（市、区）188 个乡（镇）265 个村（屯）的水稻种质资源调查，收集栽培稻种质资源 476 份。至今已完成广西大部分县（市、区）水稻种质资源的收集，入库保存栽培稻种质资源约 1.5 万份。经整理，编入《中国稻种资源目录》（中国农业科学院作物品种资源研究所，1992 年）的广西栽培稻种质资源达 8000 多份，约占全国总数的 1/5，不仅包含籼稻、粳稻、早稻、晚稻等栽培稻常见品种类型，还有诸如深水稻、冬稻、有色稻、光壳稻及间作稻等特色品种类型。广西保存的栽培稻种质资源蕴藏丰富的优异基因和少数民族特色种质，可谓稻种资源中的"瑰宝"（李道远等，2001）。

二、水稻种质资源类型与分布

（一）野生稻种质资源类型与分布

　　野生稻是禾本科（Poaceae）稻属（*Oryza*）中除亚洲栽培稻和非洲栽培稻以外所有野生种的总称。根据目前比较公认的分类方法，野生稻共有 21 种，主要分布在中国南部，以及南亚、东南亚、中美洲、南美洲、非洲、大洋洲等世界多个地区。中国已发现 3 种野生稻，即普通野生稻、药用野生稻、疣粒野生稻，分布范围东起台湾，西至云南，南起海南，北抵江西。其中，广西发现了 2 个野生稻种，即普通野生稻、药用野生稻。全国第一次野生稻普查发现，广西是我国野生稻种质资源分布最丰富的地区，在所辖 14 个地级市 47 个县（市、区）均有发现，共 1100 多个分布点，其中普通野生稻覆盖面积达 369.93hm^2、药用野生稻覆盖面积达 25.00hm^2（全国野生稻资源考察协作组，1984）。后经行政区划调整，原 47 个县（市、区）的野生稻分布地归属为现在的 59 个县（市、区）240 个乡（镇）（陈成斌和庞汉华，2001）。

（二）栽培稻种质资源类型与分布

对"第三次全国农作物种质资源普查与收集行动"收集的 476 份广西地方水稻品种进行分类，籼稻种质资源 356 份（占比 74.79%），粳稻种质资源 120 份（占比 25.21%）；以光温性类型划分，早稻种质资源 300 份（占比 63.03%），中晚稻种质资源 176 份（占比 36.97%）；以水旱性类型划分，水稻种质资源 455 份（占比 95.59%），陆稻种质资源 21 份（占比 4.41%）；以粘糯性类型划分，粘稻种质资源 180 份（占比 37.82%），糯稻种质资源 296 份（占比 62.18%）；以种皮色类型划分，白米种质资源 351 份（占比 73.74%），有色米种质资源 125 份（占比 26.26%，其中红米 64 份、黑米 61 份）。此外，收集的地方稻种资源中还存在短圆粒形、椭圆粒形、细长粒形、有芒、褐色颖尖、紫黑色颖壳等各类型种质，说明广西地方稻种资源多样性丰富。

栽培稻种质资源广泛分布于本次普查（调查）的 13 个地级市 61 个县（市、区）188 个乡（镇）265 个村（屯）。从水平分布（表 2-1）来看，广西地方稻种资源主要分布于北纬 21°78′～26°28′、东经 104°80′～111°43′，涵盖广西四大稻作区，其中从桂南、桂中、桂北、高寒山区收集的种质资源分别为 109 份、139 份、108 份、120 份（合计 476 份），分别占比 22.90%、29.20%、22.69%、25.21%。地方稻种资源主要分布于柳州市融水苗族自治县、防城港市上思县、河池市凤山县、桂林市资源县、百色市隆林各族自治县、河池市东兰县等 6 个经济相对不发达的边远地区，共收集种质资源 192 份（占比 40.34%）；而分布于钦州市钦南区、南宁市武鸣区、百色市田阳区、玉林市陆川县、桂林市雁山区、桂林市永福县等地区的种质资源最少，均只有 1 份，共收集种质资源 6 份（占比 1.26%）。从垂直分布（表 2-1）来看，广西地方稻种资源主要分布在海拔 26.4～1454.0m，海拔跨度达 1427.6m。其中，地方稻种资源分布最集中的区域为 0～400m 的低海拔地区，收集种质资源 232 份（占比 48.74%）；其次为 800～1200m 的中高海拔地区，收集种质资源 119 份（占比 25.00%）；再次为 400～800m 的中低海拔地区，收集种质资源 104 份（占比 21.85%）；最少的为 1200～1600m 的高海拔地区，收集种质资源 21 份（占比 4.41%）。

表 2-1 广西栽培稻种质资源分布情况

县（市、区）	资源份数	海拔/m	所属稻作区	县（市、区）	资源份数	海拔/m	所属稻作区
防城港市上思县	29	156.2～460	桂南	南宁市上林县	8	98.2～1142.3	桂南
百色市田东县	9	204.3～329.7	桂南	崇左市凭祥市	7	192.0～468.0	桂南
南宁市横州市	9	85.0～235.1	桂南	崇左市龙州县	7	348.3～368.6	桂南

续表

县（市、区）	资源份数	海拔/m	所属稻作区	县（市、区）	资源份数	海拔/m	所属稻作区
贵港市平南县	6	26.4～152.7	桂南	河池市大化瑶族自治县	4	423.6～445.2	桂中
玉林市博白县	6	34.0～65.6	桂南	河池市都安瑶族自治县	4	335.4～456.2	桂中
崇左市扶绥县	4	135.9～282.0	桂南	柳州市柳江区	3	239.6	桂中
梧州市苍梧县	4	112.6～398.5	桂南	梧州市蒙山县	2	183.9～652.3	桂中
百色市平果市	3	421.3～448.3	桂南	来宾市忻城县	2	151.0～154.0	桂中
南宁市宾阳县	3	110.3～200.2	桂南	百色市隆林各族自治县	23	498.0～1454.0	桂北
崇左市宁明县	2	122.1～335.6	桂南	百色市那坡县	12	520.3～1298.3	桂北
钦州市灵山县	2	56.2～104.2	桂南	百色市西林县	12	852.3～1175.3	桂北
钦州市钦南区	1	156.2	桂南	桂林市临桂区	11	155.2～1235.6	桂北
梧州市藤县	2	113.1	桂南	河池市宜州区	10	124.3～193.0	桂北
南宁市马山县	2	752.3	桂南	柳州市融水苗族自治县	7	154.3～156.3	桂北
贵港市桂平市	2	268～274	桂南	贺州市富川瑶族自治县	7	276.0～320.9	桂北
南宁市武鸣区	1	174	桂南	百色市靖西市	5	536～761	桂北
百色市田阳区	1	450.1	桂南	河池市罗城仫佬族自治县	5	118.0～450.0	桂北
玉林市陆川县	1	142.5	桂南	河池市天峨县	4	1121.2	桂北
河池市凤山县	24	374.9～1011.4	桂中	桂林市灵川县	3	159.8～661.9	桂北
河池市东兰县	17	217.0～775.0	桂中	柳州市融安县	3	168.8～253.6	桂北
来宾市象州县	11	85.9～382.6	桂中	桂林市灌阳县	2	786.3～789.2	桂北
河池市环江毛南族自治县	10	298.3～941.2	桂中	桂林市兴安县	2	379.7～605.5	桂北
百色市田林县	9	283.0～856.0	桂中	桂林市雁山区	1	215.6	桂北
桂林市恭城瑶族自治县	8	195.2～1185.2	桂中	桂林市永福县	1	631	桂北
柳州市柳城县	7	150.3～250.2	桂中	柳州市融水苗族自治县	70	220.8～1231.5	高寒山区
来宾市武宣县	7	101.3～126.9	桂中	桂林市资源县	23	680.2～1223.5	高寒山区
百色市凌云县	7	421.3～1283.2	桂中	来宾市金秀瑶族自治县	11	185.0～690.5	高寒山区
桂林市平乐县	7	245.3～459.8	桂中	桂林市龙胜各族自治县	7	333.2～1233.6	高寒山区
河池市巴马瑶族自治县	6	248.1～614.2	桂中	百色市乐业县	3	948.0～1278.6	高寒山区
来宾市合山市	6	115.3～135.6	桂中	河池市南丹县	3	901.2～956.3	高寒山区
桂林市阳朔县	5	156.9～206.3	桂中	河池市三江侗族自治县	3	286.6～458.3	高寒山区

三、水稻种质资源多样性变化

（一）野生稻种质资源多样性变化

2010 年普查统计表明，相较 1982 年野生稻种质资源的种群数量和分布面积急剧减少，其突出体现在野生稻分布点大量减少。据调查，原记录有野生稻的 59 个县（市、区）中现只有 41 个县（市、区）还有野生稻自然资源分布，约 31% 县域的野生稻自然资源已完全毁灭。原记录的野生稻原生地分布点，被破坏和消失的点高达 78.6%。另外，野生稻覆盖面积急剧减少。例如，来宾市兴宾区野生稻原覆盖面积为 82.60hm²，现仅存 35.74hm²，面积减少了 56.73%；贵港市（原贵县）有野生稻覆盖面积 84.07hm²，现仅存 1 株；钦州市原记载钦城区、钦南区、灵山县均有野生稻分布，覆盖面积为 37.33hm²，现已全部消失。在原有野生稻分布的 59 个县（市、区）中，除覃塘区为近危外，其余 58 个县（市、区）均处于濒危以上等级（徐志健等，2010），表明广西野生稻自然资源濒危状况严重，形势不容乐观。

（二）栽培稻种质资源多样性变化

"第三次全国农作物种质资源普查与收集行动"与上一次相距 30 多年（梁耀懋，1984；应存山等，1993；刘旭，2019；魏兴华，2019），上一次调查与收集行动中广西共收集地方稻种资源 797 份（应存山等，1993），而本次普查行动开展以来仅收集到地方稻种资源 476 份，并且缺少了冬稻、间作稻等特色种质资源，说明广西地方稻种资源的品种数量和多样性均有下降的趋势。与之前收集保存的广西地方稻种资源相比（梁耀懋，1991），现今分布的地方稻种资源各类型的比例发生了较大变化：一是籼稻种质资源显著增加，粳稻种质资源显著减少，可能的原因是多数居住于中高海拔地区的少数民族有种植粳糯稻的习惯，但是这些粳糯稻品种的株高普遍偏高，需要手工收割，随着现代高产矮秆品种的推广、劳动力减少等，这些高秆粳糯稻品种的种植趋于减少；二是早稻种质资源的比例显著增加，晚稻种质资源的比例显著减少，这可能与双季稻逐步替代单季中晚稻的耕作方式有关；三是粘稻种质资源比例显著降低，糯稻种质资源比例显著提高，这是因为矮化育种后，粘稻主要推广育成良种，造成地方品种数量急剧减少，而糯稻育种滞后，更新品种少。此外，广西为多民族聚居区，少数民族保留节日、婚庆、祭祀等民俗和庆祝活动食用糯米或糍粑等糯米制品的习俗，因此一直保留有种植糯稻的习惯，使糯稻地方品种得以保存。

四、水稻种质资源主要特点及其利用

（一）野生稻种质资源主要特点及其利用

野生稻是栽培稻的原始祖先种，中国科学院韩斌院士等研究发现，广西普通野生稻在基因组水平上与亚洲栽培稻的亲缘关系最近，表明广西很可能是亚洲栽培稻的起源中心（Huang et al.，2012）。早在 6000 多年前，广西先民最早开始将野生稻人工驯化成栽培稻，并进行人工栽培，对推动人类文明的进程做出了重要的历史贡献。因此，广西野生稻种质资源在稻作基础研究和育种利用方面具有特殊的重要作用。

野生稻在长期进化过程中形成了丰富的变异类型,对生物胁迫、非生物胁迫具有较强的耐受性或抗性。中国农业大学的一项对比研究表明,相对于普通野生稻,现代栽培稻丢失了约1/3的等位基因和1/2的基因型,其中包括大量抗病虫、抗杂草、抗逆、高效营养、高产等优异有利基因(王象坤,2003)。因此,对野生稻的研究和创新利用一直是国内外科学家进行水稻品种改良和基础理论探索的重要途径。20世纪30年代,我国著名农学家丁颖先生利用广东普通野生稻与栽培稻杂交,育成了世界上第一个具有野生稻血缘的水稻品种——中山1号。此后,各地育种家利用中山1号又相继选育出多个衍生品种,如包胎矮等,这些品种经过半个世纪,80年代仍在生产上推广应用(李金泉等,2009)。1970年,"杂交水稻之父"袁隆平院士利用在海南发现的野败不育野生稻种质材料选育出杂交稻不育系,率先实现了杂交水稻三系配套,使我国水稻产量大幅提高。江西农业科学院利用东乡野生稻的强耐冷性育成了能在江西低温安全越冬的再生水稻材料,从而为解决水稻育秧期低温冷害的难题奠定了基础(陈大洲等,2003)。中国农业科学院从广西普通野生稻中克隆了高抗水稻白叶枯病的优异新基因 $Xa23$。广西农业科学院李丁民研究员利用广西野生稻种质资源育成国内应用最广泛的水稻恢复系之一桂99,至今利用该恢复系配组出杂交稻组合20多个,应用面积累计达1000万 hm^2,为社会带来经济效益超40亿元。广西大学莫永生教授利用广西普通野生稻育成测253、测258等5个恢复系,先后配组出17个杂交稻组合,累计推广面积780万 hm^2,新增产值113.96亿元,产生了显著的社会、经济效益。大量研究表明,野生稻种质资源是水稻育种的重要物质基础。深入挖掘野生稻中的有利基因对提高水稻产量、改善稻米品质、增强水稻抗性,以及保障粮食安全和保护生态环境具有重要战略意义(邓国富等,2012;潘英华等,2018)。

(二)栽培稻种质资源主要特点及其利用

从20世纪80年代开始,对收集的稻种资源利用程氏六项指数进行籼粳分类研究、酯酶同工酶谱带分析和光温反应研究,并对稻种资源的主要形态性状、主要病虫害抗性、耐胁迫性及品质特性等进行鉴定评价。至2020年,完成了广西栽培稻种基础信息、性状调查和数据库构建。建成43项性状共25万个数据词条的栽培稻种质资源数据库,包括株高等15项表型特征数据,直链淀粉含量等9项米质相关性状,千粒重等5项产量相关性状,钙、铁、锌、硒4项微量元素含量,抗旱、耐寒、耐涝、耐贫瘠4项耐非生物胁迫性,对南方水稻黑条矮缩病抗性等4项抗病性及抗褐飞虱、白背飞虱2项抗虫性。

根据2015~2018年的调查结果,广西目前仍种植的具有一定面积且在产业中有一定影响的水稻古老地方品种主要有3种类型,分别为粳型香糯稻、有色稻、深水稻。粳型香糯稻是广西著名的地方特色稻种资源,具有悠久的种植历史。粳型糯稻粒大且圆,俗称大糯,与之对应的籼型糯稻粒小且长,俗称小糯。在广西古老地方品种中,具有香味的大多为大糯,即粳型香糯,又称大香糯。广西收集保存的粳型香糯稻数量约占全部栽培稻种质资源总数的3%,主要分布在桂西、桂南及桂中部分地区,以百色市、河池市、柳州市等地的山区分布最多,桂北地区有少量分布。其代表性品种有上思香糯、靖西大香糯、三江大顺香糯、环江长北香糯、融水香糯、都安板升香糯、龙胜红糯等。其中,上思香糯、靖西大香糯、环江长北香糯、龙胜红糯4个品种获得国家农产品地理标志登记保护。大香糯在广西已有300多年的种植历史,生产上以古老地方品种为主。古老地方品种品质优且风味独特，在少数民族的祭祀、婚嫁及节庆等习俗方面也具有特殊作用，因而得以世代种植并保存至今。最常见的，如三月三或清明时节的五色糯米饭、油茶的标配——爆米花和少数民族酿制的各种糯米酒等，都采用当地的大香糯做原材料。许多香糯稻种质资源原产于山区或高寒山区，具有耐寒、耐旱、抗病虫的特性，加上香味浓郁，如靖西香糯、龙州香糯等香糯稻品种，都是一些难得的香源和抗源。但老香糯品种产量相对较低，单产仅为 $3000 \sim 3750 kg/hm^2$，品种比较杂乱、高秆易倒，不便于田间管理。近 5 年来，大香糯在广西年种植面积约为 0.8 万 hm^2（陈传华等，2017；曾宇等，2017）。

广西有色稻有红米、黑米和紫米 3 种类型，数量约占广西收集保存栽培稻种质资源总数的 25%。黑米和紫米的糙米种皮呈乌黑色、紫黑色、紫色、褐色，红米的糙米种皮呈微红色、红色、赤褐色。有色稻在广西有悠久的栽培历史，根据历史资料，在南宋初期就有有色稻的种植，随着年代的推移，种植范围不断扩大，曾遍布广西各地。新中国成立后，随着新品种逐渐推广，有色稻的种植面积越来越少，集中在桂西、桂中、桂北等地海拔较高的高寒或半高寒山区，占广西有色稻种植面积的 80% 以上；桂南、桂东地区仅有少量分布。其中，桂西地区分布最多，如百色市的田东县、隆林各族自治县、西林县、德保县、凌云县、那坡县，河池市的东兰县、凤山县、环江毛南族自治县、巴马瑶族自治县、都安瑶族自治县、罗城仫佬族自治县、南丹县等地均有分布。沿海地区有色稻种质资源种类虽然极少，但有种植历史悠久的特色稻——海红米（也称海水稻、潮禾米）。有色稻的保留和传承，与当地习俗和饮食习惯密切相关。广西壮族、瑶族、苗族、侗族、仫佬族、毛南族等多个民族都有食用黑米或红米的传统，在来宾市象州县、柳州市融水苗族自治县、柳州市三江侗族自治县、来宾市金秀瑶族自治县等地至今仍有以有色稻米为主食的侗寨，除食用黑糯米饭、红米饭外，他们喜食有色稻米制作的粽子、糍粑、汤圆、肠粉、年糕、点心等，如河池市巴马瑶族自治县、河池市凤山县的黑米粽和红米肠粉都是当地有名的特色小吃。以黑米、红米酿造的黑米酒和红米酒（含甜酒）也是当地少数民族的珍品。近年来，广西有色稻得到了很好的应用和发展，东兰墨米、龙胜红糯、象州红米等地方品种获得国家农产品地理标志登记保护。河池市的环江黑糯、凤山黑糯、巴马墨米，玉林市的容县黑糯，贵港市的覃塘黑米、覃塘红米，柳州市的融水紫黑香糯、三江红糯，钦州市的海红米等地方品种被列为地方名特优农产品。由于市场需求扩大和政府推动，龙胜红糯、覃塘红米、融水紫黑香糯、钦州海红米等有色稻地方品种得到进一步推广应用（卢玉娥和梁耀懋，1987；应存山等，1993；罗同平，2014）。

深水稻是一类可在深水条件下生长的水稻类型。广西是我国少数尚存深水稻种植的省（自治区、直辖市）之一。20 世纪 90 年代初期，广西农业科学院作物品种资源研究所曾对广西的深水稻做过考察与研究。根据当年的考察，广西深水稻有两种不同的栽培生态环境类型：其一，分布于桂东南及桂西南的浔江、西江、邕江等河流两岸的贵港市桂平市、覃塘区、港北区，南宁市邕宁区等地的低洼积水田、淹水田、水塘等地，称为沿江深水稻；其二，分布于钦州市、北海市、防城港市沿海的水浸围田、低田、咸水田、深涝田等，称为沿海深水稻。沿江深水稻和沿海深水稻的栽培生态环境有较大差异，在形态和栽培技术上有一定差别，特别是在耐盐碱方面有明显不同。2008～2018 年，广西农业科学院水稻研究所再次调查了广西 18 个临海乡（镇）的深水稻种植状况，发现北海市合浦县的 3 个镇，钦州市钦南区的 2 个镇，防城港市东兴市的 1 个镇、港口区的 2 个镇、防城区的 3 个乡

（镇）还有沿海深水稻零星种植；主要种植于海水倒灌田、盐度很高又无法种植其他作物的围田，茎秆随海水的上涨而逐渐伸长，免于被淹没，海水退后，重新从茎节长根并直立生长。耐盐性、耐淹性强，可满足沿海咸水田需求是深水稻仍有种植的一个原因；另一个原因是，深水稻米为红米，符合当地居民喜食红米的饮食习惯。调查所见深水稻品种仍然以深水莲、赤禾、毛禾等为主，秆高、分蘖少、芒长、综合性状较差，单产约为 3750kg/hm²。

第二节　玉米种质资源多样性及其利用

一、玉米种质资源基本情况

中美洲和加勒比地区是玉米的原产地，在全球三大谷物中，目前玉米总产量和平均单产均居于世界首位。玉米自传入我国经过近 500 年的种植与栽培，在不同环境气候及人为选择的作用下，形成了大量的地方品种，目前收集、编目保存的国内玉米地方种质资源有14 000～16 000 份。

广西是玉米最早传入我国的地区之一，明朝嘉靖四十三年（公元 1564 年）的《南宁府志》卷三《田赋志》记载：“黍，俗呼粟米，有二种，曰粘、曰糯，茎如蔗高”。这是广西发现记载玉米的最早文字，到清朝嘉庆年间的《广西通志》卷三十一《物产》记述：玉米“白如雪，圆如珠，品之最贵者”。可见清朝中期左右，广西大部分地区已广泛种植玉米。目前玉米是广西第二大粮食作物，2018～2022 年年均种植面积约为 59.12 万 hm²（国家统计局）。由于广西独特的地理环境，尤其是桂西、桂西北及桂中典型的喀斯特地形地貌，以及各民族不同的栽培、饮食文化，孕育了丰富多样的具有热带亚热带特色的玉米地方种质资源。

（一）玉米地方种质资源的调查与收集

自 1956 年开始，历经 5 次相对集中的玉米地方品种资源调查与收集。

广西于 1956～1957 年参加第一次全国农作物种质资源普查与征集行动，于1979～1983 年开展第二次全国农作物种质资源考察与收集行动，截至 1984 年，广西玉米种质资源征集范围涉及 82 个县（市、区），占广西全部县（市、区）的 94.3%，征集到原始材料 3000 多份，经初步整理后保存 1600 多份，编目入国家作物种质库 1217 份（雷振光，1989）。

1991～1995 年“八五”国家科技攻关项目开展“黔南桂西山区作物种质资源考察”，对百色市隆林各族自治县、靖西市、那坡县、乐业县，以及河池市凤山县、天峨县共 12 个县的玉米种质资源进行考察收集，共收集到 56 份玉米地方品种资源。

2008 年，针对广西玉米地方品种数量和种植面积逐年减少的趋势，广西玉米研究所对河池市宜州区、大化瑶族自治县、罗城仫佬族自治县，南宁市马山县等 13 个县（市、区）16 个乡（镇）的玉米地方品种进行调查和收集，共收集玉米地方品种 43 份（谢和霞等，2009）。

从 2015 年开始，在“第三次全国农作物种质资源普查与收集行动”及广西创新驱动发展专项资金项目“广西农作物种质资源收集鉴定与保存”等项目的支持下，对广西 111 个县（市、区）进行了全覆盖的资源普查与收集。截至 2021 年，在广西 80 个县（市、区）共收集玉米地方种质资源 879 份。

自 1956 年开始，历经 5 次相对集中的玉米地方品种资源调查收集及不同年份的少量零散收集保存，目前广西累计收集、鉴定与入库保存玉米地方种质资源 2284 份。

（二）玉米地方种质资源的鉴定评价

广西收集保存的 2284 份玉米地方种质资源，目前已完成了全部的农艺性状鉴定。在病害抗性鉴定方面，部分种质资源完成了纹枯病、南方锈病、大斑病、小斑病、丝黑穗病等病害抗性鉴定。在品质分析测定方面，部分种质资源完成了粗蛋白质、粗脂肪、粗淀粉和赖氨酸含量等检测分析。

1. 农艺性状鉴定

经鉴定，收集到的玉米种质资源的株高为 78～393cm，最高的是河池市都安瑶族自治县的片山黄，最矮的是防城港市上思县的糯玉米和梧州市苍梧县的大林小粒糯；穗位为 11.8～248.6cm，穗位最低的是梧州市藤县的旧屋白糯，最高的是百色市靖西市的那冷土玉米；千粒重为 50～460g，最大粒的是来宾市的八行玉米，最小粒的是柳州市柳城县的红野玉米；生育期为 68～126 天，最早熟的是崇左市江州区的九十天黄玉米，最晚熟的是靖西市的弄关红玉米等；粒型包括了全部栽培品种类型；籽粒颜色包括黄色、白色、红色、花色、黑色等。

2. 病害抗性鉴定

先后进行了 4 次共 1131 份玉米地方种质资源的纹枯病抗性鉴定，鉴定出 426 份抗病种质，包括牛齿玉米、江西 100 天、木凳红马牙、门洞白马牙、隆林白玉米等；进行了 2 次共 624 份南方锈病的抗性鉴定，鉴定出 169 份抗病种质，包括中堡黄马牙、龙塘糯包谷、融水的爆花玉米等；对 44 份种质进行了大斑病抗性鉴定，其中有 10 份表现抗大斑病，包括牛齿玉米、金皇后、周鹿早等；对 60 份种质资源进行了小斑病抗性鉴定，鉴定出中抗病种质 5 份，如河池市都安瑶族自治县的古山糯；对 215 份种质进行了灰斑病鉴定，鉴定出百色市那坡县的红玉米和宜州区的宜州糯共 2 份高抗种质，另有向阳黄玉米、忻城糯、隆安糯等 10 份种质表现抗病；对 52 份种质进行了茎腐病抗性鉴定，表现高抗的有 8 份，包括南宁市隆安县的九节白玉米、忻城糯等，另有 8 份表现抗病，如百色市乐业县的白糯玉米等。

3. 品质分析鉴定

先后 2 次进行种质粗蛋白质、粗脂肪、粗淀粉含量检测分析。第一次 489 份种质，为 2010 年以前入库的种质，检测分析由中国农业科学院作物科学研究所负责，结果表明：蛋白质含量 9.08%～14.99%，平均含量 12.12%，变异系数 7.25%；脂肪含量 3.22%～7.35%，变异系数 11.72%；赖氨酸含量 0.25%～0.40%，平均含量 0.31%；淀粉含量 61.55%～73.91%，平均含量 67.65%，变异系数 2.88%（覃兰秋，2006）；粗蛋白质最高的是防城港市上思县的糯玉米，粗脂肪含量最高的是城厢糯，粗淀粉含量最高的是向阳本地黄。第二次种质资源测定共 367 份种质，主要是 2015 年开展"第三次全国农作物种质资源普查与收集行动"所收集的种质，结果表明：在进行品质检测的 367 份广西玉米农家品种资源中，蛋白质含量 10.44%～15.19%，平均含量 12.61%，变异系数 7.12%；脂肪含量 3.48%～5.89%，平均含量 4.45%，变异系数 9.27%；淀粉含量 59.35%～71.79%，平均含量 68.01%，变异系数 2.88%（程伟东等，2021）。粗蛋白质含量最高的是克长糯玉米，大甲土墨白的脂肪含量最高（平均含量 5.89%），江洞苏湾红的淀粉含量最高（平均含量 71.68%）（程伟东，2021）。

二、玉米种质资源类型与分布

自 1956 年开始，广西历经 5 次相对集中地对玉米地方种质资源进行调查收集，同时开展了不同年份的少量零散收集保存，目前累计收集、鉴定与入库保存广西玉米地方种质 2284 份，包括了全部栽培品种类型，如硬粒型、马齿型、中间型、糯质型、粉质型、爆裂型、甜质型、有稃型；籽粒颜色包括黄色、白色、红色、花色、黑色等。玉米种质资源在广西各地均有分布，集中在桂西、桂西北、桂中等具有典型喀斯特地形地貌的山区，桂南、桂东南丘陵平原区有少量分布。

（一）玉米种质资源的类型

玉米种质资源包括了全部栽培品种类型：硬粒型、马齿型、中间型、糯质型、粉质型、爆裂型、甜质型、有稃型（表 2-2）。其中，硬粒型 809 份（占比 35.42%），糯质型 758 份（占比 33.19%），中间型 420 份（占比 18.39%），马齿型 198 份（占比 8.67%），爆裂型 91 份（占比 3.98%），甜质型 4 份（占比 0.18%），粉质型 3 份（占比 0.13%），有稃型 1 份（占比 0.04%）。

表 2-2　玉米种质资源类型、数量、比例

品种类型	资源份数	占比/%
糯质型	758	33.19
爆裂型	91	3.98
中间型	420	18.39
硬粒型	809	35.42
马齿型	198	8.67
粉质型	3	0.13
有稃型	1	0.04
甜质型	4	0.18
合计	2284	100.00

依据籽粒颜色，白玉米 1231 份、黄玉米 675 份、红玉米 95 份、花色（杂花）玉米 270 份、黑玉米 2 份、紫色玉米 3 份、血丝玉米 8 份，详见表 2-3。

表 2-3　玉米地方种质资源籽粒颜色分类、数量比例

籽粒颜色	资源份数	占比/%
白色	1231	53.90

续表

籽粒颜色	资源份数	占比/%
黄色	675	29.55
花色	270	11.82
红色	95	4.16
血丝	8	0.35
紫色	3	0.13
黑色	2	0.09
合计	2284	100.00

2015～2021 年广西在地种植的地方种质资源 879 份（表 2-4），其中，白粒玉米 505 份（占比 57.5%），花色玉米（黄/白、紫/白等）179 份（占比 20.4%），黄粒玉米 152 份（占比 17.3%），红色、紫红色玉米 38 份（占比 4.3%），血丝玉米 5 份（占比 0.6%）。

表 2-4　2015～2021 年广西在地种植玉米地方种质资源籽粒颜色、份数及占比

籽粒颜色	资源份数	占比/%
白色	505	57.5
花色	179	20.4
黄色	152	17.3
红色、紫红色	38	4.3
血丝	5	0.6
紫色	0	0
黑色	0	0
合计	879	100.00

（二）玉米种质资源的分布

1. 收集保存玉米地方种质资源的地理分布

收集的广西玉米地方种质资源共计 2284 份（表 2-5），其中百色市 569 份、河池市 498 份、南宁市 286 份、桂林市 220 份、来宾市 187 份、柳州市 138 份、崇左市 120 份、梧州市 75 份、贺州市 71 份、玉林市 35 份、贵港市 35 份、防城港市 30 份、钦州市 15 份、北海市 5 份。

表 2-5　广西玉米种质资源分布表

种质资源来源	历年收集份数	2015～2021 年收集份数
百色市	569	220
河池市	498	189
南宁市	286	92
桂林市	220	78
来宾市	187	79

续表

种质资源来源	历年收集份数	2015～2021 年收集份数
柳州市	138	61
崇左市	120	31
梧州市	75	61
贺州市	71	22
玉林市	35	9
贵港市	35	11
防城港市	30	16
钦州市	15	10
北海市	5	0
合计	2284	879

2. 2015～2021 年广西在地种植玉米地方种质资源的地理分布

从 2015 年开始，在"第三次全国农作物种质资源普查与收集行动"及"广西农作物种质资源收集鉴定与保存"等项目的支持下，对广西 111 个县（市、区）进行了全覆盖的种质资源普查与收集，做到了应收尽收，在此期间收集的种质资源代表了现阶段广西玉米地方种质资源的在地种植和保存情况，共收集保存玉米地方种质资源 879 份，其中百色市 220 份、河池市 189 份、南宁市 92 份、桂林市 78 份、来宾市 79 份、崇左市 31 份、柳州市 61 份、贺州市 22 份、玉林市 9 份、贵港市 11 份、防城港市 16 份、梧州市 61 份、钦州市 10 份、北海市 0 份。

三、玉米种质资源多样性变化

广西跨越中亚热带、南亚热带、北热带 3 个气候带，光热充足，雨量充沛，地形地貌复杂，土壤类型多样，为玉米地方种质资源多样性的发生发展提供了优越的环境条件。在自然和人为选择的共同作用下，在植株、果穗、籽粒性状、抗病虫能力及对各种逆境的抗性或耐性等方面逐渐演变和进化而成丰富的遗传多样性（刘治先等，2000）。广西玉米地方种质资源累计收集了 2284 份，每份种质在某些方面都有其不同的表现，如株高、穗位高、生育期、果穗、籽粒颜色、大小、形态等，不同性状组合在一起，形成了多种多样的不同品种（图 2-1，图 2-2）。

广西玉米产业的发展、社会的进步及人们生活水平和习惯的改变，对品种的多样性变化造成了一定的影响。

从籽粒类型看广西玉米种质资源多样性变化。2009 年以前，除了没有甜质型玉米地方品种，其他类型都有，而 2015～2021 年在地种植的资源出现了甜质型玉米，应该是引进品种经多年选留种保存的结果，但没有收集到粉质型和有稃型；与此同时，特用玉米如糯玉米、甜玉米及爆裂玉米越来越受大众的喜爱，农户在选留种方面也发生了改变，因此在收集到的种质中特用玉米种质占比也有所增加，而目前主要作为饲用的普通玉米尤其是硬粒型玉米地方品种的减少最为严重，硬粒型由原来的 674 份减少到现在的 135 份，减少了

图 2-1　玉米地方种质资源粒色、粒型、大小等的多样性变化

图 2-2　玉米地方种质资源果穗穗型、穗长、穗粗、行数、行粒数等的多样性

539 份，减少了 80%。在普通玉米类型中马齿型玉米由 82 份增加到 116 份，其中包括 30份经过近 30 年的本地驯化选择留种的墨白玉米类玉米。墨白玉米（包括墨白 1 号、墨白 94 号）是广西玉米研究所于 1977 年秋从中国农业科学院引入的墨西哥玉米群体改良材料中，经试种、鉴定筛选而成，随后在广西大面积推广。1980～1993 年在广西累计种植面积为 107.46 万 hm²，是当时广西种植面积最大的骨干型品种。目前，该品种在广西各地经过驯化、演变仍有零星种植。

　　从籽粒颜色看广西玉米种质资源多样性变化。2015～2021 年在地种植的白玉米地方品种比 2009 年以前收集的减少了 221 份，减少了 30.4%；黄玉米减少了 371 份，减少了79.9%；花色玉米类型增加了 88 份，其中多数是黄/白混杂、部分白/紫（黑），这应该与当前玉米生产种植品种及面积有关，当前种植的玉米大部分是黄粒玉米杂交品种，而玉米属于异花授粉作物，作为小面积的地方品种因缺乏隔离条件很容易因发生串粉而产生混杂，从而形成新的花色类型玉米品种。

与 2009 年以前收集的种质资源相比，现阶段在地种植的地方种质资源发生了较大变化（表 2-6）。在种质资源总量方面，2015～2021 年收集的种质资源总量仅占 2009 年以前的 62.6%。在种质资源类型方面，2009 年以前收集的 1405 份玉米地方品种资源类型有糯质型 338 份（占比 24.1%），中间型 270 份（占比 19.2%），硬粒型 674 份（占比 48.0%），马齿型 82 份（占比 5.8%），爆裂型 37 份（占比 2.6%），粉质型 3 份（占比 0.2%），有稃型 1 份（占比 0.1%），甜质型 0 份；2015～2021 年收集的 879 份玉米地方品种资源类型有糯质型 420 份（占比 47.8%），中间型 150 份（占比 17.1%），硬粒型 135 份（占比 15.4%），马齿型 116 份（占比 13.2%），爆裂型 54 份（占比 6.1%），甜质型 4 份（占比 0.5%）。

表 2-6 2015～2021 年收集的种质资源与 2009 年以前收集的种质资源类型数量及比较

类型	2009 年以前收集的份数	2015～2021 年收集的份数	2015～2021 年增减份数
糯质型	338	420	82
爆裂型	37	54	17
中间型	270	150	−120
硬粒型	674	135	−539
马齿型	82	116	34
粉质型	3	0	−3
有稃型	1	0	−1
甜质型	0	4	4
合计	1405	879	−526

利用单核苷酸多态性（SNP）分子标记分析广西玉米种质资源多样性。通过对 235 份糯玉米的 SNP 标记分析，糯玉米种质资源可以分为以下 5 个类群：第一类是含有甜玉米和糯玉米类型的育成品种连续留种而得到的农家品种，这类种质偏向于温带种质类型；第二类是与糯玉米种质的育成品种密切相关的种质类型，也属于育成品种连续留种而得到的农家品种；第三类只有 1 个农家品种，是从来宾市武宣县收集的龙山糯玉米；第四类属于温带种质类型的糯玉米农家品种资源；第五类属于真正本地（热带亚热带）的糯玉米农家品种资源，这类糯玉米种质还可以分为 4 个亚类。对于以 277 份普通玉米类种质资源为主的种质，可以分为以下 5 个类群：第一类是典型的温带种质资源，与我国标准的自交系自 330、郑 58 等属于同一类型；第二类属于改良的温带种质类型；第三类是与昌 7-2 等黄改系相类似的温带种质类型；第四类是属于墨黄 9 号种质类型的农家品种资源；第五类属于真正本地（热带亚热带）的农家品种资源，这类种质资源有 214 份，可以分为 4 个亚类。墨白类农家品种资源可分为两个亚类：与真正的墨白 1 号和墨白 94 号属于同一个亚类的农家品种和另一个亚类（籽粒形态与墨白相似或墨白变种）的农家品种。

四、玉米种质资源主要特点及其利用

（一）广西玉米种质资源主要特点

广西玉米种质资源大部分属于热带亚热带玉米种质，大都生长茂盛，根系发达，抗倒伏和病虫害能力强，叶片持绿性能好，对各种不良环境如干旱、炎热、贫瘠等具有特殊的抗性或耐性；同时，广西也是糯玉米种质的初生起源中心地之一，拥有丰富多样、品质优良的糯玉米地方品种。

1. 玉米种质资源的抗病性

在 1131 份玉米地方种质资源的纹枯病抗性鉴定中，鉴定出 426 份抗病种质，其中抗纹枯病种质占 37.7%，包括牛齿玉米、江西 100 天、木凳红马牙、门洞白马牙、隆林白玉米等。在 624 份玉米种质南方锈病抗性鉴定中，鉴定出 169 份抗病种质（占比 27.1%），包括中堡黄马牙、龙塘糯包谷、爆花玉米等。在 44 份玉米种质大斑病抗性鉴定中，10 份种质表现抗大斑病（占比 22.7%），包括牛齿玉米、金皇后、周鹿早等。在 60 份玉米种质小斑病抗性鉴定中，没有发现抗病种质，但有 5 份中抗种质，如河池市都安瑶族自治县的古山糯等。在 215 份玉米种质灰斑病抗性鉴定中，百色市那坡县的红玉米和河池市宜州区的宜州糯表现高抗，向阳黄玉米、忻城糯、隆安糯等 10 份种质表现抗病。在 52 份玉米种质茎腐病抗性鉴定中，表现高抗的玉米种质有 8 份，包括隆安的九节白玉米、忻城糯等；表现抗病的玉米种质有 8 份，如百色市乐业县的白糯玉米等。

2. 特色种质资源糯玉米、爆裂玉米性状优良且丰富多样

广西是糯玉米的发源地之一，保存有不同类型的糯玉米地方品种 758 份，占保存地方种质资源总数的 33.19%；其中宜山糯、忻城糯、都安糯等在全国都是久负盛名的优良地方品种，其在品质、风味、抗性、适应性等方面表现突出，可直接用于生产，也是鲜食玉米遗传育种、新品种培育的重要基础材料，为广西糯玉米产业发展做出了重要贡献。

广西收集保存了 91 份爆裂玉米地方品种，部分品种具有膨爆率高、口味酥脆、口感好、高产、综合抗性优良等特性，可直接用于生产，也可以作为爆裂玉米品种选育的基础材料，如柳州市融水苗族自治县的爆花玉米、桂林市灌阳县的集全爆玉米、百色市西林县的峒硝爆苞谷、河池市巴马瑶族自治县的那社爆玉米等。

（二）广西玉米种质资源创新利用及产业化应用

广西玉米种质资源创新利用是以糯玉米的种质创新利用为主，在 2003～2020 年广西通过审定的 153 个糯玉米品种中，58 个品种的亲本来自广西糯玉米地方品种的改良创新种质，占比 37.9%；39 个品种的亲本来自对广西宜山糯的改良创新种质，占比 25.5%，包括玉美头 601、玉美头 606、桂甜糯 525、桂糯 518、桂糯 519、天贵糯 932、天贵糯 937、河糯 1 号等品种；12 个品种的亲本来自对宜州区怀远糯的改良创新种质，占比 7.8%，包括桂糯 528、桂花糯 526、河糯 612、福甜糯 606、南校糯 96 等；9 个品种的亲本来自对都安糯的改良创新种质，占比 5.9%，包括玉美头 601、玉美头 602、桂甜糯 525、兆香糯 1 号、鲜甜糯 868 等；6 个品种的亲本来自对桂林市恭城瑶族自治县克洞糯的改良创新种质，占比 3.9%，包括兆香糯 3 号、桂糯 530 等；5 个品种的亲本来自环江糯的改良创新种质，占比 3.2%；4 个品种的亲本来自忻城糯的改良创新种质，占比 2.6%；1 个品种的亲本来自桂林市农家白糯的改良创新种质，占比 0.6%；1 个品种的亲本来自贵港市本地糯的改良创新种质，占比 0.6%。

广西糯玉米年种植面积为 4 万～5 万 hm^2，以糯玉米杂交品种为主，广西河池市宜州

区、来宾市忻城县等地的农户种植农家品种总面积仅为 2000～3333hm^2（钟昌松，2019）。在广西推广种植的糯玉米杂交种中，广西审定的糯玉米杂交种种植面积约占 50%。而推广面积较大的品种玉美头 601，累计推广面积约为 7 万 hm^2，桂甜糯 525 累计推广面积约为 10 万 hm^2，另外还有种植面积比较大的品种天贵糯 932、柳糯等都含有广西地方品种的"血缘"。因此，广西地方糯玉米品种资源在推动广西糯玉米品种选育及产业发展上起到了关键的、重要的作用，为广西乡村振兴注入了活力。

第三节　薯类作物种质资源多样性及其利用

一、甘薯种质资源多样性及其利用

（一）广西甘薯种质资源基本情况

1. 甘薯种植历史概况

甘薯于明朝万历年间传入我国，至今已有 400 多年的历史。至于何时传入广西，有两种说法：一种认为大约是在明末传入（周宏伟，1998），另一种认为大约在清初引入（李炳东和弋德华，1985；罗树杰，2014），但这两种看法都只是一个大致的估计，缺乏实证的材料加以说明（郑维宽，2009）。李昕升认为，甘薯（当时名为番薯）于明末清初传入广西，最迟不会晚于康熙初年（李昕升和王思明，2018）。史料记载，清初汪森在《粤西丛载》卷二十一中引用明末徐光启《甘薯疏》的记载："闽广薯有二种，一名山薯，彼中故有之；一名番薯，有人自海外得此种，海外人亦禁不令出境，此人取薯绞入汲水绳中，因得渡海，分种移植，遂开闽广之境"。汪森在这里是借用《甘薯疏》的记载来说明康熙年间广西已有甘薯的种植。康熙《南宁府志》之《物产志》记载的关于薯类的品种有牛脚薯、人薯、篱峒薯、鹅卵薯，"又有红皮实长者，曰京薯"，后来乾隆《南宁府志》卷十八《食货志》对京薯做出了解释：京薯"一名番薯"，可生食，除了红皮，还有白皮者。可见最迟在康熙初年，广西境内已有番薯种植（郑维宽，2009）。

甘薯传入广西的初期，种植范围非常有限，只是到了清代中期，甘薯的种植才出现较大的发展，到晚清才获得广泛种植，进而发展成为广西的主粮作物，主产区集中在东部、中部地区，西部地区则种植较少且晚（罗树杰，2014）。民国时期，广西甘薯栽培面积进一步扩大，产量仅次于水稻，居粮食作物的第二位。1940 年以后，种植面积逐年下降，产量也随之降低。新中国成立前后，国家提倡发展薯类等高产作物，甘薯作为粮食作物得到空前发展，种植面积逐年增加，至 1958 年，甘薯种植达到鼎盛时期，面积达 73.59 万 hm^2，之后，由于农业生产条件的改善，稻谷生产迅速发展，粮食危机逐渐缓和，甘薯作为粮食作物的功能明显弱化，种植面积逐年下降，至 1980 年降到了最低谷，种植面积仅为 16.42 万 hm^2，比 1958 年降低了 77.7%。1981 年以后，随着世界各地对甘薯研究的进一步深入，甘薯被视为营养丰富、抗癌防癌的保健食品而重新得到人们的认可，市场需求越来越大，甘薯的种植面积又有所回升，到 1998 年面积达 34.56 万 hm^2。2002 年以后由于种植结构的调整，甘蔗、玉米种植面积及桑蚕养殖规模扩大，甘薯的种植受到影响，面积呈缓慢下降趋势（张启堂，2015）。尽管之后甘薯在广西作为粮食作物或杂粮或经济作物的地位不甚明确，但甘薯仍然是人们生活中不可或缺的重要食物，为此近 10 年来，种植面积仍稳定在 20 万 hm² 以上。基于甘薯在饥荒年代对解决人们的温饱做出的巨大贡献及现阶段作为保障国家粮食安全的底线作物，2021 年 10 月 29 日《广西壮族自治区人民政府关于印发〈广西科技创新"十四五"规划〉的通知》（桂政发〔2021〕39 号）将甘薯列为广西主要粮食作物，进一步确立了甘薯在广西农作物中的地位。

2. 广西甘薯种质资源的来源

广西独特的生态区位条件为地方甘薯种质资源的形成提供了优良基础。广西位于北纬 20°54′~26°24′、东经 104°28′~112°04′，北回归线贯穿其中部，跨越中亚热带、南亚热带、北热带 3 个气候带，喀斯特地貌明显，地形复杂，自然环境多变，丰富的温、光及水资源及优越的地理环境，为甘薯种质资源多样性的形成提供了有利条件。同时，甘薯作为短日照作物，在北纬 23° 以南的自然光照条件下绝大多数品种能自然开花结实，也为甘薯种质的遗传变异提供了条件。此外，广西属于多民族聚居区，不同的民族具有独特的民族文化、生活习俗、饮食习惯及农耕文化，为地方种质的形成提供了人为因素。随着耕作制度的变迁和人为经年累月的选择，形成了类型多样的甘薯种质资源。

3. 广西甘薯种质资源收集鉴定情况

20 世纪 50 年代中期至今，广西先后开展了 3 次不同规模的甘薯种质资源调查收集和 1 次补征。

第一次调查与收集在 1955~1958 年进行，后期由于"文革"的影响、科技人员的变动、保存单位的变迁等，收集的甘薯种质资源大量遗失。

第二次调查与收集在 1983~1985 年进行，共收集到 439 份甘薯种质资源，经过整理归并，余下 356 份，其中地方品种 347 份、育成品种 9 份。但甘薯种质资源的保存主要采用薯块和藤蔓交替繁殖的方式来保持后代种性，极易受极端天气的影响、病虫鼠害等危害导致种质资源丢失。至 2008 年初，广西农业科学院保存的国内外甘薯种质仅剩 269 份。

2008~2010 年，在广西农业科学院基本科研业务费专项项目"广西甘薯种质资源的收集、整理和保存的研究"的资助下，广西农业科学院玉米研究所甘薯研究团队再次开展甘薯种质资源的补充收集工作，从广西各地共收集地方品种 145 份，引进和收集省内外甘薯种质资源 89 份。2012~2013 年在广西农业科学院公益性维护项目"广西甘薯种质资源整理、保存与维护"的资助下，甘薯种质资源的保护工作得到进一步加强，使甘薯种质资源得到较好的保存，之后每年都有甘薯品种资源补充和更换，种质资源的收集和保存一直处于小幅度的动态变化中，至 2015 年广西共保存国内外甘薯种质资源 515 份。

第三次大规模的甘薯种质资源调查和收集工作始于 2015 年，在"第三次全国农作物种质资源普查与收集行动"（2015~2017 年）和广西创新驱动发展专项资金项目"广西农作物种质资源收集鉴定与保存"（2017~2020 年）的推动下，截至 2021 年 10 月，共收集到甘薯种质资源 335 份，对其中的 305 份种质进行了农艺性状、产量、干物率及食味鉴定，去除同种同名及同种异名的种质后，获得 106 份甘薯地方种质。

（二）广西甘薯种质资源类型与分布

"第三次全国农作物种质资源普查与收集行动"和"广西农作物种质资源收集鉴定与保存"实施以来，收集了一批优异的广西甘薯种质资源，从品种类型上来看，桂林市、河池市、柳州市等地交通不便的部分边远山区种植的品种类型较多，有食用型、食饲兼用型和叶菜专用型等多种类型。而经济条件较发达，交通便利的地区主要种植食用型和叶菜专用型，食饲兼用型很少，人们种植甘薯主要作为休闲食品或杂粮，因此人们主动保留了食味品质较好的食用型品种，而口感不好甚至产量较高的食饲兼用型品种则逐渐淡出人们的视线。叶菜专用型品种由于具有适应性强、易于种植管理、食味品质较佳等特点，常作为日常蔬菜的补充，各家各户在自家房前屋后或菜园中都有少量种植，因此该类型的甘薯种质在各地均有分布。有些品种由于品质好或有特定的用途而被作为甘薯产业开发的对象，因此得以长期被动地保存下来，如姑娘薯主要分布在防城港市东兴市一带，该品种在当地生态条件下具有独特的品质特点，种植效益显著，因而能够长期保存下来。

科技人员通过走访调查了解到，虽然各地均有甘薯种质资源的分布，但分布不均匀，从收集到的 335 份甘薯种质来看，其水平分布呈连续性，垂直分布在海拔 0～1245m 区域。在水平分布上，以河池市（85 份）、桂林市（82 份）及柳州市（37 份）等地分布比较集中（表 2-7），百色市（29 份）、崇左市（27 份）、贺州市（17 份）、玉林市（13 份）、防城港市（13 份）、钦州市（10 份）等地也有较多甘薯种质资源的分布，其余地方则有少量分布（表 2-7）。在垂直分布上，以海拔 0～900m 的区域分布较多，而海拔 900～1245m 的区域分布较少。

表 2-7　甘薯种质资源在广西的分布情况

序号	地级市	县（市、区）数量	乡（镇）数量	村（社区）数量	资源份数	占比/%
1	百色市	5	12	20	29	8.66
2	北海市	1	2	2	4	1.19
3	崇左市	5	12	19	27	8.06
4	防城港市	3	5	7	13	3.88
5	贵港市	1	1	1	1	0.30
6	桂林市	8	24	42	82	24.48
7	河池市	11	28	38	85	25.37
8	贺州市	2	6	9	17	5.07
9	来宾市	2	2	2	8	2.39
10	柳州市	5	13	16	37	11.04
11	南宁市	4	4	4	6	1.79
12	钦州市	2	6	8	10	2.99
13	梧州市	3	3	3	3	0.90
14	玉林市	2	3	3	13	3.88
	合计	54	121	174	335	100.00

（三）广西甘薯种质资源多样性变化

1. 物种多样性的变化

甘薯属于旋花科番薯属草本植物。番薯属包含了 600～700 个甘薯近缘种，甘薯近缘野生种 *Ipomoea trifida* (Kunth) G. Don 是栽培甘薯的祖先种之一（安婷婷等，2012）。众多的考古学和语言年代学专家认为，甘薯栽培种于公元前 2500 年（陆漱韵等，1998）或公元前 8000 年（张立明等，2015）出现在南美洲，并于明朝万历年间（16 世纪末）传入我国，至今有 400 多年的历史。近年来，我国保存甘薯种质资源 2335 份，集中保存于"国家种质徐州甘薯试管苗库"和"国家种质广州甘薯圃"中，主要保存的种类为甘薯栽培种，为 2300 份，甘薯近缘野生种占很小的比例，仅为 35 份（张立明等，2015）。从广西开展的几次全区大规模的甘薯种质资源调查收集的情况看，广西现存的甘薯种质资源均为栽培种，尚未发现有近缘野生种。

2. 品种多样性的变化

甘薯适应性强、易栽培、产量高、含有丰富的营养物质，在饥荒年代，甘薯以其生长快速、生育期短、适应性广泛、产量高等优点，成为当时的主要粮食作物，近年则以含有丰富功能性营养成分的保健食品出现在人们的餐桌上，同时甘薯在作物布局、粮食构成、营养互补等方面具有特殊的作用，因此长期以来在各地获得广泛种植，甘薯种质资源在广西各个地区均有分布，但因各地饮食习惯及对甘薯的使用目的不同，经过长期人为有目的的选择，形成类型多样的甘薯品种。按用途分类，甘薯可分为鲜食型（食用型）、淀粉型、高花青素型、食饲兼用型、高胡萝卜素型、叶菜专用型等；按株型分类，甘薯可分为匍匐型、半直立型、攀缘型等；按蔓的长短分类，甘薯可分为短蔓型、中蔓型、长蔓型、特长蔓型。甘薯种质资源在表型上也具有多样性，叶片有心形、心带齿形、心齿形、尖心形、尖心带齿形、尖心齿形、浅复缺刻、浅单缺刻、深复缺刻、深单缺刻等多种形状，薯皮有紫色、红色、砖红色、浅红色、橘黄色、黄色、砖黄色、浅黄色、白色等多种颜色，薯肉有紫色、浅紫色、紫带白色、橘红色、橘黄色、黄色、浅黄色、白色等。品质的多样性也十分丰富，不同的甘薯种质，其干物率为 17.0%～38%；不同类型的甘薯品种，所含的营养成分差异也较大，紫色甘薯花青素含量丰富，胡萝卜素型品种则含有较高的 β-胡萝卜素，而其他诸如薯肉为白色及浅黄色的甘薯，花青素或 β-胡萝卜素含量很低或几乎没有。

3. 甘薯种质资源多样性变化

甘薯种质资源的多样性变化不仅与自然环境关系密切，还与甘薯自身特性、人为选择和传播具有很大关系，甘薯是同源六倍体植物，含 90 条染色体，遗传背景复杂，同时甘薯为异花授粉作物，具有自交不亲和的特性，其杂交后代性状高度分离，变异极大，这可能是甘薯种质资源多样性形成的重要原因之一。此外，广西是多民族聚居区，不同的民族文化、生活习俗、饮食习惯及农耕文化也造就了甘薯种质资源多样性的变化。

（四）广西甘薯种质资源主要特点

经过多年调查研究发现，广西甘薯种质资源品种类型多样，不同的品种具有不同的优良性状，经过鉴定及结合当地农户的认知，主要有鲜食品质优、适应性广、产量高、生长势强等特点。

1. 鲜食品质优

作为鲜食型甘薯，应具有甜、粉、糯、香、软滑、细腻等风味品质，如防城港市东兴市的姑娘薯和光坡香薯，食味品质为粉、甜、蓬松、香味浓郁；槟榔薯是广西分布范围较广的一个甘薯种质，其突出的特点是粉、甜、香等；外婆藤的食用口感为甜、糯、软滑细腻；采集自桂林市灌阳县的红二八三的特点是甜、软滑、细腻等；三江板栗薯，也称三江蓝心薯，该品种食味甜、粉、香似板栗。在甘薯的食味品质上，不同的人群具有不同的需求，有的喜欢粉的，有的偏向糯的，有的喜欢软滑细腻的，但不管偏向哪种风味，甜度高即糖分含量高是人们对鲜食型甘薯的一个共性要求。很多甘薯种质生长在边远地区或高寒地区，那里气候环境条件好，以不追求产量为目的，很少施用肥料、农药和除草剂等化工产品，最多施用一些堆沤腐熟的农家肥，土壤土质肥沃，腐殖质含量丰富，因此种植出的甘薯食用品质特别好，而不同的饮食习惯和良好的气候环境造就了类型多样的食用型甘薯种质。

2. 适应性广、产量高

甘薯在饥荒年代之所以能解决人们的温饱，其突出的特点是抗旱、耐贫瘠、适应性广、生长势强、产量高。例如，采集自河池市东兰县的愣薯，突出的特点是适应性非常强，据农户介绍，之所以起名为愣薯，意为该品种傻里傻气、不挑环境，随便丢到哪里都能结薯，适应性强，滥长；玉林市北流市的饿死猪的特点是藤蔓产量低、鲜薯产量高，据种植户介绍，以前各家各户都用薯藤作为饲料喂养生猪，该品种藤蔓产量低，导致猪饲料严重不足以至于猪都能饿死，为此称为饿死猪；柳州市融安县的节节薯，节节薯意为每个节都结薯块；柳州市柳江区的亡命结，亡命结在当地意为拼命结红薯之意。

（五）广西甘薯种质资源创新利用及产业化应用

1. 甘薯种质资源创新利用

20 世纪 80 年代以来，甘薯科技工作者以收集保存的甘薯种质资源为亲本，开展种质创新及新品种选育工作，先后育成了多个甘薯新品种。1988 年，广西农业科学院经济作物研究所等多家单位以华北 48 为母本，韭菜薯为父本，育成桂薯 1 号甘薯新品种。1994 年广西农业科学院玉米研究所薯类研究室以无忧饥为间接材料，育成甘薯新品种桂薯二号，随后该品种成为广西的主栽品种，至 1995 年，已在全区范围内推广 10.7 万 hm² 以上，并于 1998 年获广西科技进步奖三等奖。2005 年以青头不论春为母本进行集团杂交，选育出广西第一个通过国家农作物新品种鉴定的甘薯新品种桂薯 96-8。2011 年和 2012 年以姑娘薯为父本分别育成桂薯 8 号和桂薯 07-98。防城港市农业技术推广服务中心以姑娘薯和外婆藤等为亲本材料育成了防薯 69、防薯 11 号和防薯 70-1 系列甘薯新品种，于 2015 年通过广西登记。这些品种在生产上获得广泛的应用，取得了显著的经济效益和社会效益，极大地促进了广西甘薯产业的发展。

2. 甘薯种质资源产业化应用

近年来，随着经济的发展及人们饮食结构的调整，甘薯已成为农业产业结构调整中的高产高效作物，许多地区把甘薯作为城郊农业产业结构调整的高效益经济作物来发展。广西甘薯种质资源十分丰富，有些种质直接在生产上获得大面积应用，为此科学合理地利用甘薯种质资源，布局甘薯产业，对于推动甘薯产业发展、促进农民增收、实施乡村振兴战略具有重要意义。

（1）红姑娘红薯的产业化应用

防城港市东兴市的姑娘薯，也称红姑娘红薯，主产区在防城港市东兴镇河洲村，是当地的主栽甘薯品种，但是在 2004 年以前，该品种处于散户种植状态，自产自销，没有形成规模，影响力不大。2005 年曾在深圳市工作过十几年的项志勇担任该村的村支书后，尝试打开姑娘薯的销路及拓宽销售渠道，与深圳一家公司签订了 100t 的甘薯供销合同，将当地的姑娘薯产品运往深圳销售，市场反应较好，不久后该公司又向项志勇订购姑娘薯，由此他看到红姑娘红薯的巨大商机，通过在互联网上发布消息寻找更大的市场，取得了良好效果，陆续收到南宁市、深圳市、广州市乃至新加坡、日本、韩国、中国香港、中国澳门等多个客商订单，于是项志勇发动群众扩大种植规模，2006 年该村种植 2000 亩，仅此一项就能使村民人均增收 1200 元。红姑娘成为河洲村脱贫致富的香饽饽。由于当时订单量较大，仅河洲村生产的红薯已无法满足订单的需求，项志勇又发动周边乡镇发展种植基地，还为红姑娘红薯设计了"关关雎鸠，在河之洲，窈窕淑女，出自河洲"的广告词。该举动得到东兴市、东兴镇两级政府的大力支持，不仅出资 150 多万元为河洲村修了一条水泥路，还积极推广项志勇的运作模式，鼓励大家种植红薯，至 2007 年，东兴市红姑娘红薯的种植规模达 1 万亩以上。

为创建红姑娘红薯品牌，提高其知名度，当地于 2007～2012 年连续 6 年举办红姑娘红薯节，邀请《农民日报》、《广西日报》、《防城港日报》和防城港广播电视台等媒体进行报道，在红姑娘红薯节的影响下，防城港市文学艺术界人士踊跃参与创作红姑娘红薯歌曲、小说、散文、舞蹈、摄影，并用红姑娘红薯塑造红姑娘艺术标志塑像等文学艺术作品，以上举措有力地促进了红姑娘红薯产业的发展。2005～2011 年，红姑娘红薯的种植面积由 1.2 万亩扩大到 2.5 万亩。近年来，红姑娘红薯节已成为广西"十佳休闲农业名节"，河洲村也因为常年种植红姑娘红薯成为广西优秀"一村一品"村镇，并被命名为广西红姑娘红薯村；红姑娘红薯也先后通过了农业农村部农产品质量安全中心的无公害认证和中华人民共和国"农产品地理标志"认证，成为广西的名牌产品。

（2）槟榔薯的产业化应用

槟榔薯是广西分布范围最广的一个地方甘薯种质，但是该品种在各地的叫法不一，有花心薯、紫薯、乌心薯等，有的地方甚至直接称为"红薯"。该品种虽然产量潜力不高，但是适合在山地种植，而且鲜食味甜、粉、香；加工成甘薯粉丝，出粉率高、拉力足、易成型、粉丝韧性好、口感顺滑，在柳州市三江侗族自治县，河池市都安瑶族自治县、东兰县，百色市凌云县、乐业县等地产业化应用较高，这些地区主要采用"合作社+农户"的经营模式，合作社或种植协会按市场价将农户种植的甘薯收购后，挑选出商品薯进行包装后统一销售，或全部将甘薯加工成纯甘薯粉丝或粉条进行销售，由于没有销售的后顾之忧，农户种植甘薯的积极性得到极大的提高，种植规模不断扩大，甘薯产业逐渐朝着规模化、品牌化方向发展，成为村民收入的主要来源之一。

以三江侗族自治县林溪镇高秀村为例,高秀村地处"湘桂百里侗族文化长廊"中心地带,是广西、湖南两地侗族文化的交会点,具有优秀的歌舞文化、祭祀文化、美食文化、稻作文化及社交文化等原汁原味的侗族传统文化。

据当地人介绍,高秀村种植高山红薯已有数百年历史,但因地处深山,交通不便,知名度不高,每年收获的大批红薯无人问津,为此在很长一段时间里,红薯只有零星种植,自 2011 年该村被评为"柳州市十大美丽乡村"后,为扩大宣传,提高知名度,高秀村欲以红薯为媒,打包展示高秀的浓郁文化和生态农产品,并于 2012 年以"一村一品"为名举办了首届红薯文化节,自此高秀红薯(实名为槟榔薯)逐步走出深山,让更多的人认识和接受,也让村民畅享丰收的喜悦。

2016 年高秀村被纳入"柳州市的旅游扶贫示范村"后,该村依托生态优势,大力引导贫困户发展红薯产业,建立高秀红薯产业扶贫基地,以"合作社+农户"的生产经营模式,由合作社按市场价收购村民种植的红薯,统一包装后再对外销售,余下的非商品薯(小薯、碰伤薯及外形不美观的薯块)则加工成甘薯粉丝、粉条后再进行销售,高秀的红薯产业在合作社的经营下得到良性发展,种植户的收入得到了极大的提高,红薯种植规模也越来越大,近年来种植面积达 350 亩左右,覆盖全村贫困户,成为该村脱贫增收的"金钥匙"。2012~2020 年,高秀村已成功举办了七届高秀红薯节暨特色农产品宣传推介活动,活动期间,村民以"薯"为媒,开展了挖红薯、品红薯、烧红薯、红薯擂台赛、红薯展销一系列活动,同时还准备了丰富多彩的民族风情表演活动,色彩艳丽的民族服饰及多姿的舞蹈表演给观众带来强烈的视觉效果,特色农产品展销一条街展销了农户在原生态的环境条件下生产的琳琅满目的特色农产品。充满民族风情的歌舞表演及种类繁多的原汁原味的地方土特产,吸引着八方来客前往观看和购买。高秀红薯文化节不仅提升了高秀红薯的名气,还让游客了解了当地的其他特产及高秀民族特色旅游文化,对带动当地的经济发展具有积极的作用,为该村的脱贫攻坚及乡村振兴做出了积极的贡献。

(3)其他甘薯种质资源的产业化应用

广西甘薯种质产业化应用比较成功的还有平南县官成镇的甘薯薯脯加工,贺州市八步区信都镇、仁义镇和开山镇,桂林市灌阳县灌阳镇及灵川县三街镇等采用当地甘薯种质进行甘薯薯脯或甘薯粉丝加工的产业也经营得有声有色,这些产业均成为当地种植户收入的主要来源之一。

二、木薯种质资源多样性及其利用

(一)广西木薯种质资源基本情况

木薯(*Manihot esculenta*)是大戟科木薯属植物,是世界三大薯类作物之一,也是全球第六大粮食作物。木薯用途很广,可食用、饲用或作为工业原料生产淀粉、变性淀粉、乙醇等。由于木薯具有重要的经济价值,国际上十分重视木薯种质资源的收集、保存及创新利用,并专门设置国际热带农业中心(CIAT)和国际热带农业研究所(IITA)两个国际研究机构。国际热带农业中心迄今为止收集木薯种质资源 6000 多份,其中核心种质 600 多份,选育木薯新品种 40 多个,主要在南美洲进行种植推广。我国从 20 世纪开始收集木薯种质资源，收集和保存木薯种质资源3000多份（其中核心种质535份），并选育出华南系列、桂热系列、桂木薯系列等优良木薯品种。

（二）广西木薯种质资源类型与分布

栽培木薯最初出现在公元前7000～前5000年巴西亚马孙地区，18世纪经非洲引入亚洲，19世纪在南亚和东南亚地区广泛种植。我国于1820年开始引种栽培，主要种植于广西、广东、海南、云南、江西、福建等地。广西是我国木薯主产区，种植面积和产量均占全国60%以上，蕴涵着丰富的木薯种质资源。

广西木薯种质资源类型多样，按用途可分为食用木薯和工业木薯。食用木薯一般指薯肉氢氰酸含量低于50mg/kg的木薯种质，也称为甜木薯，在广西俗称面包木薯。由于广西各地均有食用面包木薯的传统，因此地方面包木薯种质资源在广西全区各市（县）均有分布，但主要分布在0～200m的低海拔地区（图2-3）。工业木薯的氢氰酸含量较高，味道苦涩，被称为苦木薯，主要用于生产木薯淀粉、变性淀粉、乙醇等。工业木薯的种质资源主要分布在桂东南、桂西南及沿海优势区域，特别在南宁市、崇左市、北海市等具有大中型木薯加工企业的地区。

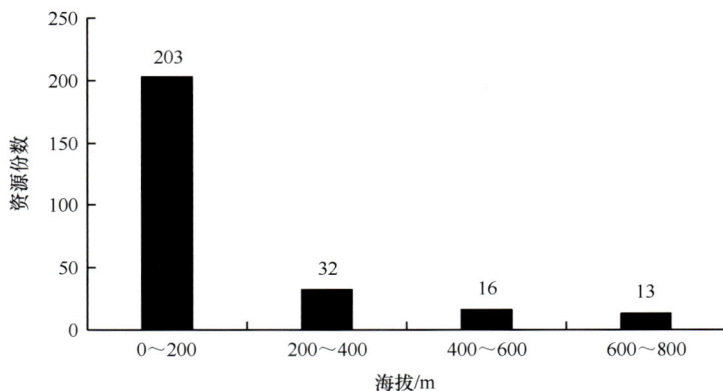

图2-3　收集的264份广西地方面包木薯种质资源的垂直分布情况

（三）广西木薯种质资源多样性变化

1. 木薯表型多样性变化

广西木薯种质资源在叶、茎、块根、花、果实等部位共有50多个主要表型性状表现出多样性（表2-8）。但各表型性状的遗传多样性程度不同，其中株型、主茎分叉角度、嫩茎颜色和叶片形状（图2-4，图2-5）、块根颜色（图2-6）等的多样性较为丰富。

表2-8　广西木薯种质资源具有多样性的表型

部位	表型
叶	顶叶颜色、顶叶茸毛、叶保留、中心小叶形状、叶片颜色、叶脉颜色、裂片数、裂叶长度、裂叶宽度、裂叶边缘光滑度、叶柄颜色、叶柄长度、叶柄生长方向、叶痕凸起程度、托叶长度和边缘等
茎	株型、主茎高度、嫩茎颜色、成熟主茎外皮颜色、成熟主茎内皮颜色、茎表皮反面颜色、节间距、茎生长习性、主茎分枝角度、分叉级别和分叉习性等

部位	表型
根	块根形状、块根分布、结薯集中度、薯柄类型、块根缢痕、块根表皮光滑度、块根外皮颜色、块根内皮颜色、块根肉质颜色、肉质味道、块根皮层厚度等
花	有无开花、花萼颜色、子房颜色、柱头颜色等
果实	果实有无、外果皮粗糙程度、果实表皮颜色和大小、种子颜色和大小等

图 2-4　部分种质资源顶叶及嫩茎颜色和形态差异

图 2-5　部分种质资源裂叶数量、中间裂叶形状、叶柄颜色差异

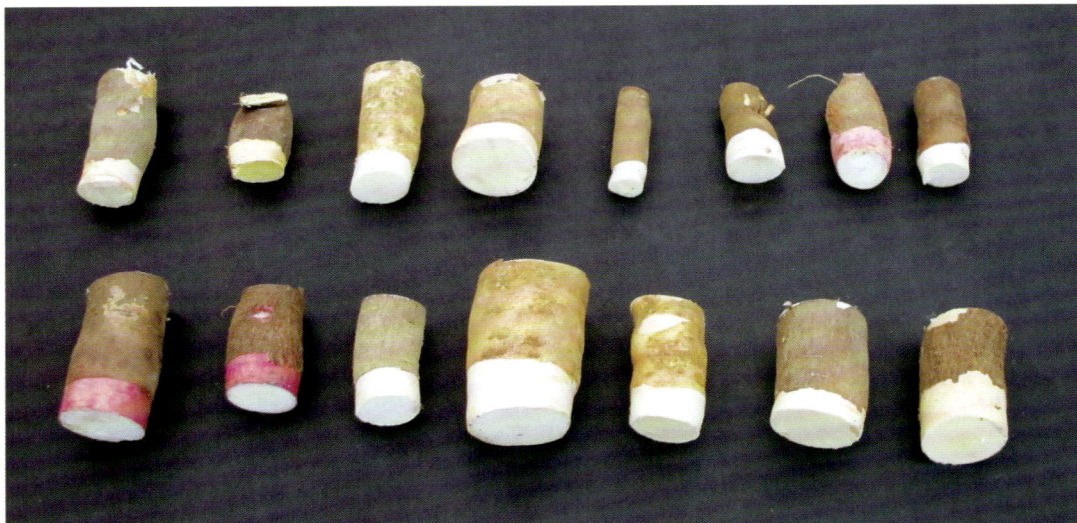

图 2-6 部分种质资源块根内皮、外皮、薯肉颜色差异

2. 木薯品种多样性变化

在将木薯引入广西栽培之初，种植的品种主要是 SC205 和 SC201 等。经过长期的人工选择和品种培育，近年来，广西种植的工业木薯品种有南植 199、SC5、KU50、新选 048、SC8、GR911、GR4 等，食用木薯品种有 SC6068、SC9、GR891、GR9、桂木薯 8 号、桂木薯 9 号等，其中新选 048、GR4、GR9、GR911、GR891、桂木薯 8 号、桂木薯 9 号等品种为广西地方选育品种，广西地方品种的占比有了大幅度提高。

广西木薯品种日益丰富，但其主栽品种的更新换代较慢，除了新选 048 在广西分布较广，其他本土品种在广西均呈零星分布且种植面积较少。广西当前的主栽品种主要有新选048、南植 199、SC205、SC5，这些主栽品种在广西推广应用均有十几年以上。其中，南植 199 和 SC205 在广西 14 个地级市均有分布，新选 048 主要分布在南宁市、崇左市、贵港市、北海市、玉林市，SC5 主要分布在南宁市、桂林市、崇左市、贵港市、北海市等广西木薯主产区。

3. 木薯种质资源多样性变化

广西木薯种质资源种类丰富，这主要得益于广西得天独厚的自然气候条件和深厚的木薯产业背景。广西跨越中亚热带、南亚热带、北热带 3 个气候带，北回归线横贯境内，高温多雨，且雨热同季，拥有热作区面积 11.4 万 km^2，占全国热作区总面积的 38.5%，位居全国第一，是我国最适宜发展木薯生产的主要地区。广西是我国木薯的主产区，深厚的产业背景进一步促进了木薯种质资源的引进及创新利用，从而丰富了广西的木薯种质资源。

广西木薯种质资源的表型性状很大一部分集中表现为株型直立、叶片椭圆形、块根水平分布、薯肉白色，说明广西木薯种质资源的表型性状呈现出一定的趋同性，这可能是长期人工选择的结果。因为株型直立、叶片椭圆形、块根水平分布、薯肉白色的木薯品种更符合当前农户的生产实际。例如，直立株型和块根水平分布的木薯品种更易于采收；椭圆形叶片的叶面积较大，更有利于木薯的光合作用；薯肉白色可以简化木薯淀粉加工过程中的漂白工序，更符合淀粉加工企业的需求。然而，木薯黄色薯肉富含类胡萝卜素，其加工食品的外观色泽和营养更佳，如果在人工选择过程中盲目地淘汰黄色、淡黄色木薯种质资源，不但破坏了种质资源的多样性，而且不利于木薯向食用化方向转型。因此，有必要加大广西木薯种质资源收集和保存的力度，防止携带优良基因的种质丢失。

随着广西木薯新品种创制工作的不断深化，广西木薯新品种层出不穷，但广西木薯主栽品种的更新换代较慢。造成这一结果的主要原因是木薯新品种的推广力度不够。长期以来，木薯产业没有真正列入广西经济发展的快车道，以至于木薯产业受到的重视不够，资金投入也不足，木薯新品种的推广水平较低，再加上农户对木薯生产的认识不足，对良种要求不迫切，从而导致一些木薯新品种得不到广泛推广，良种覆盖率低。因此，当务之急是在稳步推进广西木薯种质资源收集及创新利用的同时，增加木薯新品种推广的投入力度，将高产高淀粉的优良木薯新品种推广至千家万户，加快木薯品种更新换代的步伐。

（四）广西木薯种质资源主要特点

广西木薯种质资源的分布跨度大，垂直分布于海拔 0～800m 的地区，在全区各市（县）均有分布，但主要分布区域为桂南和桂东地区，分布特点基本符合当前广西木薯的产业格局。广西木薯种质资源的表型和品种丰富多样，并拥有大量特异性突出的种质资源。因此，广西木薯种质资源呈现出分布广、数量多、多样性丰富的特点。然而，由于人工选择的定向淘汰，广西木薯种质资源在株型、块根分布、叶型、薯肉颜色等表型上出现较大程度的趋同性，存在优异种质资源丢失的风险，亟须得到有效的收集与保存。广西在引进和收集木薯种质资源的基础上，进行了大量的种质创新工作，也选育出许多具有自主知识产权的木薯新品种，进一步丰富了广西的木薯种质资源，但优异木薯种质的推广利用工作还有待加强。

（五）广西木薯种质资源创新利用及产业化应用

近 10 年来，广西加大了木薯种质资源的创新利用，在木薯新品种选育工作中取得了显著成效。广西农业科学院经济作物研究所、广西壮族自治区亚热带作物研究所、广西南亚热带农业科学研究所、广西大学等多家科研单位相继利用木薯种质资源选育出桂木薯 8 号、桂木薯 9 号、GR891、GR911、GR3、GR4、GR9、新选 048、辐选 01、桂垦 09-26、桂垦 09-11 等多个广西本土品种。

从国内外引进的种质资源中选育出的广西木薯品种在全国范围内也得到了很好的推广利用，如 GR911、GR891、桂热 3 号等品种被列为国家星火计划项目和农业农村部热带、南亚热带作物主推品种；选育和推广高产、高淀粉、适合间作套种的优良品种新选 048、桂木薯 6 号等，以及配套间作套种穿心莲、西瓜、南瓜、花生等栽培技术，对提高木薯种植比较经济效益、促进产业可持续发展起到重要作用，品种及配套技术在桂东南、桂西南地区广泛应用；另外，桂热 9 号、桂木薯 8 号、桂木薯 9 号等优质特色食用专用型木薯种质资源的开发利用，不断满足人们对杂粮多样化和功能化的需求，如"阳光早餐""张飞木薯羹""小小李白"等餐饮企业推出的系列木薯食品等，为木薯产业提质增效发展提供了重要的途径。

三、淮山种质资源多样性及其利用

（一）广西淮山种质资源基本情况

淮山，又名山药、淮山药、大薯、山薯等，属于单子叶植物纲（Monocotyledoneae）百合目（Liliales）薯蓣科（Dioscoreaceae）薯蓣属（*Dioscorea*）植物，为一年生或多年生、具有双子叶植物特征特性的单子叶缠绕性藤本植物。我国是世界上淮山种植面积和消费量大国之一，种植面积达 25 万 hm² 以上，除西藏以外，其他省（自治区、直辖市）均有种植。广西淮山栽培历史悠久，据史料记载，始种于明朝的贵县蒙公乡一带（即今贵港市覃塘区），新中国成立后广西淮山产业逐渐发展壮大，现已成为我国 5 个淮山主产区之一、华南地区最大的淮山产地。但广西淮山一直以来被视为小作物，缺乏系统研究，一直处于零星种植的状态。广西农业科学院经济作物研究所薯类作物研究室自 2001 年成立以来就开展了淮山种质资源的收集与评价，至 2014 年在广西 7 个地级市共收集淮山种质资源 115 份，并进行了农艺性状、抗性和品质等鉴定，以及栽培技术等方面的研究。2015 年以来，广西实施了"第三次全国农作物种质资源普查与收集行动"和广西创新驱动发展专项资金项目"广西农作物种质资源收集鉴定与保存"，完成了广西 13 个地级市（北海市除外）48 个县（市、区）的系统调查、收集与资源征集，共收集淮山种质资源 91 份（严华兵等，2020）。

（二）广西淮山种质资源类型与分布

1. 淮山种质资源的类型

通过对收集保存的 206 份淮山种质资源观察、比较与鉴定，认为广西淮山种质资源从植物分类学上主要有褐苞薯蓣、参薯、山薯、日本薯蓣、薯蓣、甜薯；从园艺学分类上主要有普通山药和田薯。经鉴定，有褐苞薯蓣 97 份、参薯 79 份、山薯 10 份、日本薯蓣 6 份、薯蓣 6 份、甜薯 8 份。淮山品种资源受生态区域影响较大，同一淮山品种在不同生态区域的形态特征有差异。因此，在淮山的植物学分类或园艺学分类中，应综合考虑其形态特征和生态特性。

2. 淮山种质资源的分布

收集保存的 206 份淮山种质资源在广西 14 个地级市的分布情况如图 2-7 所示。其中，玉林市 39 份，占比 18.93%；桂林市 27 份，占比 13.11%；钦州市 24 份，占比 11.65%；百色市 19 份，占比 9.22%；崇左市 18 份，占比 8.74%；南宁市 14 份，占比 6.80%；河池市 13 份，占比 6.31%；柳州市 12 份，占比 5.83%；贵港市 9 份，占比 4.37%；梧州市 8 份，占比 3.88%；防城港市 7 份，占比 3.40%；贺州市 7 份，占比 3.40%；来宾市 5 份，占比 2.43%；北海市 4 份，占比 1.94%。

主要淮山种质资源的分布如下：①褐苞薯蓣，是广西的一个广布种，主产于桂南、桂中、桂西经桂北至桂东北，主要分布在南宁市邕宁区、马山县，玉林市博白县、容县、陆川县，贺州市八步区、钟山县、昭平县，来宾市金秀瑶族自治县，柳州市融水苗族自治县、融安县，崇左市大新县、龙州县，百色市乐业县、隆林各族自治县、田林县，河池市天峨县、罗城仫佬族自治县，百色市靖西市，桂林市雁山区、兴安县、平乐县、荔浦市、临桂

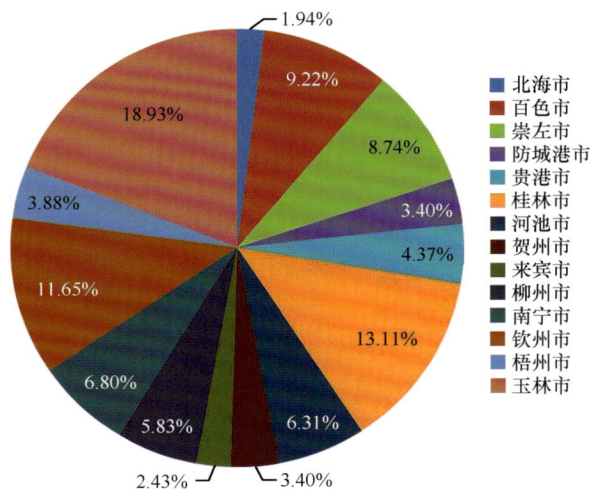

图 2-7　广西淮山种质资源分布情况

区、资源县、阳朔县、龙胜各族自治县、恭城瑶族自治县。其中南宁市邕宁区、桂林市平乐县、贺州市八步区、贵港市桂平市属于淮山传统种植区域。②参薯，在广西普遍有栽培，作为蔬菜，各地俗称大薯、脚板薯。以长圆柱白肉型种类为主，在桂林市平乐县、柳州市融水苗族自治县、柳州市融安县、南宁市武鸣区等有大面积种植。紫色脚板薯在各地均有零星种植。③山薯，块根称"野淮山"，分布于崇左市龙州县，南宁市武鸣区，百色市乐业县、那坡县，贺州市昭平县，来宾市金秀瑶族自治县，桂林市恭城瑶族自治县、荔浦市等。④日本薯蓣，其块茎各地俗称山药或山薯，主产于桂东北及桂北，主要分布在桂林市龙胜各族自治县、兴安县、雁山区、临桂区、灌阳县、恭城瑶族自治县、兴安、全州县，贺州市昭平县，来宾市金秀瑶族自治县，柳州市融水苗族自治县。⑤薯蓣，主要分布在桂北。少见栽培种，以野生种为主。⑥甜薯，俗称毛薯。主要分布于玉林市北流市、博白县，钦州市灵山县，桂林市龙胜各族自治县、灌阳县，南宁市横州市、马山县，北海市合浦县等。

（三）广西淮山种质资源多样性变化

鉴于广西境内各地均有淮山分布，存在生态环境各异以及分布多样性，而且经过长期品种引进和人工选择育种，一些品种可能会发生基因交流或突变，导致广西境内种植的淮山品种存在同物异名和同名异物的混乱现象，给生产引种及品种遗传改良等带来不便。因此，2001～2021 年，对部分有代表性的广西境内淮山种质的主要生物学性状进行观察和测量，并综合淮山农艺性状、生态学、品质特性进行鉴定归类及多样性分析。

1. 广西淮山物种水平多样性变化

我国常用的淮山为薯蓣属周生翅组植物薯蓣及其近缘种的块茎。我国商品淮山的栽培品种，以长江为界可以明显地划为南北两片。长江以北各省基本上清一色只种植物薯蓣，也就是目前所说的正品山药，并且在长期的栽培过程中形成了许多各具特色的地方品种，如太谷山药、铁棍山药、嘉祥细毛山药等；而长江以南各省除薯蓣外还分别大量种植参薯、山薯、褐苞薯蓣、日本薯蓣、甜薯等。广西跨越中亚热带、南亚热带、北热带 3 个气候带，是我国重要的淮山生产基地之一，淮山种质资源十分丰富，其中含有薯蓣属植物 27 种以上，占全国的一半以上。目前，广西境内分布的淮山主要是薯蓣、褐苞薯蓣、参薯、山薯、日本薯蓣、甜薯等菜用和药用山药的统称，其中褐苞薯蓣、参薯是广西主要栽培种，而且广西将褐苞薯蓣作为山药列入地方标准。

依据茎蔓性状、叶片特征等，广西农业科学院经济作物研究所将保存的种质资源分为以下五大类。①野生型；②叶片长心型（叶色深绿），叶片较厚、不分裂，叶片深绿，表面蜡质层较厚，有光泽，是广西的主要栽培品种，主要为褐苞薯蓣；③茎四棱，主要为参薯；④叶片三出浅裂；⑤叶片三出深裂。不同类型淮山的一些光合特性也表现出一定的规律性。5 个类型淮山种质的叶片光合速率、气孔导度及蒸腾速率大小，均随着淮山种质的长势强弱、叶片大小而变化，长势强者光合参数水平较高，长势弱者则较低。一般，植物光合速率高的种质产量相对较高。淮山也一样，所以在筛选或选育高产淮山品种时可考虑选用高光合淮山种质。

2. 广西淮山品种多样性变化

按照蔡金辉在园艺学上的分类，广西淮山包括普通山药和田薯两个种。普通山药又可分为长山药和棒山药，广西淮山以长山药为主。长山药变种分为浅裂三角形叶、深裂三角形叶、长心形叶 3 个品种群，广西淮山以长心形叶型淮山为主；棒山药变种为 1 个品种群。田薯分为长柱形、圆筒形和扁块形 3 个变种，这 3 个变种在广西境内均有普遍分布。长柱形变种分为白肉品种群和淡黄肉品种群、紫红肉品种群，白肉品种群为广西主要栽培种；圆筒形变种和扁块形变种又各自分为白肉品种群和紫红肉品种群。

由于地域辽阔和人工选择的影响，淮山种内生物学性状和农艺性状也有明显差异。在收集的 97 份褐苞薯蓣中，利用简单重复序列区间（inter-simple sequence repeat，ISSR）分子标记技术对不同居群褐苞薯蓣进行遗传分析，表明褐苞薯蓣野生居群样品比栽培居群样品具有更高的遗传多样性；聚类结果表明褐苞薯蓣遗传距离与地理位置距离具有一定的关联性，样品所在地理位置和气候特点越相似，样品间的生物遗传信息越相近；同时，野生种与栽培种之间存在遗传差异。

3. 淮山种质资源多样性变化

（1）淮山种质资源主要农艺性状遗传多样性变化规律及分析

广西淮山种质资源间农艺性状差异明显，具有丰富的遗传多样性，亲缘关系呈现一定的地域生态环境规律。其中，多样性指数最高的是薯块长度，其次是生育期、薯块茎粗和叶片长度。对淮山产量起决定作用的薯块长度、薯块径粗和单株产量的遗传多样性指数均较高，说明可以从这些农艺性状中筛选出具有较大产量潜力的材料。这些丰富的淮山种质资源中，包括具有增产潜力的加工类、高产类及不同熟期等多种类型，从中可筛选出类型差异较大的种质材料，为广西淮山品种选育提供丰富的育种中间材料。此外，不同淮山种质的单株产量、薯块径粗、单株结薯数和叶宽的变异系数均较高，说明广西淮山种质资源的遗传改良潜力较大，可为提高广西淮山的产量、品质、抗性提供较丰富的材料。

依据 19 个农艺性状对收集的部分淮山种质进行聚类分析，从遗传关系上可将保存的种质资源聚为四大类，性状相近且生态区域相似的种质聚为一类，各个类群具有一定的形态学特征。第Ⅰ类群为具有增产潜力的加工型亲本材料，第Ⅱ类群适合作为食用高产型育种的亲本材料，第Ⅲ类群为一般材料，第Ⅳ类群为一般性早熟亲本材料。此外，4个类群分属不同的淮山类型，其中第Ⅰ、Ⅳ类群属于普通山药，第Ⅱ类群属于田薯型，第Ⅲ类群为野生类型，与传统分类方法结果一致。同时，具有相近亲缘关系、相同来源、相似生态类型的淮山种质聚为一类，表明聚类结果能反映不同品种遗传类型的差异，也反映了一定地域的生态环境规律，可分清不同淮山类型资源间的亲缘关系和遗传距离远近，说明广西淮山品种的亲缘关系与生态区域有一定的联系，也反映了不同地区长期形成的本地淮山主要种植习惯。收集的大部分淮山资源产量均比较高。因此，根据聚类结果，在淮山育种中，建议在不同类群中选配亲本组合，同时考虑生态区域。

（2）淮山种质资源品质多样性变化规律及分析

不同淮山种质间品质性状的差异性对育种和产品利用有重要参考依据。对保存的部分淮山种质进行品质性状分析，不同淮山种质性状间的变异系数差异较大，以铁、锌、氨基酸、总皂苷等含量的变异系数较大，为42.77%～66.2%，其中以铁的变异系数最大（66.2%）；而淀粉和蛋白质含量的变异系数较小。说明广西淮山种质品质性状存在很大变异，变异范围广，遗传背景丰富，选择潜力大。在品质育种种质选择过程中，要充分利用变异系数大的品质进行种质创新和品种选育，因此，对铁、锌、氨基酸、总皂苷等变异系数大的品质进行选择，比较容易获得优良品种。不同类型的淮山种质资源，淀粉含量差异较大，其中褐苞薯蓣淀粉含量最高，平均为23.52%，最高可达28.7%，可作为加工型品种重点关注。

（3）淮山种质资源黏度多样性变化规律及分析

淮山黏度是加工品质的一个重要指标之一。黏度高，肉质白色细腻，去皮后不容易变色的淮山种质适合加工利用。对保存的种质资源进行黏度多样性分析，各淮山种质类型平均黏度差异明显，变异系数为56.89%，平均黏度为17.9～60.7dPa·s；不同类型黏度大小表现为褐苞薯蓣（60.7dPa·s）＞参薯（35.4dPa·s）＞山薯、日本薯蓣（21.9dPa·s）＞薯蓣（17.9dPa·s）。根据不同淮山种质黏度的差异和聚类分析，可将不同淮山种质黏度聚为三大类：高黏度种质型、中等黏度种质型、低黏度种质型。高黏度种质均为褐苞薯蓣，但是并非所有的褐苞薯蓣都属于高黏度类型，少部分褐苞薯蓣和参薯聚在一起，属于中等黏度；日本薯蓣、山薯和薯蓣聚为一类。每个黏度类型包含的种质与每个形态类型包含的种质不同，说明淮山种质黏度聚类结果与形态类型分类结果不一致。因此，黏度差异性可作为广西淮山种质资源分类的依据之一，通过淮山种质资源黏度多样性的评价可为高黏度淮山的品种选育提供参考依据。研究筛选了14份高黏度品种作为加工型淮山品种开发利用或育种的中间材料。

（四）广西淮山种质资源主要特点

1. 淮山种质资源形态学特点

淮山为具有双子叶特征的单子叶植物，属于缠绕草本。块茎有块状、姜状、柱状、棒状、圆柱状，脚板形、扇形等，垂直生长，有的长可达1m以上，断面大多为白色，少数为黄白色、紫色。地上茎通常为绿色或略带紫红色，有棱翼或无棱翼，右旋，无毛。叶片为单叶，茎下部叶片互生，中部以上对生，极少数为轮生；叶片变异大，有长心形、卵状角形、宽卵三角形、狭长三角形、三角状戟形、长三角戟形、阔三角戟形、狭长戟形，叶缘常浅裂至深裂，中心裂片卵状椭圆形至披针形，侧裂片耳形、圆形、近方形至长圆形；主叶脉5～7条；幼苗叶片一般为宽卵形或卵圆形，基部为深心形。薯蓣、褐苞薯蓣、日本薯蓣、山薯叶腋内常有大小不等的珠芽（零余子），参薯较少或无珠芽。花雌雄异株，极少同株，组成穗状、总状或圆锥状花序；花被片6，2轮，基部合生；雄蕊6枚，有时3枚发育、3枚退化；雌花和雄花相似，子房下位；8室，花柱3，分离；蒴果或浆果；种子具翅，三棱状扁圆形或三棱状圆形，种子着生于每室中轴中部，四周有膜质翅。

2. 淮山种质资源优异特性

广西农业科学院经济作物研究所自2002年起从广西各地收集保存了206份栽培和野生淮山种质资源，并建立了标准化的淮山种质资源圃。在收集的206份优异淮山种质资源中，当地农户认为具有优异性状的资源有89份，经鉴定评价，筛选出优异种质资源78份。在78份种质资源中，高产特性种质资源26份、高淀粉含量种质资源15份、高黏度种质资源14份、抗炭疽病特性种质资源6份、耐寒特性种质资源10份、抗旱特性种质资源12份、高花青素含量种质资源11份、富含铁和锌等微量元素种质资源8份。其中，褐苞薯蓣鲜薯产量大，抗性强、黏度高、淀粉含量高（达23.52%），是一种重要的药用淮山资源。这些优异淮山种质资源部分可以直接在生产上栽培利用，也可以作为淮山育种的重要种质材料。

（五）广西淮山种质资源创新利用及产业化应用

1. 淮山种质资源创新利用

在筛选出89份优异种质的基础上，广西农业科学院经济作物研究所进行了新品种的筛选和选育工作，通过系统选育的方法育成品种12个。其中，桂淮2号在南方地区耐寒性强、适应性广、产量高、品质好，可加工成中药材淮山，嫩叶和芽苗膳食纤维含量高达4.5%，可作蔬菜食用；桂淮5号属于早熟品种，干样的锌、铁含量分别高达19.2mg/kg、17.8mg/kg；桂淮7号属于高产菜用型品种，适宜在长江南岸区域种植；桂淮14号、桂淮15号是50cm左右中短型紫肉品种，富含丰富的花青素，长度适中，适合机械化种植和收获；桂淮12号为不规则块状，其淀粉含量高，可作为优质淀粉加工利用，同时栽培粗放、用工少，且产量高、薯块短、利于采收、耐储运；桂毛薯1号属于短型晚熟品种，薯块个头特大、商品性好、易于包装、较耐贮藏、易运输，薯肉白色、不易褐变、黏度高、口感甘甜、风味独特，耐寒，丰产，抗逆性、抗病性强，种植不需要挖深沟、易于栽培。其中，桂淮2号、桂淮5号、桂淮7号已在广西及湖南、江西、广东等南方地区大面积推广。

2. 淮山种质资源产业化应用

（1）淮山栽培种植情况

广西淮山种植区域较广，全区各地基本均有种植，据调查统计，2020年全区种植面积约为18 336hm²，种植面积大、产业基础较好的地区是桂林市、贺州市、贵港市、南宁市。其中，桂林市种植面积最大，分布区域最广，主要种植区域分布在桂林市平乐县、全州县、临桂区、永福县、阳朔县、恭城瑶族自治县；贺州市的主要种植区域分布在八步区、富川瑶族自治县、钟山县，其中八步区为稳定种植区域；贵港市的主要种植区域分布在桂平市5个乡（镇）；南宁市的主要种植区域分布在邕宁区4个镇。

目前广西各地的淮山种植品种主要有当地品种如金田淮山、那楼淮山、贺街淮山、白皮淮山、黑皮淮山等，以及桂淮2号、桂淮5号、桂淮7号、那淮1号等，产量平均为30 000～45 000kg/hm²，高产的可达75 000kg/hm²左右。其中，桂淮2号在全区均有广泛种植，且在南宁市、贺州市、贵港市等地种植面积较大；桂淮5号和桂淮7号则在桂林市和柳州市种植面积较大；那淮1号主要在南宁市邕宁区种植。

（2）淮山销售和加工情况

广西地区的淮山以自产自销、鲜品外运和初级加工为主。鲜品外运主要是通过本地商人、经纪人直接收购或外地经销商上门收购，销往广东、四川、湖南、重庆等全国各地，同时少部分通过淘宝、京东等电商平台进行销售。

广西淮山的加工以初加工为主，加工成淮山干片和淮山粒，销往全国各地；部分合作社和企业则进行小规模的特色淮山加工，如野生淮山干片、富硒紫淮山干片，其市场售价远高于普通淮山干片。淮山加工集中地在桂平市金田镇。20世纪90年代，桂平市金田镇就形成"家家种植，户户加工"的小作坊模式，主要是使用传统的硫黄蒸熏技术加工成各种类型的淮山干片。随着国家相关部门对食品卫生监督力度的加大，传统硫黄熏烤逐渐转为无硫化加工，根据不同需求进行淮山片、淮山粒和淮山粉加工。金田淮山集贸批发市场是远近闻名的淮山专业销售市场，年销售干淮山20 000t以上，其产品或半成品远销港澳台、东南亚等地，并由中国香港转销美国、日本、韩国和欧洲，2019年桂平市淮山初加工量为34 320t，其中，本地淮山加工量为6064t。

目前，广西淮山加工企业和合作社已超过100家，但以小作坊居多，大部分主要是通过收购全区各地以及外地的鲜淮山进行初加工，少部分加工企业或合作社通过"公司+合作社+基地+农户""合作社+基地+农户"的模式生产部分淮山原材料。

（3）品牌建设情况

广西淮山栽培历史悠久，近年来在政府引导、支持和企业的努力下，广西淮山产业发展迅速，并逐步形成地方及区域特色产业。广西淮山产区拥有无公害农产品认证4个、绿色食品认证2个。南宁市那楼镇和桂林市沙子镇素有"淮山之乡"的美称，桂平市金田镇荣获"广西淮山之乡"的称号；金田淮山入选2013年全国名特优新农产品名录，那楼淮山是广西名特优农产品，贺街淮山入选2017年全国名特优新农产品名录；金田淮山、那楼淮山、贺街淮山等均获农业农村部农产品地理标志登记认证，并逐渐形成了广西淮山产业的品牌优势。

四、葛种质资源多样性及其利用

（一）广西葛种质资源基本情况

葛是豆科（Fabaceae）葛属（*Pueraria*）多年生藤本植物的总称，葛根是其块根。葛根在我国利用历史悠久，是一种常用传统中药，也是开发前景广阔的药食两用的天然植物资源，素有"北参南葛""亚洲人参"之美誉（杨旭东等，2014）。《中国植物志》记载，中国的葛属植物包含 8 种：三裂叶野葛、小花野葛、苦葛、须弥葛、葛、密花葛、黄毛萼葛和食用葛，最常见的为葛种，包含野葛、粉葛和葛麻姆 3 个变种（中国科学院中国植物志编辑委员会，1995），其中，野葛与粉葛均被列入国家卫生健康委员会和国家市场监督管理总局发布的药食同源物质目录。葛根富含蛋白质、粗脂肪、多糖、淀粉、维生素、矿物质、纤维素、异黄酮类物质等，营养丰富。异黄酮类是葛属植物中的主要活性成分，萜类、甾体类、香豆素类等其他成分共同参与葛属植物的药理活性表达，使其具有解肌退热、生津止渴、透疹、升阳止泻、通经活络、解酒毒等功效，同时在改善心血管系统、抗氧化、降血糖、解热、抗炎、解酒护肝、神经保护、抗骨质疏松和雌激素样作用等方面具有较好的药理活性（顾志平等，1996；叶和杨等，2003；张蕊等，2005；罗琼等，2007；Shen et al.，2009；Wang et al.，2013）。葛根作为药食同源两用植物，既可以作为普通食品，又可以作为药品，在化妆品、中兽药及饲料添加剂中也得到广泛的利用（朱校奇等，2011）。

（二）广西葛种质资源类型与分布

在"第三次全国农作物种质资源普查与收集行动"及广西创新驱动发展专项资金项目"广西农作物种质资源收集鉴定与保存"收集的广西 283 份葛种质资源中，百色市 5 个县（市、区）24 份，占比 8.48%；河池市 5 个县（市、区）26 份，占比 9.19%；桂林市 7 个县（市、区）30 份，占比 10.6%；贺州市 3 个县（市、区）25 份，占比 8.83%；来宾市 6 个县（市、区）22 份，占比 7.77%；贵港市 3 个县（市、区）26 份，占比 9.19%；梧州市 2 个县（市、区）12 份，占比 4.24%；玉林市 5 个县（市、区）22 份，占比 7.77%；柳州市 5 个县（市、区）25 份，占比 8.83%；南宁市 5 个县（市、区）23 份，占比 8.13%；崇左市 4 个县（市、区）28 份，占比 9.89%；钦州市 2 个县（市、区）11 份，占比 3.89%；防城港市 3 个县（市、区）5 份，占比 1.77%；北海市 2 个县（市、区）4 份，占比 1.41%。广西葛种质资源从分布来看，山区较多的桂北、桂西和桂东南各地，葛种质资源较多；在平原较多的桂中区域，种质资源的数量相对减少；而在沿海的防城港市、钦州市及北海市，收集到的葛根数量相当有限，且北海市收集的都是栽培葛，没有发现野生的葛种质资源。同时，在采集资源过程中还发现，广西葛种质资源适应性强，生长在房前屋后、坡地、水边、沟谷、山谷等地（尚小红等，2020）。

（三）广西葛种质资源多样性变化

尽管收集的葛种质资源遍布全区各地，但资源的种类并没有明显的地域特性，除了沿海地区以栽培粉葛为主，其他地区野葛、粉葛、葛麻姆均可见，在梧州市藤县发现了苦葛。收集的葛种质资源在形态上存在较大的差异，在生长习性、托叶着生位置、叶片形状、茸毛、大小、颜色、花纹、裂缺，以及花的颜色、大小、着生位置、花穗形状等性状方面存在差异（图 2-8，图 2-9），在生长形态、茎、块根等表型上也有较大差异。其中，不同的葛存在蔓生灌木、直立和缠绕藤本 3 种不同的生长方式；托叶有基部着生和背部着生两种方式；叶有披针形、卵形、宽卵形、斜卵形、倒卵形、近圆形、菱形、卵菱形等不同形状；叶花斑数量、叶裂缺、茸毛数量也存在差异；茸毛颜色有白色及黄色；茸毛生长状态有直立、倾斜和紧贴；冬季叶片有全脱落、半脱落及不脱落等；定植当年有开花、不开花差异；花色有白、天蓝、浅蓝、淡紫、紫、紫红、淡红等；块根形状有纺锤形、长圆柱形、圆锥形、圆柱形、不规则形等；块根肉质颜色有白、浅黄褐等；块根的内含物质，包括淀粉及葛根素含量，均有较大差异，其中葛根素含量为 0.001%～2.9%（尚小红等，2020）。

图 2-8　部分葛种质资源的叶型差异表现

图 2-9　部分葛种质资源的花型差异表现

（四）广西葛种质资源主要特点

根据当地农户对本地资源的认知，以及对所收集的资源进行分类和评价，结合表型精准鉴定和分子标记技术对资源进行了鉴定评价，筛选出优异的葛种质资源 26 份。这些种质资源有的块茎产量高、淀粉含量高，适合菜用或提取淀粉加工成葛根粉、葛根面、葛根粉丝、葛根酒等葛产品，如藤县粉葛、象州粉葛、临桂粉葛、平南粉葛等，其中梧州市藤县粉葛的种植历史可追溯至清代，自 20 世纪 90 年代开始规模化种植，种植品种为当地无渣粉葛，个大清甜，梧州市藤县葛根苗已销往区内多地，如南宁市、贵港市等地，甚至远销云南省、江西省、湖北省、广东省等地（黄建明，2019）；有些种质块根少量膨大，但块根内葛根素含量高，可作药用，如桂平野葛的葛根素含量达 2.7%、龙州野葛的葛根素含量达 2.9%，远远超过了《中华人民共和国药典 2020 年版 一部》对野葛中葛根素的要求；有些种质尽管块根膨大性差，但花量多，花期长，花香味浓郁，适合开发葛花茶；还有些种质茎叶生长迅速，适宜饲用。

（五）广西葛种质资源创新利用及产业化应用

1. 葛种质资源创新利用

目前，广西葛种质资源中主要利用的种类为粉葛及野葛。粉葛在全国范围内已逐步实现了规模化人工栽培，主产区包括广西、广东、江西、湖南、湖北、云南等地，其中广西是粉葛的主要种植区，年种植面积为 1 万～1.33 万 hm²，种植面积和产量均占全国 50% 以上，居全国首位，在广西产业经济和全国葛产业发展中均发挥重要作用（黄建明，2019；尚小红等，2021）。广西粉葛种植面积分布广，在梧州市、桂林市、贵港市、南宁市、崇左市、来宾市、百色市等地均有种植，种植品种多为当地种，或是从区内其他粉葛产区引进种（尚小红等，2021）。广西大学研究团队通过对粉葛优良单株进行提纯复壮，选育出桂葛 1 号粉葛品种；广西农业科学院研究团队以梧州市藤县当地种为材料进行组织培养，产生了体细胞无性系变异，从变异群体中筛选出优良变异单株，采用组培快繁技术选育出桂粉葛 1 号粉葛品种（欧昆鹏等，2017）。整体来看，广西规模化种植的地方种及选育出的品种均为块根膨大迅速、淀粉含量高、产量高的粉葛材料。而葛根素含量偏高的野葛，暂未实现人工规模栽培，尚处于破坏采挖野生资源的原始利用阶段。

2. 葛种质资源产业化应用

梧州市藤县和平镇粉葛的种植历史可追溯至清代，自 20 世纪 90 年代起开始规模化种植，是中国著名的"粉葛之乡"，年种植粉葛面积达 0.4 万～0.53 万 hm²，藤县葛色天香和平粉葛产业（核心）示范区被评为广西现代特色农业（核心）四星级示范区，对当地农民增收、农业结构调整、乡村振兴有着重要意义，藤县和平粉葛种苗也销往区内其他地方乃至云南、江西、湖北、广东等地（凌用全，2013）。种植产业也带动了当地粉葛加工企业的发展，以广西藤县绿葛葛业有限公司、广西藤县绿色田园葛业有限公司为代表的企业，开发葛根粒、葛根茶、葛根粉、葛根面、葛根片、葛根螺蛳粉等产品，并通过网店、直播平台等进行线上销售，带动了当地经济的发展。来宾市象州县种植粉葛已经有 300 多年的历史，以运江镇新运村种植的粉葛最为闻名，该地种植品种为地方无渣品种，个大渣少，清香鲜美，早在多年前即远销香港和澳门等地，当地粉葛种植面积达 1460 亩，种植农户 426 户，年粉葛产量 3000t 以上，每天可加工 6t 葛根鲜薯，年产葛根粉 50t。桂林市多地有种植粉葛的习惯，种植品种除当地种外，也引进梧州市藤县当地种进行种植，其中桂林市临桂区为主产区，仅会仙镇的粉葛种植面积已超过 1 万亩，每个自然村均种植有几亩；近年来，受藤县粉葛产业辐射带动，贵港市粉葛产业发展迅猛，种植面积快速扩大，贵港市思旺镇挖掘粉葛产业发展潜力，全力打造思旺镇万亩葛根园，且因地制宜地推广粉葛+花生、粉葛+沙姜、粉葛+苦瓜和粉葛+毛节瓜等间作或套种种植模式；南宁市、玉林市、贺州市、钦州市和崇左市等地区也有规模化种植，种植品种均为当地种或引进的梧州市藤县种（尚小红等，2021）。

五、旱藕种质资源多样性及其利用

（一）广西旱藕种质资源基本情况

旱藕（蕉芋，*Canna indica* 'Edulis'），又名芭蕉芋、蕉藕、姜芋等，是美人蕉科（Cannaceae）美人蕉属（*Canna*）的一年生或多年生草本植物。旱藕原产于南美洲热带、亚热带地区，于 20 世纪 20 年代传入我国，现广泛种植于云南、贵州、广西、四川、湖南、重庆、河南等地（欧珍贵等，2012）。旱藕具有适应性广、抗逆性强、粗生易长、病虫害少等特点，在年均气温 15℃以上、年降水量 800mm 以上区域的各类土壤中均可栽培。旱藕块茎富含淀粉，还含有丰富的钙、磷、铁及 17 种氨基酸、维生素 B、维生素 C 等，既营养丰富又易于消化，经常食用益血补髓、清热润肺、防止肥胖。旱藕淀粉在工业上有广泛用途，可用于生产粉丝、乙醇、饲料、味精、葡萄糖以及造纸、纺织等。

20 世纪旱藕在广西被作为粮食作物栽培，广西拥有丰富的地方旱藕种质资源。据统计，近年广西旱藕种植面积均在 1 万 hm² 左右。但在调查中发现，目前旱藕在广西零散种植，除了加工企业周边有较大面积种植，很多旱藕都是在荒山野岭、田间地头或路边自由生长，无人管理（樊吴静等，2021）。自 2015 年起，广西实施了"第三次全国农作物种质资源普查与收集行动"和广西创新驱动发展专项资金项目"广西农作物种质资源收集鉴定与保存"，系统开展了广西旱藕种质资源普查与收集工作，完成了广西全区 14 个地级市的系统调查、收集，共收集旱藕种质资源 103 份，并根据当地调查及鉴定结果，对这些资源进行分类评价。

（二）广西旱藕种质资源类型与分布

广西多样化的自然环境、多彩的民族文化、长期的作物演化及人工选择等，孕育了丰富的旱藕种质资源（严华兵等，2020）。

1. 旱藕种质资源的类型

依据当地群众对旱藕资源的认知（如种植历史、种植面积、主要用途等），资源的性状（产量、品质、外观、口感等），以及种植用途等相关信息，结合对收集资源的初步分析和分类，从形态学上进行分类，广西旱藕种质资源主要有紫边绿叶、绿叶、紫叶 3 种外观类型，在收集获得的 103 份旱藕种质资源中，有 98 份为紫边绿叶型旱藕，占 95.1%；其余为 3 份绿叶型旱藕和 2 份紫叶型旱藕。根据用途分类，广西旱藕资源主要有加工、食用和药用 3 种类型，广西绝大多数旱藕资源为加工型旱藕，即主要用于提取淀粉或加工饲料等；食用型旱藕即淀粉含量较低，糖分较高，当地主要用于鲜食、炒食或火锅等，成为当地群众喜爱的菜肴；本次收集到 2 份药用型旱藕，据当地人介绍，该资源主要用于煮食以有效祛除冷汗虚汗、治疗肠胃病等。

2. 旱藕种质资源的分布

旱藕耐旱、耐贫瘠，对土壤要求不高，适应性广，而广西气候温和，雨量充沛，因此旱藕在广西分布广泛。本次收集到的旱藕种质资源分布的地理范围为北纬 21°35′～26°01′、东经 105°08′～111°17′，垂直分布于海拔 15～1178m。根据调查结果，广西全区 14 个地级市均有旱藕种质资源分布（表 2-9）。其中，河池市 9 个县（市、区）20 份，桂林市 4 个县（市、区）15 份，南宁市 3 个县（市、区）12 份，钦州市 3 个县（市、区）12 份，崇左市 4 个县（市、区）8 份，百色市 3 个县（市、区）6 份，防城港市 2 个县（市、区）6 份，柳州市 4 个县（市、区）5 份，来宾市 3 个县（市、区）5 份，贺州市 3 个县（市、区）5 份，贵港市 2 个县（市、区）4 份，玉林市 2 个县（市、区）3 份，北海市 1 个县（市、区）1 份，梧州市 1 个县（市、区）1 份。

表 2-9　广西旱藕种质资源分布情况

序号	地级市	资源份数	占比/%
1	河池市	20	19.42
2	桂林市	15	14.56
3	南宁市	12	11.65
4	钦州市	12	11.65
5	崇左市	8	7.77
6	百色市	6	5.83
7	防城港市	6	5.83
8	柳州市	5	4.85
9	来宾市	5	4.85
10	贺州市	5	4.85
11	贵港市	4	3.89
12	玉林市	3	2.91
13	北海市	1	0.97
14	梧州市	1	0.97
合计		103	100.00

（三）广西旱藕种质资源主要特点

旱藕在许多地方为零星栽培且管理极为粗放，因此本次调查获得的旱藕资源大多都是经过长期保留下来的优良地方资源，这些种质资源可以直接在生产上栽培利用，也可以作为旱藕育种的重要种质材料。

1. 抗逆性强

此类种质资源具有抗病、抗虫、抗倒伏、抗旱、耐寒、耐贫瘠等特性。本次通过当地考察及繁殖观察发现，在获得的 103 份旱藕种质资源中，抗旱、耐寒、耐贫瘠的种质资源 81 份，抗病、抗虫、抗倒伏、抗旱、耐寒、耐贫瘠等综合抗性强的种质资源 7 份。

2. 淀粉含量高

此类种质资源块茎产量高、淀粉含量高，提取淀粉或加工饲料品质好。在本次收集的旱藕种质资源中，单株块茎产量大于 5kg、淀粉含量大于 20% 的种质资源有 34 份，其中淀粉含量最高达 24.6%。

3. 糖分含量高

该种质资源块茎糖分高、淀粉含量低，可用于鲜食或炒食，香脆可口。例如，在南宁市宾阳县发现的旱藕块茎糖分高、淀粉含量低，当地主要用于鲜食或煮食，香脆可口，成为当地群众喜爱的菜肴。

4. 药效好

此类种质资源主要作为药材，效果好。例如，在桂林市兴安县和百色市乐业县发现的旱藕，据当地人介绍，该种质块茎较小，产量不高，块茎煮后食用，可有效祛除冷汗虚汗、治疗肠胃病等。

5. 其他

大多数旱藕种质资源红花绿叶、株型好，当地大多将其保留于房前屋后或田间地头，用于美化环境。此外，旱藕茎叶产量高，还可以直接鲜喂或青贮后饲喂畜禽，据介绍，亩产旱藕叶可以养殖 1 头商品猪。

（四）广西旱藕种质资源创新利用及产业化应用

1. 旱藕种质资源创新利用

广西生产上种植旱藕大多是用于提取淀粉，加工成粉丝或饲料等，而本次资源调查发现了一些特异性种质资源。例如，在南宁市宾阳县发现适合直接鲜食或煮食的旱藕种质，该种质植株高大，叶片肥绿，块茎产量高、糖分高、淀粉含量低，食用香脆可口，当地主要用于鲜食、炒食或火锅等，成为当地群众喜爱的菜肴。在桂林市兴安县和百色市乐业县发现一种主要作为药用的旱藕种质，该种质植株较其他种质矮小，叶片为红色，块茎较小。据当地群众介绍，种植该种质主要用作药材，块茎煮后食用，可祛除冷汗虚汗、治疗肠胃病等，效果很好。

2. 旱藕种质资源产业化应用

河池市都安瑶族自治县收集到的旱藕种质，是当地长期保留下来的本地资源，该种质抗病性强、块茎产量高、淀粉含量高，非常适宜加工淀粉。由于当地为高寒石山地区，旱藕吸收了石灰岩土质里的营养，藕质极优，因此当地群众长期坚持种植，逐渐形成了当地独特的特色产业。用该种质加工的旱藕粉丝，成为都安瑶族自治县的特色农产品，该产品具有色泽透明、久煮不煳、清爽可口等特点，是当地百姓饱腹健身、延年益寿的家常菜。近年来，都安瑶族自治县大力发展旱藕产业，通过"农户自种、以奖代补"的运行模式引导农户种植旱藕，并形成旱藕粉丝产供销"一条龙"，产品远销东南亚地区，成为当地群众脱贫致富的重要产业。此外，河池市、百色市、南宁市、崇左市等地的许多大石山区，也通过利用当地旱藕资源优势，采用"公司+合作社+基地+农户"等模式，发展当地旱藕产业，以增加农民收入、促进当地脱贫致富及经济发展。

第四节　杂粮种质资源多样性及其利用

杂粮是地域性强、生育期短、稳产性高、抗干旱、耐贫瘠、营养价值较高、口味独特、有一定的保健功能、种植规模小且种群类型多的粮食作物，主要包括大麦、高粱、谷子、燕麦、荞麦、糜子、薏苡、穄子、籽粒苋等。广西杂粮产区一般分布在干旱、高寒和地形地貌复杂的山区，具有丰富多样的特性，杂粮生产中较少使用农药，是原生态的绿色食品，也是改善饮食结构、提高饮食质量的必备产品。杂粮产业的发展对于提高广西农业生产水平和发展农村经济具有重要意义。因此，对广西杂粮种质资源进行收集鉴定与保存、挖掘优异资源进行良种选育研究及生产利用尤为重要。本节是对"第三次全国农作物种质资源普查与收集行动"和广西创新驱动发展专项资金项目"广西农作物种质资源收集鉴定与保存"收集的225份薏苡、115份荞麦、130份籽粒苋种质资源分别进行资源多样性、资源收集及繁种鉴定评价的相关研究报告。

一、薏苡种质资源多样性及其利用

（一）广西薏苡种质资源基本情况

薏苡又称薏米、薏仁、川谷、六谷米、六谷、老鸦珠等，隶属于禾本科（Poaceae）玉蜀黍族（Maydeae）薏苡属（*Coix*），为 C_4 草本一年生或多年生植物，是粮饲药兼用的多用途作物。据估计，薏苡在中国栽培已有 6000~10 000 年，我国西南滇桂黔至东南地区闽浙苏和黄河流域都有栽培。我国是世界上薏苡种植面积和消费大国之一，种植面积为 65 000hm² 以上且每年需从东盟的老挝、越南和缅甸等国家购入薏苡仁约 30 000t。除青海、甘肃和宁夏外，其他省（自治区、直辖市）均有薏苡种植。广西薏苡栽培历史悠久，早在东汉初名将马援（伏波将军）南征之初，首先在广西境内发现栽培薏米（李英材，1996）。新中国成立后广西薏苡种植产业逐渐发展壮大，常年种植面积约为 1880hm²，单产为 750kg/hm²，年总产约为 1400t（甘海燕，2015），集中在桂西和桂中的百色市、河池市、柳州市、桂林市，品种多为本地种且采用清种。但近年由于广西大力发展高附加值水果种植产业，薏苡种植面积锐减。虽然薏苡在广西是小作物，但多年来广西农业科学院十分重视对薏苡资源收集与分类研究。1995 年，李英材和覃初贤调查收集了 134 份薏苡资源，有水生、野生和栽培种，经田间繁种种植观察比较后将广西薏苡分为 4 种 9 变种，首次在广西发现了水生薏苡。2008 年，陈成斌等对广西薏苡种质资源进行调查，共调查了 43 个县（市、区）93 个乡（镇），收集到薏苡资源 103 个居群 810 份，其中野生型 26 个居群 538 份。2015 年以来，广西实施了"第三次全国农作物种质资源普查与收集行动"和广西创新驱动发展专项资金项目"广西农作物种质资源收集鉴定与保存"，完成了对广西 14 个地级市 87 个县（市、区）427 个乡（镇）1038 个村的薏苡种质资源系统调查与抢救性收集，收集到薏苡种质资源及其近缘野生资源 225 份。

（二）广西薏苡种质资源类型与分布

1. 薏苡种质资源的类型

2015～2020 年收集到 225 份薏苡资源，分属于栽培薏苡（*Coix chinensis*）、水生薏苡（*Coix aquatica*）、野生薏苡（*Coix lacryma-jobi*）、小果薏苡（*Coix pullarum*）四大种类。

栽培薏苡：一年生草本，秆高 1～2.5m，多分枝，叶片宽大，无毛。雄小蕊长约 9mm，总苞多为椭圆形，表面具纵长直条纹，质地较薄，甲壳质，暗褐色或浅棕色，个别有黑色。颖果大，质地粉性坚实，白色或黄白色。仅在贵港市平南县，百色市西林县、乐业县，桂林市全州县、荔浦市有极少数农户种植，收集该种类薏苡 11 份（占比 4.89%）。目前栽培种在很多薏苡传统种植区已很少种植，绝大部分种植区已发展成水果产业区。

水生薏苡：多年生草本，秆高 3～4m，茎直立、匍匐或浮生，茎内海绵体发达，叶片线状披针形，柱头紫色或白色，发育正常，雄蕊退化，无性繁殖。百色市靖西市、柳州市柳城县、来宾市忻城县、梧州市藤县有零星分布，收集该种类薏苡 5 份（占比 2.22%）。该类资源极少，难以收集，濒临灭绝。

野生薏苡：一年生或多年生草本，秆粗壮，高 1～3m，雄小蕊长 6～7mm；总苞为卵圆形、椭圆形、近圆柱形或近圆形，长 6～11mm，宽 6～9mm，成熟时有光泽，白色、灰色、蓝紫色或黑色。花果期夏、秋季，柱头紫色或白色，总苞质地为珐琅质。颖果质地坚实，褐色或红棕色。广西各地均有分布，生于河边、溪边和路旁湿润地，多为野生。收集该种类薏苡 186 份，占比 82.67%。

小果薏苡：一年生草本，秆高 1～1.5m，茎粗 5～9mm，总苞珐琅质，椭圆形、卵圆形、近圆柱形均有，宽<6mm，颖果质硬。河池市罗城仫佬族自治县、环江毛南族自治县，百色市乐业县，梧州市蒙山县等地有零星分布，野生。收集该种类薏苡 23 份，占比 10.22%。

2. 薏苡种质资源的分布

收集的 225 份薏苡资源分布在广西 14 个地级市，分布地点最北在桂林市全州县（北纬 26°15′），最南在防城港市东兴市（北纬 21°36′），最西在百色市西林县（东经 104°52′），最东在梧州市苍梧县（东经 111°31′）；东西跨度约 700km，南北跨度约 600km，最高海拔在百色市田林县（1237m），最低海拔在钦州市钦南区（2.2m）。

薏苡资源的垂直分布情况：海拔 100m 以下生态区收集薏苡资源 59 份（占比 26.22%），全部为薏苡野生种；海拔 101～200m 生态区收集薏苡资源 70 份（占比 31.11%），其中栽培种 4 份、野生种 66 份；海拔 201～300m 生态区收集薏苡资源 35 份（占比 15.56%），全部为薏苡野生种；海拔 301～500m 生态区收集薏苡资源 25 份（占比 11.11%），其中 1 份为栽培种，其余为野生种；海拔 501～700m 生态区收集薏苡资源 22 份（占比 9.78%），全部为薏苡野生种；海拔 701～900m 生态区收集薏苡资源 9 份（占比 4.00%）；海拔高于 900m 生态区收集薏苡资源 5 份（占比 2.22%）。由此可见，广西大部分薏苡资源（72.89%）分布于海拔 300m 以下生态区。

　　广西 69 个县（市、区）均有薏苡分布，不同地市薏苡分布情况如表 2-10 所示。在所收集的 225 份薏苡资源中，桂林市的薏苡资源有 30 份，河池市的薏苡资源有 30 份，百色市的薏苡资源有 29 份，梧州市的薏苡资源有 24 份，贵港市的薏苡资源有 18 份，钦州市的薏苡资源有 18 份，南宁市的薏苡资源有 16 份，玉林市的薏苡资源有 14 份，贺州市的薏苡资源有 13 份，柳州市的薏苡资源有 9 份，崇左市的薏苡资源有 8 份，防城港市的薏苡资源有 7 份，北海市的薏苡资源有 5 份，来宾市的薏苡资源有 4 份。来自桂林市、河池市、百色市、梧州市的薏苡资源有 113 份，占比 50.22%，说明这 4 个地级市的薏苡资源较为丰富。

表 2-10　广西薏苡种质资源分布情况

序号	地级市	县（市、区）	资源份数	占比/%
1	桂林市	资源县、龙胜各族自治县、全州县、灌阳县、兴安县、平乐县、永福县、阳朔县、荔浦市、临桂区	30	13.33
2	河池市	环江毛南族自治县、罗城仫佬族自治县、都安瑶族自治县、巴马瑶族自治县、南丹县、东兰县、天峨县	30	13.33
3	百色市	乐业县、凌云县、西林县、田林县、那坡县、田东县、德保县、靖西市、平果市、右江区、田阳区	29	12.89
4	梧州市	藤县、苍梧县、蒙山县、岑溪市	24	10.67
5	贵港市	平南县、桂平市、港南区、港北区、覃塘区	18	8.00
6	钦州市	浦北县、灵山县、钦南区、钦北区	18	8.00
7	南宁市	上林县、宾阳县、横州市、邕宁区、良庆区	16	7.11
8	玉林市	博白县、陆川县、兴业县、容县、北流市、福绵区	14	6.22
9	贺州市	钟山县、昭平县、平桂区	13	5.78
10	柳州市	三江侗族自治县、融安县、柳城县	9	4.00
11	崇左市	大新县、宁明县、天等县、凭祥市	8	3.56
12	防城港市	上思县、东兴市、防城区	7	3.11
13	北海市	合浦县	5	2.22
14	来宾市	象州县、忻城县、武宣县	4	1.78
	合计	69 个县（市、区）	225	100.00

（三）广西薏苡种质资源多样性变化

1. 薏苡种内遗传多样性

　　薏苡种内遗传多样性十分丰富，有的薏苡种内可以分为 2～4 个亚种，每个亚种内又可以分出多种类型，类型内还可以分出许多不同的品种。例如，野生薏苡种，在种内可以分为 3 个亚种，亚种内可以分出 5 或 6 种不同的类型，还有许多品种类型的种质。有高秆、中秆、矮秆的品种类型；也有长叶子、宽叶子、半卷叶子等类型；在柱头颜色表现上，有紫色、白色等多种颜色；在百粒重表现上有轻、中等和重的品种类型，从而出现高产、低产的不同品种。需要育种家对低产品种和品质差及抗性差的品种进行遗传改良，提高薏苡品种的综合农艺性状，进而促进薏苡生产的发展，同时促进有关薏苡产业的发展。

2. 薏苡种间多样性

20 世纪 80 年代以前，相关分类文献仅记载我国薏苡 1 种 2 变种，但是到了 90 年代经过农学家的考察收集和鉴定评价，根据鉴定结果将我国薏苡分为 4 种。在广西还发现开花不结实的野生水生薏苡，是广西独有的薏苡种。野生水生薏苡的发现使广西成为我国薏苡种类最全、遗传多样性最丰富的省（区）。

3. 薏苡的生态系统多样性

薏苡是禾本科植物，栽培薏苡在桂南、桂西、桂中、桂北及高寒山区的栽培环境气候有较大的差异，其农田生态环境也有明显区别。在桂西、桂北地区多数在山坡上种植薏苡，经常在人工造林地的头 3 年套种薏苡，也有放火烧山后翻地种植薏苡的方式，但是近十多年来由于国家重视生态环境的建设，单纯烧山后种植薏苡的方式已经没有了。在桂南地区大多利用山冲高坎田或坡地种植薏苡。因此，栽培薏苡的农田生态系统具有复杂的多样性。

野生薏苡的生态系统同样具有丰富的多样性，生态环境受到很大的破坏，广西的野生薏苡生态环境十分支离破碎，分布在山冲溪流冲积河滩边或村头巷尾、田垌沟边无人耕种的零星荒地上，居群数量很少，多则 3～50 株，少则 1 或 2 株，但是该物种仍然顽强地生长繁衍。因其零星分布，所以形成的生态系统也很复杂，多样性相当丰富。

野生水生薏苡是广西的独有物种。由于其栖生地在池塘、水沟、河流等浅水中，因此，主要分布在荒水塘、河沟水流缓慢处（如河湾浅滩、冲积河滩等）、沼泽地及水库尾的各浅滩中。野生水生薏苡的繁殖能力极强，离地面的老茎秆每一个节位均能长出须根，适当时机会长出分蘖苗，存在明显的高位分蘖现象。这些茎秆一旦接触到地面，每个节位均能长出新的植株，即使断了，只要节位芽不受损伤就还能长成新植株。由于野生水生薏苡生长茂密，能够独立形成大面积种群林地，非常适合麻雀、白鹭等鸟类，以及鱼虾蟹、水蛇、青蛙等生物生存、繁衍和活动，进而形成一个独特的生态系统。因此，野生水生薏苡生态系统特别复杂且多样性丰富。

（四）广西薏苡种质资源主要特点

除了上述薏苡属各种的分类特征，广西薏苡种质资源都具有根、茎、叶、小穗、果仁等基本器官的植物学特征，营养生长期植株特别茂盛。2018～2020 年在南宁市武鸣基地对 159 份薏苡资源进行田间繁种鉴定评价，发现有 10 份栽培薏苡、23 份小果薏苡、121 份野生薏苡、5 份水生薏苡，它们的主要性状特征特性见表 2-11。

1. 栽培薏苡的植物学特征特性

栽培薏苡俗称薏米，是市场上薏苡仁的生产种。在长期人工栽培驯化条件下，栽培薏苡的植物学特征特性与野生薏苡种群有较大差别。栽培薏苡的株型主要是直立型。茎色有黄绿色和绿色，茎为黄绿色的资源有 8 份（占 80%），茎为绿色的资源有 2 份（占 20%）。叶绿色，少数深绿色。叶缘红色。叶片长 25～55cm。主茎分枝 4.5～8.2 个，极差 3.7 个，平均 6.46 个，变异系数 15.51%。着粒层高度 57～171.5cm，极差 114.5cm，平均 87.69cm，变异系数 41.42%。籽粒长度 8.1～9.59mm，极差 1.49mm，平均 8.96mm，变异系数 5.02%，

表 2-11　广西薏苡种质资源主要性状特征特性

种类	鉴定份数	性状	株高/cm	主茎直径/cm	主茎分枝/个	着粒层高度/cm	籽粒长度/mm	籽粒宽度/mm	百粒重/g	生育期/天
栽培薏苡	10	变幅	155.40~225.00	0.62~1.33	4.5~8.2	57.0~171.5	8.10~9.59	5.45~6.97	6.96~10.94	110~228
		极差	69.60	0.71	3.70	114.50	1.49	1.52	3.98	118
		平均数	183.01	1.01	6.46	87.69	8.96	6.29	9.32	171.7
		标准差	23.65	0.24	1.002	36.32	0.45	0.48	1.29	41.75
		变异系数	12.92%	23.76%	15.51%	41.42%	5.02%	7.63%	13.84%	24.31%
小果薏苡	23	变幅	103.00~237.20	0.62~1.35	4.5~12.0	48~141	5.19~8.25	4.42~5.72	8.04~10.82	105~221
		极差	134.20	0.73	7.50	93	3.06	1.30	2.78	116
		平均数	179.01	0.89	7.79	81.41	7.36	5.29	9.59	161.13
		标准差	35.74	0.16	2.16	24.42	0.62	0.34	0.65	30.56
		变异系数	19.96%	17.98%	27.73%	29.99%	8.42%	6.43%	6.78%	18.97%
野生薏苡	121	变幅	64.20~301.40	0.45~1.89	2.25~12.33	35.00~203.33	6.25~10.66	4.88~9.08	10.08~37.99	79~228
		极差	237.20	1.44	10.08	168.33	4.41	4.20	27.91	149
		平均数	206.66	1.24	7.19	91.17	8.43	7.04	20.76	185.04
		标准差	48.08	0.36	1.91	27.3	0.76	1.05	7.65	29.83
		变异系数	23.26%	29.03%	26.56%	29.94%	9.01%	14.91%	36.85%	16.12%
水生薏苡	5	变幅	265.63~331.80	1.09~1.38	7.5~14.0	55.00~89.50	9.22~12.13	6.12~7.04	4.66~5.34	163~171
		极差	66.17	0.29	6.50	34.50	2.91	0.92	0.68	8
		平均数	297.53	1.22	10.06	73.30	10.49	6.61	5.05	166.6
		标准差	27.14	0.12	2.86	13.42	1.25	0.42	0.28	3.51
		变异系数	9.13%	9.84%	28.43%	18.31%	11.92%	6.35%	5.54%	2.11%

籽粒长度的遗传差异小。籽粒宽度5.45~6.97mm，极差1.52mm，平均6.29mm，变异系数7.63%，籽粒宽度的遗传差异小。百粒重6.96~10.94g，极差3.98g，平均9.32g，变异系数13.84%。薏苡仁种皮浅褐色，百仁重4.35~9.43g，平均7.04g。胚乳类型均为糯性。栽培薏苡落粒性中等、抗倒伏、抗病性强。

2. 小果薏苡的植物学特征特性

株型直立型、中间型和开张型均有，以开张型为主。茎色有绿色、浅绿色、黄绿色、红绿色，以黄绿色为多，有13份资源茎色为黄绿色（占56.52%）。叶绿色、浅绿色。叶缘绿色、红色。叶片长28~43cm，平均37.75cm；叶片宽2.0~3.0cm，平均2.40cm。叶脉白色。柱头颜色有紫色、浅紫色、白色等，紫色柱头居多，白色柱头少。籽粒颜色主要有褐色、黑色和灰色等。种子形状有椭圆形、近圆柱形、卵圆形，卵圆形居多，占86%以上。果壳表面光滑，手压不易破，均为珐琅质。南宁市春播出苗至成熟收获需105~221天，极差116天，平均161.13天，变异系数18.97%。株高103.00~237.20cm，极差134.2cm，平均179.01cm，变异系数19.96%。主茎直径0.62~1.35cm，极差0.73cm，平均0.89cm，变异系数17.98%。主茎分枝4.5~12.0个，极差7.5个，平均7.79个，变异系数27.73%。着粒层高度48~141cm，极差93cm，平均81.41cm，变异系数29.99%。籽粒长度5.19~8.25mm，极差3.06mm，平均7.36mm，变异系数8.42%，籽粒长度的遗传差异小。籽粒宽度4.42~5.72mm，极差1.30mm，平均5.29mm，变异系数6.43%，籽粒宽度的遗传差异小。百粒重8.04~10.82g，极差2.78g，平均9.59g，变异系数6.78%。薏苡仁种皮颜色为淡黄色、红色、红棕色、棕色等，百仁重2.18~4.68g，平均3.60g。胚乳类型有粳性、中间型和糯性，以粳性居多（占82%以上）。小果薏苡落粒性中等至强，成熟时易落粒。抗倒伏性强抗、中抗和弱抗均有，以中抗为主。抗病性强，成熟期易感染叶枯病。

3. 野生薏苡的植物学特征特性

广西野生薏苡的变种较多，各个变种的植株形态特征特性均有不同特点，2018~2020年在南宁市武鸣区田间繁种鉴定121份野生种，直立型、中间型和开张型株型均有。多数植株生长茂盛。茎色有绿色、浅绿色、黄绿色、红色、紫色、紫红色，有45份资源茎色为绿色（占37.19%），有61份资源茎色为红绿色（占50.41%），其他茎色有15份（占12.40%）。叶色有深绿色、绿色和浅绿色。叶缘绿色。叶片长31~67cm，平均47.0cm；叶片宽3.2~6.0cm，平均4.43cm。叶脉白色。柱头颜色有紫色、浅紫色、白色等，紫色柱头居多，白色柱头少。籽粒颜色主要有灰色、灰白色、褐色、黑色、杂色等。种子形状有椭圆形、近圆形、近圆柱形、卵圆形，卵圆形居多（占42.15%），其次为近圆形（占38.02%）。果壳表面光滑，手压不易破，均为珐琅质。南宁市春播出苗至成熟收获需76~228天，极差149天，平均185.04天，变异系数16.12%。株高64.20~301.40cm，极差237.2cm，平均206.66cm，变异系数23.26%。主茎直径0.45~1.89cm，极差1.44cm，平均1.24cm，变异系数29.03%。主茎分枝2.25~12.33个，极差10.08个，平均7.19个，变异系数26.56%。着粒层高度35~203.33cm，极差168.33cm，平均91.17cm，变异系数29.94%。籽粒长度6.25~10.66mm，极差4.41mm，平均8.43mm，变异系数9.01%，籽粒长度的遗传差异小。籽粒宽度4.88~9.08mm，极差4.2mm，平均7.04mm，变异系数14.91%。百粒重10.08~37.99g，极差27.91g，平均20.76g，变异系数36.85%。薏苡仁种皮颜色为淡黄色、红色、红棕色、棕色等，百仁重 2.93～12g，平均 6.88g。胚乳类型有粳性、中间型、糯性，以粳性居多（占85% 以上）。落粒性中等，成熟时易落粒。抗倒伏性强抗、中抗和弱抗均有，以中抗为主。抗病性强，成熟期易感染叶枯病。

4. 水生薏苡的植物学特征特性

水生薏苡与薏苡属的其他种具有明显的生态习性和相应的植物特征差异，主要是长期生长在水中环境造成的。水生薏苡是薏苡属中最原始的种群，以无性繁殖方式繁衍种群。根系植于水面以下的泥土中，根系发达，根长超过20cm，淹于水中，距离水面下15～20cm 的茎秆每一节都会长出粗的须根，直径 3～5mm，平均长度超过20cm，最长达30cm。每个节有3～5 条须根，茎秆从绿色转变成黄绿色时，几乎每节均能长根和腋芽。因此，即使茎秆被水浪或人畜等折断，只要不离开水面就能继续生长，长出须根吸收水中营养，随水漂游，遇到合适的泥土就能定根繁殖形成新的植株或群落。茎匍匐浮生，具有随水长高的习性，株高 265.63～331.80cm，平均297.53cm，其主茎秆最粗为1.38cm，平均1.22cm，茎秆节间细长，节上发生根和分枝，茎端部和分枝出水面生长，水面茎秆高50～200cm，节茎匍匐，遇到泥土可长成新的植株，无性繁殖能力极强。叶片狭长，下部叶线状披针形，顶部叶剑形，叶缘红色。叶长 50～78cm，平均62.35cm，叶宽 1.6～2.5cm，平均2.06cm。花序稀疏，腋生或顶生，每个花苞分出 3 个花梗，分别产生一组雌雄花序，雌性花总苞位于雄性穗状花序基部，第一花穗偶为纯雄花，同一花梗上偶有双雌性花总苞串生现象；雌性花总苞膨大正常，柱头从总苞端部的珠孔中正常伸出，有白色、紫色或紫红色，以紫色居多，白色柱头仅发现 1 份，来自梧州市的潭东水生薏苡，为最原始类型；雄性穗状花序中花药没有正常发育，花药干瘦不开裂，无正常花粉；在自然群体中不能正常结实。总苞椭圆形或近圆柱形；果壳颜色大多数为浅黄色，少数为黑色或黑白相间；果壳质地为珐琅质，可制作工艺品。水生薏苡因雄性花蕊发育不正常，干瘦不开裂，无正常花粉，不能正常结实，没有果仁。

（五）广西薏苡优异种质资源

1. 新荣水生薏苡（GXB2017020）

采自百色市靖西市，采集点海拔 745m，庞凌河沿岸有零星分布。在南宁种植表现：株高 331.8cm，单株茎数 10 个，茎粗 1.38cm，籽粒着生层高度 83cm，苞果长 0.97cm、宽0.67cm，根系发达，茎淡红色，茎秆髓部蒲心海绵质地无汁、气孔发达，柱头紫色，雄小穗无花药，苞果浅褐色珐琅质地，椭圆形，苞果内无果仁空粒，为雄性不育植株。抗病虫性强，靠茎无性繁殖后代。①利用不育株作为亲本材料，培育薏苡杂交品种；②根系发达，茎秆粗壮，且能在水中生长，有固沙固土、防治水污染的作用；③嫩茎叶可作为牧草饲料；④苞果可制作工艺品；⑤根煮水食用可去除蛔虫，叶煮水食用可消暑、暖胃、益气血等。

2. 潭东水生薏苡（GXB2019313）

采自梧州市藤县，有少量分布。在南宁种植表现：株高 297.3cm，单株茎数 12～14个，茎粗 1.17cm，籽粒着生层高度 65cm，苞果长 0.99cm、宽 0.61cm，根系发达，茎黄绿色，茎秆髓部蒲心海绵质地无汁、气孔发达，柱头白色，雄小穗无花药，苞果黄白色珐琅质地，近圆柱形，苞果内无果仁空粒，为雄性不育植株。抗病虫性强，靠茎无性繁殖后代。柱头白色，为最原始的野生水生薏苡种，该种质资源是本次普查与收集行动发现的新变种，在薏苡起源研究上有较高的学术价值。

3. 新河薏米（GXB2019333）

采自贵港市平南县的地方品种，采集点海拔81m，有零星分布。在南宁春播种植表现：生育期189天，株高185.4cm，单株茎数6.3个，茎粗1.18cm，籽粒着生层高度68cm，苞果长0.87cm、宽0.59cm，甲壳质，百粒重9.49g，胚乳糯性；适应性广，抗倒伏，抗黑穗病。

4. 龙洋川谷（GXB2018012）

采自百色市乐业县的地方品种，采集点海拔943m，有零星分布。在南宁春播种植表现：生育期163天，株高225cm，单株茎数4.5个，茎粗0.93cm，籽粒着生层高度106.8cm，苞果长0.96cm、宽0.65cm，甲壳质，百粒重8.69g，胚乳糯性；适应性广，耐寒，抗蚜虫。

5. 那哈薏米（GXB2019011）

采自百色市西林县的地方品种，采集点海拔1041m，有零星分布。在南宁春播种植表现：生育期110天，株高160.3cm，单株茎数6.7个，茎粗0.65cm，籽粒着生层高度62.3cm，苞果长0.90cm、宽0.70cm，甲壳质，百粒重10.79g，胚乳糯性；适应性广，矮秆早熟。

6. 渠坤野薏苡（GXB2019431）

采自防城港市上思县的野生资源，采集点海拔196m，有零星分布。在南宁春播种植表现：生育期183天，株高262.5cm，单株茎数6.7个，茎粗1.85cm，籽粒着生层高度101cm，苞果长0.88cm、宽0.82cm，珐琅质、光滑，百粒重31.64g，胚乳糯性；优质，适应性广，抗倒伏，抗叶枯病。

7. 黄岭野薏苡（GXB2019101）

采自贺州市钟山县的野生资源，采集点海拔160m，有零星分布。在南宁春播种植表现：生育期175天，株高245cm，单株茎数6.3个，茎粗1.58cm，籽粒着生层高度105cm，苞果长0.78cm、宽0.91cm，珐琅质、光滑，百粒重32.91g，胚乳糯性；优质，适应性广，抗蚜虫。

8. 旺国野薏米（GXB2019312）

采自梧州市藤县的野生资源，采集点海拔183m，有零星分布。在南宁春播种植表现：生育期214天，株高266cm，单株茎数6.1个，茎粗1.84cm，籽粒着生层高度118.8cm，苞果长0.91cm、宽0.83cm，珐琅质、光滑，百粒重37.99g，胚乳粳性；果粒大，适应性广，茎秆粗壮，抗蚜虫，成熟期抗黑穗病。

9. 雅水野薏米（GXB2019322）

采自贵港市平南县的野生资源，采集点海拔79m，有零星分布。在南宁春播种植表现：生育期207天，株高250.6cm，单株茎数8.1个，茎粗1.55cm，籽粒着生层高度99.3cm，苞果长0.88cm、宽0.82cm，珐琅质、光滑，百粒重35.26g，胚乳粳性；果粒大，分枝多，适应性广，抗蚜虫。

10. 平山薏苡（GXB2019030）

采自百色市田林县的野生资源，采集点海拔 1237m，有零星分布。在南宁春播种植表现：生育期 117 天，株高 64.2cm，单株茎数 8.4 个，茎粗 0.64cm，籽粒着生层高度 40.5cm，苞果长 1.07cm、宽 0.83cm，珐琅质、光滑，百粒重 23.09g，胚乳糯性；矮秆，分枝多，优质，适应性广，抗蚜虫。

11. 近潭薏苡（GXB2018280）

采自柳州市柳城县的野生资源，采集点海拔 148m，有零星分布。在南宁春播种植表现：生育期 107 天，株高 134.3cm，单株茎数 8.0 个，茎粗 0.72cm，籽粒着生层高度 62cm，苞果长 0.86cm、宽 0.72cm，珐琅质、光滑，百粒重 18.54g，胚乳糯性；矮秆，早熟，分枝多，优质，适应性广，抗蚜虫。

（六）广西薏苡种质资源创新利用及产业化应用

1. 粮食生产新突破

（1）充分利用什边地增加薏苡产量

广西乃至全国都存在什边地，薏苡是一种耐贫瘠的作物，目前许多薏苡产区生产栽培技术相对落后，不少山区特别是边远山区的薏苡种植基本上采用广种薄收的较原始的生产方式。这种粗耕粗种的方式非常适合利用什边地种植。广西每年可以多种 20 万亩以上的薏苡，生产 800 万 kg 薏苡果实，多产 560 万 kg 粮食。

（2）提高林下产粮积极性

广西是全国林业大省（区），已经有近 10 年的木材产销居全国第一的记录，在百色市、河池市的部分石山区，长期以来当地农户就有利用林地更新期，即新人工林种植头 3～4 年在新林地栽种薏苡的习惯，一方面可以增加农户收入；另一方面可以增加林地的土壤肥力，促进人工林的快速生长。

（3）增加喀斯特石山地区粮食产量

薏苡品种特别是野生薏苡品种具有明显的多年生特点，在桂中以南地区普遍能够宿根越冬，利用这一特性在喀斯特石山区 100m 以下的石山下种植薏苡，既能够变山地为粮地，又能保持山体水土不流失。如果大力推广，按广西的喀斯特石山区现状，每年可多种植 1000 多万亩的薏苡，多收 4000 多万千克薏苡果实，按 70% 的出米率计，多增产 3500 万 kg 粮食。

（4）增加保健粮食总量

现代中西医研究表明薏苡仁及其提取物具有祛湿除痹、镇痛抗炎、抗血栓形成、抗溃疡、止泻、降血糖、抗肿瘤、提高免疫力的作用，因此中医药界一直都把薏苡作为重要的保健和医药品加以利用。当前，我国从越南、泰国、老挝、缅甸等国大量进口薏苡仁，以满足国内外市场需求。薏苡种植、加工、营销的产业链市场广阔。充分发挥薏苡适应性广、耐贫瘠、耐旱等优点，尽可能多地利用各种土地资源种植薏苡，就能大幅度提升国家保健粮食总量，满足人们的保健需求。

2. 加速养殖业发展

薏苡全身都是宝，从根、茎、叶到果实外壳都可以加以利用，特别是在养殖业上利用，其根、茎、叶、果实外壳都能够粉碎加工成粉状并调和做成颗粒混合饲料，用于猪、牛、羊、马、驴、鸡、鸭、鹅等畜禽养殖，也可以用于鱼、虾、蟹、龟、鳖等水产养殖。广西薏苡营养生长期植株生长特别茂盛，茎秆叶可以做成青饲料饲喂草食动物，发展养殖业。因此，发展薏苡生产将有利于农村养殖业的发展，也有利于畜牧公司的事业发展。

3. 促进乡镇企业发展

（1）薏苡仁加工

发展薏苡种植业生产，就能够收获大量的薏苡果实。按现在薏苡优良品种的亩产情况，每亩产量在300kg左右，每种植1万亩就能够收获300万kg薏苡果实，为当地的薏苡仁加工厂提供足够的原料。

（2）薏苡秸秆果壳加工

在薏苡果中有约30%是果壳，果壳和种皮、种衣也含有较丰富的蛋白质、维生素等成分，可以粉碎加工成饲料糠，增加薏苡仁加工厂的经济收益。

（3）薏苡仁食品加工

薏苡与其他粮食产品一起，能够做出许多固体食品和液体饮料，既是粮食，又是保健医疗药品。例如，除了薏苡仁可以加工成薏苡面条、糕点、米粉（米线）、饼干、薏苡羹、八宝粥、薏苡醋等各种食品，其叶子、须根也可以制作各种饮料，如薏苡茶、薏苡姜茶、薏苡酒等。

4. 加快保健、医药产业发展

薏苡仁利湿健脾、舒筋除痹、清热排脓；主水肿、脚气、小便淋沥、湿温病、泄泻带下、风湿痹痛、筋脉拘挛、肺痈、肠痈、扁平疣。薏苡根清热、利湿、健脾、杀虫；治疗黄疸、水肿、淋病、疝气、经闭、带下、虫积腹痛。

（1）薏苡保健品生产

随着中国经济发展，人们不断追求更加丰富多层次的美好生活；同时，随着进入老龄社会，人们更加关注生活质量，关心自身健康。保健用品、食品市场需求加大。深入研究利用薏苡并与有关原料配伍能够生产出种类繁多的保健品。

（2）薏苡医药品生产

薏苡作为药品最早记载在《神农本草经》中，最初就是利用薏苡仁为人们治病，在中医药中薏苡是祛风除痹、除湿清热、益气补阴的药品。后来发现通过炒制、烘焙等方法更能发挥薏苡仁的一些特点，并且发现不断变更配方能够治疗更多的疾病。因此，出现更多的中医药配方、验方甚至秘方和药品。例如，康莱特（薏苡仁注射剂）治疗各种恶性肿瘤；薏苡仁多糖剂治疗高血糖、糖尿病等；薏苡仁酯治疗癌症等。

5. 促进高新科技产业发展

薏苡的根、茎、叶、花、果壳都是加工工业的原料，可以做出很多工业产品。就技术而言，每一种产品都有一套专门的技术体系。例如，鲜薏苡茎秆、叶片等可以加工成发酵饲料，也可以加工成青饲料；利用鲜叶配伍姜粉可以加工成保健茶或薏苡羹等产品。因此，薏苡加工工业的科技发展空间极其广阔。

今后应加强对薏苡种质资源的收集和保护并对资源的品质、抗病性、抗逆性等进行鉴定与评价，挖掘更多的优异种质，对提高薏苡优异资源在科研、生产和育种上的利用率具有重要意义。

二、荞麦种质资源多样性及其利用

荞麦，又名花荞、三角麦，是一种粮饲菜药蜜源兼用的粮食作物，不仅营养全面，而且富含生物类黄酮、多肽、糖醇等高抗活性药用成分，具有降糖、降脂、降胆固醇、抗氧化、清除自由基的功能，已成为我国绿色保健功能食品的重要作物资源（严伟和张本能，1995；张美莉和胡小松，2004）。荞麦属于蓼科荞麦属植物，有甜荞（*Fagopyrum esculentum*）和苦荞（*Fagopyrum tataricum*）2 个栽培种，其余为野生种（*Fagopyrum cymosum*）（陈庆富，2012）。荞麦生育期短、耐旱、耐寒、耐酸、耐贫瘠、适应性广，主要分布于我国西北、华北和西南地区。西南的四川、云南、贵州、广西以及西藏南部是荞麦起源地之一（赵佐成等，2002）。我国于 20 世纪 70 年代末成立全国荞麦资源研究协作组，将荞麦种质资源收集保存列入国家攻关课题，目前我国收集各类荞麦种质资源 3000 多份，国家长期库保存有 2700 多份（广西 64 份）（卢新雄等，2019）。

广西荞麦种质资源遗传多样性十分丰富，利用冬闲田种植荞麦历史悠久，1961 年种植面积最大，达 15.33 万 hm²，总产为 5.75 万 t（刘文奇等，2016）。新中国成立后，广西十分重视对农作物种质资源及近缘野生资源的考察收集和保存。1981~1984 年由广西农业科学院主持在全区进行荞麦和食用豆资源征集（梁耀懋，1984），至 1985 年共征集到荞麦种质资源 68 份（林妙正，1987）；1992~1994 年，由中国农业科学院作物品种资源研究所和广西农业科学院作物品种资源研究所组成的联合考察队，对桂西山区农作物种质资源进行实地考察收集，收集到荞麦种质资源 23 份，主要是甜荞和苦荞（覃初贤等，1995），但未见有对荞麦种质资源鉴定评价的报道。至 2015 年，广西农业科学院种质库保存有荞麦种质资源 91 份。2015 以来，广西实施了"第三次全国农作物种质资源普查与收集行动"和广西创新驱动发展专项资金项目"广西农作物种质资源收集鉴定与保存"，完成了对广西 14 个地级市 87 个县（市、区）427 个乡（镇）杂粮种质资源的系统调查与抢救性收集，收集到荞麦种质资源 115 份。2018~2020 年，在南宁市武鸣区繁种基地，将收集的荞麦种子和野生植株进行田间种植繁种，系统记载了相关性状特征并作了初步鉴定和评价，共入库保存荞麦种质资源 172 份，丰富了广西荞麦种质资源的库存数量，为资源创新、新品种培育及利用奠定了坚实的基础。

（一）荞麦种质资源的类型

根据 2018~2020 年在南宁市武鸣区繁种基地田间种植鉴定结果，依据有关形态特征性状和采集地数据分析，115 份荞麦种质资源分属于甜荞、苦荞、野生荞麦三大类。其中，甜荞 71 份，占比 61.74%；苦荞 7 份，占比 6.09%；野生荞麦 37 份，占比 32.17%，其中能开花结实的有 11 份、只开花不结实的有 26 份，这些能开花结实的野生荞麦资源为广西首次收集并保存于种质库。

（二）荞麦种质资源的分布

荞麦喜凉爽湿润，不耐高温、干旱风，畏霜冻。广西春暖夏热秋凉冬温，无霜期长，每年的 9 月至翌年 4 月非常适合荞麦生长，荞麦分布十分广泛，在广西多生于荒地、路边、山沟等地，海拔 100～1000m 处常见，野生或栽培。2015～2020 年荞麦作物种质资源考察收集结果分析表明，广西在百色市、崇左市、南宁市、来宾市、柳州市、河池市、桂林市 7 个地级市 38 个县（市、区）有荞麦资源分布（表 2-12），分布地点最北在桂林市全州县（北纬 26º15′），最南在崇左市龙州县（北纬 22º17′），最西在百色市西林县（东经 104º39′），最东在桂林市全州县（东经 111º26′）；东西跨度约 700km，南北跨度约 650km，最高海拔在百色市隆林各族自治县（1397m），最低海拔在南宁市上林县（151m）。荞麦资源垂直分布情况：在海拔 150～500m 区域收集荞麦资源 51 份（占比 44.35%），其中甜荞 33 份、苦荞 1 份、野生荞麦 17 份；在海拔 501～900m 区域收集荞麦资源 37 份（占比 32.17%），其中甜荞 24 份、苦荞 1 份、野生荞麦 12 份；在海拔 901～1400m 区域收集荞麦资源 27 份（占比 23.48%），其中甜荞 14 份、苦荞 5 份、野生荞麦 8 份。广西在海拔 500m 以下的区域甜荞和野生荞麦资源分布较多，在海拔 900m 以上的区域苦荞资源分布较多。

表 2-12　广西荞麦种质资源分布情况

序号	地级市	县（市、区）	收集荞麦份数			占比/%
			栽培荞麦	野生荞麦	总份数	
1	百色市	乐业县、凌云县、隆林各族自治县、西林县、田林县、那坡县、田东县、靖西市、平果市、右江区、田阳区	34	14	48	41.74
2	河池市	环江毛南族自治县、都安瑶族自治县、大化瑶族自治县、巴马瑶族自治县、凤山县、东兰县、天峨县、南丹县、宜州区	14	9	23	20.00
3	桂林市	资源县、全州县、恭城瑶族自治县、灌阳县、阳朔县、永福县、临桂区	11	7	18	15.65
4	南宁市	隆安县、上林县、马山县	11	3	14	12.17
5	崇左市	大新县、天等县、龙州县	4	2	6	5.22
6	柳州市	三江侗族自治县、融水苗族自治县、柳城县	2	1	3	2.61
7	来宾市	金秀瑶族自治县、忻城县	2	1	3	2.61
	合计	38 个县（市、区）	78	37	115	100.00

在所收集的 115 份荞麦种质资源中，百色市的荞麦种质资源有 48 份（占比 41.74%），河池市的荞麦种质资源有 23 份（占比 20.0%），桂林市的荞麦种质资源有 18 份（占比 15.65%），南宁市的荞麦种质资源有 14 份（占比 12.17%），崇左市的荞麦种质资源有 6 份（占比 5.22%），柳州市、来宾市的荞麦种质资源各 3 份（分别占比 2.61%）。在北海市、防城港市、钦州市、贵港市、玉林市、梧州市、贺州市 7 个桂东南沿海地区没有收集到荞麦种质资源。

（三）荞麦形态特征及生物学特性

1. 甜荞

对 58 份甜荞种质资源进行了鉴定。株型有松散型、半紧凑型两种，各占 50%。茎色有红绿色、红色，其中茎为红绿色的种质资源有 40 份（占比 68.97%）、茎为红色的种质资源有 18 份（占比 31.03%）。叶绿色，少数深绿色。叶脉全为红色。花色有粉白色、白色、红色，其中开粉白色花的种质资源有 25 份（占比 43.10%）、开白色花的种质资源有 19 份（占比 32.76%）、开红色花的种质资源有 14 份（占比 24.14%）。籽粒主要有灰黑色、深褐色、褐色等，其中灰黑色籽粒种质资源有 30 份（占比 51.72%）、深褐色籽粒种质资源有 16 份（占比 27.59%）、褐色籽粒种质资源有 4 份（占比 6.90%），还有少量灰色、黑色、杂色等籽粒种质资源 8 份（占比 13.79%）。种子形状有短锥形、三角形、楔形、长锥形、心形，其中短锥形种子资源有 34 份（占比 58.62%）、三角形种子资源有 10 份（占比 17.24%）、楔形种子资源有 6 份（占比 10.35%）、长锥形种子资源有 5 份（占比 8.62%）、心形种子资源有 3 份（占比 5.17%）。生育期从播种至成熟收获需 73～91 天，极差 18 天，平均 80.57 天，变异系数 5.42%。株高 56～87.2cm，极差 31.2cm，平均 70.29cm，变异系数 10.26%。主茎直径 0.26～0.52cm，极差 0.26cm，平均 0.375cm，变异系数 14.13%。主茎节数 6.6～12 节，极差 5.4 节，平均 8.68 节，变异系数 10.37%。主茎分枝数 1.8～3.6 个，极差 1.8 个，平均 2.63 个，变异系数 16.35%。单株粒重 1.38～3.85g，极差 2.47g，平均 2.63g，变异系数 27.93%。单株结籽数 58～188.5 粒，极差 130.5 粒，平均 97.02 粒，变异系数 27.47%。千粒重 17.33～29.94g，极差 12.61g，平均 22.97g，变异系数 9.75%。广西甜荞种质资源易落粒，成熟时应及时收获，以免造成减产。抗倒伏强抗、中抗和弱抗均有，以中抗为主。抗病性强。

2. 苦荞

对收集的桂林市全州县的王家苦荞，百色市隆林各族自治县的牛场苦荞，百色市德保县的巴头苦荞，百色市乐业县的龙洋苦荞和百色市凌云县的陇凤苦荞、弄王苦荞和赶阳苦荞 7 份资源进行田间种植。株型有松散型、半紧凑型两种。茎浅绿色或绿色。叶浅绿色、绿色、深绿色。叶脉呈浅绿色、红色。花均为黄绿色。籽粒主要有深褐色、褐色、灰色。种子形状多为长锥形。生育期从播种至成熟收获需 82～99 天，极差 17 天，平均 88.67 天。株高 55.4～83.7cm，极差 28.3cm，平均 70.96cm。主茎直径 0.32～0.53cm，极差 0.21cm，平均 0.397cm。主茎节数 9～12.4 节，极差 3.4 节，平均 11.2 节。主茎分枝数 2.4～5.0 个，极差 2.6 个，平均 3.5 个。单株粒重 0.80～2.2g，极差 1.40g，平均 1.54g。单株结籽数 30.6～53.5 粒，极差 22.9 粒，平均 46.6 粒。千粒重 15.76～18.24g，极差 2.48g，平均 17.20g。落粒性强，抗倒伏中抗以上。抗病性强。比较耐寒冷、耐贫瘠。

3. 野生荞麦

田间繁种鉴定 19 份野生荞麦并作了相关性状的田间调查观察和数据描述记载。此外，在野荞现蕾初期取样 14 份野荞资源植株进行品质分析鉴定，对 19 份野生荞麦资源田间性状进行鉴定。株型有松散型、半紧凑型两种，多为松散型。茎红绿色、红色、紫红色。叶浅绿色、绿色、深绿色。叶脉红色。在南宁市种植每年开花 2 次，花期为 4～5 月和 11～12 月，花色为白色。籽粒颜色主要有深褐色、褐色、浅褐色。种子形状为三角形。株高 77.3～130.5cm，极差 53.2cm，平均 102.33cm，变异系数 14.87%。主茎直径 0.37～0.797cm，极差 0.427cm，平均 3.75cm，变异系数 20.15%。主茎节数 9.8～18.8 节，极差 9 节，平均 15.2 节，变异系数 19.63%。主茎分枝数 3.0～8.0 个，极差 5.0 个，平均 5.7 个，变异系数 24.49%。籽粒千粒重 20.85～48.98g，极差 28.13g，平均 34.18g。易落粒，成熟时应及时收获。抗倒伏性强，强抗、中抗均有。抗病虫性强。比较耐寒、耐贫瘠、适应性广，在高寒山区长势旺盛。经检测，14 份野生荞麦茎叶的蛋白质、脂肪、淀粉、氨基酸、硒含量如表 2-13 所示。

表 2-13　野生荞麦植株品质测定结果表

编号	种质名称	采集地	蛋白质/%	脂肪/%	淀粉/%	氨基酸/（mg/g）	硒/（mg/kg）
GXB2018171	罗田野荞	桂林市永福县	15.21	2.89	9.68	6.29	0.107
GXB2018174	清平野三角麦	桂林市永福县	17.17	2.34	11.73	6.37	0.066
GXB2018246	车田野荞	桂林市资源县	19.07	2.68	8.74	7.57	0.097
GXB2018258	高岩野荞	柳州市三江侗族自治县	20.19	2.69	8.68	6.37	0.076
GXB2019003	岩晚野荞	百色市隆林各族自治县	13.90	3.01	13.76	3.68	0.073
GXB2019006	占假野荞	百色市隆林各族自治县	15.74	3.18	9.41	7.38	0.065
GXB2019015	水头野荞	百色市西林县	14.10	2.89	13.83	4.34	0.064
GXB2019032	新洞野荞	河池市天峨县	13.28	2.68	16.38	2.91	0.070
GXB2019033	拉马野荞	河池市天峨县	12.35	2.11	15.95	2.12	0.101
GXB2019037	隆明野荞	河池市东兰县	14.33	1.93	14.56	2.55	0.050
GXB2019047	生满野荞	河池市东兰县	15.16	4.09	11.25	5.53	0.069
GXB2019049	弄合野荞	河池市大化瑶族自治县	16.27	3.86	9.58	6.07	0.069
GXB2019051	伍仁野荞	河池市都安瑶族自治县	13.46	3.06	14.1	3.40	0.074
GXB2019342	六段野荞	来宾市金秀瑶族自治县	17.29	4.07	10.72	2.97	0.027

蛋白质含量 12.35%～20.19%，极差 7.84%，平均 15.54%，变异系数 14.55%。淀粉含量 8.68%～16.38%，极差 7.7%，平均 12.03%，变异系数 22.38%。脂肪含量 1.93%～4.09%，极差 2.16%，平均 2.96%，变异系数 22.52%。氨基酸含量 2.12～7.57mg/g，极差 5.45mg/g，平均 4.83mg/g，变异系数 39.07%。硒含量 0.027～0.107mg/kg，极差 0.08mg/g，平均 0.072mg/kg，变异系数 28.33%。

（四）优异荞麦种质资源

1. 春荞（GXB2018096）

矮秆、早熟，生育期 77 天。采集点海拔 254m，株型半紧凑型，株高 56.0cm，茎粗 3.2mm，主茎节数 8.6 节，主茎分枝数 2.8 个，单株粒重 1.81g，单株结籽数 83 粒，千粒重 21.80g。

2. 黄坪荞麦（2016452685）

多粒，生育期 76 天。采集点海拔 194.2m，株型松散型，株高 78.9cm，茎粗 4.4mm，主茎节数 9.0 节，主茎分枝数 2.6 个，单株粒重 3.5g，单株结籽数 162.7 粒，千粒重 21.51g。稳产，抗性好。

3. 瓦渣地荞麦（GXB2018219）

大粒，生育期 80 天，富硒（硒含量 0.120mg/kg）。采集点海拔 547m，株型松散型，株高 59.1cm，茎粗 3.9mm，主茎节数 6.6 节，主茎分枝数 3.0 个，单株粒重 2.55g，单株结籽数 85 粒，千粒重 29.94g。麦面做糍粑特别香醇。在桂林市全州县种植历史悠久。

4. 朔晚荞麦（P451022008）

多粒、高产，生育期 82 天。采集点海拔 336.2m，株型松散型，株高 78.9cm，茎粗 4.3mm，主茎节数 9.9 节，主茎分枝数 3.1 个，单株粒重 3.85g，单株结籽数 188.5 粒，千粒重 21.43g。

5. 古砦三角麦（P450222021）

晚熟、高产，生育期 91 天。采集点海拔 428m，株型半紧凑型，株高 72.0cm，茎粗 4.8mm，主茎节数 8.0 节，主茎分枝数 3.0 个，单株粒重 2.1g，单株结籽数 87 粒，千粒重 24.60g。麦面做糍粑好吃，在柳州市柳城县种植历史悠久。

6. 龙礼荞麦（P450123030）

种植历史 70 年，花白色，蜜源优，生育期 85 天。采自南宁市隆安县。株型半紧凑型，株高 78.4cm，茎粗 4.32mm，主茎节数 9.0 节，主茎分枝数 3.0 个，单株粒重 0.91g，单株结籽数 35.5 粒，千粒重 25.82g。可用于保健品加工和旅游开发。

7. 坛马甜荞（GXB2019440）

采自百色市靖西市，当地种植历史 70 年，抗旱、耐贫瘠，麦面粉白、好吃，生育期 81 天。株高 73.8cm，茎粗 3.96mm，主茎节数 8.6 节，主茎分枝数 2.2 个，单株粒重 1.03g，单株结籽数 37.0 粒，千粒重 25.59g。可用于保健品加工和旅游开发。

8. 巴头苦荞（P451024011）

分枝多，抗性好，稳产，种植历史悠久，生育期 85 天。采自百色市德保县，采集点海拔 1060m，株型半紧凑型，株高 85.6cm，茎粗 4.61mm，主茎节数 12.0 节，主茎分枝数 4.2 个，单株粒重 1.33g，单株结籽数 53.5 粒，千粒重 17.36g。麦面做糍粑好吃，可粮饲药兼用。

9. 龙洋苦荞（GXB2018013）

晚熟，分枝多，抗旱、耐寒，生育期 96 天。株型松散型，株高 56.8cm，茎粗 3.54mm，主茎节数 12.0 节，主茎分枝数 5.0 个，单株粒重 0.80g，单株结籽数 48.7 粒，千粒重 15.76g。麦面做糍粑好吃，有降血脂、血糖保健功能。

10. 高岩野荞麦（GXB2018258）

大叶，茎叶蛋白质含量高。采自柳州市三江侗族自治县，株高 114.0cm，茎粗 0.54cm，主茎节数 17.3 节，主茎分枝数 5.7 个，叶片深绿色、大小 8.6cm×10.4cm，为大叶野荞种，可开花结果，籽粒三角形，千粒重 36.78g，现花初期植株茎叶蛋白质含量达 20.19%，微量元素硒含量 0.076mg/kg。木质块状根茎大，有药用功效，多年生，再生能力强，落粒性强，抗倒伏、抗病虫性强。可作为亲本育种材料、饲料和保健品加工利用。

11. 车田野荞麦（GXB2018246）

分枝多，蛋白质含量高。采自桂林市资源县，株高 91.0cm，茎粗 0.41cm，主茎节数 13.0 节，主茎分枝数 6.2 个，叶片绿色、大小 6.6cm×7.0cm，为小叶野荞种，可开花结果，籽粒三角形，千粒重 29.33g，现花初期植株茎叶蛋白质含量达 19.07%，微量元素硒含量 0.097mg/kg。具木质块状根茎，有药用功效，多年生，再生能力强，落粒性强，抗倒伏、抗病虫性强。可作为亲本育种材料、饲料和保健品加工利用。

12. 罗田野荞（GXB2018171）

富硒，矮秆，分枝多，抗性强。采自桂林市永福县，株高 77.3cm，茎粗 0.45cm，主茎节数 12.4 节，主茎分枝数 6.2 个，叶片绿色、大小 7.0cm×8.0cm，可开花结果，籽粒三角形，千粒重 34.96g，现花初期植株茎叶蛋白质含量达 15.21%，微量元素硒含量 0.107mg/kg。具木质块状根茎，有药用功效，多年生，再生能力强，落粒性强，抗倒伏、抗病虫性强。可作为亲本育种材料、饲料和保健品加工利用。

（五）荞麦的开发利用

荞麦是一种集营养、保健、医药、饲料、蜜源为一体的多用途粮食作物。因荞麦具有耐寒、耐旱、耐贫瘠、适应性广、生育期短等优点，生产上具有填闲肥地、轮作倒茬、抗灾救灾的作用。广西种植荞麦历史悠久，有春暖夏热秋凉冬温、无霜期长的特点，夏播秋收后，有大量的冬闲田地可种植荞麦且不与其他作物争抢季节。因此，开发荞麦资源，扩大荞麦种植面积，对优化广西粮食生产结构、促进粮食生产和加工业的提质增效、促进区域经济增长具有重要作用（甘海燕，2016）。

1）进一步加强荞麦的基础性研究，并将研究和生产相结合，增强科企联合，注重创新开发。一方面荞麦的基础性研究可以指导和推进荞麦产业的发展，如加工工艺的改进、营养保健机理的深入研究，都对荞麦的开发和利用起到指导性的作用；另一方面企业对于荞麦开发的产业化，可以实现科研成果转化，同时也为进一步的研究和开发提供了物质基础。

2）加大产品的研发力度，生产符合市场需求的荞麦制品。荞麦籽粒及其茎、叶、花都富含芦丁等黄酮类物质及其他有效成分，可对荞麦进行综合利用，提取有效成分，研制出各种糕点、面条、糖果、食品、饮料、调味品、天然色素、降压降脂保健品和化妆品等。

3）加强新品种引进、促进本地老品种提纯复壮或改良及建立优质的绿色原料基地，实现原料的专业化。长期以来，广西荞麦生产多为地方老品种或已引进多年的品种，品种混杂、退化严重。必须增加投入，加大科研力度，尽快选育、鉴定出优良品种，研究出配套的高产栽培技术，制定并实施标准化生产技术规程，严格按无公害绿色食品的要求进行量化操作，提高荞麦的单产与品质，以及原荞的商品利用率。

4）制作饲料和培育冬季蜜源基地。荞麦收获后残留物纤维含量低，富含各种营养和氨基酸等，可加工成畜牧饲料。一方面广西野生荞麦资源丰富，可选择蛋白质含量高的优质野生荞麦资源在大石山区进行人工种植，制作饲料，发展当地的养猪业和养羊业以增加农户收入；另一方面广西冬季蜜源不足，荞麦花期长，种植荞麦既增收又增加蜜源，促进养蜂业的发展。

三、籽粒苋种质资源多样性及其利用

籽粒苋属于苋科（Amaranthaceae）苋属（*Amaranthus*）苋组（Section *Amaranthus*），是一种分布广泛、营养价值高、抗逆性强、生长快、再生性强、产量高的一年生草本植物（聂婷婷等，2016），是粮用、菜用、饲用、药用及观赏等多用途作物（徐环宇等，2018）。随着食品、营养和饲料学科的发展，籽粒苋以其茎叶和籽粒营养品质好，蛋白质和人体必需氨基酸、矿物质、微量元素含量丰富而受到各国研究人员的极大重视。中国对籽粒苋资源的收集鉴定评价研究起步较晚，1981～1985 年西藏自治区农牧科学院农作物资源考察队收集鉴定保存了籽粒苋资源 20 份，开创了我国籽粒苋资源收集保存研究的先河（王天云，1987）。1986～1990 年神农架及三峡地区作物种质资源考察队收集了当地的籽粒苋资源及其近缘野生植物资源共 278 份，较为系统地研究了当地苋属植物资源的植物学和生物学特征特性，对部分苋属资源进行了品质分析与评价（杨庆文，1990；涂书新等，2001）。至 2019 年，我国籽粒苋种质资源在国家种质库长期库保存有 1062 份（卢新雄等，2019）。广西对籽粒苋种质资源的收集鉴定和保存研究始于 20 世纪 90 年代初，1992～1995 年广西农业科学院作物品种资源研究所对百色市隆林各族自治县、那坡县、靖西市、乐业县、天峨县，河池市凤山县、南宁市隆安县和防城港市防城区等 8 个县（市、区）进行资源考察收集，收集到籽粒苋地方种质资源 103 份。2015 年以来，广西实施了"第三次全国农作物种质资源普查与收集行动"和广西创新驱动发展专项资金项目"广西农作物种质资源收集鉴定与保存"，完成了广西 14 个地级市 87 个县（市、区）427 个乡（镇）1038 个村作物种质资源的系统调查与抢救性收集，收集到籽粒苋种质资源及其近缘野生资源 130 份。对收集的 122 份籽粒苋资源进行田间繁种鉴定评价，系统记载了相关性状特征并对其中 61 份籽粒苋资源进行品质鉴定分析，入库保存籽粒苋资源 122 份，极大地丰富了广西籽粒苋种质资源的库存数量，为后续种质资源创新、新品种培育和利用打下坚实基础。

（一）广西籽粒苋种质资源的类型及主要特征特性

广西籽粒苋种质资源类型有 5 种：繁穗苋、绿穗苋、苋、尾穗苋、野生苋，其中，繁穗苋 45 份（占比 36.88%），绿穗苋 61 份（占比 50.0%），苋 12 份（占比 9.84%），尾穗苋 2 份（占比 1.64%），野生苋 2 份（占比 1.64%）。各类型主要特征特性如下。

1. 繁穗苋

繁穗苋（*Amaranthus paniculatus*）栽培或野生，在采集地农户称为红米菜，是市场上籽粒苋籽粒的主要生产种，具有粮用、饲用、菜用、观赏等多种用途。收集到的 45 份资源具有下列特点。叶互生，有长叶柄，叶片有绿色、红绿色、红色、紫红色。叶形有卵圆形、卵形、披针形、长卵形、长圆形等，其中卵圆形占比多。茎光滑，具沟棱，呈红色、红绿色、绿色、紫色等，其中红色占比约 46.67%。圆锥花序顶生。花序色有红色、紫红色、紫色、绿色等，其中红色占比多。粒色有紫红色、黄白色、白色、褐色、黑色、红色等，其中紫红色占比多。粒形有扁平形、扁球形、扁圆形、圆球形等，其中扁球形 30 份（占比 66.67%）。南宁市夏播出苗至成熟收获需 70～168 天，极差 98 天，平均 94.2 天，变异系数 19.69%。株高 134.6～252.0cm，极差 117.4cm，平均 168.9cm，变异系数 12.95%。主茎直径 0.88～1.89cm，极差 1.01cm，平均 1.14cm，变异系数 17.71%。主茎分枝数 4.8～24.3 个，极差 19.5 个，平均 14.53 个，变异系数 30.20%。花序长度 38.7～79.7cm，极差 41cm，平均 61.52cm，变异系数 15.99%。千粒重 0.41～1.27g，极差 0.86g，平均 0.767g，变异系数 18.83%。抗倒伏强抗、中抗和弱抗均有，以中抗为主。种植生长期间有少量花叶病害。

2. 绿穗苋

绿穗苋（*Amaranthus hybridus*）栽培或野生，植株塔形，圆锥花序，在采集地农户作为蔬菜食用或猪饲料，籽粒可做加工食品。所收集到的 61 份资源叶互生，有长叶柄，叶片有绿色、黄绿色、红绿色，其中绿色 56 份（占比 91.80%）。叶形有卵圆形、披针形，其中卵圆形 58 份（占比 95.08%）。茎光滑，具沟棱，呈绿色、红绿色、红色等，其中绿色 41 份（占比 67.21%）。花序色有浅绿色、绿色、黄绿色等，其中绿色 29 份（占比 47.54%）。粒色有紫红色、褐色、黑色、红色等，其中黑色 51 份（占比 83.61%）。粒形有扁平形、扁球形、扁圆形、圆球形等，其中扁球形 19 份（占比 31.15%）。南宁市夏播出苗至成熟收获需 68～110 天，平均 86.7 天。株高 141～259.0cm，极差 118.0cm，平均 187.3cm，变异系数 12.77%。主茎直径 0.69～2.41cm，极差 1.72cm，平均 1.30cm，变异系数 19.38%。主茎分枝数 4.0～22.4 个，极差 18.4 个，平均 10.0 个，变异系数 37.86%，变异系数较大，主茎分枝的遗传多样性较丰富。花序长度 34.9～96.0cm，极差 61.1cm，平均 66.1cm，变异系数 18.0%。千粒重 0.28～0.91g，极差 0.63g，平均 0.40g，变异系数 37.75%。抗倒伏强抗、中抗均有，以中抗为主，再生能力特强。生长期间除有少量花叶病害外，尚未发现其他病害，抗病性强。

3. 苋

苋（*Amaranthus tricolor*）为栽培种，茎直立，基部多分枝，圆锥花序顶生或腋生，直立或下垂。在采集地农户作为蔬菜食用或猪饲料，所收集到的 12 份资源叶互生，叶柄短，叶片有绿色、紫色、红色，其中绿色 7 份（占比 58.33%）。叶形有卵圆形、披针形、椭圆形，其中卵圆形 8 份（占比 66.67%）。茎色呈绿色、红绿色、红色等，其中红色 6 份（占比 50.0%）。花序色有绿色、黄绿色、粉红色等，其中绿色 9 份（占比 75.0%）。粒色均为黑色。粒形有扁球形，扁圆形、圆球形等，其中圆球形 6 份（占比 50.0%）。生育期南宁市夏播出苗至成熟收获需 56～110 天，极差 54 天，平均 81.9 天，变异系数 21.83%。株高 41.70～145.50cm，极差 103.80cm，平均 99.96cm。主茎直径 0.53～1.41cm，极差 0.88cm，平均 0.81cm，变异系数 27.48%。主茎分枝数 7.0～14.7 个，极差 7.7 个，平均 10.98 个，变异系数 24.12%。花序长度 36.7～95.0cm，极差 58.3cm，平均 65.89cm，变异系数 24.08%。千粒重 0.48～0.77g，极差 0.29g，平均 0.64g，变异系数 15.25%。抗倒伏中抗以上。种植生长期间除有少量花叶病害，尚未发现其他病害，抗病性强。

4. 尾穗苋

在河池市考察收集到 2 份尾穗苋（*Amaranthus caudatus*）地方品种。在南宁市夏播生育期 130 天，株高 142.5cm，茎直立，黄绿色，茎粗 1.13cm，主茎分枝数 7.3 个，叶片棱状卵形，基部宽楔形。圆锥花序顶生，下垂，有多数分枝，中央分枝特长，花序鞭绳形，花序长 55cm。籽粒扁平形，棕黄色，千粒重 0.575g。抗旱，观赏价值高。

5. 野生苋

（1）刺苋

刺苋（*Amaranthus spinosus*）野生。在昭平县收集到 1 份野生资源——白石刺苋。在南宁市夏播生育期 56 天，极早熟。株高 126.2cm，丛生，茎粗 0.87cm，红色，主茎分枝数 11.9 个，叶片红绿色、卵圆形，圆锥花序腋生和顶生，花序粉红色，疏枝形，长度 56.5cm，籽粒扁圆形，褐色，千粒重 0.21g，种子较小。种植期间抗白锈病、抗蚜虫能力较强。嫩茎叶可作野菜食用，全草可药用。

（2）青葙

青葙（*Celosia argentea*）是苋的近缘野生种，在那坡县收集到 1 份青葙野生资源——那全鸡冠苋，在南宁市夏播生育期 76 天，株高 150.7cm，茎直立，绿色，茎粗 0.83cm，主茎分枝数 17.6 个，叶片绿色、卵圆形，圆锥花序，淡红色，花序疏枝形，长度 82.1cm，籽粒扁球形，黑色，千粒重 0.53g。花序粉红色，色彩淡雅，花序可宿存、经久不凋，适应性强，可作观赏利用，嫩茎叶可作蔬菜、饲料，种子可药用。

（二）广西籽粒苋种质资源的分布

2015～2020 年收集到籽粒苋种质资源 130 份，在广西 11 个地级市的分布情况如表 2-14 所示，收集资源地点最北在桂林市龙胜各族自治县（北纬 25°55′），最南在防城港市东兴市（北纬 21°40′），最西在百色市隆林各族自治县（东经 105°05′），最东在贺州市平桂区（东经 111°27′）；东西跨度约 635km，南北跨度约 525km，籽粒苋种质资源分布最高海拔在百色市隆林各族自治县（1578m），最低海拔在防城港市东兴市（5m）。

表 2-14　广西籽粒苋种质资源分布情况

序号	地级市	县（市、区）	资源份数	占比/%
1	百色市	乐业县、凌云县、隆林各族自治县、西林县、那坡县、德保县、靖西市、平果市	44	33.85
2	河池市	环江毛南族自治县、罗城仫佬族自治县、都安瑶族自治县、巴马瑶族自治县、南丹县、东兰县、凤山县、宜州区	35	26.92
3	贺州市	钟山县、昭平县、平桂区	22	16.92
4	桂林市	龙胜各族自治县、全州县、灌阳县、兴安县	9	6.92
5	梧州市	藤县、蒙山县	7	5.38
6	南宁市	隆安县	4	3.08
7	防城港市	上思县、东兴市	2	1.54
8	贵港市	平南县、覃塘区	2	1.54
9	柳州市	柳城县、鹿寨县	2	1.54

续表

序号	地级市	县（市、区）	资源份数	占比/%
10	来宾市	金秀瑶族自治县、忻城县	2	1.54
11	崇左市	大新县	1	0.77
	合计	35个县（市、区）	130	100.00

广西籽粒苋种质资源的垂直分布情况：海拔 5～1578m 均有分布，100m 以下的生态区收集籽粒苋种质资源 8 份（占比 6.15%），除 1 份为野生苋外其余为地方品种，此区域分布最少；海拔 101～200m 的生态区收集籽粒苋种质资源 29 份（占比 22.31%），全部为地方品种，此区域分布最多；广西有 56.92% 的籽粒苋种质资源分布于海拔 500m 以下的区域，43.08% 的籽粒苋资源分布于海拔 500m 以上的区域。

在所收集的 130 份籽粒苋种质资源中，桂林市的籽粒苋种质资源有 9 份，河池市的籽粒苋种质资源有 35 份，百色市的籽粒苋种质资源有 44 份，分布最多；梧州市的籽粒苋种质资源有 7 份；南宁市的籽粒苋种质资源有 4 份；贺州市的籽粒苋种质资源有 22 份；来宾市、柳州市、贵港市和防城港市的籽粒苋种质资源各有 2 份；崇左市的籽粒苋种质资源有 1 份。来自贺州市、河池市、百色市的籽粒苋种质资源有 101 份（占比 77.69%），说明这 3 个地区的籽粒苋种质资源特别丰富，而在钦州市、北海市、玉林市 3 个地级市没有收集到籽粒苋。

（三）广西籽粒苋种质资源的籽粒品质性状鉴定

取在南宁市武鸣区田间繁种鉴定所收获的经自然晒干的 61 份籽粒苋资源种子进行品质分析鉴定，结果如下。

1. 籽粒苋籽粒主要品质状况

蛋白质、淀粉、脂肪、硒的平均含量分别为 14.59%、41.37%、4.89%、0.056mg/kg。在品种间，蛋白质最小含量与最大含量相差 4.6%，淀粉含量相差 22.3%，脂肪含量相差 4.0%，硒含量相差 0.110mg/kg。品种之间主要品质性状差异较大，从 4 个主要品质性状变异来看，硒含量变异最大，变异系数达 47.05%，说明新收集的籽粒苋种质资源中硒含量比淀粉、蛋白质和脂肪含量具有更丰富的多样性。

2. 籽粒苋主要品质性状间的相关性分析

籽粒苋种质资源蛋白质、淀粉、脂肪和硒含量 4 个品质性状具有遗传特性。研究它们之间的相关关系有利于对这些性状进行综合选择，起到事半功倍的效果，4 个主要品质性状相关性分析结果表明，蛋白质含量与淀粉含量极显著正相关（$r=0.4408^{**}$），蛋白质含量与脂肪含量极显著负相关（$r=-0.5826^{**}$），淀粉含量与脂肪含量极显著负相关（$r=-0.4081^{**}$），脂肪含量与硒含量显著负相关（$r=-0.2559^{*}$），蛋白质含量、淀粉含量与硒含量均无显著相关关系，这些结果表明籽粒苋品质性状遗传的复杂性。选择高蛋白含量种质时，可以兼顾选择获得低脂肪富硒的材料；选择低淀粉含量种质时，可以兼顾选择获得高脂肪含量的材料。

3. 不同区域籽粒苋种质资源的比较

鉴定评价的 61 份籽粒苋种质资源中 39 份来自百色市，15 份来自河池市，5 份来自桂林市，1 份来自崇左市，1 份来自来宾市；不同地级市种质资源蛋白质、脂肪、淀粉、硒含量比较表明，百色市籽粒苋种质资源的蛋白质、淀粉含量平均值高于其他各地级市平均值；脂肪、硒含量平均值与整体平均值相当；来宾市籽粒苋种质资源脂肪含量明显高于其他地方种质资源脂肪含量平均值；崇左市籽粒苋种质资源硒含量最高。这表明百色市籽粒苋地方种质资源品质优于其他地级市，在籽粒苋品种选育及利用时，应优先选择来自百色市的材料。

4. 籽粒苋种质资源品质鉴定结果

通过对 61 份籽粒苋种质资源进行蛋白质、淀粉、脂肪、硒含量的测定分析和评价，表明广西籽粒苋种质资源主要品质性状的变异较为丰富，变异系数达 7.55%～47.05%；蛋白质含量与淀粉含量极显著正相关，脂肪含量与蛋白质含量、淀粉含量极显著负相关，与硒含量显著负相关，硒含量与蛋白质含量、淀粉含量的相关性未达到显著水平；在育种上选择高蛋白含量种质时，可以兼顾选择获得低脂肪富硒的籽粒苋材料（覃初贤等，2020）。不同地级市收集的籽粒苋种质资源的品质存在差异，来自百色市的籽粒苋种质资源的品质性状较好，蛋白质、淀粉、脂肪和硒平均含量都高于广西其他地级市的平均含量，说明百色市是广西籽粒苋优异种质资源富集地区。

（四）籽粒苋优异种质资源

1. 龙瑶白籽苋（GXB2018006）

采自百色市乐业县，采集点海拔 577m，在南宁市种植生长良好，夏播生育期 88.0 天，株高 159.8cm，叶片绿色，叶卵形，茎粗 0.98cm，茎红色，主茎分枝数 16 个，花序红色，花序长 63.6cm，籽粒白色、扁球形，千粒重 0.84g。适应性广、耐旱、耐贫瘠，抗病性强。品质优：籽粒蛋白质含量 16.2%，淀粉含量 51.4%，脂肪含量 4.3%，微量元素硒含量 0.104mg/kg。富硒，籽粒食品加工性好。

2. 板洪红米菜（GXB2018005）

采自百色市乐业县，采集点海拔 1018m，在南宁市种植生长良好，夏播生育期 83 天，株高 161.2cm，叶片绿色，叶卵形，茎粗 1.03cm，茎红色，主茎分枝数 13.8 个，花序红色，花序长 61.5cm，籽粒紫红色、扁圆形，千粒重 0.71g。适应性广、再生能力强、耐旱、耐贫瘠。品质优：籽粒蛋白质含量 15.7%，淀粉含量 41.4%，脂肪含量 4.4%，微量元素硒含量 0.107mg/kg。嫩茎叶可作蔬菜食用或饲料，籽粒蛋白质含量高、富硒，可加工成富硒产品。

3. 罗西籽粒苋（2016453555）

采自百色市凌云县，采集点海拔 757m，在南宁市种植生长良好，夏播生育期 168 天，株高 239.9cm，叶片绿色，叶卵形，茎粗 1.89cm，茎红色，主茎分枝数 8.3 个，花序紫红色，花序长 38.7cm，籽粒红色、扁球形，千粒重 0.79g。适应性广、迟熟、再生能力强，耐旱、耐贫瘠，抗蚜虫。品质优：籽粒蛋白质含量16.2%，淀粉含量41.5%，脂肪含量5.0%，微量元素硒含量0.031mg/kg。嫩茎叶可作蔬菜食用或饲料，籽粒蛋白质含量高，可加工成蛋白质添加粉。

4. 陇罗红米菜（GXB2018034）

采自河池市凤山县，采集点海拔635m，在南宁市种植生长良好，夏播生育期83天，株高180.5cm，叶片绿色，叶卵形，茎粗1.2cm，茎红色，主茎分枝数23.1个，花序紫色，花序长61.2cm，籽粒紫红色、扁球形，千粒重0.93g。适应性广，分枝多，耐旱、耐贫瘠，抗蚜虫。品质优：籽粒蛋白质含量16.0%，淀粉含量48.4%，脂肪含量3.9%，微量元素硒含量0.074mg/kg。嫩茎叶可作蔬菜食用或饲料，籽粒产量高，蛋白质含量高，可加工成蛋白质添加粉。

5. 田坝石苋菜（2016452321）

采自桂林市灌阳县，采集点海拔901m，在南宁市种植生长良好，夏播生育期116天，株高189.2cm，叶片红绿色，叶卵形，茎粗1.4cm，茎紫色，主茎分枝数9.3个，花序绿色，花序长42.0cm，籽粒黑色、扁平形，千粒重0.66g。适应性广，耐旱、耐贫瘠，抗蚜虫。品质优：籽粒蛋白质含量16.3%，淀粉含量39.5%，脂肪含量4.8%，微量元素硒含量0.014mg/kg。嫩茎叶可作蔬菜食用或饲料，籽粒蛋白质含量高，可加工成蛋白质添加粉。

6. 马隘白籽苋（GXB2017034）

采自百色市德保县，采集点海拔793m，在南宁市种植生长良好，夏播生育期100天，株高171.8cm，叶片绿色，叶卵形，茎粗1.18cm，茎红色，主茎分枝数16个，花序红色，花序长62.1cm，籽粒黄白色、扁球形，千粒重0.91g。适应性广，再生能力强，耐旱、耐寒、耐贫瘠，抗蚜虫。品质优：籽粒蛋白质含量14.8%，淀粉含量50.7%，脂肪含量4.8%，微量元素硒含量0.039mg/kg。嫩茎叶可作蔬菜食用或饲料，籽粒白色，食品加工性优。

7. 龙合红米菜（GXB2017076）

采自百色市那坡县，采集点海拔931m，在南宁市种植生长良好，夏播生育期89天，株高168.0cm，叶片绿色，叶卵形，茎粗1.04cm，茎绿色，主茎分枝数14个，花序绿色，花序长63.2cm，籽粒紫红色、扁球形，千粒重0.75g。适应性广，再生能力强，耐旱、耐寒、耐贫瘠，抗蚜虫。品质优：籽粒蛋白质含量16.7%，淀粉含量40.9%，脂肪含量4.6%，微量元素硒含量0.025mg/kg。嫩茎叶可作蔬菜食用或饲料，籽粒蛋白质含量最高，可制作蛋白质添加剂。

8. 德天绿苋菜（GXB2017055）

采自崇左市大新县，采集点海拔126m，在南宁市种植生长良好，夏播生育期80天，株高186.4cm，叶片绿色，叶卵形，茎粗1.19cm，茎红绿色，主茎分枝数9.4个，花序黄绿色，花序长55.4cm，籽粒黑色、扁平形，千粒重0.35g。适应性广，再生能力强，耐旱、耐贫瘠，抗白锈病。品质优：籽粒蛋白质含量13.1%，淀粉含量41.1%，脂肪含量5.9%，微量元素硒含量0.112mg/kg。嫩茎叶可作蔬菜食用或饲料，籽粒硒元素含量高，可加工成富硒添加粉。

9. 那赖苋菜（GXB2017072）

采自百色市那坡县，采集点海拔815m，在南宁市种植生长良好，夏播生育期81天，株高215.1cm，叶色绿色，叶形卵圆形，茎粗1.36cm，茎红绿色，主茎分枝数12个，花序黄绿色，花序长58.6cm，籽粒黑色、扁球形，千粒重0.29g。该种适应性广，茎秆粗壮，再生能力强，耐旱、耐贫瘠，抗白锈病。品质优：籽粒蛋白质含量14.0%，淀粉含量35.5%，脂肪含量7.5%，微量元素硒含量0.018mg/kg。嫩茎叶可作蔬菜食用或饲料，可作观赏植物种植，单株产量高，籽粒脂肪含量最高，食品加工性好。

（五）籽粒苋种质资源的开发利用

籽粒苋具有速生性和再生性，用种量少，生物产量高，蛋白质含量高，抗逆性强，还有抗旱、耐贫瘠、耐盐碱和抗风、抗冰雹灾害能力。在粮食、蔬菜、绿肥、饲料加工和食品加工等方面具有很高的利用价值。

制作食品或营养成分添加剂。品质鉴定结果表明，广西籽粒苋籽粒蛋白质含量12.1%~16.7%，平均14.59%，高于一般的谷类作物；脂肪含量3.5%~7.5%，平均4.89%，高于小麦（2%）、稻米（2.5%）、玉米（2.3%）；硒含量也高，平均0.056mg/kg，在广西是富硒作物。目前，国内外都有用籽粒苋制作饼干、糕点、蜜饯、面条等食品或加工成富硒产品、蛋白粉添加剂等销售。此外，籽粒苋食品还具有很好的保健功能。据研究报道，食用籽粒苋可以降低糖尿病、肥胖病的发病率，提高人体免疫系统活性。也可以利用籽粒苋天然苋红素制作饮料、儿童食品、食用酱油等，应用前景广阔。

制作畜禽饲料。籽粒苋含有丰富的蛋白质、矿物质、维生素、有机酸等动物所需的营养成分，制作畜禽饲料效果好。用籽粒苋喂猪、鸭、鸡等畜禽能提高品质、改善口感。采籽后的苋茎叶可制作成颗粒饲料，经发酵或加入添加剂，营养价值更好。

制作药材。苋籽有明目除邪、利大小便、祛寒热等药用价值。

用作绿肥，改善土壤肥力。籽粒苋生长速度快，再生能力强，N、P、K、Ca、Fe、Cu等矿物成分含量较高，用作压青绿肥可使后茬作物增产，在广西幼林下和山区贫瘠坡地种植，作为饲草或压青绿肥，可以培肥地力，减少水土流失，改善生态。

第三章

广西蔬菜作物种质资源多样性及其利用

广西位于北纬 20°54′~26°24′、东经 104°28′~112°04′，跨越中亚热带、南亚热带、北热带 3 个气候带，北回归线横贯其中部。气候温和，光热充足，各地年平均气温为 16.5~23.1℃，≥10℃ 年积温为 5000~8300℃。雨量充沛，各地年平均降水量为 1080~2760mm。地形地貌复杂，属于山地丘陵盆地地貌，包括中山、低山、丘陵、台地、平原、石山六类。土壤类型多样，主要有砖红壤、赤红壤、红壤、黄壤、紫色土、石灰岩土等（胡宝清和毕燕，2011）。复杂多样的环境条件使得广西蔬菜资源种类丰富多样。

依托农业农村部组织实施的"第三次全国农作物种质资源普查与收集行动"和广西创新驱动发展专项资金项目"广西农作物种质资源收集鉴定与保存"，对广西全区开展了普查与征集以及调查收集工作，从全区共收集到各类蔬菜种质资源 3379 份。本章对这两次收集的主要类别蔬菜作物种质资源地区分布、海拔分布和收集的主要种类进行概述，同时与历史收集数据进行对比，分析各类蔬菜作物历史变迁和种质资源多样性变化，并对本次收集种质资源创新利用情况进行阐述，最后对蔬菜作物种质资源产业化应用及开发前景进行展望，为蔬菜作物种质资源的保护和利用提供科学依据。

第一节　瓜类蔬菜种质资源多样性及其利用

一、瓜类蔬菜种质资源基本情况

2015~2020 年从全区收集到瓜类蔬菜种质资源 788 份，其中南瓜 298 份、丝瓜 157 份、苦瓜 43 份、冬（节）瓜 101 份、瓠瓜 59 份、黄瓜 72 份、佛手瓜 11 份、蛇瓜 19 份、西瓜 17 份、甜瓜 11 份（表 3-1）。收集的瓜类蔬菜种质资源主要分布在桂北和桂西地区，尤其是桂林市和百色市，主要分布在海拔 100~300m 的区域，占收集瓜类蔬菜种质资源的 62.06%（图 3-1）。

表 3-1　瓜类蔬菜种质资源调查收集地区分布情况

地级市	南瓜份数	丝瓜份数	苦瓜份数	冬（节）瓜份数	瓠瓜份数	黄瓜份数	佛手瓜份数	蛇瓜份数	西瓜份数	甜瓜份数	合计份数
百色市	77	22	8	23	10	25	7	1	0	1	174
北海市	0	0	0	0	0	4	0	0	0	0	4

续表

地级市	南瓜份数	丝瓜份数	苦瓜份数	冬（节）瓜份数	瓠瓜份数	黄瓜份数	佛手瓜份数	蛇瓜份数	西瓜份数	甜瓜份数	合计份数
崇左市	20	10	0	11	2	7	1	3	4	0	58
防城港市	3	5	0	1	2	0	0	1	0	0	12
贵港市	6	6	2	4	2	0	0	1	1	1	23
桂林市	105	44	14	26	24	17	1	0	5	3	239
河池市	31	18	6	10	2	6	1	2	0	0	76
贺州市	16	15	1	1	3	1	0	2	4	2	45
来宾市	1	6	0	0	0	0	0	1	2	0	10
柳州市	20	11	6	8	9	6	1	2	0	0	63
南宁市	7	6	2	6	2	0	0	4	1	2	30
钦州市	0	1	0	1	0	1	0	0	0	0	3
梧州市	10	12	3	3	3	4	0	0	2	0	38
玉林市	2	1	1	7	0	1	0	0	0	1	13
合计	298	157	43	101	59	72	11	19	17	11	788

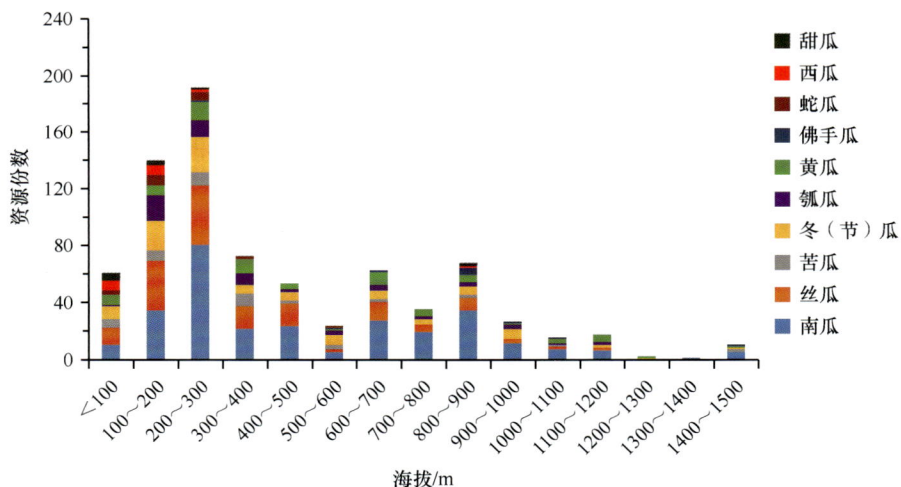

图 3-1　瓜类蔬菜种质资源调查收集海拔分布情况

收集的南瓜种质资源来自 12 个地级市 49 个县（市、区），在桂林市、百色市、河池市、柳州市、贺州市、崇左市收集的资源数量占总量的 85.9%，分布于海拔 34～1496m 的区域。这些地区多山，气候相对冷凉，土地贫瘠、干旱，更适合适应性广、抗逆性强的南瓜生长与贮藏。当地居民在房前屋后随意种植几株南瓜，在南瓜生长前期可采摘嫩茎叶食用，在南瓜生长后期采食果实和种子，使得南瓜种质资源在这些地区得到良好保留和延续。而在南宁市、玉林市、贵港市等地，交通相对便利，商品品种已大面积推广，导致南瓜地方资源数量急剧下降。特别是以南宁市的隆安县、西乡塘区、武鸣区以及崇左市的扶绥县为种植中心的南瓜主产区内，地方资源已濒临丢失。收集的南瓜资源经鉴定均为中国南瓜栽培种（C. moschata），具有盘形、扁圆形、椭圆形、心脏形、梨形、长把梨形、长筒形等多种形状，在熟性、品质、抗性方面存在较大差异（刘文君等，2022）。

收集的丝瓜种质资源来自 13 个地级市 52 个县（市、区），集中在桂林市、百色市、贺州市、柳州市、南宁市等地，分布于海拔 30～1156m 的区域，其中低海拔（400m 以下）地区分布有 105 份。经鉴定普通丝瓜资源占 100 份，有棱丝瓜资源占 57 份。普通丝瓜资源对枯萎病均具有较好的抗性，不易早衰，较晚熟，但对夏季高温及长光照较敏感，夏季易疯长，结瓜少；有棱丝瓜资源较耐热，较早熟，但易早衰。

收集的冬（节）瓜种质资源来自 12 个地级市 42 个县（市、区），集中在桂林市、百色市、河池市、南宁市、玉林市、崇左市等地，分布于海拔 34～1428m 的区域，高低海拔地区均有分布。经鉴定大部分资源为圆筒形、迟熟品种，植株茎叶粗壮、生长旺盛，果肉大部分为白色，有较好的抗逆性和耐贮藏性。

收集的黄瓜种质资源来自 10 个地级市 32 个县（市、区），其中桂林市、百色市收集的资源较为丰富，分布于海拔 12～1496m 的区域。经鉴定均为华南型黄瓜，瓜形有短圆筒形和长圆筒形，瓜把均短，瓜皮色有白色、黄白色、杂绿色、绿色，刺瘤分为有和无，刺瘤颜色有白色、黑色、褐色；全部为强雄性，侧枝结瓜多，对霜霉病抗性不强。从北海市合浦县收集的短圆筒形的张黄黄瓜和白皮黄瓜，为当地普遍用来加工成风味黄瓜皮的主要地方特色品种；崇左市龙州县的长圆筒形的下冻黄瓜，瓜皮色上部浅绿色、下部浅白色，果肉厚，可溶性固形物含量达 4%，主要鲜食、菜用。

收集的瓠瓜种质资源来自 10 个地级市 27 个县（市、区），桂北地区喜欢食用瓠瓜，资源也更丰富，分布于海拔 304～1156m 的区域。经鉴定，瓜形有短圆柱形、长条形、长颈圆球形、球形、梨形、牛腿形、细腰形等，嫩商品瓜皮色有深绿、浅绿、白色、白底带花青斑等，具有食用、观赏、制作器具和工艺品等用途。

收集的苦瓜种质资源来自 9 个地级市 22 个县（市、区），分布在海拔 55～1486m 的区域。通过鉴定地方资源 32 份，瓜形有短棒形、长棒形、短纺锤形、长纺锤形，瓜皮色有白绿色、浅绿色、绿色，瓜瘤类型有粒条相间、条瘤、粒瘤；其中，野生资源 9 份，均为凹萼木鳖（Momordica subangulata），具有较好的抗性，为日后开展苦瓜远缘杂交育种研究提供了材料。

收集的蛇瓜种质资源来自 10 个地级市 13 个县（市、区），主要分布在桂南海拔 28.7～548m 的地区。经鉴定，瓜形有短棒形、长曲条形，瓜皮色有白色带条状绿斑、墨绿皮带条状白斑、绿皮带条状白斑。

西瓜主要分为鲜食西瓜、籽用西瓜。鲜食西瓜地方品种已被商品杂交种取代，以黑美人、甜王、绿裳、美都、麒麟等有籽西瓜商品种为主，南宁市、崇左市、桂林市为西瓜主要产区，钦州市、梧州市、柳州市、来宾市、河池市等地小面积种植；籽用西瓜以地方品种为主，主要分布在贺州市、桂林市、崇左市、南宁市、来宾市、贵港市等地区。收集的西瓜资源来自 6 个地级市 13 个县（市、区），均为籽用西瓜，分布于海拔 39～879m 的区域。经鉴定，瓜形有圆形和椭圆形，种子皮色有鲜红色、深红色、酱红色等。广西贺州市八步区地区收集的籽用西瓜品种，其商品"红瓜子"是传统出口的名优特产。

甜瓜主要是哈密瓜类型的厚皮甜瓜、梨瓜类型的薄皮甜瓜、菜用类型的越瓜。厚皮甜瓜都为商品种，主要分布在南宁市武鸣区、青秀区以及北海市银海区等地；薄皮甜瓜主要分布在南宁市，栽培面积占全区的 50% 以上；越瓜种植以当地农家品种斑瓜和地瓜为主，零散分布在桂林市恭城瑶族自治县、梧州市苍梧县、贺州市八步区等地。收集的甜瓜资源来自 7 个地级市 9 个县（市、区），其中薄皮甜瓜 4 份、越瓜 7 份，分布于海拔 51～879m 的区域。

收集的佛手瓜资源来自 5 个地级市 10 个县（市、区），多数来自桂西海拔 203～1428m 的区域，73% 来自 800m 以上高海拔地区。

二、瓜类蔬菜种质资源多样性变化

广西分别于 1960 年、1979 年、1986～1990 年、1991～1995 年、2015～2020 年开展了 5 次不同规模的蔬菜种质资源调查与收集，收集到的瓜类资源分别为 23 份、30 份、48 份、59 份、785 份。2015～2020 年资源调查收集到的瓜类数量大大多于前 4 次调查与收集，种类也更为丰富，其主要原因是之前的几次收集工作由于人力和经费有限，交通不便，仅到主要产区对几种重要的瓜类进行收集。而"十三五"以后国家和区政府对种质资源十分重视，加大人力和经费投入，通过广西农业科学院联合地方农业部门在全区开展普查与收集工作，收集的种类涉及更广，实现全区覆盖。

南瓜、冬（节）瓜具有抗逆性强、耐贮藏、嫩老瓜均可食用等特性，地方资源在全区各地尤其是山区分布广泛，但是目前少部分地方资源已消失，如崇左市龙州县的牛腿形和葫芦形南瓜、南宁市郊的大电话瓜和小电话瓜、梧州市的青皮冬瓜等，推测是商品种的大面积推广应用取代了原来的地方资源。另外，随着我国与东盟国家之间的交流更加频繁，种质也得到渗入和丰富，本次资源收集工作中收集到 1 份绿皮绿肉无蜡粉节瓜和 1 份扁圆蜡粉节瓜，这 2 份新种质具有东南亚国家节瓜的特点。

丝瓜和瓠瓜具有多种用途，嫩瓜可食用，瓜苗可做嫁接砧木用，丝瓜的老瓜可做络用，瓠瓜的老瓜可制作成器皿和工艺品，加上较强的适应性，在区内各地均有分布，多为零星种植。有棱丝瓜主要为食用，一些地方品种如梧州竹湾丝瓜、南宁肉丝瓜已被商品种替代，而对于普通丝瓜，农户主要留老瓜作为络用洗刷锅碗，相比有棱丝瓜分布更广，许多地方资源得以保存。早期收集到的梧州早蒲瓜和桂林瓠子瓜等已经比较稀少，只有少数地方还有种植，2015～2020 年资源调查收集到一批用于专门制作工艺品的球形、细腰形瓠瓜。

广西黄瓜地方资源为华南型黄瓜，除用作鲜食，还用于加工腌制，尤其在钦州市和北海市地区，采用黄瓜地方品种腌制加工成的风味黄瓜皮是当地特色美食。2015～2020 年收集的黄瓜资源基本涵盖了之前 4 次收集的黄瓜资源，但收集到的资源数量更多、类型更丰富，除了因为本次收集涉及区域更广泛，还因为交通的便利使得人们交往和活动区域加大，各地黄瓜种质资源互相交流，也使得引进种质和本土种质的基因进行了自然交流，造成大部分的种质资源都是不稳定的杂合群体。

1960～1995 年 4 次资源普查收集到苦瓜地方资源 13 份，而 2015～2020 年普查收集苦瓜地方资源 32 份和野生资源 9 份。收集到的广西苦瓜种质数量相比之前增多，类型增加，主要影响因素如下：其一，苦瓜栽培面积扩大，各区域对苦瓜类型的需求细化，引入品种增多，外来品种经本地长期栽培驯化，成为本地地方品种；其二，不同年份的种质普查，投入的人力和经费逐年增加，普查力度和覆盖面增大，一些以前没有调查到的区域或没有办法获得的种质在本次普查中收获种质资源，因此苦瓜种质的多样性增加。

广西在明清期间就有种植西瓜的记载，新中国成立以前，广西有马铃瓜、大红瓜、嘉宝瓜等西瓜常规种的零星种植，50年代至70年代从日本、美国、中国台湾引进凤山一号无籽西瓜等多个西瓜商业品种，80年代以后种植品种层出不穷：泰国正大的麒麟西瓜，台湾的新红宝、黑美人、新一号无籽西瓜等，国内的新澄、金钟冠龙、郑杂5号、西农八号、京欣、8424、美都、甜王系列等西瓜杂交商品种，区内广西一号、广西三号、广西五号、黄金桂冠等大中果型系列无籽西瓜，桂红二号、桂红三号等桂红系列大果型有籽西瓜，桂系一号、兴桂一号、兴桂三号、兴桂六号等桂西瓜系列早熟中果型西瓜，以及引进早春红玉、特小凤、小兰、京玲3号、蜜童等不同熟性、皮色与瓤色的高糖高品质小果型精品西瓜。随着多样化丰富的早熟优质西瓜商品杂交种的引进和推广，晚熟或品质一般的地方品种逐渐消失。相比鲜食西瓜，籽用西瓜在生产上常用的主栽品种都是古老的农家品种，贺州市八步区、富川瑶族自治县、钟山县是主要产地，但由于瓜农自繁自用，选择留种株标准不严格或根本不经过选择，而且经常与普通西瓜混种在一起，不进行隔离，自然授粉混杂，导致红籽瓜种质资源经济性状出现退化。

广西厚皮甜瓜的种植始于20世纪80年代末至90年代初，都是引进外来商品种，而薄皮甜瓜（香瓜）具有一定的种植历史，20世纪80年代之前，薄皮甜瓜的种植十分零散，种植规模小，种植品种以梨瓜为主，本地俗称"香瓜"，多数品种为种植户自留自种的常规地方种。80年代之后，随着南菜（瓜）北运市场经济的发展和地膜覆盖等栽培技术的应用，广西薄皮甜瓜的发展逐渐加快，杂交品种不断涌入，种植的薄皮甜瓜品种类型逐渐增多，主要包括香浓、日本甜宝、广蜜1号、丰甜1号、金美玉等，造成地方品种的种植逐渐减少，目前地方品种仅存在于少数地区。广西桂林市、梧州市、贺州市部分县（市、区）有种植农家种菜用甜瓜（又称越瓜，桂林称斑瓜，梧州、贺州称地瓜）的传统习惯，但都未形成规模，以家庭零星种植为主，利用及开发不足（洪日新等，2019）。

三、瓜类蔬菜种质资源创新利用及产业化应用

（一）瓜类蔬菜种质资源创新利用

收集到的南瓜资源由于自然杂交，综合性状表现参差不齐。部分资源具有单一优良性状，进行分离和选择后，可用于优异新品种的选育。例如，从桂林市灵川县收集的长筒形南瓜资源，采用系谱法进行分离和选择后，共获得扁圆形、近圆形、椭圆形、长筒形4个不同果形的株系，其中扁圆形株系综合性状优良，肉质细腻，糖含量高且带有板栗香味，兼高抗白粉病和中抗病毒病；利用扁圆形株系与其他长筒状亲本杂交育成南瓜品种——桂丰9号，该品种在坐果能力、品质和抗性方面表现突出，正在进行生产试验和小面积推广。对从桂林市龙胜各族自治县收集的中小果型南瓜资源进行分离和选择后，获得长筒形、葫芦形、扁圆形3种果形的地方资源，其果肉深红色，品质优且高抗病毒病，可用于高抗病毒病优质中小果型南瓜新品种的选育，突破南方夏秋高温季节南瓜生长异常的障碍。

广西各地均有种植丝瓜的习惯，以普通丝瓜为主，少数种植有棱丝瓜，品种均为农家自留的地方常规品种，如梧州竹湾丝瓜、南宁肉丝瓜、桂林八棱瓜、玉林密丝瓜、百色丝瓜、梧州白丝瓜、拉友小丝瓜（河池）、桂林长水瓜、上思香水瓜等。在"八五""九五"

期间，广西农业科学院园艺研究所蔬菜研究室、广西农业科学院蔬菜研究中心利用地方资源相继育成了广西 118 丝瓜、丰棱一号丝瓜、广西一号丝瓜等丝瓜新品种，开创了广西丝瓜自主育种的新局面。在"十五"期间，广西农业科学院蔬菜研究中心利用广西农家品种桂林八棱瓜和钦州小丝瓜育成了产量高、抗性好的有棱丝瓜优良杂交品种——皇冠 1 号，该品种产量高、抗性好，一度成为广西杂交丝瓜品种的主力军。在"十一五"期间，广西农业科学院蔬菜研究所利用广西农家品种桂林八棱瓜和从广东引进的夏棠丝瓜杂交育成了有棱丝瓜新品种皇冠 3 号，该品种耐热、中抗角斑病和霜霉病，对日照长短不敏感，可夏植。在"十二五"期间，广西农业科学院蔬菜研究所利用钦州花点大肉丝瓜、皇冠 1 号丝瓜和从广东引进的花点大肉丝瓜育成有棱丝瓜杂交新品种桂冠 5 号，该品种抗病性和抗逆性好、高产优质，在广西各地种植，受到农户的欢迎。

在"十五""十一五"期间，广西农业科学院蔬菜研究中心利用广西农家品种梧州毛节瓜和南宁毛节瓜相继育成了早熟、高产、耐贮的毛节瓜品种——桂优 1 号、桂优 2 号，开创了广西节瓜杂交育种的新局面。在"十二五"期间，广西农业科学院蔬菜研究所利用广西农家品种南宁毛节瓜与黑皮冬瓜杂交后选育出的自交系，育成了绿肉节瓜——桂优 5 号和桂优 6 号，开创了绿肉优质节瓜品种选育，其中，桂优 5 号绿皮、绿肉、无蜡粉，桂优 6 号花皮、绿肉、有蜡粉，绿肉节瓜肉色翠绿、口感脆甜，老瓜、嫩瓜均可食用，但以嫩瓜食用品质更佳。在"十三五"期间，广西农业科学院蔬菜研究所利用凭祥市浦寨地方品种提纯后作为母本，育成高产、绿肉节瓜品种——桂优 12 号，在广西各地推广种植。

在"十三五"期间，利用收集到的地方黄瓜种质经过田间形态学观察和高代自交鉴定，获得了一系列高代稳定自交系，利用高代稳定自交系进行黄瓜组合配置 243 份，选育出新组合 6 个，其中华北型黄瓜 4 个、华南型 2 个，均为强雌性和抗霜霉病能力强的新组合，其中 3 个华北型组合（GX251、GX284、GX286）和 2 个华南型组合（金白玉 1 号、金白玉 2 号）种植表现优异。

历年收集的苦瓜种质资源中部分包含优异基因，经过分离提纯后，作为育种亲本，育成优质苦瓜新品种并广泛推广。例如，广西农业科学院育成的苦瓜品种大肉 1 号的父本 C2-11 由广西地方品种钦州苦瓜选育而成；翠中翠的母本 H-3-2 是 1997 年收集到的合浦农家品种合浦苦瓜经 6 代自交提纯而成的强雌性自交系。桂农科 3 号母本 MC1-M5 源自广西凭祥地方品种，经辐射诱变后以分子标记辅助定向筛选 5 代而成的强雌性系。桂农科 5 号、桂农科 6 号、桂农科 8 号均有源自广西地方品种选育的亲本。

广西农业科学院园艺研究所于 20 世纪 60 年代中期开始进行西瓜研究，由于我国不是西瓜的原产地，西瓜地方种质资源除有少量籽用西瓜外，以引进的商品种为主，在引进收集保存的基础上通过自交优选、杂交、回交、诱变等方法创制西瓜种质资源，进而创新利用。在鲜食西瓜方面，20 世纪 70 年代中期开始利用秋水仙碱诱变获得广西 401、广西 402、广西 403、广西 410 等四倍体西瓜，经多元杂交、系统分离、自交、回交等方法筛选出综合性状突出、遗传稳定的优良四倍体西瓜种质，并作为母本。1978 年育成广西一号、广西二号无籽西瓜，一举打破海外无籽西瓜的垄断，并成为 70 年代末至 90 年代初全国无籽西瓜的主栽品种；后续选育出闻名全国的以广西三号、广西五号为代表的高产优质大中果型无籽西瓜品种，在梧州市藤县、北海市、桂林市阳朔县、钦州市灵山县等地建立出口港澳和东南亚生产基地，累计在全国 19 个省（市）应用推广。以生长势强、抗病强、大果型桂引 5 号、农科 238 作为母本，分别育成大果丰产型桂红二号大花皮西瓜与新红宝类型的桂红三号绿皮西瓜（李文信等，1994）。2000 年后利用纯化的高糖优质中小型西瓜自交系材料杂交选育成兴桂系列、桂系系列、桂玲、桂红玉、桂美、桂丽等一批中小果型早熟优质西瓜新品种并通过国家品种登记。在籽用西瓜方面，对地方种质开展抗枯萎病研究，从中筛选出高抗材料 2 份（柳唐镜等，2007）。

广西农业科学院园艺研究所从 20 世纪 70 年代开始进行薄皮甜瓜研究，1992 年杂交选育的广蜜 1 号薄皮甜瓜父本为钦州市灵山县收集的地方甜瓜资源 TA6 经过 5 年 10 代的自交单株选择分离获得的；2000 年杂交选育的桂甜瓜 1 号薄皮甜瓜父本是从桂林市平乐县收集的甜瓜资源经过 5 年 10 代的单株分离筛选获得的。厚皮甜瓜的研究开始于 20 世纪 90 年代，主要引进欧美、泰国、中国新疆 3 种不同区域生态及气候条件的种质资源进行杂交改良，结合广西及华南地区生态环境及气候特点，通过逆境胁迫对种质资源进行优选，选育出好运和桂蜜系列品种并在广西和南方其他地区应用推广。

（二）瓜类蔬菜种质资源产业化应用

利用南瓜地方资源育成的新品种或组合尚未在生产上进行大面积的应用。除利用地方资源对现有品种进行品质和抗性改良外，利用特色优异资源对选育特色品种、丰富品种类型和扩展产业链也具有较大意义，如利用主蔓粗且分枝能力强的资源选育南瓜苗专用品种，利用种粒大且饱满的资源选育籽用南瓜品种。

有棱丝瓜因其脆甜品质，更适合我国南方地区市场需求，在广西的生产规模逐渐增加，具有较大的产业化和推广应用前景。而普通丝瓜过去通常以房前屋后零星栽培为主，几乎没有产业化应用，近年来普通丝瓜的络用和嫁接砧木价值得以开发利用，出现规模不断增加的势头，在产业化应用方面也具有不容小觑的潜力。

广西节瓜过去基本以爬地栽培的方式零星种植，种植的品种多为果皮青绿色、有蜡粉及果肉白色的地方品种，商品性差，产量较低。随着社会发展需求的变化，种植规模不断扩大，栽培方式也转变为搭架栽培，原来果皮青绿皮、有蜡粉及果肉白色等商品性状越来越不受市场欢迎，从凭祥市等地收集到的资源具有绿皮绿肉、无蜡粉等性状，可将其开发应用育成绿皮绿肉、无蜡粉型节瓜，在一定时期内具有广阔发展前景。

广西苦瓜消费市场对苦瓜类型的需求从过去的单一油瓜类型逐步转向油瓜、珍珠瓜和条瘤相间类型并存，果色从绿色向白色、浅绿色、深绿色等多种颜色分化。在抗性方面，对抗白粉病、枯萎病及其他主要病害的需求增加。在收集到的苦瓜种质资源中，西林苦瓜和岑溪苦瓜属于高抗苦瓜枯萎病种质。资源苦瓜极早熟、强雌性，肉厚，可作为早熟、强雌性的苦瓜育种材料。凌云苦瓜中熟，商品瓜长 40~45cm，可用于长瓜形、中熟苦瓜的育种材料。

收集的黄瓜资源经过高代自交，已经分离获得一些具有强雌性、高抗病、纯白皮或黄白皮和可溶性固形物含量超 4% 的高代自交系，利用这些优异性状的高代稳定自交系可以选育出丰产、高品质和适广性的黄瓜新品种。

收集的瓠瓜资源具有多种类型，早熟和高品质类型能够用于选育鲜食瓠瓜，抗枯萎病类型可以作为瓜类砧木，同时各种形状的瓠瓜资源在观赏和加工制作工艺品方面存在巨大的开发价值，未来将在观光农业和乡村振兴中发挥作用。

籽用西瓜种仁营养丰富，富含脂肪、蛋白质等营养成分，是一种食用营养价值和药用保健价值都很高的经济作物，其商品"红瓜子"不仅出口港澳台地区，还远销中东和东南亚地区。以往种植红籽瓜以食用瓜籽为主，现在红籽瓜瓤汁营养价值、药用价值及保健作用逐渐被越来越多的人认识，使红籽瓜鲜食量不断增加。贺州市一些瓜农也由卖瓜籽更多地转向加工销售"瓜皮酸"，市场开发潜力大。红籽瓜适应性广，易栽培，与高秆作物（如木薯、玉米等）间作套种，将获得更好的经济效益。

第二节　茄果类蔬菜种质资源多样性及其利用

一、茄果类蔬菜种质资源基本情况

2015～2020 年从全区收集到茄果类蔬菜种质资源 421 份，其中番茄 101 份、茄子 78 份、辣椒 242 份（表 3-2）。收集的茄果类蔬菜种质资源主要分布在桂北和桂西地区，尤其是桂林市和百色市，主要分布在海拔 100～300m 的区域，占收集茄果类蔬菜种质资源的 61.28%（图 3-2）。

表 3-2　茄果类蔬菜种质资源调查收集地区分布情况

地级市	番茄份数	茄子份数	辣椒份数	合计份数
百色市	33	19	39	91
北海市	0	0	0	0
崇左市	5	2	33	40
防城港市	0	0	3	3
贵港市	0	2	6	8
桂林市	25	26	68	119
河池市	18	7	23	48
贺州市	1	4	16	21
来宾市	1	0	5	6
柳州市	10	2	23	35
南宁市	4	9	16	29
钦州市	0	0	2	2
梧州市	4	6	8	18
玉林市	0	1	0	1
合计	101	78	242	421

收集的辣椒种质资源来自 12 个地级市 52 个县（市、区），主要分布于桂北和桂西海拔 30～1496m 的地区。经鉴定，辣椒类型以朝天椒、小米椒为主，主要分布于 400m 以下的低海拔地区，但在 800m 以上高海拔地区亦有一定分布。

收集的番茄种质资源来自 9 个地级市 32 个县（市、区），主要分布于桂北和桂西地区，集中分布在海拔 100～1000m 的区域。经鉴定，大部分资源为本地野生番茄品种，单果重都在 10g 以内，均为红色，果实软，味道偏酸，多用来做调味品。

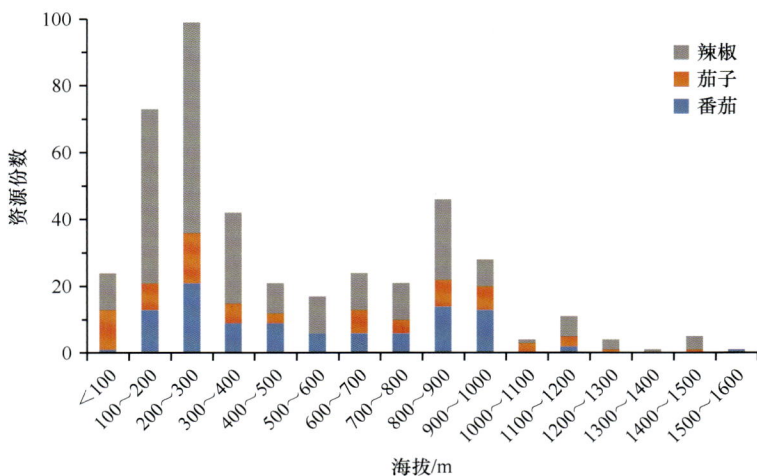

图 3-2　茄果类蔬菜种质资源调查收集海拔分布情况

收集的茄子种质资源来自 10 个地级市 39 个县（市、区），其中栽培茄 54 份、野生茄 24 份。栽培茄主要分布于桂北和桂南海拔 0～400m 的地区，野生茄主要分布在桂北和桂西海拔 600～1100m 的地区。经鉴定，在栽培茄种质中，紫茄 33 份，其中长条形（果实长度 25～35cm）5 份、长棒形（果实长度 20～25cm）17 份、短棒或短筒形（果实长度 15～20cm）7 份、紫大圆茄 1 份（果实横径＞15cm）、卵圆小果形（果实纵径＜15cm）3 份；绿茄 12 份，其中长棒形 4 份、短棒或短筒形 3 份、卵圆花绿形 5 份；白茄 9 份，其中长棒形 4 份、短棒或短筒形 5 份。

二、茄果类蔬菜种质资源多样性变化

1960～1995 年的 4 次资源普查收集到辣椒地方资源 29 份，而 2015～2020 年普查收集到 242 份。与之前 4 次收集相比，从数量来看，辣椒地方品种的数量明显增加，尤其是灌木状辣椒、朝天椒数量增加较多。灌木状辣椒为多年生资源，耐贫瘠，因此得以保存。朝天椒数量增长与朝天椒用途广泛以及广西对朝天椒商业化育种需求增长有关。从分布来看，20 世纪收集的资源集中在南宁市和桂林市等地，此次调查收集桂西、桂北分布较多，分布变化主要与此次普查行动调查所覆盖的范围有关，也与桂西和桂北地区气候冷凉、当地居民嗜辣习惯有关。从类型来看，此次收集到的辣椒资源类型更为丰富，包括指形椒、羊角椒、牛角椒、樱桃椒、灯笼椒等，类型的变化与人民生活水平提高、饮食追求多样化密切相关。桂西和桂北地区辣椒数量增加，桂南地区辣椒种质资源数量减少，存在一定的消长变化，主要因素是桂北和桂西与云南、贵州、湖南接壤，多为山区，辣椒资源经过长期自然选择与人工选择，对高温、贫瘠等非生物胁迫具有良好的抗性，能适应山区的粗放管理，加上当地人口味浓重，嗜辛辣，有制作泡椒、辣椒酱的习惯，许多地方品种得以保留；桂东南地区相较而言口味清淡，本地对辣椒需求较少，但是地势平坦，适合辣椒商品化种植，原有地方品种因产量低或商品性较差等逐渐被辣椒新品种替代。

1960～1995 年的 4 次资源普查收集到番茄资源 14 份，其中大果型品种 9 份、樱桃番茄 5 份，果实颜色主要是红色，少量为粉色；2015～2020 年资源普查收集到番茄资源 101 份，大部分资源为野生番茄类型，收集到的番茄类型比较单一，分布范围广，涵盖了广西大部分的县（市、区）。近几年种质资源多样性变化大的主要原因如下：番茄原产地为南美洲，20 世纪 40～50 年代开始引入广西，种植品种多以大果型的常规种为主，当地农户可以通过自留种进行栽培，随着规模化种植、病害大暴发和育种技术的发展，自 20 世纪 80～90 年代起开始种植杂交种，杂交种逐渐替代原有自留种，导致近几年没有收集到自留栽培种，只收集到自然生长的野生种。

1960～1995 年的 4 次资源普查收集到茄子资源 18 份，其中紫长茄 15 份、紫黑长茄 1 份、绿长茄 2 份；2015～2020 年收集广西茄属种质数量增多，类型极大丰富，主要是由于茄子栽培面积不断扩大，各区域对茄子类型的需求细化，引入商业品种增多，外来品种经本地长期栽培驯化成为本地地方资源。此外，本轮普查力度和覆盖面增大且更注重野生资源的采集，使茄属种质的多样性得到很好的补充。

三、茄果类蔬菜种质资源创新利用及产业化应用

（一）茄果类蔬菜种质资源创新利用

经过鉴定，筛选出 36 份辣椒优异地方种质资源，对 10 份种质资源进行了提纯复壮及纯化，获得亲本材料 3 份，配置杂交组合 17 个。利用灵山五彩椒选育的桂椒 11 号、利用柳江五彩椒选育的桂椒 12 号五彩椒已通过品种登记，其中桂椒 12 号五彩椒在柳江区土博镇屯兵村种植面积已达 1000 亩，辐射带动土博镇种植近万亩，形成了万亩特色产业。利用贺州灯笼椒开展了灯笼泡椒选育、灯笼椒不育系选育等研究。

20 世纪收集的番茄种质资源中优异性状比较优良，通过对材料的分离纯化，筛选育成了广西 33 号、广西 3 号等番茄新品种，曾在南宁市、柳州市、玉林市等地推广。2015～2020 年收集的番茄中多为野生番茄，抗病性较好，味道酸，产量低，用作调味品，主要是在当地小面积种植，未形成产业化应用。

历年收集的茄子种质资源中部分包含优异基因，经过分离提纯后，作为育种亲本，选育出一系列优质茄子新品种并广泛推广。例如，广西农业科学院蔬菜研究所育成的瑞丰一号和瑞丰 2 号紫长茄的母本为广西地方品种柳州胭脂茄经过多代选择而成的稳定株系；瑞丰一号的父本则是由梧州农家品种旺步紫长茄经多代定向选择而成的稳定株系。

（二）茄果类蔬菜种质资源产业化应用

收集的地方辣椒资源中有不少特色资源，如龙脊辣椒和天等指天椒均为国家地理标志产品，是制作辣椒酱的专用品种；贺州灯笼椒制作的辣椒酿、信都白辣椒制作的红糟辣椒则是贺州传统特色饮食；玉林白皮椒制作的泡椒在米粉产业中应用广泛。

广西地方野生番茄资源生长势旺，抗病性强，味道独特，酸甜浓郁，与其他食材一起可做成具有独特农家风味的番茄酸汤，在选育抗病风味番茄品种方面具有开发前景。

一些收集到的茄子种质具有多个优异性状。例如，经商业引进被当地农户长期自留种

植的茄子砧木品种田阳本地茄，属于高抗青枯病种质，是近几年广西茄子砧木的主要品种，同时也是选育抗青枯病茄子新品种的优异亲本材料。玉林市容县紫长茄属于中早熟、肉质细腻、坐果性强、耐热的种质，是选育高产、优质、耐热茄子新品种的优异亲本材料。在百色市西林县采集的野生茄子资源的生长发育、抗青枯病、耐寒等性状具有超亲优势，是用来选育新品种的优异亲本材料。

第三节　豆类蔬菜种质资源多样性及其利用

一、豆类蔬菜种质资源基本情况

2015～2020 年从全区收集到豆类蔬菜种质资源 1152 份，其中豇豆 860 份、菜豆 51 份、扁豆 92 份、黎豆 67 份、刀豆 35 份、其他豆类 47 份（表 3-3）。收集的豆类蔬菜种质资源主要分布在桂北和桂西地区，主要分布在海拔 0～300m 的区域，占收集豆类蔬菜种质资源的 53.4%（图 3-3）。

表 3-3　豆类蔬菜种质资源调查收集地区分布情况

地级市	豇豆份数	菜豆份数	扁豆份数	黎豆份数	刀豆份数	其他豆类份数	合计份数
百色市	153	12	18	4	0	14	201
北海市	5	0	0	0	0	0	5
崇左市	70	0	1	10	0	2	83
防城港市	19	0	3	4	0	1	27
贵港市	19	0	2	0	0	0	21
桂林市	128	13	31	7	16	17	212
河池市	209	11	11	15	2	1	249
贺州市	69	3	10	5	5	3	95
来宾市	21	0	1	6	3	4	35
柳州市	39	8	9	5	6	0	67
南宁市	52	1	1	1	2	0	57
钦州市	31	1	2	2	0	2	38
梧州市	32	2	3	4	0	3	44
玉林市	13	0	0	4	1	0	18
合计	860	51	92	67	35	47	1152

收集的豇豆属种质资源来自 14 个地级市 78 个县（市、区），主要分布于桂北和桂西海拔 10.5～1349m 的地区，集中在海拔 300m 以下低海拔地区。经鉴定，豇豆属种质资源多为普通豇豆，主要分布在贺州市八步区、河池市大化瑶族自治县、河池市都安瑶族自治县、贺州市富川瑶族自治县等地，蔓生型、中晚熟为主，浅绿荚居多；其次是饭豆，主要分布在河池市凤山县、都安瑶族自治县、大化瑶族自治县、南丹县，百色市凌云县，柳州市融水苗族自治县等地。

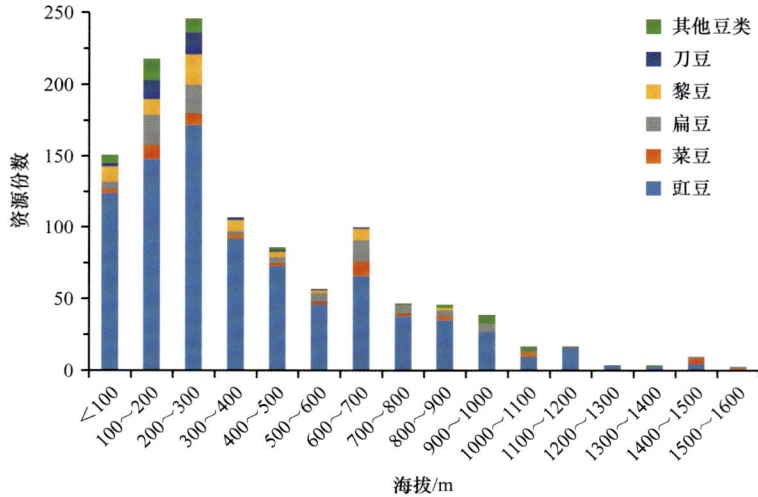

图 3-3　豆类蔬菜种质资源调查收集海拔分布情况

收集的菜豆属种质资源来自 8 个地级市 27 个县（市、区），多分布于桂北和桂西地区，集中在百色市凌云县和桂林市恭城瑶族自治县，海拔为 61～1504m。经鉴定，广西菜豆属种质资源包括菜豆种和棉豆种。

收集的扁豆属种质资源来自 12 个地级市 30 个县（市、区），主要分布于河池市、百色市、桂林市、贺州市、柳州市，海拔为 44.1～1512.2m。经鉴定，茎色有紫色、绿色，花色有白色、淡紫色、紫色，荚色有绿色、浅绿色、绿白色、紫色。

收集的黎豆属种质资源来自 12 个地级市 34 个县（市、区），主要分布于河池市、崇左市，海拔为 72～819m。经鉴定，种皮色有黑色、白色、花色。

收集的刀豆属种质资源来自 7 个地级市 21 个县（市、区），主要分布于桂林市，海拔为 72～666m，这与当地喜欢使用嫩刀豆荚和辣椒做酱有关。经鉴定，种皮色有粉红色、白色。

二、豆类蔬菜种质资源多样性变化

1960～1995 年对豆类蔬菜种质资源进行了 5 次普查收集。1960 年和 1979 年的两次规模较小，仅收集到 17 份豆类蔬菜种质资源，包括豇豆、菜豆、豌豆。1981～1985 年，对广西 72 个县（市、区）进行考察征集，共征集到包括蚕豆、豌豆、豇豆等 9 属 14 种的豆类蔬菜种质资源 751 份。1986～1990 年，收集到豆类蔬菜种质资源 40 份，主要是豇豆、菜豆、豌豆。1991～1995 年，共收集到包括 9 属 13 种的豆类蔬菜种质资源 407 份。2015～2021 年共考察征集了广西 78 个县（市、区），收集到 9 属 13 种的豆类蔬菜种质资源 921 份，这些种质资源主要分布在较为偏远的县（区），这些地区往往是地形地貌复杂、交通不便、土地资源匮乏的山区。20 世纪 80～90 年代，在南宁市、柳州市、桂林市、玉林市、百色市、河池市等城市的郊区都能采集到豆类蔬菜种质资源，而本次普查收集的豇豆地方种质资源集中在远郊一些偏远乡村，一些地方品种逐渐被商品种替代；小豆、普通菜豆、豌豆、蚕豆和四棱豆均比之前收集的数量少，特别是普通菜豆、豌豆和蚕豆相比之前收集的种质资源数量减少较多,地方品种在百色市、桂林市、贺州市等地只有零星分布。地方品种和野生资源较少甚至消失的主要原因:一是地方品种较混杂,容易退化,造成品质差、产量低,逐步被遗弃,保留下来的地方种质资源多为适应性广、抗逆性强、适收期长、适合粗放管理、符合当地饮食习惯的资源;二是优良品种的推广普及和农业种植结构调整以及城镇化发展。

三、豆类蔬菜种质资源创新利用及产业化应用

(一)豆类蔬菜种质资源创新利用

目前,利用新收集的豆类种质资源开展种质创新,筛选出豇豆优良品系4个、组配杂交组合14个;筛选出刀豆优良品系2个,运用于生产中;筛选出绿豆优良品系2个,组配杂交组合6个;筛选出豌豆优良品系2个,组配杂交组合36个;筛选出蚕豆优良品系1个。

以广西南宁市农家品种甜豆角为母本,广东阳江农家品种黑籽豆角为父本进行杂交,经系统选育而成的中熟豇豆新品种桂豇二号,适宜在华南地区春、秋季种植。

以贺州白豆为材料,采用常规系谱选择法,经过连续定向选择和纯化,获得新长豇豆新组合农丰9号,适合在广西沿海地区春、秋季种植,已在广西北海市合浦县进行大面积推广。

以北海市合浦县收集到的豇豆群体为基础材料,经3年6代定向选育获得了直立型优良豇豆新品系桂豇18-5,适合多种种植模式,已在南宁市、崇左市、北海市、百色市、桂林市等地开展品比试验及适应性试验。

(二)豆类蔬菜种质资源产业化应用

收集的种质资源中有不少优异种质资源具有开发价值,如在广西南宁市隆安县、马山县等地收集的六月豆角,非常适宜在干旱和贫瘠的土壤生长,可与玉米等作物进行间套种,在喀斯特地区进行推广;柳州地区收集的浅绿荚类型豇豆豆荚长、豆荚肉质薄且软、含水分少,适宜腌酸加工,是柳州螺蛳粉的重要配料;南宁地区收集的甜豆角,豆荚肉厚且味甜,不易老化,抗病性、耐热性较强,适宜熟食,可用于选育优质豇豆;桂林地区的长线豆,鲜食和腌酸加工可兼用,早熟、耐寒并且容易种植,可用于选育耐寒两用型豇豆;柳州市三江侗族自治县收集到的豌豆种质资源,梢叶嫩绿、鲜嫩荚香甜脆嫩,鲜荚产量高,抗旱性强,田间抗白粉病,经过提纯可在生产上直接应用推广,也可作为高产及抗白粉病育种材料;桂林市灵川县、来宾市武宣县和桂林市龙胜各族自治县收集到的直立型刀豆种质资源,植株生物量大,分枝性强,株高70~100cm,较耐荫蔽,耐贫瘠、耐旱,根系入土深,结瘤性好,可以间种于果园等地,作为覆盖作物推广,新鲜嫩荚可以炒食和腌酸加工,达到用地养地结合的效果;河池市凤山县、都安瑶族自治县等地收集到的黎豆种质资源,根系发达,耐旱性、耐贫瘠性强,对土壤要求不严,在裸露石山、石缝以及石山坡底的砾石层中都能良好生长,因此可作为覆盖作物种植于旱坡地、石山地,利用石块让黎豆攀缘,免除搭架子,还可以保持水土流失和改良土壤,增加农户收益,在广西喀斯特地区种植潜力很大。

第四节 葱姜蒜类蔬菜种质资源多样性及其利用

一、葱姜蒜类蔬菜种质资源基本情况

2015～2020 年从全区收集到葱姜蒜类蔬菜种质资源 534 份，其中葱 163 份、姜 192 份、蒜 69 份、韭菜 110 份（表 3-4）。收集的葱姜蒜类蔬菜种质资源主要分布在桂北和桂西地区，以桂林市和百色市居多，主要分布在海拔 100～300m 的区域，占收集葱姜蒜类蔬菜种质资源的 44.2%（图 3-4）。

表 3-4 葱姜蒜类蔬菜种质资源调查收集地区分布情况

地级市	葱份数	姜份数	蒜份数	韭菜份数	合计份数
百色市	17	38	9	19	83
北海市	0	0	0	0	0
崇左市	12	22	9	7	50
防城港市	1	6	3	2	12
贵港市	4	8	4	2	18
桂林市	45	46	13	38	142
河池市	16	26	11	9	62
贺州市	16	5	9	3	33
来宾市	0	2	0	0	2
柳州市	20	9	5	11	45
南宁市	12	17	2	11	42
钦州市	4	2	0	0	6
梧州市	8	6	2	6	22
玉林市	8	5	2	2	17
合计	163	192	69	110	534

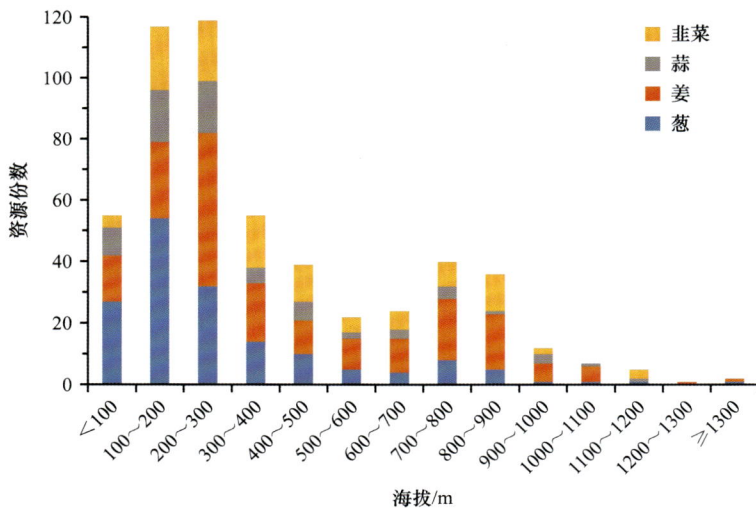

图 3-4 葱姜蒜类蔬菜种质资源调查收集海拔分布情况

资源普查收集到葱种质资源 163 份，来自 12 个地级市 78 个县（市、区），在全区均有分布，主要分布在桂北和桂西海拔 26.5～1486m 的地区，集中在海拔 300m 以下低海拔地区（占比 69.33%）。经鉴定，收集的葱种质资源主要包括分葱、胡葱、藠头、薤白等，其中，分葱假茎呈乳白色或绿白色，假茎基部不膨大，可开花结实，分为大株型和小株型；胡葱假茎土黄色、浅褐色或紫红色，假茎基部膨大，不开花结实；藠头多数为野生资源，假茎绿白略带褐红色，呈鸡腿状，假茎基部膨胀明显，可开紫色花，不易结实；薤白均为野生资源，假茎乳白色，假茎基部膨胀明显，花白色或淡紫色，不易结实。

资源普查收集到姜科种质资源 192 份，其中姜属资源 152 份、山姜属资源 24 份、山奈属资源 10 份、姜黄属资源 6 份。收集到的姜科种质资源来源于广西 13 个地级市 56 个县（市、区），海拔为 34～1496m，集中在海拔 100～400m、600～900m 的区域，分别占比 48.70%、25.39%。从收集的资源来看，姜属资源最为丰富。收集的资源多为地方品种，抗病性和耐逆性好，如西林小黄姜、田林大肉姜等地方品种深受当地民众喜爱，具有一定的种植规模，兴业大叶姜黄等地方品种则具有较高的药用价值。

资源普查收集到蒜种质资源 69 份，来自 11 个地级市 37 个县（市、区），主要分布在桂林市、河池市、崇左市、百色市、贺州市，海拔为 34～1121m，集中在 300m 以下低海拔地区（占比 62.32%）。大蒜营养丰富，青蒜、蒜薹和鳞茎均可食用，用途广泛，深加工方式和产品也多种多样，如仁东香蒜，具有早熟、长势强、抗性好等优点，加之香味浓郁、品质独特而深受市场欢迎。

资源普查收集到韭菜种质资源 110 份，来自 11 个地级市 45 个县（市、区），海拔为 42～1187m，集中在海拔 200～800m 的冷凉、湿润地区。经鉴定，广西韭菜资源大致可以分为以下 3 类：第一类是叶宽小于 0.5cm、抗逆性强的细叶韭菜；第二类是叶宽 0.6～1.0cm、生长旺盛的宽叶韭菜；第三类是叶片呈深"V"形，叶宽 1～2cm 的大叶韭，与常见培育品种显著不同，多食用宽大肥厚的叶片，这也是广西一类典型的野生韭菜资源。

二、葱姜蒜类蔬菜种质资源多样性变化

1960～1995 年对葱姜蒜类资源进行了 4 次资源普查收集，1960 年收集到 1 份韭葱、2 份分葱、1 份胡葱、1 份薤白、1 份韭菜、2 份蒜、2 份姜，1979 年收集到 2 份分葱、1 份藠头、2 份蒜、2 份韭菜、2 份姜，1985～1990 年收集到 2 份分葱、1 份韭菜，1991～1995 年收集到 1 份大叶韭。2015～2020 年普查收集资源数量和类别都大幅增加，主要原因如下：其一，葱姜蒜类蔬菜不属于大宗蔬菜，在之前的收集中没有受到重视，而这次种质资源收集行动得到了国家的大力支持，参与收集的人数和收集区域大大增加，而且深入较偏远的山村收集当地农户世世代代种植的常规品种，使得收集到的种类和数量大幅增加，同时还有许多野生资源，很多种类在广西还是第一次收集到；其二，20 世纪末随着区内葱姜蒜产业的快速发展，不断从区外引进新的品种，由于葱姜蒜具有无性繁殖的特点，区内之间相互交流，使得各地资源在当地气候条件下不断选择形成新的种质资源，部分资源如韭菜和分葱均存在分蘖繁殖和种子繁殖的方式，出现在同一地点或一定范围内可以采集到田间性状表现不一致的资源；其三，近年来地方政府对环境保护的力度逐渐加大，部分农户保护和利用当地特色品种的意识也在加强，使得很多当地种植的特色品种得以延续。

三、葱姜蒜类蔬菜种质资源创新利用及产业化应用

（一）葱姜蒜类蔬菜种质资源创新利用

葱姜蒜类蔬菜种质资源多采用无性繁殖，除部分分葱和韭菜资源外，其他资源由于不能开花或开花难以产生有活力的花粉，无法进行杂交育种。目前，葱姜蒜类蔬菜的主要育种方式有以下 3 种：一是通过引选鉴定、提纯复壮，筛选出适合当地气候条件的优质品种；二是通过物理辐射或者化学诱变产生突变后代，再鉴定筛选出性状优异的后代；三是通过组培方式对优异种质或品种进行脱毒，推广脱毒种苗。

广西农业科学院蔬菜研究所从柳江区地方品种中挑选变异株，经 3 年提纯复壮选育出桂香葱 1 号，该品种具有植株挺立、分蘖力强、耐热性好、叶尖及下部叶片不易枯黄、葱香味浓郁等优良特性，目前已在柳州市柳江区、桂林市灵川县等地推广。

收集到的姜黄属和山姜属品种，部分属于野生种，具有耐贫瘠、抗病性强、产量高等特点，这些品种还具有较高的观赏和药用价值，通过人工组培或者扩繁增加产量，可以当作绿化观赏作物种植在公园或者绿化带，也可当作药用植物扩繁种植，增加当地种植户的经济收益。

广西玉林市玉州区仁东镇的大蒜是国家地理标志产品，具有种植历史悠久、粒瓣结实、辛辣味浓、抗病性强等特点，蒜苗可做配料，蒜头既可鲜食也可加工腌制糖醋蒜，已在当地大面积种植。

广西具有不少野生大叶韭菜资源，大叶韭叶片宽大、肥厚、脆嫩、营养丰富，大叶韭在维生素 C、可溶性糖、纤维素及干物质等方面的含量显著高于韭菜栽培品种（万正林等，2014）。广西农业科学院蔬菜研究所从来宾市金秀瑶族自治县大瑶山收集的野生群体种中筛选、驯化、选育出了桂特一号大叶韭，后续又选育出大叶韭二号、大叶韭三号。

（二）葱姜蒜类蔬菜种质资源产业化应用

由于特殊的地理条件等因素，广西生产的生姜品种和北方不一样，北方生产的大姜以鲜食为主，而广西地方特色的生姜不仅能够鲜食，同时还能加工成腌制产品或做药材使用。西林火姜是百色市西林县特色品种且大规模种植，当地企业大量收购新鲜的火姜，加工制成干姜片（供制药企业）或者进一步深加工成姜晶等产品，不仅解决了供求、气候等不确定因素造成的农产品滞销问题，也提高了农产品的附加值，增加了农户收入。西林火姜和石塘生姜等品种现已大规模引种到广西南宁或北海地区，可利用广西南部温度高的优势提前到当年年底播种，到翌年 4 月提前上市，生产出来的嫩姜细长、脆嫩、口感辛辣，品质较好，可获得较好的经济价值。

香葱和大蒜是广西重要的特色蔬菜，一般作为配料，在米粉和其他菜肴中起到增香提味的作用，干制葱蒜是速食泡面、螺蛳粉等中不可缺少的调味料。香葱和大蒜与其他作物轮作可有效降低病虫害的发生，减少农药的使用，轮作模式主要有稻—稻—蒜/葱、稻—菜—葱/蒜、豆—瓜—葱/蒜等。葱蒜富含硫化物等挥发性物质，具有较高的药用价值，通过筛选高硫化物的资源进行深加工，提炼葱油、大蒜油等能够提升其附加产值，在乡村振兴中发挥巨大的作用。

广西野生大叶韭叶片肥大、品质佳，具有广阔的开发利用前景。柳州市三江侗族自治县林溪镇高友村每年举办祭祀民俗文化旅游的"韭菜节"，不仅能够吸引游客，促进乡村旅游，同时也使大叶韭菜资源得到了较好的开发利用和保护。大叶韭花能正常开花而不能结籽，仅能分株繁殖且繁殖系数低，限制了其大规模的生产利用，通过研究其开花败育机理，利用雄性不育这一特征，有可能育成大批的韭菜杂交新品种。

第五节　叶菜类蔬菜种质资源多样性及其利用

一、叶菜类蔬菜种质资源基本情况

2015～2020 年从全区共收集到叶菜类蔬菜种质资源 260 份，其中白菜 78 份、芥菜 62 份、叶用莴苣 45 份、苋菜 35 份、蕹菜 17 份、其他叶菜 23 份（表 3-5）。收集的叶菜类蔬菜种质资源主要分布在桂北和桂西地区，尤其是百色市和桂林市，主要分布在海拔 100～300m 的区域，占收集叶菜类蔬菜种质资源的 56.2%（图 3-5）。

表 3-5　叶菜类蔬菜种质资源调查收集地区分布情况

地级市	白菜份数	芥菜份数	叶用莴苣份数	苋菜份数	蕹菜份数	其他叶菜份数	合计份数
百色市	11	17	1	21	0	0	50
北海市	2	0	0	0	0	0	4
崇左市	2	6	4	4	4	2	20
防城港市	0	0	0	0	0	0	0
贵港市	4	1	1	0	1	0	7
桂林市	21	2	11	3	5	4	47
河池市	0	13	7	4	0	3	27
贺州市	13	4	3	0	1	0	21
来宾市	2	2	2	0	0	0	6
柳州市	6	5	5	3	2	1	22
南宁市	4	4	6	0	1	3	18
钦州市	2	0	0	0	0	2	4
梧州市	8	7	2	0	0	8	25
玉林市	3	1	3	0	3	0	9
合计	78	62	45	35	17	23	260

收集的白菜种质资源来自 12 个地级市 32 个县（市、区），主要分布在桂林市、贺州市、梧州市、百色市，海拔为 12～1496m。经鉴定，广西的白菜种质资源分为不结球白菜、菜心、油菜，其中不结球白菜最多，叶形分为长倒卵形、倒卵形、长卵形、近圆形等不同类型，叶柄色分为绿白色、白色、浅绿色、绿色等，熟性分为早熟、中熟和晚熟类型。

收集的芥菜种质资源来自 11 个地级市 30 个县（市、区），主要分布在百色市、河池市、梧州市，海拔为 55～1117m。经鉴定，叶形分为阔椭圆形、阔卵形、倒卵形、阔倒卵形等，叶缘齿状分为波形、浅锯齿形、深锯齿形等，叶色分为绿色、浅绿色、黄绿色、深绿色、紫色。

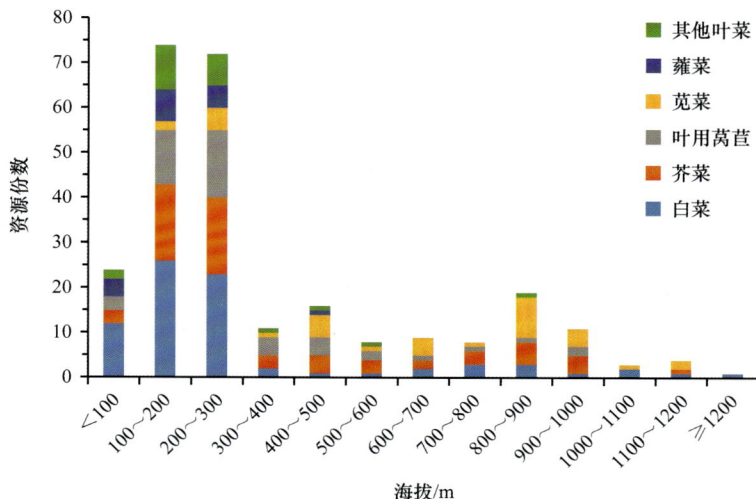

图 3-5　叶菜类蔬菜种质资源调查收集海拔分布情况

收集的叶用莴苣种质资源来自 11 个地级市 28 个县（市、区），大部分为野生资源，主要分布在桂林市、河池市、南宁市、柳州市，海拔为 42～917m。经鉴定，叶形有倒披针形、长卵形、披针形等，叶缘齿状分为全缘、波形、深锯齿形等。

收集的苋菜种质资源来自 5 个地级市 16 个县（市、区），主要分布在百色市，海拔为 103.7～1140m。经鉴定，叶形有近圆形、卵圆形、长圆形、纺锤形，叶色有紫红色、紫色、绿色、花色等。

收集的蕹菜种质资源来自 7 个地级市 10 个县（市、区），分布在海拔 35～427m 的区域。叶形有箭形、楔形两种，茎色有绿色、浅绿色、白色，花色均为白色。

二、叶菜类蔬菜种质资源多样性变化

1960～1995 年对叶菜类种质资源进行了 4 次资源普查，共收集到叶菜资源 143 份，其中白菜和芥菜居多，与 2015～2020 年调查结果基本一致，说明白菜和芥菜一直以来都在老百姓的餐桌上占有主要地位。通过对比发现，原来收集的很多资源已经消失，尤其是在桂东南地区，可能的原因是随着城市化进程加快，广西东部和南部地区的经济水平较高，一些地方品种在商品性和品质上与商品种差异较大，逐渐被淘汰。

三、叶菜类蔬菜种质资源创新利用及产业化应用

（一）叶菜类蔬菜种质资源创新利用

通过对收集资源开展鉴定，获得耐寒资源 4 份、耐热资源 5 份。对收集的菜心、小白菜、芥菜等进行多代自交提纯，分离获得优良自交系 10 份，利用耐抽薹资源选育出高产耐抽薹菜心新品种 1 个。

（二）叶菜类蔬菜种质资源产业化应用

叶菜具有生长周期短、便于管理的特点，是广西种植面积最大的蔬菜种类，在弥补淡季蔬菜和台风等灾后抢种减损中发挥重要作用。广西的地方叶菜资源十分丰富，北海市合浦县收集的耐热小白菜资源可用于选育夏季白菜品种；桂林扭叶菜心薹多纤维少，质地肉脆，口感清甜，耐寒性好，可将其纯化推广，打造成地方特色地理标志产品；芥菜既可以用于鲜食，也可以进行酸菜加工腌制，还可作为喂食畜禽的饲料，耐热早熟芥菜资源可用于夏季品种选育，叶片宽大、叶柄肥厚的芥菜资源可用于加工型品种选育；广西叶用莴苣类型丰富，一些地方资源如平南甜麦菜，口感甜脆，纤维少，是极具开发价值的地方资源；广西苋菜种类丰富，具有多种用途，壮族居民在每年一度的"三月三"歌节上会采用红苋菜的浸提液做染料并制作五色糯米饭，在河池市一些地区还会使用苋菜的种子酿酒；蕹菜在广西夏季叶菜中占有重要地位，可土栽亦可水培，国家地理标志产品博白蕹菜茎长叶少、叶尾尖细、鲜绿脆嫩、清香爽口，具有一定的种植规模，是当地的特色产业。

第六节　水生蔬菜种质资源多样性及其利用

一、水生蔬菜种质资源基本情况

2015～2020年从全区收集到水生蔬菜种质资源130份，其中芋60份、荸荠10份、慈姑35份、莲藕15份、其他水生蔬菜10份（表3-6）。收集的水生蔬菜种质资源主要分布在桂北、桂中和桂东地区，尤其是桂林市、柳州市、贺州市和贵港市，主要分布在海拔15～300m的区域，占收集水生蔬菜种质资源的60.2%（图3-6）。

表 3-6　水生蔬菜种质资源调查收集地区分布情况

地级市	芋份数	荸荠份数	慈姑份数	莲藕份数	其他水生蔬菜份数	合计份数
百色市	16	0	2	0	0	18
北海市	0	0	1	0	0	1
崇左市	7	0	0	0	0	7
防城港市	0	0	0	0	0	0
贵港市	0	1	2	5	1	9
桂林市	27	5	15	3	3	53
河池市	1	0	0	0	0	1
贺州市	3	3	0	2	3	11
来宾市	1	0	1	0	0	2
柳州市	1	0	8	3	1	13
南宁市	0	1	5	1	1	8
钦州市	1	0	0	0	0	1
梧州市	3	0	2	0	0	5
玉林市	0	0	0	0	1	1
合计	60	10	35	15	10	130

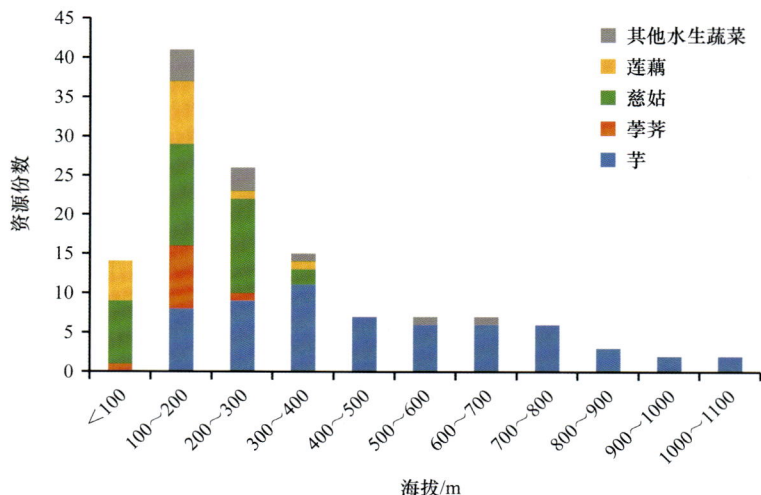

图 3-6　水生蔬菜种质资源调查收集海拔分布情况

收集的芋种质资源来自 9 个地级市 22 个县（市、区），其中桂林市、百色市收集的资源最为丰富。收集的芋类型包括魁芋、多子芋、多头芋、野生芋，母芋形状有圆柱形、椭圆形、圆球形、平且多头、长且多头，子芋形状有棒槌形、倒圆锥形、卵圆形、圆球形、长卵形。野生芋具有较好的抗性，可为开展芋种质创新与育种研究利用提供材料。

收集的荸荠种质资源主要分布在桂北和桂中地区，在桂林市和贺州市收集的数量较多，共收集到荸荠种质资源 10 份，其中水果型 8 份、淀粉型 2 份。收集的荸荠种质资源主要分布在海拔 100～300m 的区域。其中，桂林市临桂区、荔浦市、平乐县，贺州市平桂区、八步区等为主要分布区域；柳州市柳城县、鹿寨县，贵港市港南区，北海市合浦县等为次分布区域；来宾市金秀瑶族自治县、象州县，桂林市恭城瑶族自治县、阳朔县、全州县、兴安县，南宁市宾阳县、横州市、江南区，柳州市融安县，贵港市覃塘区，钦州市灵山县等为零星分布。根据球茎的脐凹凸类型，可分为凹脐、平脐、微凸等。

收集的慈姑种质资源来自 7 个地级市 23 个县（市、区），主要分布在桂林市、柳州市、南宁市，分布在海拔 20～869m 的区域。经鉴定，广西的慈姑资源分为白慈姑、黄慈姑，其中白慈姑最多，叶形分为箭形、阔箭形、近圆形等，球茎形状分为近圆形、卵圆形、扁圆形、纺锤形，熟性可分为中熟和晚熟类型。

收集的莲藕资源来自 6 个地级市 11 个县（市、区），野生资源主要分布在贵港市、柳州市、桂林市，分布在相对低海拔 15～380m 的池塘、湖边、湿地等区域。经鉴定，广西的莲藕资源主要为藕莲和子莲，花色以白色和红色为主。藕莲型藕节多为长节藕，藕的表皮多为白色及虾皮黄，老熟藕淀粉含量高，适宜煲汤，粉甜香糯。

二、水生蔬菜种质资源多样性变化

从 20 世纪 80 年代开始，国家对水生蔬菜逐渐重视起来，农业农村部下达江苏、湖北、浙江三省协作项目，开始资源收集、品种选育、病虫害防治等研究工作。80 年代中期，"国家种质武汉水生蔬菜资源圃"在武汉市蔬菜科学研究所建成。建圃以后，从全国各省采集了水生蔬菜种质资源 14 大类 1700 余份。在广西也分别采集到一些地方性的品种，如莲藕方面有南宁市郊区西川村藕、桂林市郊区甲山藕和桂林藕、贵港市覃塘藕和贵县藕、梧州市梧州藕、玉林市博白县博白藕等地方品种；芋方面有柳江红芽芋、梧州芋、荔浦芋等地方品种；慈姑方面有博白野慈、南宁白慈、梧州乌慈、梧州紫鞘慈姑等地方品种；荸荠方面有南宁西乡荸荠、南宁那龙马蹄、贵港马蹄、桂林马蹄、贺州马蹄等地方品种。2015～2020 年调查时，发现原来收集的很多品种资源已经难以找到，其中不乏一些特色资源。随着城市化进程的加快，一些特色资源由于受到城市规划影响或生境遭到严重破坏而面临灭绝威胁。也有一些地方品种由于产量低、品质差、商品性不强等而逐渐被人工选育的优良新品种所替代，最终被淘汰而消失。

三、水生蔬菜种质资源创新利用及产业化应用

（一）水生蔬菜种质资源创新利用

广西农业科学院生物技术研究所从 20 世纪 90 年代开始开展地方特色水生蔬菜种质资源利用研究，从特色芋、荸荠、慈姑等种质资源收集评价入手，在品种选育、组培苗生产、种苗繁育、轻简化高效栽培管理等方面实现了一系列的理论创新和技术突破。育成的新品种也已在生产上进行大面积的推广应用，如第一代荔浦芋品种选育以提纯复壮、高产为目标，2004 年通过系统选育方法育成桂芋 1 号；2014 年，通过创建的丛生芽变异技术，育成桂芋 2 号，亩产 2500～3000kg，淀粉、蛋白质含量高，秉承了传统荔浦芋的经典品质，并且口感更加粉糯适宜，绵柔细腻，芋香浓郁，品质稳定。2016 年，以优异地方芋种质资源贺州红芽芋为基础材料，通过丛生芽变异技术，选育了多子芋新品种桂子芋 1 号，平均亩产 1200～1800kg，淀粉、蛋白质含量高，几乎接近魁芋，芋香味浓郁。桂芋 2 号与桂子芋 1 号是目前广西种植面积最大的品种，在广东、湖南、福建、海南等省应用推广。广西利用荸荠种质资源在品种改良及应用方面全国领先，通过系统选育、组培诱变或辐射诱变等手段，先后育成桂蹄 1 号、桂蹄 2 号、桂粉蹄 1 号、桂蹄 3 号、桂蹄 4 号、黄金马蹄等品种。以贺州芳林马蹄为材料，通过多年组织培养及系统选育，于 2005 年育成马蹄新品种桂蹄 1 号，其特点是植株分蘖力强，高产优质，球茎脐部浅凹、皮薄、多汁、化渣、适口性较好；而桂蹄 2 号、桂粉蹄 1 号、桂蹄 3 号是以平乐粉蹄作为诱变材料，经过多年筛选，于 2010 年和 2015 年育成并通过广西农作物品种委员会审定。其中，桂蹄 2 号植株分蘖力强，抗病性较强，高产优质，球茎脐部微凹，果型好、脆甜、耐贮藏，大果率较地方马蹄品种高；桂粉蹄 1 号植株分蘖能力强，球茎较原种大且均匀，淀粉含量达 11.6%。

（二）水生蔬菜种质资源产业化应用

进入 21 世纪，水生蔬菜作为广西优势特色产业进入了一个新的加快发展阶段，由于消费需求旺、经济效益高，面积逐年扩大。2020 年，全区水生蔬菜种植面积为 67.73 万亩，总产量为 121.94 万 t。由于水生蔬菜生育期短，当年种当年收，见效快，效益稳定，很多贫困户通过种植水生蔬菜实现脱贫致富。另外，依靠广西独特的地理位置和气候特点，在柳州市柳江区、桂林市、贵港市、贺州市及百色市田东县和田阳区等地浅水种植的双季莲

藕发展面积迅速增加，效益很好；在桂南地区的北海市，利用当地温暖气候开展错季节种植芋，可提前采收，发展前景也非常好。

广西水生蔬菜品牌建设稳步推进，市场竞争力逐渐提升。21 世纪以来，广西积极开展无公害、绿色蔬菜生产产地和产品的申报、认定和品牌建设工作，建立了自治区、地级市、县级行政区三级蔬菜质量检验检测体系，认定了一批无公害蔬菜生产基地、无公害农产品和绿色食品、著名商标、地理标志产品等。荔浦芋、荔浦马蹄、覃塘莲藕、柳江玉藕、柳江莲藕、平乐慈姑、安和香芋等获国家地理标志保护产品登记。覃塘莲藕、荔浦芋获无公害农产品称号；"百朋玉藕"商标被认定为广西著名商标；荔浦芋入选中国名特优新农产品目录及中国百强农产品区域公用品牌，并获得中国国际农博会名牌农产品称号。安和镇（安和香芋）于 2019 年 9 月 24 日入选第九批全国"一村一品"示范村镇名单。

近年来，结合脱贫攻坚、乡村振兴等国家战略，依托莲藕、芋等水生蔬菜产业优势和生态优势，以及当地文化典故、风俗轶事等，将一二三产业融合发展，农业、文化、旅游有机结合，大力发展农业新业态、农产品加工业和农业服务业，推动产业链纵向延伸。将"旅游+""生态+"等现代农业新模式融入农业产业发展，开发乡村休闲旅游项目，走出了农旅融合发展新路子。许多农户通过开办农家乐、餐饮服务、游客自采等项目增加收入，同时还面向游客出售自产或加工农产品，提高农产品的附加值，达到农户增收、农业增效的良好效果。

第四章

广西果树作物种质资源多样性及其利用

　　广西跨越中亚热带、南亚热带、北热带 3 个气候带，北回归线横贯其中部，气候温和，雨量充沛，自然条件优越，光、温、水、热条件适合各种果树生长发育。广西果树栽培历史悠久，史书记载已有 2000 多年，广西发展热带、亚热带果树生产具有得天独厚的条件。广西各地依托得天独厚的优势及各级政府部门的重视和支持，把发展果树生产作为农民致富及乡村振兴的根本措施来抓，逐步把广西建成全国一流水果大省，2021 年实现果树种植面积 2083.9 万亩，产量 2798.0 万 t，产值 888.1 亿元，果树生产规模居全国第一。

　　广西是我国最典型、最集中的喀斯特地貌生物多样性地区之一。广西生物多样性丰富度居全国第三，农业生物多样性位列全国第二，在我国生物多样性中占有极为重要的地位。广西自然分布的珍稀濒危树种达 137 种，居全国第二位。广西果树资源丰富，是荔枝、龙眼、黄皮、桃金娘等果树的起源地之一。据史料记载，在我国目前已发现的 58 科 670 种果树中，广西就占有 43 科 110 种之多，其中柑橘、荔枝、龙眼、香蕉、枇杷、黄皮、阳桃等多种果树均可在广西找到野生资源分布。果树遗传资源蕴藏着巨大的生物基因库，是育种创新的物质基础，是评价育种成就大小的关键，开展果树种质资源系统调查、收集保存、评价利用是推动产业持续发展不可缺少的基础性工作。

　　广西农业科学院分别于 1959 年和 1986～1989 年进行了 2 次大规模全区性果树种质资源普查收集工作。2015～2020 年依托"第三次全国农作物资源普查与收集行动"和广西创新驱动发展专项资金项目"广西农作物种质资源收集鉴定与保存"，深入产地和分布区，完成了全区果树资源系统调查、规范整理、保存鉴定、评价利用的系统性研究工作。本章介绍了有代表性的 18 种特色果树的种质资源类型与分布、遗传多样性及种质创新利用，包括荔枝、龙眼、柑橘、杧果、菠萝、阳桃、火龙果、香蕉、葡萄、百香果、番石榴、澳洲坚果、黄皮、乌榄、油梨、李、靖西大果山楂、柿等，其中，对原产于广西的果树种类如荔枝、龙眼等还重点介绍了对野生资源的研究，突出了原产地及起源中心的地位；对引进发展的果树种类如澳洲坚果、油梨等着重介绍了引种过程及创新利用；对于葡萄、李、柿 3 种有一定生产规模的落叶果树，则重点介绍了资源开发、产业化应用，其中葡萄和李在广西分布有大量野生种和实生原始种单株，还进行了资源分类研究。

第一节　荔枝种质资源多样性及其利用

一、荔枝种质资源基本情况

荔枝（*Litchi chinensis*）是无患子科（Sapindaceae）荔枝属（*Litchi*）常绿果树。广西是我国荔枝主产区，栽培面积为 306 万亩，2021 年产量达 97.84 万 t，居全国第二位。广西荔枝分布范围广，除高寒山区外均有分布。北纬 24°～25° 的桂林市灵川县、柳州市融安县、河池市环江毛南族自治县、百色市乐业县、百色市隆林各族自治县等地是其分布北缘，主要为耐寒性强的实生荔枝和龙荔；北纬 24° 以南为广西荔枝主要分布区，其中钦州市、玉林市、贵港市、南宁市、梧州市和北海市是广西荔枝主产区，占全区荔枝栽培面积的 97.32%。

广西从 1958 年开始先后多次开展荔枝资源调查，1959 年普查登记荔枝品种 44 个，1975 年调查玉林市荔枝品种 59 个，20 世纪 80 年代初《广西荔枝志》记载荔枝品种 64 个，1986 年全区果树资源普查记录荔枝名称 90 个。近年来，广西农业科学院园艺研究所大力开展荔枝种质资源调查和优良单株筛选工作，对广西荔枝野生、实生和古树资源开展系统调查研究并摸清其分布现状，利用 SSR 分子标记对广西荔枝种质资源进行遗传多样性分析并构建核心种质，建立并完善了广西荔枝种质资源圃，为广西荔枝种质资源的保存、遗传改良及创新利用提供理论依据。

二、荔枝种质资源类型与分布

（一）野生荔枝资源

广西野生荔枝主要分布在玉林市博白县和钦州市浦北县交界的六万大山，沿六万大山山脉都有野生荔枝分布。野生荔枝种群具有丰富的遗传多样性，但总体上表现为果实较小、种子较大、果皮较厚、果肉较薄、可食率低、风味偏酸，综合性状较差。

（二）桂西南早熟荔枝资源

原产于我国云南东南部热区的褐毛荔为早熟荔枝最原始的种类，褐毛荔经向东迁移、停留及遗传演化，形成以环北部湾西部及西北部相对有一定海拔的地区早熟荔枝起源中心及早熟实生种质资源分布最丰富的区域（包括越南北部与中国接壤有早熟荔枝分布的几个省）。桂西南早熟荔枝资源主要分布在百色市靖西市、德保县、那坡县，崇左市龙州县、天等县、大新县，河池市都安瑶族自治县、大化瑶族自治县，南宁市马山县等地，该区域范围早熟荔枝实生种类多，种质资源遗传多样性丰富，是早熟荔枝起源地的重要组成部分。该区域荔枝果肉不流汁、脆，但是风味大多偏酸，成熟期多在 5 月上中旬，遗传多样性丰富，可作为早熟荔枝资源应用于育种。

（三）古树及实生种质资源

广西荔枝栽培历史悠久，传统上广泛采用驳枝和实生繁殖的方法，使得在各荔枝老产区都拥有丰富的古树和实生种质资源，如在钦州市灵山县的灵山香荔千年古树，树龄已达到 1500 年以上，追溯现有灵山香荔、鸡嘴荔、禾荔、黑叶、桂味、三月红、塘驳等大多数栽培品种，树龄最老的古树植株均可在桂南和桂东南产区找到，广西荔枝古树资源丰富且分布植株数量多，是研究荔枝品种起源分布、遗传多样性及栽培历史不可缺少的材料。广西实生荔枝资源丰富，仅在广西钦州市钦北区的 3 个乡镇就拥有实生种质资源 60 万株以上。

三、荔枝种质资源研究与开发利用

（一）野生荔枝种质资源研究

近年来，我们主要对玉林市博白县野生荔枝种群进行了研究。通过对该种群生命表分析发现，该野生荔枝种群存活曲线更趋于 Deevey Ⅰ 型，种群的存活率单调减少，相应的积累死亡率单调增加，其下降或增加的幅度是前期高于后期，说明种群生长过程中出现了两次死亡高峰期，种群生存现状严峻，亟待加强保护（刘冰浩等，2010）。通过对果实性状评价，初步筛选了一批具有优良性状的单株，为广西野生荔枝种质资源的保护和利用提供了基础（李冬波等，2020a）。

（二）桂西南早熟荔枝种质资源研究

桂西南地区的崇左市、百色市和河池市的部分乡镇有较长的早熟实生荔枝种植历史，是广西早熟实生荔枝资源分布最集中、数量最多的区域。经过调查发现桂西南早熟荔枝实生单株的树龄平均为 69 年，其分布地相互连接而形成明显的传播分布线路（沈庆庆等，2011）。尽管桂西南早熟荔枝实生单株果实总体上表现核大、风味偏酸，但也有不少单株果皮颜色鲜红艳丽，肉质爽脆无涩味，且成熟期比三月红早 5～10 天，这些优良特性为培育更早熟、风味更优良的早熟荔枝新品种提供了物质基础。

（三）广西荔枝实生种质资源研究

广西荔枝实生种质资源遍布各荔枝主产区，其中钦北区荔枝实生种质资源最为丰富。通过对钦北区荔枝实生种质资源进行调查发现，该区域实生荔枝果实成熟时果皮颜色基色调为红色，但颜色的深浅有较大差异，主要表现为鲜红色、大红色、暗红色、紫红色、淡红色等，并发现了果皮为紫黑色的单株，是果皮颜色较为特殊的稀有种质。通过调查，已筛选出一批具有各种优异性状的优良实生单株，为荔枝新品种选育提供了丰富的物质基础（朱建华等，2006）。

（四）荔枝种质资源遗传多样性分析及核心种质构建

近年来我们主要对桂西南早熟荔枝、古荔枝种质资源等进行了遗传多样性研究，并构建了广西荔枝核心种质，相关研究主要有以下几个方面。

利用 ISSR 标记对 83 份桂西南早熟荔枝（品种）单株遗传多样性进行了分析。结果表明桂西南早熟荔枝实生种质资源遗传多样性较丰富；83 份材料的遗传相似系数为

0.64～0.95，在相似系数为 0.75 时，可将栽培品种与桂西南早熟实生单株区分开（沈庆庆等，2013）。

采用 ISSR 分子标记技术对 24 份古荔枝种质资源的遗传多样性及亲缘关系进行分析。结果表明供试古荔枝种质资源间的遗传相似系数为 0.43～1.00，在遗传相似系数为 0.66 处供试的 24 份古荔枝种质资源被分为三大类群。24 个广西古荔枝品种资源间的遗传基础宽，可作为今后荔枝杂交选育的优良种质资源（陆贵锋等，2017）。

采用 SSR 标记对 88 份荔枝种质资源进行遗传多样性和聚类分析，在此基础上构建广西荔枝核心种质。结果表明 88 份荔枝种质资源的遗传相似系数为 0.83～0.96，在遗传相似系数为 0.86 处，可将其分为七大类群。采用逐步聚类优先取样法按原始群体 50.00%、25.00%、12.50% 的取样比例构建了 3 个核心种质，最终确定的广西荔枝核心种质共包含 22 份种质资源（李冬波等，2020b）。

（五）荔枝种质资源开发利用及分子标记辅助育种研究

在开展荔枝种质资源调查和优良单株筛选的基础上，我们对筛选的荔枝优良新单株开展了生物学特性观察、生产性能评价和遗传稳定性评价，审定并推广了一批荔枝新品种，促进了荔枝产业的发展，取得了良好的社会和经济效益。近年通过资源调查筛选审定的品种有贵妃红、草莓荔、桂糯、桂早荔、桂荔 1 号、紫荔等，此外还筛选到越州红、金陵、大唐红等一大批优良单株，为荔枝品种选育和杂交育种打下坚实的基础。

利用广西特有荔枝优稀种质资源，首次克隆获得荔枝成花相关基因 *LcAP1*、*LcFT1*，进一步研究证明低温诱导荔枝叶片中 *LcFT1* 基因的表达进而使其成花，还发现 *LcFT1* 基因启动子的差异是导致不同荔枝品种成花早晚和难易的一个主要原因，为从分子生物学水平上揭示荔枝成花机理奠定了基础，对于实现荔枝花期人工调控和熟期育种技术研究应用具有重要意义（丁峰等，2011；Ding et al.，2015）。基于以上研究发现，近年开发了鉴定荔枝熟期早晚性状的分子标记，并成功应用在荔枝熟期分子标记辅助杂交育种上（Ding et al.，2021），通过以上方法选育了早熟、特大果型、优质荔枝新品系朝霞等，分子标记辅助选择成为极端熟期育种的重要手段。

第二节　龙眼种质资源多样性及其利用

一、龙眼种质资源基本情况

龙眼（*Dimocarpus longan*）是无患子科（Sapindaceae）龙眼属（*Dimocarpus*）常绿果树。广西是我国龙眼主产区，龙眼栽培面积为 205 万亩，2019 年产量为 50.74 万 t，居全国第二位。广西龙眼分布范围广，在北纬 24° 以北的桂林市荔浦市，柳州市鹿寨县，河池市罗城仫佬族自治县、环江毛南族自治县、南丹县、天峨县，百色市乐业县、田林县、隆林各族自治县等地为广西龙眼分布区北缘，龙眼只是零星分布，而北纬 24° 以南的玉林市、钦州市、贵港市、南宁市和崇左市是广西龙眼主产区，其中，崇左市的大新县是我国龙眼传统上的六大生产基地之一（邱武陵和章恢志，1996）。

广西从 1959 年开始先后多次开展龙眼种质资源调查，分别在 1959 年和 1986 年记载龙眼品种（株系）16 个和 27 个。此外，崇左市大新县通过开展龙眼资源调查选出了那坎、焦核等 10 个优良单株。近年来，广西农业科学院园艺研究所大力开展广西龙眼近缘野生资源、实生和栽培品种资源的系统调查，基本上摸清了广西龙眼种质资源情况，并对广西龙眼种质资源的遗传多样性开展研究，筛选出一批在各方面表现优良的单株，建立并完善了广西龙眼种质资源圃，为广西龙眼种质资源的进一步开发利用打下了坚实基础。

二、龙眼种质资源类型与分布

（一）野生龙眼资源

近年来通过资源调查，在广西弄岗国家级自然保护区发现有野生龙眼种群分布，种群分布地点在远离人类活动的石山地区，周边为高大灌木和乔木，伴生有细子龙等其他无患子科植物。

（二）龙眼近缘种龙荔资源

龙荔是龙眼的近缘种，可在龙眼育种方面加以利用。经过调查发现，广西龙荔资源分布范围较广，北至桂林市的灵川县、荔浦市，南至防城港市和宁明县等地均有分布。由于乱砍滥伐，近缘种龙荔大面积遭破坏，目前近缘种龙荔主要分布在桂南和桂西南的自然保护区。

（三）古树及实生种质资源

广西龙眼栽培历史悠久，传统上广泛采用实生繁殖的方法，使得在各龙眼老产区都拥有丰富的古树和实生种质资源，如在崇左市、钦州市、玉林市等地都发现了数百年的古树和大量的实生种质资源，为龙眼新品种和优良单株的筛选提供了丰富的基础。

三、龙眼种质资源创新利用及产业化应用

（一）野生龙眼种质资源研究

目前发现的野生龙眼位于广西弄岗国家级自然保护区，野生龙眼植株高大，一级分枝离地面较高，表现出明显的野生特性。有小叶 4 或 5 对，新叶淡绿色，老叶浓绿色，长椭圆形，叶脉较明显。目前发现有 5 个小的居群，由于生长环境较为荫蔽，野生龙眼成花坐果较难，仅对其植株性状进行初步观察，花和果实性状有待进一步研究。野生龙眼的发现进一步明确了广西是龙眼起源中心，具有重要的研究价值。

（二）龙眼野生近缘种龙荔资源研究

广西是我国龙荔主要分布区，广西各地均有龙荔资源分布，其中龙虎山龙荔资源较为丰富。对龙虎山龙荔分布区种群生命表分析发现，该区域龙荔种群存活曲线趋于 Deevey Ⅰ型，种群的存活率单调减少，相应的积累死亡率单调增加，其下降或增加的幅度是前期大于后期。种群生长过程中在第Ⅳ龄级存在一个死亡高峰，说明在自然保护的情况下龙荔种

群的生存状况仍然严峻，需适当进行人为护理并加强资源调查，对优良种质进行异地保护（潘丽梅等，2011）。对龙虎山龙荔分布区资源调查发现，该分布区的龙荔果实成熟期在 7月上旬，单果重 5.4～12.3g，可溶性固形物含量 11.8%～15.6%，可食率 50.0%～64.6%，焦核果实可食率达 72.3%～80.7%，肉质爽脆细嫩，清甜、有蜜味，浓香，无涩味，有较高的食用价值（潘丽梅等，2016）。

（三）龙眼品种和实生种质资源研究

对崇左市大新县龙眼实生种质资源开展全面调查分析，共调查比较种质资源 70 份。结果表明崇左市大新县龙眼实生种质资源遗传多样性比较丰富，果实变异性相对较大。筛选出具有熟期优势、大果型、可溶性固形物含量高等综合性状优良的龙眼实生优株共 6 份，丰富了龙眼新品种选育的种质资源储备（侯延杰等，2020）。

研究分析 34 个广西龙眼品种（单株）的 8 个主要果实性状间、性状与品种间的关系，并进行品种综合评价与分类。结果显示，桂明 1 号、中圆、细核脆香、石硖、国庆 1 号、桂香、良庆 1 号、良庆 2 号、桂圆 0503 等品种综合性状最佳，并根据因子分值分成 4 个类别，可为龙眼品种（单株）的应用、亲本选配提供理论依据（朱建华等，2006）。

（四）广西龙眼种质资源遗传多样性分析

近年来关于广西龙眼种质资源遗传多样性的相关研究主要有以下几个方面。

一是利用扩增片段长度多态性（amplified fragment length polymorphism，AFLP）标记分析了 38 个广西龙眼品种（单株）和 2 个近缘亚种龙荔单株，以及 10 个来自国内外其他产区龙眼品种的遗传多样性，结果表明，供试材料的遗传相似系数（两个亚种间）为0.39～0.98。根据遗传相似系数（UPGMA，N-J）得到的分类树状图与传统方法的分类结果类似。广西龙眼种质具有较广泛的遗传多样性，在遗传相似系数为 0.88 时可以将本实验的品种（单株）分为 10 个类群（彭宏祥等，2008）。

二是利用 ISSR 分子标记技术对 37 份龙眼种质资源进行遗传多样性检测。研究结果表明，ISSR 标记能将 37 个龙眼品种完全区分开，并能将来源于中国、越南和泰国的 37 个龙眼品种分别聚类到中国、越南和泰国三大品种群，说明龙眼品种资源的亲缘关系与地理因素有关，3 个国家的龙眼品种之间存在较大的遗传差异（陈虎等，2010）。

三是利用 ISSR 分子标记技术对不同生态类型的 39 份龙眼种质资源进行亲缘关系分析。研究结果表明，在遗传相似系数为 0.65 时可以将 39 份龙眼种质资源分为 3 个类群：类群Ⅰ均为来自中国的亚热带生态型龙眼；类群Ⅱ包括石硖和大乌圆 2 个亚热带生态型龙眼品种，以及热带生态型龙眼四季蜜类型的品种和单株；类群Ⅲ包括来自越南和泰国的龙眼种质资源。不同生态类型对龙眼的亲缘关系影响不大，热带生态型和亚热带生态型龙眼相互聚在一起，说明两种不同生态类型的龙眼具有较多相同的遗传背景（朱建华等，2013）。

（五）龙眼种质资源开发利用

在开展龙眼种质资源调查和优良单株筛选的基础上，我们对筛选的龙眼优良实生变异新单株开展生物学特性观察、生产性能评价和遗传稳定性评价，审定并推广了一批龙眼新品种，促进了龙眼产业的发展，取得了良好的社会和经济效益。近年来，通过资源调查筛选审定的品种有桂龙早 1 号、桂明 1 号、桂龙 1 号、桂蜜、四季蜜等，此外还筛选到具有果实大、焦核、晚熟等性状的一大批优良单株，为龙眼品种选育和杂交育种打下了坚实基础。

第三节　柑橘种质资源多样性及其利用

一、柑橘种质资源基本情况

柑橘（*Citrus reticulata*）为芸香科（Rutaceae）柑橘亚科（Aurantioideae）亚热带常绿果树，是广西传统优势水果之一，在广西栽培历史悠久。广西是柑橘原产地之一，也是我国柑橘的主产区，特别是近十年来发展迅速。2021 年广西柑橘栽培面积为 920.05 万亩，产量为 1607.44 万 t，已连续 5 年位居全国第一。广西跨越中亚热带、南亚热带、北热带 3 个气候带，具有得天独厚的自然生态环境，是中国柑橘生产最适宜区和适宜区，广西全区各市（县）均种植柑橘。

新中国成立后，广西曾多次开展果树种质资源调查收集和整理工作，20 世纪 80 年代初《广西柑橘品种图册》共收录 235 个柑橘品种（石健泉，1988）。柑橘在广西种植分布的种类非常丰富，包括柑、橘、橙、柚、金柑、柠檬等。广西野生柑橘资源也很丰富，1963 年曾在贺州市（原贺县）姑婆山发现野生柑橘类的皱皮柑和元橘（邓崇岭等，2013），1978 年和 1984 年在桂林市龙胜各族自治县山区和桂林市兴安县猫儿山先后发现野生宜昌橙的分布（邓崇岭等，2015），2013 年广西农业科学院园艺研究所在防城港市的十万大山山群南麓东兴境内发现野生山金柑的分布（李果果等，2017）。2015～2020 年，广西农业科学院成立广西农作物果树资源普查委员会，组织包括园艺研究所、葡萄与葡萄酒研究所、生物技术研究所等下属涉及果树研究的单位，选派固定从事果树种质资源研究工作的科研人员，成立果树资源普查工作队，深入县、乡、村、屯及农场、林场并开展为期 6 年的资源调查，并按统一调查表进行规范标记、定位、性状观察、记录等。经过共同努力，整理出广西有芸香科柑橘亚科柑橘属资源 79 份（其中宽皮柑橘类 37 份、橙类 8 份、柚类 18 份、柠檬类 16 份），柑橘亚科金柑属资源 3 份，收集柑橘属和金柑属资源共 82 份（包含野生柑橘资源 6 份）。近年来，广西农业科学院园艺研究所非常重视开展柑橘种质资源收集、保存和鉴定评价工作，建立并完善桂中南柑橘种质资源圃，利用种质资源坚持不懈地开展优良单株筛选、芽变选种和杂交育种等工作，为广西柑橘种质资源的保存、种质创新利用和新品种选育工作提供资源储备。

二、柑橘种质资源类型与分布

广西柑橘种质资源主要包括宽皮柑橘类、橙类、柚类、金柑类、柠檬类等。按种类划分各品种分布情况如下。

（一）宽皮柑橘类

广西宽皮柑橘类主要包括橘、柑、杂交柑等。

1. 橘类

橘类主要有砂糖橘、南丰蜜橘、绵橘、春甜橘、马水橘、年橘、青香蜜橘、椪柑。

砂糖橘栽培面积为350万亩，是广西目前种植面积最大的柑橘品种，该品种来源于广东省四会市的无籽砂糖橘，主要分布在桂林市荔浦市、梧州市岑溪市、南宁市西乡塘区和武鸣区、百色市西林县等地。近年来，随着砂糖橘新品种的选育推广，广西引进金葵砂糖橘和金秋砂糖橘等早熟砂糖橘品种，经济效益较高。

南丰蜜橘分为大果系和小果系两种，以小果品质更优，是南丰蜜橘栽培面积广的品系，主产区在柳州市、桂林市，贺州市也受带动影响有少量种植。近年来，受黄龙病危害，柳州地区南丰蜜橘种植面积锐减。

其他橘类如绵橘、春甜橘、马水橘、年橘、青香蜜橘、椪柑在广西全区均为零散分布，小面积种植。

2. 柑类

柑类主要有温州蜜柑（其中含特早熟温州蜜柑日南1号、大分，早熟温州蜜柑宫川、兴津、山下红、宫本等）、扁柑、茶枝柑、三德柑、沙柑等。

温州蜜柑从过去的广泛种植，发展到现在仅少数地区有栽培，其中以崇左市龙州县最为集中，桂林市、柳州市的农垦系列农场也有栽培习惯。浦北扁柑和那陈扁柑在民间仅有少量栽培。茶枝柑主要在钦州市浦北县、灵山县等地种植。

3. 杂交柑类

杂交柑类是宽皮柑橘中比较特殊的一类，有的较好剥皮，有的剥皮性中等。广西栽培杂交柑品种有沃柑、W.默科特、茂谷柑、贡柑、天草等，沃柑是栽培面积最大的杂交柑品种，W.默科特、茂谷柑、贡柑等杂柑品种均有商业栽培分布，天草品种接近消失，仅有零星栽培。沃柑从2012年引进广西，特别是在2015～2019年发展迅速，2020年种植面积已达170万亩左右，广西各地均有种植，最大面积集中连片种植是在南宁市武鸣区（46万亩），南宁市其他县（区）如南宁市隆安县、上林县、西乡塘区、宾阳县、马山县等均有大量种植，桂林市全州县、荔浦市等地及来宾市、贵港市栽培面积也较大。从沃柑选育的无核沃柑新品种种植面积约为5万亩，主要分布在南宁周边。W.默科特主要种植在桂林市、柳州市、贺州市、百色市等地。茂谷柑主要种植在南宁市、崇左市、来宾市等地。贡柑主要种植在贺州市钟山县，南宁市周边也有少量栽培。

（二）橙类

广西的橙类多为甜橙，主要有脐橙、夏橙、红江橙、冰糖橙、新会橙等。脐橙品种主要为纽荷尔，占比约为90%，其他脐橙品种如红肉脐橙、华盛顿脐橙、罗伯逊脐橙、大三岛、朋娜脐橙、伦晚脐橙、赣南早、龙回红等仅有少量栽培。脐橙主要分布在贺州市富川瑶族自治县、桂林市和百色市德保县、靖西市等地。夏橙品种主要有奥林达夏橙、桂夏橙、伏令夏橙、弗罗斯特夏橙、阿尔及尔伏令夏橙，主要分布在桂林市和北海市合浦县、百色市右江区等地。红江橙分为红肉红江橙和白肉红江橙，主要分布在北海市合浦县、崇左市龙州县、南宁市隆安县等地。冰糖橙新品种桂橙1号主要分布在柳州市鹿寨县，桂林市各县也有少量种植。

（三）柚类

广西柚类种质资源丰富，分布广泛，其中以沙田柚最为出名。2010～2020年广西柚类从51.95万亩发展为67.21万亩，沙田柚从46.57万亩减少到37.16万亩，但沙田柚在所有的柚类中栽培面积仍最大，集中在玉林市容县、桂林市阳朔县、柳州市融水苗族自治县等地。玉林市容县是沙田柚的原产地，至今仍保留着树龄上百年的古树资源。近年来，玉林市容县新种植的沙田柚以不用授粉的桂柚一号新品种为多，其他地方如柳州市三江侗族自治县有村落集中栽培。近10年间，广西新种红肉琯溪蜜柚和三红琯溪蜜柚较多，集中在河池市环江毛南族自治县、来宾市象州县、玉林市容县、南宁市及周边地区；另外，近年来广西新种越南柚、泰国柚等柚类品种较为普遍，集中在玉林市博白县和容县、南宁市隆安县、来宾市武宣县等地。

（四）金柑类

广西金柑类种植面积为40多万亩，在全国排名第一，主要分布在桂林市阳朔县、柳州市融安县、玉林市兴业县。近年来，柳州市柳城县蜜橘因黄龙病危害，面积锐减，新种果园以金柑新品种脆蜜金柑居多。广西的金柑栽培品种主要是金弹，分为油皮金橘和脆皮金橘两大品系。脆蜜金柑新品种果大无核，品质极优，目前在全区扩大种植，来宾市、南宁市均有引种。

（五）柠檬类

广西种植的柠檬类品种主要有尤力克柠檬、广东香水柠檬、台湾无籽柠檬、土柠檬等，主要分布在玉林市北流市和陆川县、崇左市宁明县、南宁市隆安县等地。全区各地民间，特别是崇左市、玉林市、钦州市一带人们有在房前屋后种植土柠檬的习惯，因此有着丰富的土柠檬品种。

通过广泛资源调查，基本掌握了广西柑橘种质资源的分布，目前广西所有县（市、区）仍均有柑橘分布，但区域发展情况差异较大。有的区域在产业引导下集中发展1或2个主栽品种，形成产业特色，打造出有影响力的区域品牌，在国内知名度逐渐上升；而有的区域没有规划发展，没有引导，自行自愿种植柑橘品种，种类多而不成规模，未能形成特色产业。

三、柑橘种质资源多样性变化

广西柑橘种质资源种类繁多，经过长期的自然选择和变异，其遗传多样性变得十分丰富，为未来发掘柑橘抗逆新种质提供优良的基因资源库。然而，随着经济不断发展，开垦山地和乱砍滥伐常导致野生资源数量逐年递减。与此同时，优质柑橘新品种不断地推陈出新，加上柑橘黄龙病的不断蔓延，传统原始的柑橘种质资源有逐渐减少和面临消失的危险。第三次全国农作物种质资源普查情况充分表明，广西野生柑橘资源和传统柑橘种质资源虽然未完全消失，但已越来越难以找到。野生资源多分布在偏远山区，很少被开发利用，有的甚至尚未被人们认识；另外，政府部门和群众对野生资源的重视程度不够，因此加强种质资源的保护利用非常迫切。

广西柑橘分布区域和主栽品种发生了巨大变化。20 世纪 50 年代，广西柑橘主产地为玉林市、柳州市、南宁市郊和桂林市灌阳县、阳朔县、荔浦市等地；80 年代，集中在当时的钦州地区、桂林市郊及桂林地区、玉林地区，其次是当时的南宁市郊、柳州市和柳州地区；90 年代以后，受黄龙病影响，当时的钦州地区和玉林地区很多区域柑橘种植面积锐减，主产地调整为桂林市及当时的桂林地区，面积、产量分别占广西柑橘的 54%、44%，其次为柳州市和当时的贺州地区；2000 年，全区有 109 个县（市、区）种植柑橘，面积比较大的主要有桂林市恭城瑶族自治县、平乐县、阳朔县、全州县、荔浦市、兴安县，贺州市富川瑶族自治县，南宁市武鸣区，钦州市灵山县，柳州市柳城县等地；2005 年以后，桂林市恭城瑶族自治县、平乐县和柳州市柳城县受黄龙病影响，柑橘种植面积大幅减少，桂林市荔浦市、阳朔县等地种植砂糖橘和金柑的热度高涨；2015 年以后，桂中和桂南地区发展柑橘新品种沃柑的速度惊人，其中武鸣区种植柑橘的面积和产量分别从 2012 年的 7.85 万亩、12.63 万 t，发展成为 2022 年的 51.85 万亩、150.89 万 t，其中沃柑的种植面积约为 46.82 万亩、产量为 125.86 万 t，占广西沃柑产量的 60% 以上，武鸣区成为广西乃至全国最大的晚熟柑橘生产基地。目前，广西柑橘产区中商业栽培品种正在向品种过于单一变化，如高产、易种、品质好的砂糖橘和沃柑总面积占所有柑橘品种面积的 50% 以上。

第四节　杧果种质资源多样性及其利用

一、杧果种质资源基本情况

（一）广西杧果种质资源起源和传播

杧果原产于亚洲东南部的热带地区，北自印度东部、中经缅甸、南至马来西亚一带。早在公元前 2000 多年，印度民间文学中就有杧果的描述。公元前 4～5 世纪，杧果随着佛教僧侣的活动而传播，首先传到越南、泰国、柬埔寨、斯里兰卡及东南亚其他一些国家；据记载，公元前 645～前 632 年，唐玄奘是第一个把杧果带往杧果原产地以外的人。

据统计，杧果属（*Mangifera*）植物约有 69 种，其中大多数种类原产于马来半岛、印度尼西亚群岛、泰国、中南半岛地区和菲律宾。包括普通杧果在内本属至少有 26 种果实可以食用，这些种类主要分布在东南亚地区，其野生种在印度、斯里兰卡、孟加拉国、缅甸、锡金、泰国、柬埔寨、越南、老挝、中国南部、马来西亚、新加坡、印度尼西亚、文莱、菲律宾、巴布亚新几内亚、所罗门及加罗林群岛都有分布，其中马来半岛是杧果属植物自然分布的中心。印度杧果栽培历史至少有 4000 年，在 15 世纪后期，葡萄牙人入侵印度带来的无性繁殖技术揭开了印度杧果品种选育及栽培的历史，这些品种的成功选育及种植使印度成为杧果品种栽培驯化的发源地之一。目前，印度杧果品种在世界上每个种植杧果的国家均有分布。作为我国物产记载的杧果，最初见于明嘉靖十四年（1535 年）戴璟编修的《广东通志初稿》，该志卷三十一《土产·果之属》记载："果，种传外国，实大如鹅子状，生则酸，熟则甜，唯新会、香山有之"。清乾隆二十四年（1759 年）刻的《广州府志》卷四十七《物产一·果》则记载："蜜旺，树高数丈，花开极繁，蜜蜂望而喜，故名。其实黄，味酸甜，能止船晕，海舶兼金购之"，其后的《肇庆志》称"蜜望子一名莽果"。因此，有学者认为我国亦是杧果的原产地之一，是否属实尚需进一步考证。广西杧果种植历史已有 300 多年。

（二）杧果属植物种质资源分类

杧果是漆树科（Anacardiaceae）杧果属（*Mangifera*）常绿果树，据 Mukherjee 报道有 39 种，但 Kositermans 报道有 58 种和 11 个未确定种（其中包括中国的冬杧、扁桃杧和云南野杧）。其中，可食用的种至少有 20 个，但最重要的是普通杧果（*Mangifera indica*）。目前，广西保存杧果属植物有杧果（*Mangifera indica*）、冬杧（*M. hiemalis*）、扁桃杧（桃叶杧）（*M. persiciforma*）、暹罗杧（*M. siamensis*）、香花杧（*M. odorata*）、林生杧（*M. sylvatica*）、云南野杧（*M. austroyunanensis*）、长梗杧（*M. longipes*）等 8 种。其中，冬杧、扁桃杧（桃叶杧）、林生杧、云南野杧、长梗杧原产于我国（黄国弟等，2013），而冬杧是广西特有的野生种。

目前，生产栽培的主要是普通杧果，原产于印度，有 1000 多个品种，其中在广西种植的品种有 40 多个。不同品种的果实差异很大。单果重 10～2000g。果实形状有圆球形、卵圆形、斜卵形、椭圆形、心形、肾形、象牙形等。味道有酸有甜。

在我国，杧果的分类有以下几种：一是根据种子中胚的数量，将杧果分成单胚、多胚两类。印度杧及其实生后代均为单胚种，代表性品种如印度杧 901 号（Neelum）。菲律宾种、泰国种及我国的土杧均为多胚种，代表性品种如象牙杧（Aroemanis）。二是根据品种果皮颜色将杧果分成黄色、绿色、红色 3 类，红皮类的代表性品种如海顿（Haden），绿皮类的代表性品种如桂七杧（桂热杧 82 号）。三是根据来源不同划分为原生品种、引进品种、自育品种。

（三）主要近缘种种质资源

广西目前保存的杧果属近缘种主要有冬杧、扁桃杧、暹罗杧、香花杧、林生杧、云南野杧、长梗杧，均保存在广西壮族自治区亚热带作物研究所杧果种质资源圃内。

（四）主要品种资源

全区栽培的品种有 40 多个，主要有台农 1 号杧、桂七杧、金煌杧、桂热杧 10 号、红象杧、贵妃杧、玉文杧、金兴杧、凤凰杧、热农 1 号杧、R2E2、四季杧（Choke Anand）、攀育 2 号杧、金穗杧、紫花杧、水英达（ShweHinTha）、帕拉英达（Pa La HinTha）、台牙杧、圣心（Sensation）、吉尔（Zill）、南逗迈 4 号（Nam Doc Mai No.4）、桂热杧 3 号、桂热杧 4 号、桂热杧 71 号、桂热杧 120 号、杉林 1 号、文兴杧、凯特（Keitt）、泰国杧 14 号（Okrong）、乔什会（KieoSawoei）、象牙杧 22 号、串杧、红苹杧、斯里兰卡 811 号、秋杧

（Neelum）、爱文杧（Irwin）、吕宋杧（Carabao）、红花杧、白花杧等，大部分从外省或外国引进。

（五）杧果品种资源的分布

广西杧果主要分布在百色市右江区、田阳区、田东县、田林县、那坡县、凌云县、乐业县、隆林各族自治县、西林县、平果市、德保县、靖西市，南宁市上林县、马山县、隆安县、武鸣区、西乡塘区、青秀区、江南区、良庆区、邕宁区，钦州市钦北区、灵山县，北海市，防城港市上思县、东兴市，玉林市北流市、容县、陆川县、博白县，崇左市江州区、扶绥县、宁明县、龙州县、凭祥市，河池市天峨县、东兰县、巴马瑶族自治县、金城江区、宜州区、凤山县、都安瑶族自治县、大化瑶族自治县，来宾市兴宾县，柳州市柳南区、柳江区，贵港市港北区、港南区、覃塘区、桂平市、平南县，梧州市藤县、龙圩区，贺州市八步区等 54 个县（市、区）。

二、杧果种质资源收集保存

（一）杧果种质资源的调查和收集

广西从 1965 年开始进行杧果引种试种研究、杧果资源调查和收集工作，历时 50 多年，搜集引进国内外的杧果种质资源 500 多份。

（二）杧果种质资源的保存、评价、鉴定

在广西，杧果种质资源保存的主要方式是采取迁地保存，通过建立种质资源圃，对收集的种子、芽条进行播种、嫁接繁殖保存。目前，已在广西壮族自治区亚热带作物研究所内建立了杧果种质资源圃 50 亩，对种质资源的农艺性状、适应性、抗逆性、品质等进行鉴定、评价和利用研究。

三、杧果种质资源创新利用及产业化应用

广西自 20 世纪 60 年代开始进行杧果选育方面的研究，自 70 年代开始进行实生选种、人工杂交育种和突变育种等研究。通过引进国外优良杧果品种进行试种筛选，选出秋杧（Neelum）、泰国杧 14 号（Okrong）、斯里兰卡杧 811 号等进行推广种植。在实生选育方面，广西壮族自治区亚热带作物研究所从黄象牙杧、白象牙杧、秋杧（Neelum）和泰国杧 14 号（Okrong）的实生后代变异中分别选育出桂热杧 3 号、桂热杧 4 号、桂热杧 10 号、桂热杧 60 号、桂热杧 71 号、桂七杧（桂热杧 82 号）、桂热杧 120 号、桂热杧 284 号。广西大学农学院从泰国杧 14 号（Okrong）的实生后代变异中选育出紫花杧，从象牙杧 26 号实生后代中选育出红象牙杧，广西田阳区从吕宋杧（Carabao）实生后代中选育出田阳香杧，钦州市灵山县从紫花杧实生后代中选育出金穗杧，广西职业技术学院从红杧实生后代中选育出红苹杧，广西农业科学院园艺研究所从杧果实生后代中选育出金桂香杧。在杂交育种方面，广西壮族自治区亚热带作物研究所从以秋杧（Neelum）为母本、斯里兰卡 811

号为父本的杂交后代中培育出桂热杧 80-17 号；广西农业科学院园艺研究所从金煌杧与紫花杧的杂交后代中选育出桂杧一号；广西大学农学院从以秋杧（Neelum）为母本，膺咀杧（Golek）为父本的杂交后代中培育出桂香杧。此外，广西大学农学院还从象牙杧 22 号芽变中选育出晚熟品种串杧。

第五节　菠萝种质资源多样性及其利用

一、菠萝种质资源基本情况

菠萝（Ananas comosus，又名凤梨）是凤梨科（Bromeliaceae）凤梨属（Ananas）的热带多年生草本植物，原产于中南美洲，1558 年后由澳门传入台湾、广东、海南、广西等地，是世界和我国重要的热带特色果树，也是广西传统的优势特色果树，一直作为热带特色高效农作物发展，在乡村产业振兴及产业扶贫中发挥了重要的支撑作用。由于菠萝的悠久历史及重要贸易地位，广西收集、保存着丰富的种质资源。

20 世纪 80 年代曾是广西菠萝生产的辉煌时期，以广西农业科学院园艺研究所刘荣光为组长的"广西菠萝协作组"各成员单位科研工作者在全区范围内开展了不同规模的菠萝资源调查与收集工作，同期也利用收集的种质资源通过杂交和辐射育种选育创制出 4529、4312、B8-43、3136、南园 5 号、南园 10 号等一批优良种质，但是由于 80 年代末菠萝罐头滞销、科研经费长期中断等多方面因素，菠萝种质资源大量流失。自 2002 年起，广西农业科学院园艺研究所再次对广西 14 个地级市 56 个县（市、区）进行了系统的菠萝种质资源调查与收集工作，截至 2020 年 12 月共收集到菠萝种质资源 58 份，入库保存 58 份，筛选出在广西具有良好适应性的种质资源 16 份，其中土种菠萝 1 份、国内外引进的种质 15 份。

二、菠萝种质资源类型与分布

菠萝起源于中南美洲。目前我国的菠萝主栽品种是 1921 年引入的皇后类巴厘种，占总种植面积的 80% 以上，仅 20% 左右是杂交种、卡因种、土种等。广西的菠萝种质资源主要分为 4 个类型：卡因类、皇后类、西班牙类、杂交类。其中，卡因类既可鲜食又适用于制作罐头，代表种为无刺卡因；皇后类以鲜食为主，代表品种有菲律宾和神湾；西班牙类肉质粗，耐储运，代表种为土种；我国引入并规模种植的杂交类有金菠萝（MD-2）、台农 4 号（手撕菠萝）、台农 16 号（甜蜜蜜）、台农 17 号（金钻）、西瓜菠萝、台农 23 号（芒果菠萝）等。在收集到的 58 份种质资源中，卡因类种质资源 12 份，皇后类种质资源 6 份，西班牙类种质资源 5 份，杂交类种质资源 35 份。

从目前收集到的 58 份菠萝种质资源来看（表 4-1），集中分布在广西菠萝种植适宜气候区的传统种植区南宁市、崇左市、钦州市、玉林市、防城港市、北海市、百色市等地，贵港市、梧州市等地只收集到菠萝种质资源 1 份，而桂林市、河池市、柳州市、来宾市等地目前还没有收集到菠萝种质资源。

表 4-1　收集的菠萝种质资源在广西的分布情况

序号	地级市	县（市、区）数量/个	乡（镇）数量/个	村（社区）数量/个	种质资源份数	占比/%
1	南宁市	16	13	3	16	27.59
2	崇左市	10	7	3	10	17.24
3	钦州市	10	6	4	10	17.24
4	玉林市	8	3	5	8	13.80
5	防城港市	7	5	2	7	12.07
6	北海市	3	3	0	3	5.17
7	百色市	2	1	1	2	3.45
8	贵港市	1	1	0	1	1.72
9	梧州市	1	1	0	1	1.72
	合计	58	40	18	58	100

三、菠萝种质资源主要特点

广西菠萝种质资源主要分属皇后类、卡因类、西班牙类和杂交类 4 个类型，各类型特点如下。

（一）皇后类

皇后类的主要特点是植株中等大，叶缘有刺，果眼深，小果突起，果实香气浓，风味甜，适应性强，比较抗旱、耐寒，高产稳产，果实也较耐储运。适宜鲜食，也可以加工制作成罐头。可利用该品种的香气、储运性、抗性等特征进行杂交育种，创制优良新种质。

（二）卡因类

卡因类的主要特点是植株高大、直立，叶无刺或仅在叶片尖端有少许刺，田间管理方便，果大且果形好，果眼较浅，汁多，糖酸含量中等，香味稍淡，果实制罐加工性能好。可作为栽培品种在生产上应用，也可利用该品种的叶片无刺或少刺的特征及果实外观优良、果眼平、加工性能高等特征进行种质创新。

（三）西班牙类

西班牙类为有刺和无刺土种，植株中等大，稍开张，叶片长而宽，叶色淡绿带红，果形中等大，小果数较少，果眼深，果皮深橙和黄红色，果肉淡黄至白色，肉质粗，纤维多，果汁少，香味浓，果实耐储运。植株对心腐病、凋萎病抗性强，可利用该材料储运性佳、抗性好的特性作为育种中间材料，进行育种创新工作。

（四）杂交类

杂交类为通过不同类型或者同种类型种质杂交育种选育出的优良新品种，种质具有叶片无刺或仅叶尖有刺、果眼浅、果形佳、耐储运、糖酸比适中、果肉香气好、风味佳、果实纤维少、肉质细腻、实用方法新奇等特点，可利用该类群材料中的优异特性创制新种质和选育新品种。

四、菠萝种质资源创新利用及产业化应用

2002 年以来，广西农业科学院园艺研究所继续收集、完善和保存菠萝种质资源，通过对叶片有无刺、植株高度、果实形状、果实颜色、纤维、果眼深度、储运性等进行性状描述，获得性状鉴定指标 20 400 个，实物图片 1750 份，形成了田间技术档案和丰富的数据库系统。2010～2011 年对 8 个菠萝种质的品质和抗寒性进行鉴定评价，确定了 8 个菠萝品种可分为 3 种类型：第 1 类为抗寒性较强的品种，主要包括菲律宾优株、金菠萝、台农 19 号；第 2 类为中等耐寒性品种，主要包括台农 16 号、台农 17 号；第 3 类为抗寒性较弱的品种，主要包括卡因 2 号、澳大利亚卡因、台农 20 号。2014 年利用 SCoT 标记研究了 36 份菠萝种质资源的遗传多样性，SCoT 标记能将 36 份菠萝品种完全区分开，并分成以下五类：Ⅰ类，A 亚组，卡 2、卡 3、澳大利亚卡因、有刺卡因、琼海、福建土种、红皮、红皮变种、印尼无刺、粤脆、HB、台农 11 号、OK、台农 4 号、台农 21 号；B 亚组，台农 16 号、台农 20 号、广西土种、珍珠 136、台农 17 号、台农 19 号、台农 6 号、有刺土种、台农 13 号、神湾、菲律宾、菲律宾变种、红顶；Ⅱ类，金菠萝、有刺金菠萝、抗寒 1、抗寒 2、抗寒 3；Ⅲ类，福建金边；Ⅳ类，观赏菠萝；Ⅴ类，白皮（陈香玲等，2012）。在种质利用方面，20 世纪 80 年代创制出 4529、4312、B8-43、3136、南园 5 号、南园 10 号等一批优良种质。目前，以无刺卡因、台农 16 号、巴厘等为亲本进行杂交育种，初选出 4-1-2、2-1-5、3-2-3 等一批具有优异性状的菠萝优新种质 8 份。

第六节　阳桃种质资源多样性及其利用

一、阳桃种质资源基本情况

阳桃（*Averrhoa carambola*）是酢浆草科（Oxalidaceae）阳桃属（*Averrhoa*）常绿乔木，又名五敛子、杨桃、洋桃等。阳桃原产地不确切，大致是马来西亚，广泛分布于热带各地，如马来西亚、印度、菲律宾及我国的广东、广西、福建、海南、台湾等地，我国野生阳桃在云南西双版纳海拔 600～1400m 的热带雨林、热带季雨林、南亚热带季风常绿阔叶林中均有分布，但以零星分布为主，常作为庭院树栽种于房前屋后。我国由汉代开始栽培，栽培历史悠久。阳桃果实果形奇特，富含糖类及多种矿物质、维生素，营养丰富，清甜多汁，风味独特，是久负盛名的岭南佳果之一。此外，阳桃的根、叶和果均具有药理作用。

广西农业科学院园艺研究所从 20 世纪 80 年代开始在全区范围内进行了阳桃种质资源的调查、收集、引进和保存工作，并系统地开展了阳桃种质资源鉴定评价及种质创新利用研究。调查发现广西共有酢浆草科阳桃属 1 个，阳桃属有阳桃、毛叶阳桃 2 个种，并收集到阳桃种质资源 80 份，其中甜阳桃 62 份、酸阳桃 18 份，极大地丰富了我国的阳桃种质资源，并为中国热带农业科学院南亚热带作物研究所、广东省农业科学院果树研究所、云南省热带作物科学研究所、广西壮族自治区亚热带作物研究所等区内外研究单位提供了重要的育种材料。

二、阳桃种质资源类型与分布

广西阳桃种质资源主要包括酸味种和甜味种两种类型。阳桃在广西北纬 24° 以南的地区种植较多，主要栽培区在南宁市、崇左市、钦州市、玉林市、百色市、贵港市、北海市等地，多分布于村头村尾和房前屋后的空隙地，零星分散生长的较多，部分地区也有规模化栽培。北纬 24° 以北的地区分布较为分散，且多为酸阳桃，以实生树为主，产量较南部地区低，品质差。

三、阳桃种质资源多样性变化

阳桃为常绿乔木或灌木，高可达 8～10m，枝条深棕色，多而密，奇数羽状复叶，全缘，互生，卵形或椭圆形，叶柄及总轴被柔毛，小叶卵形或椭圆形，5～11 片，互生或对生。花为腋生小型总状花序，圆锥形，花瓣 5 枚，浅红色至深红色，钟形，萼片 5 枚，紫红色，雌蕊 10 枚，5 枚退化，子房 5 裂，5 室，每室有多个胚珠，花柱 5 枚。果实一般生于老枝或落叶后叶腋，为卵形或椭圆形浆果，未成熟果实绿色或淡绿色，成熟果实黄色至橙黄色，表面光滑，3～6 棱，果实皮薄多汁，花期春末至秋，每年可结果 2～4 次。

阳桃种质资源在植株形态、花的颜色、果实大小、风味、口感及果皮颜色上均存在丰富的多样性，广西阳桃种质资源从多样性方面主要包括以下两种类型。

（一）酸味种阳桃种质资源

酸味种阳桃植株高大，复叶小叶数 9～13 片，多为 13 片，花瓣深红色，果敛薄，肉质较粗，种子大，成熟时果皮呈深黄色，味酸，可供加工蜜饯、饮料或调味做菜用。酸阳桃因具有抗旱、抗病及耐低温等优异特性，生产上可作为甜阳桃的砧木，用于生产甜阳桃嫁接苗。

（二）甜味种阳桃种质资源

甜阳桃植株中等，复叶小叶数 7～11 片，多为 11 片，花瓣呈淡红色，果实大，果敛厚，成熟时果皮呈黄绿色至橙黄色，味甜，纤维少，肉质爽脆可口，多作为鲜食之用，也可加工成阳桃果脯、阳桃干和阳桃汁等多种产品，但耐逆性较弱，生产上多以酸味种阳桃作为砧木生产甜阳桃苗木。

其中，甜阳桃依据果实平均单果重又可分为普通甜阳桃及大果甜阳桃两类，普通甜阳桃指单果重为 180g 以下的品种，中国早期栽培的甜阳桃品种多为普通甜阳桃，大果甜阳桃指单果重为 180g 以上的品种，多为从中国台湾以及马来西亚、泰国、新加坡等地引进的品种。近年来我国利用这些种质资源进行育种工作，获得了一批品质优良的大果甜阳桃品种。此外，广西阳桃种质资源在果实品质、酒石酸含量、铁含量、柠檬酸含量、总糖含量上具有丰富的遗传多样性。

四、阳桃种质资源创新利用及产业化应用

（一）阳桃种质资源的调查、收集、保存

从 20 世纪 70 年代开始，开展了阳桃种质资源的引进、收集工作，并建立了阳桃种质资源圃，目前保存阳桃种质资源 82 份。

（二）阳桃种质资源鉴定评价

阳桃种质资源在果实重、风味、颜色等性状上有丰富的变异和多样性，广西科研工作者对阳桃的农艺性状鉴定做了大量的工作，但是仅通过形态特征的判断容易造成阳桃品种混乱、同名异种或同种异名现象，给科研机构种质资源收集保存和利用，以及果农选种育苗带来很大的困难。近年来，随着 DNA 分子标记技术在各种作物种质资源鉴定中的广泛应用，广西研究者也利用 DNA 分子标记技术对阳桃种质资源亲缘关系和遗传多样性进行了研究，并通过 SRAP-PCR（相关序列扩增多态性-聚合酶链反应）技术在分子水平上分辨出酸阳桃和甜阳桃，检出率达 90.3%。全基因组分析表明阳桃为三倍体作物（Wu et al.，2020），并发现阳桃老茎开花及抗逆性相关基因（赵亚梅等，2022），为解释阳桃的起源、进化及多样性分化提供了分子依据。

（三）阳桃种质资源创新利用

多年来，广西农业科学院园艺研究所一直致力于阳桃新品种选育工作，通过实生和芽变筛选，选育出了大果甜杨桃 1 号、大果甜杨桃 2 号、大果甜杨桃 3 号、大果甜杨桃 4 号、大果甜杨桃 5 号、大果甜杨桃 6 号、大果甜杨桃 8 号等系列大果甜阳桃新品种，该系列品种在单果重、果实外观、果实口感及品质上均有较大的提升。目前，大果甜杨桃 1 号等大果甜阳桃系列品种已成为广西阳桃产业化栽培的主栽品种，极大地提高了阳桃的种植效益。

第七节　火龙果种质资源多样性及其利用

一、火龙果种质资源基本情况

火龙果（*Hylocereus undulatus*）是仙人掌科（Cactaceae）量天尺属（*Hylocereus*）或蛇鞭柱属（*Selenicereus*）的热带多肉植物，原产于热带中南美洲地区，后传入越南、泰国等东南亚国家和中国台湾，20 世纪末期引入中国大陆种植。

二、火龙果种质资源类型与分布

目前由农业农村部南宁火龙果种质资源圃收集保存的火龙果种质资源超过 400 份，基于果皮果肉的颜色进行分类，主要有红皮白肉、红皮红肉、红皮粉肉、红皮双色、黄皮白肉、青皮白肉、青皮红肉 7 个类型。火龙果在广西分布相对广泛，主要分布于南宁市、百色市、玉林市、河池市、钦州市、崇左市、防城港市、北海市等地区。

三、火龙果种质资源多样性变化

火龙果种质资源在植株形态、花的形态、果实形状、大小、果皮和果肉颜色、果肉风味等方面均存在丰富的多样性。

（一）植株形态的多样性

植株形态的多样性变化主要表现在枝蔓的形态、宽度、棱边形态、刺座间距等方面的变化。

枝蔓形态有平直型和扭曲型，表皮又可分为无白色粉状物披覆、有白色粉状物、不规则、条状、带状、片状、均匀分布等不同表现形态。不同类型的种质资源枝蔓宽度从极窄、窄、中、宽到极宽有着不同程度的变化。枝蔓棱边形态可分为平直、低锯齿、中锯齿、高锯齿4个类型，同时又有无木栓化、刺座下半部木栓化、刺座周围木栓化和完全木栓化的区别。刺座间距存在短、中、长的差异。

（二）花的形态多样性

火龙果花巨大，因花蕾尖端形状、苞片边缘颜色、花盛开时柱头与花药的相对位置、花粉量、花瓣颜色、萼筒长、花被长等不同，形成各自独特的形态特征。除花蕾的形状和颜色之外，火龙果种质资源在花盛开时的性状存在着极为丰富的多样性，柱头与花药的相对位置、柱头打开程度、花粉量、花的香气等表型多样性相对丰富（黄凤珠等，2021）。

（三）果实的多样性

不同的火龙果种质资源果实的多样性变化尤为丰富，果实形状从扁圆形到长椭圆形，果皮颜色从玫红色到暗紫红色，果实鳞片从少到多，果皮从无刺到全身带刺，果肉颜色从白色到深紫红色，果肉质地从软绵到较粗、从细滑到较紧实，果肉风味从较淡到蜜甜、从甜酸到微酸，单果重从极轻（100g以下）到极重（1000g以上）。资源的多样性变化越丰富，其表达的性状就越多（黄凤珠等，2019）。

四、火龙果种质资源主要特点

植株表面有蜡质层披覆，具有保水耐旱的特点，这使得火龙果能在较为干旱贫瘠的恶劣环境中生存和生长。火龙果果实水分含量约为80%，具有较高的营养价值，是老少皆宜的凉性热带水果。

五、火龙果种质资源创新利用及产业化应用

（一）火龙果种质资源创新利用

火龙果引入我国栽培种植时间较短，引入的资源也相对有限，相关的种质资源基础研究起步也较晚，迄今开展的火龙果种质资源创新利用研究主要处于传统的杂交育种阶段。农业农村部南宁火龙果种质资源圃共收集保存了400多份火龙果种质资源，通过鉴定评价，

筛选出一批性状优异的核心种质，根据优势性状互补进行组配杂交，创新培育出了一批植株和果实品质性状优异的杂交后代，初步建立起红皮白肉、红皮粉肉、红皮双色和红皮红肉的群体类型，为后续的杂交育种拓宽了亲本类型来源，也为新品种选育奠定了基础。

（二）火龙果种质资源产业化应用

现阶段火龙果种质资源产业化应用以大红系列品种资源为主，其他类型的资源应用极少，形成了产业上品种相对单一，品种间同质性高的局面，对火龙果产业发展造成了不利影响。主栽品种类型的多样性可丰富市场的选择和需求，优质白肉、粉肉和双色系列新品种资源的推广应用，可有效地优化市场的品种结构，提高火龙果产品的市场竞争力，为火龙果产业的健康持续发展注入新鲜血液。

第八节　香蕉种质资源多样性及其利用

一、香蕉种质资源基本情况

香蕉，统称芭蕉，是芭蕉科（Musaceae）芭蕉属（*Musa*）植物。芭蕉科分为芭蕉属（*Musa*）、象腿蕉属（*Ensete*）、地涌金莲属（*Musella*）3 个属，其中芭蕉属又分为真蕉组（Section *Musa*）、红蕉组（Section *Rhodochlamys*）、美蕉组（Section *Callimusa*）、南蕉组（Section *Australimusa*）、不确定组（Section *Ingentimusa*），包含了丰富的野生蕉类及栽培种香蕉。栽培香蕉起源于真蕉组的二倍体野生种 *M. acuminata*（小果野蕉，提供 A 基因组）的种内杂交，或者 *M. acuminata* 与 *M. balbisiana*（长梗蕉，提供 B 基因组）的种间杂交（Simmonds and Shepherd，1955）。目前，世界上已报道的芭蕉科植物有 3 属 79 种（李伟明等，2018），这些资源多数以野生状态存在，经过长期地理环境与气候适应变化，产生不少新的变种，资源类型愈加丰富。

香蕉的起源中心为亚洲东南部及太平洋地区，包括马来西亚、新几内亚、菲律宾等（李伟明，2018），中国是香蕉的起源地之一。据调查研究，在广东、云南、海南、广西、福建、四川、贵州、湖南等地分布有大量野生蕉林（赵腾芳，1983）。广西跨越中亚热带、南亚热带、北热带 3 个气候带，热量充足，雨水充沛，具有适合野生蕉及栽培品种生长的光、温、水等条件（赵腾芳，1983；尧金燕等，2008；秦献泉，2009），孕育了丰富多样的野生蕉及地方蕉类资源。

二、香蕉种质资源类型与分布

广西蕉类资源按生产用途分主要有野生蕉和栽培蕉两种。其中栽培蕉类以鲜食类为主，主要有香牙蕉、粉蕉、大蕉等，通称为香蕉，全区各地均有分布。其中香牙蕉以桂中、桂南分布种植为主，是广西香蕉的主要产区。粉蕉和大蕉抗逆性、耐寒性较强，分布区域相对较广，桂南有规模种植粉蕉和少量大蕉。桂北山区大蕉或粉蕉常见零星分布于房前屋后。在不同香蕉种植地区，香牙蕉也形成不同的地方特色品种，如浦北矮蕉、那龙矮蕉、坛洛鸡蕉、玉林粉蕉等分别以独特的品种特性占据区域生产优势。20 世纪 80 年代以来随着组培技术的推广与国外优异品种的引进，本地农家品种因产量劣势逐渐被淘汰，威廉斯和巴西蕉等引进品种及其衍生变异种逐步占据了广西及全国乃至整个东南亚栽培蕉种植市场。

广西野生蕉资源的调查研究相对滞后，20 世纪 80 年代果树资源普查的对象也只是涉及栽培蕉类。直至 2009 年，秦献泉等系统地对广西野生蕉资源进行了调查、分类及遗传多样性研究，通过野外调查，共收集野生蕉类资源 43 份，结果发现：在北纬 20°54′～26°23′的范围内，广西野生蕉分布区非常广泛，在桂林市全州县，来宾市金秀瑶族自治县，南宁市宾阳县，百色市靖西市，玉林市博白县，崇左市龙州县、凭祥市，以及梧州市等 18 个县（市、区）的山林、河谷均发现一定区域的野生蕉林分布。这些野生蕉植株外观性状具有非常丰富的多态性，如假茎高度及花、果、种子形状和颜色等存在显著差异，且由北至南呈现出明显的区域特点。调查发现，多数地区野生蕉花苞为紫色或紫红色，仅全州野生蕉花苞为黄绿色，且果实短小，种子扁平、较大。采用形态学鉴定、染色体核型分析、ISSR 分子标记的方法研究广西野生蕉类资源的遗传多样性，发现有指天蕉（*M. coccinea*）、*M. peekelii*、小果野蕉（*M. acuminata* subsp. *malaccensis*）、*M. schizocarpa* 和阿宽蕉（*M. itinerans*）共 5 个不同的种/亚种（秦献泉等，2008；秦献泉，2009）。2017 年龙兴等对广西主要县（市、区）野生蕉的分类及鉴定研究也表明，相关野生蕉遗传特性与上述 5 个种一致。然而，通过更深入的调查收集，广西大部分县（市、区）有野生蕉资源，除了上述 5 个种，还发现了 *M. balbisiana* 这个种或其变种的种质资源，至于是否还存在其他种/亚种的香蕉资源，仍需要进一步深入收集调查与鉴定。因此，广西野生及地方栽培香蕉资源作为香蕉育种的基因库与香蕉产业发展的必要条件与强力后盾，值得进一步加强调查、保护研究，特别是对原生境开展深入调查与就地保护，以便更好地维护野生蕉资源的生态多样性，确保优异野生基因不会流失。同时，也亟待加大挖掘、鉴定及创新利用等科研攻关，为香蕉品种储备更新与品种结构优化提供持续支撑，同时也为香蕉产业持续稳定发展提供必要保障。

三、香蕉种质资源创新利用及产业化应用

香蕉的育种方法有芽变选种、诱变育种、杂交育种、转基因育种、基因编辑育种等。目前栽培香蕉多为三倍体，主要是通过芽变选种获得，杂交育种难度很大、周期长。

20 世纪 80 年代之前，广西主要栽培品种以当地农家品种那龙矮蕉、浦北矮蕉等为主，也从广东引进高州中把、高脚遁地雷等品种。当时主要以吸芽苗作为种源，种苗易携带病虫，导致花叶心腐病、束顶病等病害的传播和蔓延，香蕉产量低、商品性差。吸芽种苗的采集和运装受到很大制约，难以进行规模化种植。20 世纪 80 年代，广西农业科学院等单位开始进行香蕉优良新品种选育和香蕉组培技术研究，通过芽变优选或杂交育种育成了漳蕉八号、桂蕉 1 号、桂蕉 6 号、桂蕉 9 号、金粉 1 号等系列优良品种，其中桂蕉 6 号（原威廉斯 B6）曾占广西香蕉种植面积的 90% 以上，占中国香蕉种植面积的 50% 以上。近年来，为增加品种的多样性，满足不同的市场需求，同时针对枯萎病的流行与蔓延给香蕉产业带来的严重影响，广西农业科学院加强了抗耐病品种和特色蕉类的选育，利用野生及本地特色资源，通过芽变优选与品种改良等育成了抗病品种桂蕉 9 号，选育出桂鸡蕉 1 号、桂大蕉 1 号、桂红蕉 1 号等优良特色蕉类品种。

香蕉优良品种和组培苗的应用推动了广西香蕉产业规模化和集约化的迅速发展，广西香蕉种植方式从散户种植为主迅速转变为以企业为主的规模化、标准化、统一化的种植技术和模式，近十几年香蕉种植一直是广西农村发展和农民致富的重要经济来源，香蕉产业短期内得到了蓬勃发展，成为广西农业的支柱产业之一。

第九节　葡萄种质资源多样性及其利用

一、葡萄种质资源基本情况

我国葡萄属植物种类数量还没有统一定论。中国科学院中国植物志编辑委员会（1998a）对我国葡萄属植物进行了全面整理和修订，撰写了《中国植物志　第四十八卷　第二分册》，收录中国野生葡萄共 38 种 1 亚种 10 变种。王发松（2000）在 Planch 分类系统的基础上，根据叶片形态等相关的植物学性状对我国葡萄属的系统学进行了整理，认为我国有葡萄属植物 42 种 1 亚种 12 变种，隶属于 1 亚属 5 组 4 系。孔庆山（2014）对我国葡萄属进行了修订，增加了腺枝葡萄（Vitis adenoclada）、顺昌刺葡萄（V. davidii var. hispida）、毛叶武汉葡萄（V. wuhanensis var. arachnoidea）、伏牛山葡萄（V. amurensis var. funiushanensis），已知种类为 39 种 1 亚种 13 变种。贺普超（2012）以过去 25 年收集的中国野生葡萄形态特征为基础，认为中国野生葡萄有 40 种 1 亚种 13 变种。

根据《中国葡萄属野生资源》及 20 世纪 80 年代全国第二次资源普查情况，广西具有 13 种 4 变种葡萄野生资源，以毛葡萄和腺枝葡萄最多，主要分布在桂林市永福县、河池市罗城仫佬族自治县、河池市都安瑶族自治县等地，是一个葡萄属种质资源的独立区（贺普超，2012）。彭宏祥等（1993）开展过全区野生葡萄资源调查与分类研究，调查确认了毛葡萄、刺葡萄、腺枝葡萄等 8 种 1 变种葡萄野生资源，属于葡萄属东亚种群，主要分布于亚热带季风气候区，四季分明的桂中、桂西、桂北及桂西南各县，还对调查确认种类进行了分类检索。根据"第三次全国农作物种质资源普查与收集行动"及广西创新驱动发展专项资金项目"广西农作物种质资源收集鉴定与保存"的调查情况，广西河池市、来宾市、柳州市、百色市、桂林市的喀斯特石山区均普遍分布着毛葡萄和腺枝葡萄；同样还有丰富的绵毛葡萄及小叶葡萄。桂林市全州县、资源县、龙胜各族自治县，柳州市三江侗族自治县，贺州市等市（县）则分布有刺葡萄；桂林市、柳州市沿着溪流则有丰富的华东葡萄资源，并有少量蘡薁分布；南宁市辖区、崇左市扶绥县、玉林市等地区在野外道路边经常可见小果葡萄。

二、葡萄种质资源主要特点

广西毛葡萄、腺枝葡萄耐热性、耐旱性、耐贫瘠性、抗病性强。姜建福（2017）评价了 196 份葡萄属种质资源，认为广西毛葡萄耐湿热性强。经过 20 多年的研究，邹瑜、吴代东等认为广西气候干湿季明显，每年 10 月至翌年 3 月长达 6 个月的干旱季节，在喀斯特溶岩石山区瘠薄土壤上，多年生长的毛葡萄、腺枝葡萄的开花结实均不受影响，表现出优异的耐旱性。林玲调查认为广西毛葡萄、腺枝葡萄野生株系抗病性较强，大部分株系表现为高抗，有的株系甚至表现为免疫（林玲，2013）。在田间引种观察中，毛葡萄、腺枝葡萄除了对霜霉病抗病性稍微低，对其他的真菌性病害、细菌性病害都有极强的抗性，同时发现不同株系对霜霉病、溃疡病、穗轴病、炭疽病、白粉病的抗性也有明显差异，对葡萄黑痘病免疫。

广西刺葡萄、毛葡萄、腺枝葡萄高产。在刺葡萄集中种植区柳州市三江侗族自治县同乐苗族乡，刺葡萄最高亩产达3000kg；规模化种植于石山区的两性花毛葡萄、腺枝葡萄的亩产量超过1000kg，庭院种植的亩产量超过2000kg。

三、葡萄种质资源创新利用及产业化应用

（一）广西葡萄种质资源创新利用

优良野生资源的直接利用：邹瑜、吴代东、赵明等从野生毛葡萄资源中筛选出优良品种野酿1号、野酿2号、野酿3号、野酿4号直接用于生产；吴代东从野生腺枝葡萄中筛选出优良品种桂黑珍珠4号，已经申请新品种保护，利用野生葡萄资源进行杂交的系列新种质正在试验示范应用；柳州市三江侗族自治县村民也从野生刺葡萄中筛选出优良株系归东刺葡萄用于鲜食及酿酒。彭宏祥、黄凤球、张瑛、卢江等以雌能花野生毛葡萄为母本、欧洲酿酒葡萄为父本开展远缘杂交，已选育出凌丰（桂葡1号）、凌优、桂葡2号等抗病、丰产优质的两性花新品种，已直接应用于酿酒葡萄生产，这些两性花品种在桂南产区还能进行一年两收栽培、延长原料供应期而深受葡萄加工企业欢迎（彭宏祥，1999；黄凤珠，2008，2015）。

（二）广西葡萄种质资源产业化应用

广西毛葡萄、腺枝葡萄面积超过16万亩（包含对野生资源的栽培管理），大部分集中于广西河池地区，并有2个千吨级毛葡萄酒厂：广西中天领御酒业有限公司和广西都安建兴野生毛葡萄酒产业发展有限公司；3个百吨级毛葡萄酒厂：河池市罗城仫佬族自治县银源酒厂、广西罗城金秋农业有限公司和广西罗城龙权酒业有限公司；还有数十家民间家庭作坊生产小微企业。毛葡萄浓缩汁生产线一条：由广西大益生态酒业有限公司将毛葡萄鲜果制作成饮料或浓缩汁直接向饮料公司、奶茶饮品公司销售。

广西刺葡萄种植面积约为1300亩，在柳州市三江侗族自治县同乐苗族乡配套建有百吨级刺葡萄酒厂1个——三江县民心酒业有限公司。

广西凌丰（桂葡1号）主要在河池市都安瑶族自治县、罗城仫佬族自治县，南宁市上林县、武鸣区，柳州市柳城县，来宾市象州县和玉林市兴业县推广种植，面积为3000多亩，为当地葡萄酒厂及区内外自酿爱好者提供优质酿酒原料。凌丰（桂葡1号）在区外福建、广东及安徽有引种，该品种得到福建漳州从事果酒加工行业的老板认可，2016年引种凌丰（桂葡1号），同时建立年加工1000t的"福建融威山葡萄酒有限公司"，近5年每年都从广西产区收购桂葡1号原料果200t以上。

第十节　百香果种质资源多样性及其利用

一、百香果种质资源基本情况

百香果也称西番莲，是对西番莲属（*Passiflora*）植物栽培种水果的总称。全世界西番莲属植物超过 500 种，其中能够结可食用果实的约有 60 种，但能用于商业化栽培的只有 6 种（Cerqueira-Silva et al.，2016；Onildo et al.，2016）。西番莲属植物 90% 的种类原产于热带美洲，其中超过 150 种原产于巴西，因此巴西是西番莲属植物生物多样性最丰富的国家（Diana et al.，2012）。我国西番莲属植株种质资源较少，原产于我国的有 13 种 2 变种，引进栽培的有 11 种（邢相楠，2020）（表 4-2）。

表 4-2　我国西番莲属植物分布及特点

序号	中文名	学名	分布区域	用途	类型
1	月叶西番莲	*P. altebilobata*	云南南部（思茅、西双版纳）	不详	原产种
2	心叶西番莲	*P. eberhardtii*	云南（西畴）	不详	原产种
3	尖峰西番莲	*P. jianfengensis*	广西（龙门、桂平），海南（尖峰岭）	不详	原产种
4	广东西番莲	*P. kwangtungensis*	广东北部，广西东北部，江西东南部	不详	原产种
5	蛇王藤	*P. moluccana* var. *teysmanniana*	广西，广东，海南	不详	变种
6	长叶蛇王藤	*P. moluccana* var. *glaberrima*	云南（河口、小南溪）	不详	变种
7	半边风	*P. perpera*	贵州（望谟），云南（广南、峨山）	不详	原产种
8	蝴蝶藤	*P. papilio*	广西西南部	不详	原产种
9	菱叶西番莲	*P. rhombiformis*	贵州	不详	原产种
10	长叶西番莲	*P. siamica*	云南（西双版纳），广西（桂平）	不详	原产种
11	杯叶西番莲	*P. cupiformis*	湖北（巴东、南坪），广东，广西，四川，云南	根、叶或全草药用，有消食健胃、引气止痛之效。贵州用叶外敷止血。广西用全草和根解毒、散瘀、活血、治跌打损伤	原产种
12	龙珠果	*P. foetida*	广西，广东，云南，台湾	广东兽医用果治疗猪、牛肺部疾病；叶外敷治疗痈疮	原产种
13	圆叶西番莲	*P. henryi*	云南（通海、石屏、建水、开远、元江、绿春、屏边）	全株药用，可防治痢疾、肺结核；叶能杀蛆、外敷家畜发炎伤口等	原产种
14	山峰西番莲	*P. jugorum*	云南西南部和东南部	根可入药，有健胃消食、止痛消炎之效	原产种

续表

序号	中文名	学名	分布区域	用途	类型
15	镰叶西番莲	*P. wilsonii*	云南西南部（镇康），南部（思茅），东南部（金平、屏边、西畴、麻栗坡）；西藏（墨脱）	全草入药，有舒筋活络、散瘀活血、止咳化痰之效	原产种
16	紫果西番莲	*P. edulis*	广西，福建，广东，海南，云南，贵州广泛种植	鲜食水果，主栽品种	引进种
17	黄果西番莲	*P. edulis* f. *flavicarpa*	广西，福建，广东，海南，云南，贵州广泛种植	鲜食水果，主栽品种	引进种
18	西番莲	*P. coerulea*	广西，江西，四川，云南零星栽培	园林观赏；全草可入药，具有祛风消热、治疗风热头昏等作用	引进种
19	细柱西番莲	*P. gracilis*	云南西双版纳零星栽培	园林观赏	引进种
20	樟叶西番莲	*P. laurifolia*	广东，福建零星栽培	鲜食水果	引进种
21	大果西番莲	*P. quadrangularis*	广东，广西，福建，海南零星栽培	鲜食水果	引进种
22	橙果西番莲	*P. ligularis*	广西，云南零星栽培	鲜食水果	引进种
23	绿皮西番莲	*P. maliformis*	广东，广西，福建零星栽培	鲜食水果	引进种
24	蓝翅西番莲	*P. alato-caerulea*	广东，广西，海南零星栽培	园林观赏、鲜食水果	引进种
25	红花西番莲	*P. coccinea*	广东，广西，福建，海南零星栽培	园林观赏	引进种
26	'玛格丽特女士'西番莲	*Passiflora* 'Lady Margaret'	广东，广西，福建，海南零星栽培	园林观赏	引进种

注：本表参考《中国植物志》整理而成

二、百香果种质资源类型与分布

我国的原产种西番莲属植物几乎均为野生植物，广西野外也大多有分布，但因其应用价值不高，鲜有人工驯化种植。引进种百香果因大多有明确的利用价值，如作为水果、观赏植物及药用植物，主要在包括广西在内的亚热带地区种植。

1. 水果型百香果

世界上公认的可以商业化栽培的 6 个百香果种，即紫果西番莲（又称紫果百香果）、黄果西番莲（又称黄金百香果）、橙果西番莲（又称哥伦比亚热情果）、樟叶西番莲、大果西番莲、香蕉西番莲，在广西均有种植，其中又以紫果百香果和黄金百香果种植最广泛，其余种或因对生长环境有严格要求，或因其风味未被大众所接受，仅在局部地区栽培。

2. 观赏型百香果

西番莲属植物的花大多颜色鲜艳、形态多姿、香气浓郁，广泛应用于园林景观，因此国际上统称为 Passion Flowers（西番莲）。在广西引进的观赏型百香果中，表现较为突出的有'玛格丽特女士'西番莲、红花西番莲和绿皮西番莲。其中，'玛格丽特女士'西番莲在桂南地区几乎可以全年开花，植株长势旺盛，是极具开发利用潜力的园林绿化植物；红花西番莲则长势旺盛，花朵艳丽；绿皮西番莲花朵奇异，香气浓郁，都极具开发前景。

3. 药用型百香果

不少西番莲属植物具有药用价值，如 *P. mexicana* 和 *P. holosericea* 的叶片在一些地区被用作替代茶（Janzantti and Monteiro，2014）；在美国 *P. foetida* 的根被用于解除痉挛；在英国和欧洲，*P. incanata* 被用于治疗帕金森病，具有解除痉挛的作用，其叶片中可以提取出一种生物碱，具有镇静作用；大果西番莲的药用价值更广，其根被认为有麻醉效果和毒性，可用于催吐、利尿、肠道驱虫；其果实可用于抗坏血病及健胃；其果皮具有镇静作用，在巴西被用于缓解头疼、哮喘、腹泻、痢疾、神经衰弱及失眠等症。我国原产的若干种在广西等地的民间也作为草药进行利用。近年来，广西农业科学院与广西中医药大学的科研团队合作开展百香果药用活性成分研究，该项工作正稳步推进中。

三、百香果种质资源创新利用及产业化应用

随着我国对百香果的消费需求不断攀升，中国已经成为仅次于巴西的第二大百香果生产国，2019 年全国百香果种植面积约为 3 万 hm^2，广西种植面积超过 2 万 hm^2，是我国最大的百香果产区，其余产区包括福建、广东、海南、云南、贵州。产业的发展对于优良品种的需求极其迫切，但由于我国百香果科研起步较晚，多年来我国各产区栽培的百香果品种几乎均引自海外，其来源也较为混乱，且在不同产区表现良莠不齐。近年来，我国的主要栽培品种有台农一号、紫香一号、芭乐味黄金百香果、蜂蜜味黄金百香果、福建百香果3 号、满天星等。

为解决我国百香果产业缺乏优良品种的问题，广西农业科学院多个研究团队积极开展百香果种质资源收集及新品种选育工作。其中广西农业科学院园艺研究所热带特色果树研究团队主要与台资企业对接合作，利用台湾的百香果种质资源开展新品种选育，目前已育成桂百一号新品种并获得农业农村部授予的植物新品种权。广西作物遗传改良生物技术重点开放实验室百香果研究团队广泛收集澳大利亚及国内百香果种质资源，在此基础上开展耐热品种及耐冷品种育种，培育了耐热品种钦果 9 号（曾用名"钦蜜 9 号"）、耐冷品种令当 1 号等优良新品种。其中，钦果 9 号凭借其耐热、纯甜等优良特性，已发展成为我国百香果的主栽品种，在广西、海南、广东、云南、贵州、福建等省份推广种植。广西农业科学院生物技术研究所良种快繁及栽培团队则推出新品种壮乡蜜宝。这些新品种的选育将有力地支撑广西百香果产业的发展。

第十一节　番石榴种质资源多样性及其利用

一、番石榴种质资源基本情况

番石榴（*Psidium guajava*）是桃金娘科（Myrtaceae）番石榴属（*Psidium*）常绿灌木或小乔木，原产于美洲秘鲁至墨西哥一带，16～17 世纪传播至其他热带及亚热带地区，传入我国已有 300 多年的历史，目前在我国的广西、福建、台湾、海南、广东等地广泛栽种。另外，云南、贵州和四川等省份的一些地方也有栽种。

广西于 20 世纪 90 年代从台湾引种番石榴，早期以零星庭院种植为主，栽培规模极小。随着栽培技术的进步与品种改良的综合影响，近 20 年来产业迅速发展，到 2010 年种植面积超过 1.3 万 hm²。仅玉林市 2010 年的栽培面积就有 1430hm²，年产量超过 11.82 万 t。目前，广西钦州市浦北县、北海市合浦县，以及玉林市等部分市（县）已将番石榴产业作为当地重点扶贫产业，栽培面积与产值逐年增加。种植的品种主要为珍珠番石榴、西瓜番石榴、红宝石番石榴等。

番石榴作为优稀果树，在全球水果产业中占比较低，基本以产地（国）自销为主，极少有国际贸易往来。以印度为例，2017 年统计结果显示每年仅有 0.05% 的番石榴用于出口，主要出口目标市场为美国、欧盟、沙特阿拉伯、科威特和约旦等。此外，泰国、巴西、孟加拉国、墨西哥和秘鲁都是番石榴主要出口国。目前全球番石榴出口最多的国家是印度，其次是巴基斯坦。

二、番石榴种质资源收集与保存

我国番石榴种质资源丰富，但由于不是原产国，最初收集的种质资源基本来源于国外，近年来越来越多的科研机构开展了番石榴种质资源的收集及保护工作，如广州市果树科学研究所九佛基地保存种质 60 多份、中国热带农业科学院南亚热带作物研究所保存种质 50 多份。此外，针对番石榴种质实生变异性强的特点，开展了种质创新、杂交选育等研究，我国台湾在番石榴引种选育方面做了大量工作，先后引种选育出二十世纪、珍珠、水晶等优良品种。广东省汕头市果树研究中心、海南省农业科学院热带果树研究所、广西大学农学院、华南农业大学、广东省农业科学院果树研究所等也开展了相关的研究工作。

广西壮族自治区亚热带作物研究所自 20 世纪 80 年代开始番石榴种质资源的保护工作，2014 年开始正式建立番石榴种质资源圃，2016 年 7 月获农业部授牌"农业部南宁番石榴种质资源圃"。目前保存番石榴种质资源 98 份，保存的种质分别来自我国广西、广东、海南、云南、福建、台湾等地，也从泰国、老挝、柬埔寨、马来西亚等国引种。

由于番石榴的生长特性，广西的番石榴种质资源基本分布于桂东、桂南，如南宁市、北海市、崇左市、玉林市等地。除了珍珠番石榴、西瓜番石榴等少数品种有规模化种植，大部分种质为当地实生种，农户零星种植，主要供给当地鲜果市场。

三、番石榴种质资源主要特点

番石榴属约有 150 种，绝大多数分布于巴西、秘鲁等原产国（地），我国目前引种的番石榴有 2 种：番石榴（*Psidium guajava*）和草莓番石榴（*Psidium littorale*）。番石榴别称芭乐、鸡屎果、拔子，是番石榴属中分布最广、栽培面积最大的一种，也是目前我国唯一有经济栽培的一种。常绿小乔木或灌木，适应性较强，我国南方一年四季均可种植。适宜热带气候，年平均温度需高于 15℃；怕霜冻，一般温度 -1~2℃ 时，幼树即会冻死。对土壤要求不严，以排水良好的砂质壤土、黏壤土栽培生长较好。土壤 pH 4.5~8.0 均能种植。草莓番石榴别称樱桃番石榴，是原产于巴西的一种可食用植物，主干光滑，呈灰褐色，植株自然矮化；叶片厚革质，因而较番石榴耐寒。花白，单生，雄蕊比花瓣短。果实多呈球形或椭圆形，单果重较小，果皮颜色为红色或紫红色，果肉有白色、黄色或红色，具有类似于草莓的特殊香气；果柄极短，有生理性落果现象。喜光、喜温，对土壤水分等要求不严，我国南方均可种植。我国经济栽培和国内市场销售的均为番石榴。

四、番石榴种质资源创新利用及产业化应用

番石榴全身是宝，具有极高的经济价值与药用价值。其果实风味独特、鲜美，富含有益于人体的各种营养成分，既可鲜食、煮熟吃、酿酒，又可加工成果汁、果酱、罐头等系列产品（何金兰等，2004）。种子含油率较高，可用于榨取优质食用油。根、茎、叶除可药用外，还可作为轻化工原料。研究发现，番石榴的果实富含番茄红素、维生素 C 等，叶及嫩茎富含酚类，果实、叶子、根及其提取物具有良好的降血糖作用（刘美凤等，2013），对黄曲霉毒素 B_1 所致的大鼠肝癌具有较强的抑制效果（余淑华等，2022），可治疗糖尿病、痢疾、肠胃炎等疾病（张学森等，2006），还具有养颜美容、健脾胃等保健功效。嫩叶、芽经煮沸去鞣质后晒干可制茶，常喝能清热解毒，防治肠炎和腹泻，成熟老叶可作为染料。番石榴植株木材材质坚硬，质地细腻致密，具曲纹理，可用作家具用材，也可用作雕刻。目前，番石榴的主要用途早已不再局限于鲜果食用，全球产业整体正在向着综合开发利用方向发展。在国际水果市场上，特别是在饮料市场上占有重要的地位，近年来国际市场对番石榴果汁的需求量增长在加快，供不应求。此外，果汁粉、果脯、果酱、果冻、果糕、果罐头等产品也深受欢迎。

我国番石榴目前的研究重点是栽培技术和病虫防治（刘建林等，2005）。近年来，我国食品加工业飞速发展，加上番石榴生产的发展，为番石榴产业的发展带来了新气象，也促使番石榴研究有了一定进展。但就目前而言，番石榴并未得到规模化的有效开发与利用，产业集中于鲜果食用，基本以产地自销为主。仅作为鲜果或少量果汁、果酱原料进行销售，产生的经济价值较低。

番石榴适应性很强，早结丰产，适宜消费人群广泛，市场容量大，有成为热带地区重要果树的潜力。

第十二节　澳洲坚果种质资源多样性及其利用

一、澳洲坚果种质资源基本情况

澳洲坚果（*Macadamia integrifolia*）隶属于山龙眼科（Proteaceae）澳洲坚果属（*Macadamia*），又名昆士兰坚果、澳洲胡桃、夏威夷果等，原产于澳大利亚昆士兰州东南部沿海地带及新南威尔士州北部的江河地区（南纬 20°～32°），为四倍体常绿乔木，无主根、根系浅，适宜亚热带气候（刘晓和陈健，1999）。澳洲坚果含脂肪 70% 以上、蛋白质 9%，且含有人体所需的 8 种氨基酸，营养价值高（谭秋锦等，2019）。目前，主要选育国有美国、澳大利亚、南非、肯尼亚、新西兰、中国等，累计品种有 500 多个，国内收集和保存种质 300 余份，其中 180 余份是从国外引进的。国外主要栽培品种有 344、333、660、788、741、900、A16、OC、A4、A38、H2、695 等；国内主要栽培品种有桂热 1 号、南亚 3 号、OC、A16、344、788、695 等，其中云南旱坡地以栽培品种（OC、344、788）为主，广

西、广东则以选育品种桂热 1 号和引进品种（OC、A16、695）为主。

二、澳洲坚果种质资源类型与分布

　　世界澳洲坚果在北纬 34° 到南纬 34° 之间均有种植，涉及 20 多个国家和地区，但大多商业性产区位于南北纬 16°～24°，主产国为中国、澳大利亚、南非、美国和肯尼亚等。目前发现的澳洲坚果属植物有 23 个种，主要分布于澳大利亚、新喀里多尼亚、印度尼西亚群岛和新西兰等地区，但能用于商业果仁生产的只有 3 个种，即光壳种澳洲坚果（*M. integrifolia*）、粗壳种澳洲坚果（*M. ternifolia*）以及它们的杂交种澳洲坚果（*M. integrifolia* × *M. ternifolia*）（贺熙勇等，2008）。

　　我国于 1910 年将澳洲坚果引入台北植物园作标本树种植，随后在 1931 年、1954 年、1958 年台湾嘉义农业试验站多次引种繁殖推广，由于引入的是实生苗及种子，商业性栽种未成功，20 世纪 40 年代初的原岭南大学引种试验同样未有进展。直到 70 年代末广东及广西从澳大利亚、夏威夷引入 40 多个商业性品种后才慢慢推广栽培。目前主产区域是云南和广西，而广东、贵州、海南、四川和福建的适宜区域也有种植。广西自 1974 年开始引进澳洲坚果，经过 40 多年的发展，是我国澳洲坚果第二大产区，种植面积达 3.66 万 hm²，从最南端的北纬 22°（崇左市龙州县）到最北端的北纬 25°（河池市环江毛南族自治县），种植区域覆盖 13 个地级市 52 个县（市、区），面积较大的区域是崇左市、梧州市，新增面积较快的区域是南宁市、百色市、来宾市等（王文林等，2018）。

三、澳洲坚果种质资源主要特点及多样性变化

　　澳洲坚果属于常绿乔木，双子叶植物，高 4～15m。叶革质，叶 3 或 4 片轮生或近对生，长圆形至倒披针形，长 5～15cm、宽 2～4.5cm，顶端急尖至圆钝，有时微凹，基部渐狭；侧脉 7～12 对；每侧边缘具疏生齿约 10 个；成龄树的叶近全缘，叶柄长 4～15mm（曾辉和杜丽清，2017）。总状花序，腋生或近顶生，长 8～20cm，疏被短柔毛，花淡白色或粉色；花梗长 3～4mm；苞片近卵形、小；花被管长 8～11mm，直立；被短柔毛；花丝短，花药长约 1.5mm，药隔稍突出，短、钝；子房及花柱基部被黄褐色长柔毛；花盘环状，具齿缺。果球形，直径约 2.5cm，顶端具短尖，果皮厚 2～3mm，开裂；种子通常球形，种皮骨质，光滑，厚 2～5mm。花期 3～4 月（广西），果期 9～10 月。根系分布浅，抗风能力弱，适生气温 10～30℃，最适宜气温 15～30℃，低于 10℃ 或超过 30℃ 对坚果生长不利。年降水量 1000～2000mm 的地区种植生长结果较好，降水量在 1000mm 以下或干旱地区种植生长慢，果实变小，发育不良，落果严重。

　　我国澳洲坚果由于各省（区）内外交叉引种、杂交、早期的实生繁殖以及自然变异选种等，形成了众多的遗传资源，种质资源极其丰富，但品种资源间的亲缘关系尚未清楚，存在同物异名或同名异物等现象。随着现代生物技术的迅速发展，澳洲坚果种质资源多样性变化集中于遗传多样性研究，运用形态学标记、同工酶标记和分子标记等技术手段。形态学研究方面：根据国际植物新品种保护联盟（International Union for the Protection of New Varieties of Plants，UPOV）推荐的澳洲坚果描述，选用 13 项指标确定了澳洲坚果主要品种的身份和类型，并得到基于形态学标记的常见品种指纹图谱。同工酶应用方面：运用 9 种

同工酶组成的同工酶系统对澳洲坚果种质进行分析，可以验证品种起源，并评价澳洲坚果品种的遗传变异特性。分子标记应用方面：应用分子标记技术能将来自国内外收集的品种进行归类，建立基因库，确定多个 DNA 标记为光壳种、粗壳种和杂交种所特有；利用基因组随机扩增序列单核苷酸多态性（SNP）及甲基化多态性技术对国内外澳洲坚果品种的 SNP 位点进行基因分型，能分析其亲缘关系与遗传多样性（谭秋锦等，2020）。

四、澳洲坚果种质资源创新利用及产业化应用

（一）澳洲坚果种质资源创新利用

目前主要以杂交育种、辐射诱变等渠道创新澳洲坚果种质。以澳洲坚果优良种质 A4 为父本、D4 为母本，杂交得到 110 株 F_1 代，通过正交设计建立澳洲坚果的 SSR 反应体系，利用 SSR 分子标记技术对该杂交后代的真实性进行分子鉴定。

在种质利用方面，依托广西南亚热带农业科学研究所的现有科研能力，加强与海南大学、暨南大学、中国热带农业科学院南亚热带作物研究所、云南省热带作物研究所等澳洲坚果科研院所合作，聚焦种质资源保护、制种技术创新、加工技术升级等与创制种质高质量发展息息相关的重点领域，重点建设澳洲坚果品种研发试验基地。广西南亚热带农业科学研究所已建设有 100 亩品种保护基地，30 亩繁育基地，200 亩优良单株选育基地。依托良种繁育基地，加大科研投入力度，选育出优良品种桂热 1 号和南亚 1 号，正在参加不同区域试验示范品种（系）的还有十几个。此外，广西南亚热带农业科学研究所牵头组建的广西坚果产业协会，有会员 100 多家，涉及种植、育苗、加工、销售、设备制造、农资、科研、服务等整个产业链中的企业、相关组织和个人，通过产业协会形式，联合科研单位科技支持、种植企业示范带动、加工企业包收包销，有力地保障了澳洲坚果生产及品种推广和种植需要。

（二）澳洲坚果种质资源产业化应用

1. 充分利用各种媒体、网络平台推广澳洲坚果产业发展

充分利用各种媒体资源加大宣传力度，借助《科技日报》《左江日报》、广西卫视、学习强国、微信公众号等平台，多渠道、多层次地广泛宣传报道新品种和新技术。加强互联网品牌营销，积极与各地区生产合作社、龙头企业、本地电商企业合作，建立线上产销平台，打造"广西坚嘢"地方品牌，形成"线上平台与线下实体企业"相结合的发展模式；让各级政府、广大农户和市民更全面地认识到澳洲坚果产业，加快澳洲坚果产业的示范推广速度。

2. 为地方政府提供产业咨询，开展澳洲坚果产业发展顶层设计

利用自身品种与技术优势，结合地区产业结构调整，为南宁市、崇左市等地方政府提供产业规划咨询。广西壮族自治区人民政府办公厅《关于印发广西乡村振兴产业发展基础设施公共服务能力提升三年攻坚行动方案（2021—2023 年）的通知》（桂政办发〔2021〕19 号）将坚果列入乡村振兴特色农业产业，崇左市及下属各县（市、区）政府相继出台了促进地区澳洲坚果发展的扶持政策性文件，进一步夯实了产业发展政策保障。与来宾市人民政府、龙州县人民政府、宁明县人民政府等地方政府签订澳洲坚果技术服务协议，为地

方发展澳洲坚果产业提供坚实的技术保障。

3. 建设标准化示范基地，推广良种良法，带动澳洲坚果产业发展

近 3 年，依托广西科技厅，以广西坚果产业科技服务团为载体，累计在崇左市、南宁市、钦州市、百色市、梧州市、河池市、防城港市等 13 个地级市以及云南、广东、贵州等地区建立澳洲坚果标准化示范基地 36 个，示范推广项目选育的桂热 1 号等 3 个优良品种以及配套高效栽培技术，全国推广面积达 222.36 万亩。广西澳洲坚果的种植面积由 2010 年的 2.5 万亩增加至 2020 年末的 55 万亩，已成为国内种植面积第二大省（区）。

第十三节　黄皮种质资源多样性及其利用

一、黄皮种质资源基本情况

黄皮（*Clausena lansium*）隶属于芸香科（Rutaceae）柑橘亚科（Aurantioideae）黄皮属（*Clausena*），为热带亚热带常绿果树，原产于我国华南地区，至今已有 1500 年的栽培历史。最早记载见于《齐民要术》："王坛子，如枣大，其味甘。……其形小于龙眼，有似木瓜"。据《岭南杂记》记载："果大如龙眼，又名黄弹，皮黄白有微毛，瓤白如猪脑……夏末结果……此果当时多数野生在山间"（潘建平，2008）。在《岭南采药录》中有记载："木本，高至十余尺，叶羽状复叶，互生，春生开小花，白色，果黄蜡色，状如金弹"。国内黄皮种植主要分布在广东、广西、福建、海南、四川、云南、台湾等地，其中广西栽培种植较早，分布范围也较为广泛。百色地方志记载，18 世纪 60 年代就有种植黄皮的习惯；北海市合浦县群众反映，清嘉庆年间开始栽培黄皮。桂林市荔浦市现存有 200 年生黄皮树，且南宁市、柳州市、玉林市等地百年以上的古老黄皮树生长繁盛，结果累累（石健泉，1991）。广西黄皮种质资源约有 8 种，分布于北纬 21°29′～25°25′ 的南亚热带与中亚热带南端之间的 83 个县（市、区），东到梧州市，南到北海市，西到百色市隆林县，北到桂林市灵川县，分布于南宁市横州市、桂林市区、桂林市阳朔县、梧州市区、梧州市苍梧县、贵港市、玉林市博白县、百色市辖区、百色市靖西市、百色市那坡县、百色市田林县、河池市都安瑶族自治县、崇左市龙州县等地（石健泉，1991）。现广西农业科学院收集和保存的黄皮资源有 140 份以上，以黄皮（又名黄弹）和细叶黄皮（*Clausena anisum-olens*，又名鸡皮果）为主，开展其种质资源的收集评价鉴定、品种选育、示范推广、开发利用等工作。

二、黄皮种质资源多样性

（一）广西黄皮资源的物种多样性

目前，广西供食用的黄皮栽培种主要有无核黄皮、单核黄皮、水晶黄皮、鸡心黄皮、圆头黄皮、牛奶黄皮、细叶黄皮等。在果实不同成熟期上的主要分类为早、中、晚熟 3 个品种；从果实形状上的主要分类为圆粒种、椭圆形种、阔卵形种、鸡心形种；在果实风味上的分类主要分为酸黄皮（多为野生品种，作为加工果汁、果酱、果冻和果脯的品种，同时也作为品种改良的资源库）和甜黄皮（栽培食用品种）；从果实利用率和经济效益角度分

类又可分为无核和有核黄皮两类。

（二）广西黄皮资源的遗传多样性

黄皮为常绿小乔木，高6～10m，实生植株枝干直立，嫁接树分枝较低，主干不明显。树皮灰褐色或灰黑色，成年树皮粗糙，常见纵裂。叶为羽状复叶，互生，复叶长30～40cm，小叶5～13片，卵形或披针形、卵状椭圆形，边缘波浪状或见细齿，先端短尖，基部楔形或偏斜，叶脉凸起，揉捻有黄皮香气。聚伞圆锥花序，花小，黄白色，完全花，萼片青绿色、5裂，花瓣5片，雄蕊10枚，雌蕊淡绿色，子房有茸毛，通常5室，每室2枚胚珠。果为小浆果，果皮黄色或黄褐色、橙黄色、橙红色、黄白色，有茸毛或无毛，具特殊芳香。果实圆形、长圆形、卵形、鸡心形，肉多与皮粘连。种子1～5粒或无，肾形或长卵形，上黄褐色、下绿色，种皮有白膜。

（三）广西黄皮资源的生态多样性

广西黄皮资源分布区域集中在海拔30～1000m，年降水量1100mm以上，≥10℃以上年积温7500℃，极端低温-3.8℃，极高温度39.7℃。土壤多为淋溶黑色石灰土、棕色石灰土、红色沙壤土。广西主推黄皮栽培品种多见于居民居住区的房前屋后，野生资源主要分布在南部山区、自然保护区或深山老林间。

（四）广西黄皮资源的种质多样性

黄皮正常成年结果树自然树冠多为圆头形、伞形，植株偏直立，叶片多为披针形、卵形和长椭圆形，叶缘有全缘、波浪状、锯齿状。花序短圆锥形、长圆锥形、疏散形，花瓣颜色白、黄白、黄绿。果实成熟时形状：长心形（水晶黄皮、防城鸡心等）、圆球形（桂平1号、桂研20号等）、椭圆形（鸡子、无核小果等）、圆卵形（甜黄皮4号、大香皮等）、梨形；果皮颜色浅黄、黄、浅橙、黄褐（甜黄皮4号、无核黄皮等）、古铜（水晶黄皮、鸡心黄皮等）、黄白（山黄皮）；种子肾脏形（无核小果、大香皮等）、卵形（甜黄皮4号、桂平2号等）、纺锤形（防城鸡心、桂平1号等）、近圆形、半圆形。

三、黄皮种质资源创新利用与产业化应用

广西科研工作者一直致力于黄皮种质资源的收集、引进与鉴定保存、新品种选育、高效栽培技术研究、苗木培育、老果园高接换种等工作。目前，选育出紫肉黄皮、香蜜黄皮、桂研20号（山黄皮）等综合性状良好的品系，早结丰产、品质优良、适应性广，已在广西玉林市、崇左市龙州县等地大面积推广种植。黄皮种质资源鉴定评价主要是通过物候期观察、基本生物学性状描述、品质特征差异性来判断，但有可能因同种不同区域栽培表现差异而不能够准确分类，造成黄皮品种混乱、同名异种或同种异名现象，给科研机构种质资源收集保存和利用，以及果农选种育苗带来很大的困难。近年来，随着DNA分子标记技术在各种作物种质资源鉴定中的广泛应用，广西研究者也开始利用ISSR、随机扩增多态性DNA（random amplified polymorphic DNA，RAPD）、AFLP等分子标记方法对黄皮种质资源进行亲缘关系和遗传多样性分析研究（刘小梅等，2007；李开拓等，2009；王惠

君等，2015；覃振师等，2016）。同时也开始研究黄皮抗氧化、果皮着色相关基因，如黄皮 *CIPPO* 基因、*DFR* 基因（赵志常等，2017；沈丸钧等，2022）。

黄皮果实具有润肺止咳、消痰化气、开胃健脾、去疳积等功效。黄皮果实营养丰富，富含挥发油、果胶、维生素 C、有机酸、氨基酸等物质。其中氨基酸非常丰富，种类在 18 种以上。各类营养物质的鲜果含量为：蛋白质 1.2%、脂肪 0.26%、碳水化合物 15.89%、维生素 C 0.039%。对无核黄皮进行专项检测，果肉占全果的 78.3%，蛋白质 1.8%、脂肪 0.28%、维生素 C 0.045%、碳水化合物 20.1%。相比之下，无核黄皮品种的营养含量较为突出，可以作为深加工开发保健食品的良好原料之一。

黄皮根、叶、果和种子均可入药，根和叶含生物碱、酚类化合物及香豆素等成分，有开胃健脾、解表散热、消痰化气和止痛等功效，还用于治疗痢疾、尿道感染、肠炎以及感冒发烧；种子能治疗疝气；果皮可去疳积、消风肿；果实腌制品能化痰顺气止咳、消食健胃、生津止渴；黄皮的果实含有桉萜、4-萜烯醇等香气成分，因而具有特殊的香气，还具有去肉膻和鱼腥等功效。民间多用黄皮叶子煮水喝来缓解中暑所引发的恶心、头晕等症状，但关于其相关功能活性物质成分、药效等研究较少。

第十四节　乌榄种质资源多样性及其利用

一、乌榄种质资源基本情况

乌榄（*Canarium pimela*），别名黑榄、木威子，是橄榄科（Burseraceae）橄榄属（*Canarium*）乔木。乌榄在华南诸省（区）栽培历史悠久，主要分布在广东、广西、海南、福建、台湾和云南等省（区）北纬 24° 以下的亚热带地区以及越南、老挝、柬埔寨等地。早期多种植实生苗，由于遗传变异，各地产生不少优异资源。据广西南亚热带农业科学研究所对广西乌榄主产区的调查，农家乌榄资源名录共 30 余个，如崇左市龙州县有桂榄 1 号、桂榄 3 号、霞秀 1 号、10 号，玉林市有三方榄、土榄、半土油榄、车籽榄，梧州市有西山、油榄、牛牯榄等（邱瑞强，2011）。

乌榄属于常绿乔木，高达 20m，胸径达 40cm。树干灰白色或灰褐色，髓部周围及中央有柱状维管束。羽状复叶，小叶互生或对生，5～15 片，纸质至革质，无毛，长椭圆形、卵形或披针形，长 10～15cm、宽 4～8cm，叶尖钝尖、渐尖或急尖；基部宽楔形或圆形，叶缘全缘或锯齿状；网脉明显。花序腋生或顶生，为圆锥花序或总状花序，无毛。雄花序多花，雌花序少花。花几无毛，雄花长约 7mm，雌花长约 6mm。萼在雄花中长 2.5mm，明显浅裂，在雌花中长 3.5～4mm，浅裂或近截平；花瓣在雌花中长约 8mm。雄蕊长约 6mm，无毛，在雄花中近 1/2、在雌花中 1/2 以上合生。花盘杯状，高 0.5～1mm，流苏状，边缘及内侧有刚毛。雄花花盘厚肉质，中央有一凹穴；雌花花盘薄肉质，边缘有 6 个波状浅齿。雌蕊无毛。果序长 8～35cm，有果 2～6 个；果柄长约 2cm，果萼近扁平，直径 8～10mm，果成熟时紫黑色或青色，被白蜡质，椭圆形或梭形，长 3～7cm，直径 1.5～4cm，横切面为圆形或近三角形；外果皮较薄，干时有细皱纹。果核梭形或三棱形，褐色，横切面近圆形或近三角形，果核厚约 3cm，平滑或在中间有一不明显的肋凸。果核心室 3 或 4 室，种仁 1 或 2 枚。

二、乌榄种质资源类型与分布

广西乌榄种质资源多样性较为丰富，从表型性状上存在较大差异，如叶形有披针形、长椭圆形、椭圆形、卵形等，果实有近圆形、广椭圆形、长椭圆形、纺锤形、长梭形、卵形、弯月形、子弹形等，果核有短梭形、长梭形、三棱形等，具有丰富的遗传信息和选择潜力，育种材料十分丰富。广西乌榄主要分布在崇左市、玉林市、贵港市、梧州市、钦州市、北海市、防城港市等地，以野生、半野生状态为主，其中崇左市龙州县、宁明县、江州区、天等县、扶绥县、大新县，以及防城港市上思县等地野生或半野生乌榄种质资源丰富。

三、乌榄种质资源创新利用及产业化应用

乌榄用途十分广泛，全身是宝。果实中每100g鲜果含生物有机钙200～700mg、橄榄黄酮2%～4%，是水果类钙中之王和黄酮之王（吕镇城等，2014）；具有清热解毒、清咽利喉、抗菌消炎、保护肠道黏膜、解酒护肝、抗氧化、清除自由基、解脂降压、肉类食品护色等作用（董艳芬等，2006）。乌榄的根、果、仁、核均可药用，榄仁可榨橄榄油，榄木可供建筑和造船用，种核可制作雕刻工艺品、活性炭等。同时，种植乌榄具有易管理、成本低、效益高等优势，发展前景广阔。

广西南亚热带农业科学研究所现已建立了乌榄种质资源圃，收集保存了国内外乌榄种质资源100多份，涵盖了许多重要品种、传统品种和农家种，富有代表性和区域特色，是全国乌榄资源保存中心。现已经选育出桂榄1号（覃振师等，2012）、桂榄3号、先锋1号等优良品种（系），并已在广西的崇左市、玉林市、梧州市及广东的云浮市等地推广种植。广西乌榄种质资源利用仍以食用为主，食用历史久远，传统古老的"榄角"，可拌粥拌饭食用，还可制作成多种乌榄酱、乌榄果脯、五仁月饼等食品。随着人民生活水平的提高，核雕越来越受消费者喜爱。很多现代种植者以收获优良种核为目的，核的厚度越大、密度越坚硬，越有制作核雕的价值，优质种核的价格可高达2000元/kg。此外，钦州市浦北县依托特有的橄榄、乌榄古树资源，将榄树特色产业与古树森林景观、休闲旅游相结合，打造橄榄主题公园。

第十五节　油梨种质资源多样性及其利用

我国于1918年引进油梨，以墨西哥系为主，分布于广西、广东、云南、海南、台湾、福建、四川、江西、浙江等地，其中商业种植集中在广西、云南、海南等地。我国亚热带地区部分科研院所在几十年前已开展油梨引种试种研究，中国热带农业科学院与原华南热带作物学院（简称热作两院）、广西橡胶研究所（现广西南亚热带农业科学研究所）早在20世纪50年代末60年代初（蔡胜忠等，1998）、贵州在1963年（罗立娜等，2018）开展油梨引种试种研究。由于国内油梨市场单薄，油梨商业化栽培一直发展缓慢。随着经济的发展与市场营销手段的丰富，以及人们对油梨保健价值的更多了解，油梨在最近几年成为时尚水果，进口量呈爆发式增长。国内油梨种植面积也在迅速扩大，截至2019年，我国油梨种植面积已达2.2561万hm^2。

一、油梨种质资源基本情况

油梨（*Persea americana*），隶属于樟科（Lauraceae）鳄梨属（*Persea*），也称鳄梨（alligator pear），因黄色的果肉且脂肪类似牛油味道，"牛油果"一名在我国市场上使用更广泛（张素英和何林，2016），台湾称之为幸福果，此外还有樟梨、酪梨等称呼（汤秀华等，2014），原产于中美洲及墨西哥湿润地区，常绿乔木。

油梨具有极高的营养价值，集水果与木本油料于一体，干果肉出油率可达 32.43%（陈金表等，1978），有"树木黄油"的美称，可与黄油媲美。富含蛋白质、矿质元素、各种维生素、食物纤维、氨基酸及各种营养成分等（钱学射等，2010），油梨果肉的脂肪成分以不饱和脂肪酸为主，同时含有一些水溶性很好的酯类物质，极易被人体吸收，应用于医药、化妆品、保健品等方面。随着经济水平的发展及油梨保健机理的广泛宣传，我国消费量与进口量快速增长。

油梨主要分为墨西哥系（*Persea americana* var. *drymifolia*）、危地马拉系（*P. americana* var. *guatemalensis*）、西印度系（*P. americana* var. *americana*）三大种群（Vallejo Perez et al.，2017），种群特征见表4-3。

表 4-3　油梨三大种群特征

类型	叶片	开花/收获季节	果皮	耐寒性	耐盐碱性	代表品种
西印度系	无茴香味	春季开花、同年夏季成熟	薄、光滑	弱	强	Pollock，General Bureau，Lewis
危地马拉系	无茴香味	春季开花、来年春季/夏季成熟	厚、粗糙	中	中	Reed，Gem，Nabal
墨西哥系	通常有茴香味	冬季开花、来年夏季/秋季成熟	薄、光滑	强	弱	Bacon，Zutano，Walter Hole，Ettinger

二、油梨种质资源类型与分布

油梨种质资源类型分为国内登记品种、国外引进品种、实生选育种、辐射诱变种、野生近缘种、当地农家种。油梨原产于中美洲及墨西哥湿润地区，主要分布于美洲的墨西哥、智利、秘鲁、哥伦比亚、美国，非洲的肯尼亚、南非，大洋洲的澳大利亚、新西兰，亚洲的中国、印度尼西亚、越南、菲律宾、泰国等 30 多个国家。在世界上南纬 40° 至北纬 40° 均有分布。目前，全世界已知品种超过 1000 个，广西最初主要由原广西农垦从美国、墨西哥引进几十个品种及砧木资源。目前，广西南亚热带农业科学研究所及广西职业技术学院收集保存有几百份油梨种质资源。

三、油梨种质资源多样性变化

（一）物种水平多样性变化

油梨园艺种在西印度群岛分布在北纬 8°～15° 太平洋沿岸低地海滨地区，在危地马拉分布在北纬 14°～16° 热带山岭地区，在墨西哥分布在北纬 14°～16° 亚热带高原地区，所以理论上，北纬 8°～24° 都可能适宜油梨生长。

（二）油梨品种多样性变化

我国引入油梨已有百年多历史，油梨在各种植省（区）呈现数量繁多的遗传变异，存在着野生、半野生、农家种资源，研究筛选出了一批优良性状的种质资源。美国通过收集墨西哥及中美洲各国油梨种子，通过杂交育种选育出具有早熟、晚熟、产量高、保存期长等特点的品种，如 Fuerte、Zutano、Hass 等优良品种。

（三）油梨种质资源多样性变化规律及分析

油梨种质资源在时空尺度有着多样性变化，我国最早引种油梨的省份是台湾省，时间是 1918 年，1925 年引入福建，随后广西、广东、海南进行引种；引种空间跨度从最北边的云南、贵州、四川地区至最南边的海南。

广西区内油梨存在的最高纬度在桂林市叠彩区，最低纬度在北海市。随着近 70 年的多次引种，区内各农场、学校、小区及绿化景观树存在着数量巨大的遗传变异株，广西橡胶研究所（现广西南亚热带农业科学研究所）和广西职业技术学院从危地马拉系中选育出桂研 10 号、桂垦大 2 号等品种，于 2003 年登记为广西地方品种，填补了国内油梨品种的空白。

四、油梨种质资源主要特点

（一）资源丰富程度高

起源于中美洲热带和高山亚热带地区，约 150 种，经过 500 多年的栽培与引种实践，资源非常丰富，已知命名品种有 1000 多个。

（二）种质资源变异幅度大

种质资源在果实形状、大小、果皮颜色、粗糙程度、物候期以及果实品质性状等方面变异幅度大。

五、油梨种质资源创新利用及产业化应用

（一）油梨种质资源创新利用

遵循"广泛收集，妥善保存，全面评价，深入研究，积极创新，充分利用"的种质资源保护指导思想。油梨种质资源经济价值较高，供食用、医用、化妆工业等。主要作食用，提炼的油梨油可作为高档化妆品的主要成分、机械润滑和医药上的润肤油及软膏原料。

广西南亚热带农业科学研究所，前身"华南热作研究所广西龙州试验站"，从 1956 开始油梨引种试种和品种选育研究，是国内最早研究油梨的少数几个科研单位之一。1961～1963 年根据广西农林局（现广西壮族自治区林业局）下达的"热带作物引种试验"研究课题，继续开展引种试种工作，油梨作为引种试种作物之一，经原广东省华南热作研究所粤西试验站引回本所试种，进行适应性观察。在取得初步结果的基础上，1972 年以后

又从广西南亚热带农业科学研究所逐步扩大到广西各地区试种，验证其适应性，共 33 个县 77 个试种点，形成油梨试种网，引进矮化中间砧 M2（Rincon）、M3（VERACRUZ-5）及抗根腐病种 5 个、接穗种 9 个、国外品种的实生种（无性系果实育出的苗）6 个，以及 13 个国内自选品种。

（二）油梨种质资源产业化应用

油梨种质资源产业化应用在国内处于初步阶段，仍以鲜食为主，少量加工成果酱，面条、薯片等食品组分；提取油梨油，应用于化妆品行业。

第十六节 李种质资源多样性及其利用

一、李种质资源基本情况

李是蔷薇科（Rosaceae）李亚科（Prunoideae）李属（*Prunus*）植物，全世界有 30 多种，原产和引进中国栽培多年的主要有欧洲李（*P. domestica*）、中国李（*P. salicina*）、樱桃李（*P. cerasifera*）、杏李（*P. simonii*）、乌苏里李（*P. ussuriensis*）、美洲李（*P. americana*）、加拿大李（*P. nigra*）、黑刺李（*P. spinosa*）。

广西李种质资源十分丰富，是中国李系统的主要组成部分。20 世纪 90 年代，广西农业科学院园艺研究所彭宏祥等开展广西李种质资源调查及品种分类研究（彭宏祥等，1993），研究表明广西李种质资源主要分布于桂西、桂西北、桂东北高海拔山区各县，已调查鉴定的李种质/地方品种有 58 份，对这些资源开展过氧化物同工酶分析，共出现 30 个不同的酶谱类型（表 4-4，第 14～17 组酶谱类型资料缺失），变异范围大，显示了广西李品种遗传类型丰富，基因组合复杂。广西 58 个李品种（类型）根据聚类关系在相似系数赋值 $\alpha=0.60$ 水平上可分为 5 个组（表 4-5）。

表 4-4 广西李种质资源在过氧化物同工酶谱类型水平上的分类

酶谱类型组别	李种质名称
1	凌云牛心李
2	大水李，凤凰二号
3	鸡嘴李
4	清水李，凤凰一号，凤山鸡血李，凤山秧李，凌云秧李，南丹秧李，黄柑李，花红李，平嘴李
5	八步土李
6	黄腊李
7	凤山牛心李，凤山瓜李，凌云瓜李，凌云桐壳李，南丹桐壳李，桐果李
8	南丹四月李
9	香李
10	木炭李
11	富川水李
12	苞泡李

续表

酶谱类型组别	李种质名称
13	桐油李，道州李，大果李
18	隆林四月李
19	红心李，那坡水李，那坡早熟李，那坡猪血李
20	凌云鸡血李，南丹鸡血李，三华李
21	玉黄李
22	黄皮李
23	八步早熟李
24	芙蓉李
25	青菜李
26	苞谷李，丰红半黄李
27	豆豆李
28	天峨大梅李，天峨大算盘李，凌云算盘李，凤山算盘李
29	天峨苦李，南丹苦李
30	阳朔苦李

表 4-5　广西李种质资源的聚类关系分组

组别	李种质名称
I	黄腊李，南丹四月李，天峨大梅李，天峨大算盘李，凌云算盘李，凤山算盘李，八步土李，离核冰脆李，粘核冰脆李，隆林大梅李，鸡嘴李，红心李，那坡水李，那坡早熟李，那坡猪血李，隆林四月李，隆林猪血李，大果李，富川水李
II	苞谷李，丰红半黄李，青菜李，八步早熟李，木炭李，大水李，凤凰二号，清水李，凤凰一号，凤山鸡血李，凤山秧李，凌云秧李，南丹秧李，黄柑李，花红李，平嘴李，凌云鸡血李，南丹鸡血李，三华李
III	黄皮李，玉黄李
IV	苞泡李，串串李，豆豆李，天峨苦李，南丹苦李，阳朔苦李
V	青柰，凌云牛心李，凤山牛心李，凤山瓜李，凌云瓜李，凌云桐壳李，南丹桐壳李，桐果李，香李，桐油李，道州李，芙蓉李

对广西本地李种质资源的深入研究发现，地理隔离、交通不便、信息交流不畅可能造成种质资源的同物异名、同名异物情况。

（一）品种名不相同，但酶谱类型和果实性状相同，可确定为同物异名种质

凌云秧李、南丹秧李：果形圆、较小，果皮红色、有光泽，缝合线深，果顶凹，果肉黄色、质软、粘核。

凌云鸡血李、南丹鸡血李：果形扁圆和圆形，中等大，果皮暗红、有薄层果粉和浅绿斑点，缝合线浅，果顶圆或稍下凹，果肉红色、质软多汁、粘核。

凤山瓜李、凌云瓜李：果形圆，特大，果皮黄色、有光泽，缝合线浅，果顶圆，果肉黄白色、质软、纤维少、汁少、离核。

（二）同名而酶谱和果实性状不同（疑为同名异物）的种质

同名而酶谱和果实性状不同（疑为同名异物）的种质有：天峨大梅李与隆林大梅李、凤山鸡血李与南丹鸡血李和凌云鸡血李。天峨大梅李果形较大、圆形，果顶圆形，果皮红色，黄色斑点较多，果肉黄白色，质脆，汁少。隆林大梅李：果形中等，椭圆形，果顶稍尖，果皮红色，果肉淡黄色，质软，汁中等多。凤山鸡血李果皮红色，无浅绿色斑点，果肉淡黄色，与南丹鸡血李、凌云鸡血李的果实性状及酶谱均有区别。

二、李种质资源类型与分布

（一）广西李种质资源类型

对广西收集保存的 58 个李品种（类型）进行鉴定，共鉴定出 35 个品种，依据果实形态可分为：红皮黄肉、红皮红肉、黄皮红肉 3 类（彭宏祥等，1995）。结合果实形状和果核性状可分类检索如下。

1. 果皮红色，果肉黄色
　　A. 果形心脏形 ···富川水李
　　B. 果形圆形或近圆形
　　　　a. 果核椭圆形，缝合线钝尖 ·······························秧李、凤凰二号
　　　　b. 果核卵圆形，缝合线锐尖 ·············· 大梅李、大墨李、猪血李、凤山鸡血李
　　C. 果形扁圆形
　　　　a. 果核椭圆形，缝合线锐尖 ·····································大水李
　　　　b. 果核椭圆形，缝合线钝尖 ·························大算盘李、算盘李、平嘴李
2. 果皮红色，果肉红色
　　A. 果形心脏形 ···鸡嘴李、胭脂李
　　B. 果形圆形或近圆形
　　　　a. 果核卵形
　　　　　（a）缝合线锐尖 ···三华李
　　　　　（b）缝合线钝尖 ·····································朱砂李、鸡血李
　　　　b. 果核椭圆形、缝合线钝尖 ·····································木炭李
3. 果皮黄色，果肉黄色
　　A. 果形心脏形
　　　　a. 果核卵形
　　　　　（a）缝合线锐尖 ···中心李
　　　　　（b）缝合线钝尖 ···青柰
　　　　b. 果核纺锤形 ···桐油李
　　B. 果形圆形或近圆形
　　　　a. 果核椭圆形 ··················豆豆李、苞泡李、桐壳李、瓜李、黄柑李、四月李
　　　　b. 果核卵形
　　　　　（a）缝合线钝尖 ·······································青菜李、六月李

（b）缝合线锐尖 ···黄腊李

    c. 果核纺锤形，缝合线钝尖 ·······················黄皮李、清水李

C. 果形扁圆形

    a. 果核椭圆形，缝合线钝尖 ······························道州李

    b. 果核近圆形，缝合线钝尖 ······························冰脆李

D. 果形长圆形

    a. 果核纺锤形，缝合线钝尖 ······························玉黄李

    b. 果核椭圆形，缝合线钝尖 ·······························苦李

（二）广西李种质资源分布

广西李种质资源主要分布在桂西北、桂北，包括百色市的隆林各族自治县、乐业县、西林县、田林县、凌云县、那坡县、靖西市、德保县等县（市），河池市的天峨县、南丹县、凤山县、东兰县等县，柳州市的融水苗族自治县、三江侗族自治县等县，桂林市的龙胜各族自治县、资源县、全州县、兴安县、临桂区、阳朔县等县（区），贺州市富川瑶族自治县等县（韦发才等，2010）。

三、李种质资源主要特点

广西李种质资源具有丰富的多样性，单果重、果皮与果肉颜色、离核与粘核、果肉软硬、熟期都有较完整的谱型。单果重大的如牛心李可达 70g，小的如苞谷李仅 9g。果皮颜色丰富，如算盘李的蓝黑色、胭脂李的梅红色、蜜黄李的柠檬黄色、青奈的绿色，黑、红、橙、黄、白、绿均有发现。果肉有血红、橙红、黄、淡黄、黄绿多种类型。风味也有甜、酸甜、酸、涩、苦等多样性。熟期最早为 4 月初清明节前后，最迟为 8 月下旬。知名地方品种中有自花授粉结实率高的珍珠李，也有自花授粉结实率低的黄腊李。

四、李种质资源创新利用及产业化应用

广西李种质资源商业利用程度相对较低，仅珍珠李、牛心李、黄腊李、三华李、苞谷李等鲜食品质优的地方品种得到较好的产业化发展，加工型品种类型尚有待开发利用。种植范围集中、面积较大的几个品种如下。

珍珠李，为广西李种质资源中商业化种植面积最大的品种，仅在发源地河池市天峨县种植面积就达 12.8 万亩。

三华李，为广东引进品种，主要在贺州市、钦州市、防城港市种植，百色市、桂林市、河池市等地也有种植，在贺州市发展面积最大时达 8.6 万亩。

牛心李，集中在百色市凌云县、乐业县，种植面积为 3 万亩。

黑宝石李，为国外品种，桂林市灌阳县引进种植，面积为 2.3 万亩。

胭脂李，主要种植地为来宾市武宣县，面积为 2 万亩。

黄腊李、苞谷李，主要分布于原产地河池市南丹县，面积分别为 1.7 万亩和 1.5 万亩。

大水李，主要种植地为桂林市平乐县，面积为 1.6 万亩。

第十七节　山楂种质资源多样性及其利用

一、山楂种质资源基本情况

　　山楂是蔷薇科（Rosaceae）山楂属（*Crataegus*）植物，全世界约有 1000 种，分为 25 个组。中国山楂有 6 组 18 种 6 变种。靖西大果山楂原先划归为浅裂组云南山楂种下的一个类型，1983 年全国山楂协作组考察、研究后认为它是我国山楂属一个新种，1995 年黎向东等定名为靖西大果山楂。因此，中国山楂现有 19 种 6 变种，第二组浅裂组增加靖西大果山楂 1 种，共有 4 种。

　　第一组羽裂组（Section *Pinnatifidae*），山楂、伏山楂 2 种。

　　第二组浅裂组（Section *Henrganae*），云南山楂、湖北山楂、陕西山楂、靖西大果山楂 4 种。

　　第三组楔形组（Section *Cuneatae*），楔叶山楂、山东山楂 2 种。

　　第四组毛序组（Section *Tomentosae*），华中山楂、滇西山楂、橘红山楂 3 种。

　　第五组麻核组（Section *Sanguineae*），毛山楂、辽宁山楂、光叶山楂、中甸山楂、甘肃山楂、阿尔泰山楂、裂叶山楂 7 种。

　　第六组光核组（Section *Orientales*），准噶尔山楂 1 种。

　　靖西大果山楂的平均单果重 145g，最大单果重达 350g。此外，靖西大果山楂的单株产量、品质在全国目前发现的山楂品种中也名列首位。

二、靖西大果山楂种质资源类型与分布

　　靖西大果山楂栽培历史悠久，1899 年《归顺州志》记载"山楂其实甚大，清香微酸，以之作糕，可以遗远，州属所产极多"（归顺州，即现在的靖西市）。

　　靖西大果山楂按形态可分为苹果形大果山楂和梨形大果山楂两个类型，苹果形大果山楂果实形状圆形，外观如青苹果，梨形大果山楂果实形状卵圆形，外观如鸭梨。两种类型的靖西大果山楂在产量性状和质量性状目测无明显区别，尚未深入研究。

　　靖西大果山楂喜温凉而耐寒、不耐热，喜光耐阴，耐旱，不耐积水。在广西百色市靖西市海拔 400m 以下地带没有靖西大果山楂分布；海拔 400～700m 地带有零星分布，长势差，产量低；海拔 700～850m 地带常见靖西大果山楂，长势、产量正常；海拔 850m 以上地带的靖西大果山楂长势好、产量高。

三、靖西大果山楂种质资源主要特点

　　靖西大果山楂植株高大，成年树高度通常 4～6m，最高可达 20m，胸径 60cm 以上。侧枝角度小、枝条直立，冠幅不大，10 年生植株冠幅通常 2.2～2.5m。树皮粗糙，灰褐色。幼树常具枝刺，小枝略具棱脊，褐色或红褐色，芽、嫩梢密被灰色茸毛。单叶，互生，有托叶，叶长椭圆形，两侧对称，侧脉不明显，叶正反两面均有茸毛。伞房花序顶生，有花 4～6 朵，花序宽 6～8cm。花白色，花梗、总梗、花萼均密被灰白茸毛。花瓣较

宽大，雄蕊 30～50 枚，子房下位，子房仅下部与花托合生、上部分离。花柱 5 枚，子室 5 个，雌雄同株。花期 1 月底至 2 月中旬。果球形或卵圆形，宿存花萼略反卷。果大，果径 4.4～5.9cm。平均单果重 145g，最大单果重达 350g。有香气。果梗长 2～3cm，微被毛。8～9 月果实成熟，果皮呈黄色、黄红色。果汁可溶性固形物含量 10%～11%，可食率 90%，汁多、味酸，不化渣。种子 8～14 粒。靖西大果山楂果实钙含量特别高，每 100g 果肉含钙 263.6mg，是其他山楂的 3.1 倍（邓绍林等，2005）。

严重威胁靖西大果山楂生产的病害为当地俗称"暴皮病"的裂皮病，初步鉴定病原菌为子囊菌亚门（Ascomycotion）盘菌纲（Discomycetes）核盘菌科（Sclerotiniaceae）维氏核盘菌属（*Whetzelinia*）维氏核盘菌（*Whetzelinia* sp.）。

四、靖西大果山楂种质资源创新利用及产业化应用

山楂含有黄酮类及其聚合物类、三萜类、原花青素和有机酸类等多种化学成分，主要具有降血脂、保肝、降压、助消化、强心、抗氧化、抗肿瘤、抗菌等作用，因此靖西大果山楂被加工成果酒、果汁饮料、果脯、果糕（片）、蜜饯、山楂茶、山楂干等多种产品，带动了靖西大果山楂的商业种植和产业化发展。

靖西大果山楂的商业种植最初集中于广西百色市靖西市、德保县、那坡县及近邻的云南省文山壮族苗族自治州富宁县、西畴县等地。1996～2000 年，百色市靖西市种植面积达 50 000 亩。与靖西市相邻的百色市德保县种植面积为 11 000 万亩，那坡县种植面积为 5000 多亩。此外，广西河池市、柳州市、桂林市、贺州市、梧州市和广东省等地也有不同规模的靖西大果山楂引进种植。其中，河池市天峨县引进种植面积达 5000 亩，柳州市鹿寨县 6400 亩，桂林市平乐县引种面积 1000 亩。

第十八节　柿种质资源多样性及其利用

一、柿种质资源基本情况

柿（*Diospyros kaki*）隶属于柿科（Ebenaceae）柿属（*Diospyros*）。柿属植物包含 500 余种，其中柿、君迁子（*D. lotus*）、油柿（*D. oleifera*）、老鸦柿（*D. rhombifolia*）、美洲柿（*D. virginiana*）是常见的栽培种（Duangjai et al.，2006）。我国是柿属植物的原产中心，栽培历史悠久，人工驯化栽培起始于战国时代，流行于汉代，目前保留有 64 个种和变种（中国科学院中国植物志编辑委员会，1987），是世界上栽培时间最早、面积和产量最多的国家。在长期栽培驯化过程中，通过自然突变和人工选育的方式，我国拥有了丰富的柿种质资源，现有柿品种 1058 个，分布于陕西、河南、河北、湖南、贵州、云南、四川、广西、广东等地（杨勇等，2005），其中广西、河南、河北的种植面积和产量达到全国半数以上。迄今为止，我国柿种质资源多数为完全涩柿，极少数为完全甜柿，中间类型较少。由于人类活动对生态环境造成不可逆的负面影响，现存的柿种质资源多为零星分布，居群数量明显减少，柿种质资源逐渐遭到替代或流失，最终导致作物遗传多样性的削弱和一致性的增强。野生柿种质资源遗传多样性丰富，是其良种繁育的原始材料。因此，对柿种质资源的

保存及利用刻不容缓。虽然之前对广西柿种质资源有过初步研究，但是受到研究手段和条件的限制，仅鉴定评价少部分，对种质信息认识不够全面，对其遗传基础缺乏深入研究。这些因素不同程度地制约着广西柿资源的研究与利用。

二、柿种质资源类型与分布

广西柿种质资源分布广泛，适应性强，遗传资源丰富，在高海拔的桂北高寒山区以及中低纬度的桂南地区均有分布，多数为野生、半野生及地方品种，散生于房前屋后、田地边角、山腰陡坡间，包括柿、油柿、君迁子、山柿等，绝大部分为完全涩柿。目前在生产上的柿品种主要为完全涩柿和完全甜柿两大类，其中涩柿主要栽培品种为传统的地方品种，如恭城月柿、华南牛心柿；甜柿品种主要引自日本，如大秋、次郎、富有、花御所等，主要种植于桂林市恭城瑶族自治县海拔 400～800m 的区域。

三、柿种质资源主要特点

我国自 20 世纪 60 年代起已经开始了柿种质资源的调查、收集、保存及鉴定评价工作，并在 20 世纪 90 年代陆续开展了柿杂交选育的研究工作。柿种质资源的收集鉴定评价是一项持续性的工作，广西拥有丰富的柿种质资源，开发和利用潜力巨大。在广西柿种质资源的调查、收集及鉴定评价过程中发现，多数种质资源均为历史上遗留下来的野生、半野生和地方品种，多数适应性强、树体高大、耐贫瘠、病虫害少。在纬度、海拔、气候差异等生境条件下，各种质在果实品质、形态特征、丰产性等方面存在一定的差异性。有的种质单性结实能力强，有的维生素 C 含量数倍高于其他种质。为了充分利用这些种内丰富的遗传多样性创造新种质，需要我们对遗传资源进行深入了解。目前的鉴定评价中，同物异名、同名异物的现象较为普遍，品种间的亲缘关系并不清晰，这些因素导致柿种质的遗传改良工作进展缓慢，选育的优异品种较少。广西柿种植历史悠久，地理环境适宜，生产的甜柿品质出色，综合产值较高，值得大力推广。今后必须在甜柿嫁接亲和性、柿后期精加工的技术环节上突破创新，完善甜柿市场，提高综合经济效益。

四、柿种质资源创新利用及产业化应用

柿不仅是我国传统的特色水果，也是广西种植范围较广的主要经济树种之一，其富含多种营养成分，甜柿含有丰富的烟酸、维生素 B、维生素 C、维生素 E 和 β-胡萝卜素，其含量不仅高于涩柿，也高于苹果、葡萄等水果。柿除鲜食营养丰富外，其柿叶、柿皮、柿霜、柿蒂还具有健脾、镇咳、润肺等保健功能，果实可加工为柿子饼、柿子糕、柿子脯等附加产品；叶、皮等不同器官还可深加工为醋、茶等多元化产品，拥有广泛的市场空间，出口创汇潜力大。广西柿的栽培面积和产量居全国第一，依据广西农业农村厅统计数据，广西柿种植面积达 47.9 万亩，总产量为 110.6 万 t，主要栽培品种为恭城月柿和华南牛心柿，两者均为涩柿品种。近 10 年来，桂林市恭城瑶族自治县陆续引进了包括太秋、阳丰、次郎、早秋、富有、夕红、花御所、东京红等 10 余个甜柿品种，其中综合性状表现较好的大秋、次郎和花御所种植面积较大，产量逐年稳步上升（黄金盟等，2017）。桂林市作为广

西最大的柿主产区，其栽培面积占比达 75%，产量超过 80%，主要经济栽培区分布于桂林市恭城瑶族自治县、平乐县和阳朔县，柿产业已成为桂林市出口创汇、农民增收的重要农业支柱，也是部分山区、半山区脱贫致富的当家产业。除此之外，在来宾市、贺州市、百色市和钦州市等地均有小面积种植，发展前景广阔。

广西目前以生产涩柿为主，甜柿品种只占极少数，相对于日本及韩国的甜柿占比还有较大差距。甜柿相对于涩柿有巨大的市场前景，其采后不需要人工脱涩，食用方便，果肉甜脆、纤维少、营养价值高于涩柿，且保脆时间长，培育出经济性状优良的甜柿新品种是当前急需解决的主要问题。

种质资源是种质创新工作的基础和前提，柿种质资源遗传多样性及种内变异丰富，野生柿在河池市、百色市、桂林市、靖西市、柳州市、钦州市、崇左市、梧州市等地均有分布，具有丰富的遗传资源及多样性。种质资源鉴定及亲缘关系的研究还有大量工作需要完成，务必加快柿种质资源的收集、保存和鉴定工作，对其植物学特征、生物学特性和遗传多样性进行评价研究，不局限于现有品种资源，在资源综合鉴定评价基础上进一步发掘特异基因，如耐贫瘠、抗逆性、抗旱等性状，这些基因绝大部分蕴藏于野生或半野生柿及其近缘种中，充分利用本地种质资源的丰度进行开发利用，以果大、抗逆性强、口感好、耐贮藏为育种的主要目标，发掘具有育种价值的种质资源，同时做好砧木的选育工作，防止砧木延迟不亲和现象的发生，为柿种质资源的科学保存、有效利用和品种改良提供理论依据，为核心种质资源的筛选奠定科学基础。

第五章

广西经济作物种质资源多样性及其利用

　　特色产业的发展，特别是农业特色产业，需要特色品种的支撑，而种质资源作为品种选育的原始材料，是育种工作的物质基础。广西自然资源条件优越，生物多样性水平居全国前列，跨越中亚热带、南亚热带、北热带3个气候带，雨水丰沛，光照充足。广西独特的地理环境和适宜的气候特征在长期的自然选择和进化过程中孕育了具有地方特色的经济作物种质资源，具有数量多、分布广、特异性突出等特点。由于各类经济作物历史的悠久性、分布的广阔性和生态的复杂性，形成了广西经济作物种质资源的多样性。广西特色经济作物主要包括花生、大豆、麻类（红麻、黄麻、苎麻、剑麻、大麻、玫瑰茄）等。广西花生、大豆及麻类等特色经济作物种质资源根据来源可分为本地种质资源、外来种质资源、野生种质资源和人为创制种质资源。充分了解广西特色经济作物种质资源的来源、基本特征、分布及多样性变化规律，对于推动广西经济作物产业发展具有重要意义。本章主要从种质资源的来源、基本特征、分布及多样性变化规律方面对花生、大豆、麻类（红麻、黄麻、苎麻、剑麻、大麻、玫瑰茄）的种质资源进行介绍。

第一节　花生种质资源多样性及其利用

　　花生是广西重要的油料与经济作物，在农业生产中占有重要的地位。花生种质资源是选育花生新品种的物质基础，也是研究花生起源、演化、分类、生态及生物技术的重要材料。广西花生种质资源丰富，四大类型（珍珠豆型、龙生型、普通型和多类型）的花生全部囊括，且随着时代的发展、生产和市场的需要，花生种质资源表现出相应的时代变迁。

一、花生种质资源基本情况

（一）广西花生种质资源的来源

　　关于国内花生起源，学术界主要有两种观点：一种观点认为花生起源于中国，主要依据是曾在浙江、江西和广西等地发现类似花生种子的碳化物或化石颗粒（山东花生研究所，1982；万书波，2003；蔡骥业等，1993），但还缺乏其他佐证材料；另一种观点认为花生起源于南美洲，这也是国际学术界比较公认的一种观点，在我国的古农史及地方志中也有许多关于花生由国外传入的记载。关于花生最早传入中国的时间和途径，植物学家胡先骕认为是"在哥伦布发现新大陆之前，南美洲的土人从太平洋西岸顺流漂流到太平洋诸岛屿，将南美洲的经济作物沿途传播到东南亚及中国东南沿海"，然后逐步传播到内地（万书波，2003）。

广西花生的来源，民国二十九年（1940年）《柳城县志》有"落花生俗称花生果……相传清康熙时，僧应元往扶桑觅其种寄回"的记载（蔡骥业等，1993）；也有"南方各省的花生是福建传去的"说法（山东花生研究所，1982）。《广西油料作物史》记载有"1929年前后，以及20世纪五六十年代从越南引入安南豆（越南豆），20世纪30年代初从美国、马来西亚引入抗枯萎病种质"。考虑到广西邻近东南沿海地区，以及与越南等东南亚国家接壤的地理位置，早期广西花生应该是多途径引入的，包括从邻近的福建、广东等省，以及越南等东南亚国家（唐荣华等，2020）。新中国成立以后，随着国内外科研交流活动的增加，从区外花生主产区，以及国外引入花生品种的数量越来越多。

不同时期传入广西各地并种植的花生品种，在产地相对闭塞的自然环境条件下，历经不同的自然生态环境选择和人为选择，逐步在广西各地演变形成各具地方特色的花生种质资源。

（二）广西花生种质资源的基本特征

广西早期搜集的花生种质资源类型上有珍珠豆型、龙生型和普通型3种；生长习性上蔓生的（龙生型和普通型）比直立的（珍珠豆型）多。后期搜集的资源类型上则只有珍珠豆型和多粒型两种，龙生型和普通型没有了；生长习性上基本上是直立的（珍珠豆型和多粒型），蔓生的也没有了。

广西是多民族聚居地区，因地理气候和各民族农耕文化的多样性，在历史演变过程中，形成了广西花生种质资源独有的地方特色。从花生荚果大小来看，广西花生种质资源的荚果以中小果型为主，尤其是小果型资源丰富，平均百果重小于150g，平均百仁重小于70g。从花生四大类型的分类来看，广西花生种质资源涵盖了珍珠豆型、多粒型、普通型和龙生型四大类型，且类型内表型变异丰富，其中以株型直立的珍珠豆型种质资源为主，其次是株型蔓生或半蔓生的龙生型资源，普通型和多粒型资源相对较少。从花生区域分布来看，广西花生种质资源分布极富有地域特色，在贺州市、梧州市、贵港市等青枯病高发的桂东、桂南地区，以榨油为主要用途、抗青枯病的粉皮花生种质资源比较多；在崇左市宁明县等与越南邻近的一些地区，小粒、种皮深红的花生种质资源比较多；在桂东北地区，老百姓在喝油茶时喜欢用油炸花生仁作为佐料，小粒、香脆、壳薄、仁饱满的花生种质资源较多。

二、花生种质资源类型与分布

（一）广西花生种质资源类型

依据广西历年来收集保存的花生种质资源情况，根据品种分类，广西花生种质资源涵盖了珍珠豆型、多粒型、普通型、龙生型四大类型，其中珍珠豆型占75.8%、龙生型占12.3%、普通型占6.6%、多粒型占5.3%；根据生长习性，包含蔓生型、半蔓生型、直立型。但在2015～2018年收集的花生种质资源中，依据类型主要是珍珠豆型及少量多粒型，没有收集到龙生型和普通型；依据生长习性主要是直立型，蔓生型和半蔓生型已经很少（图5-1）。

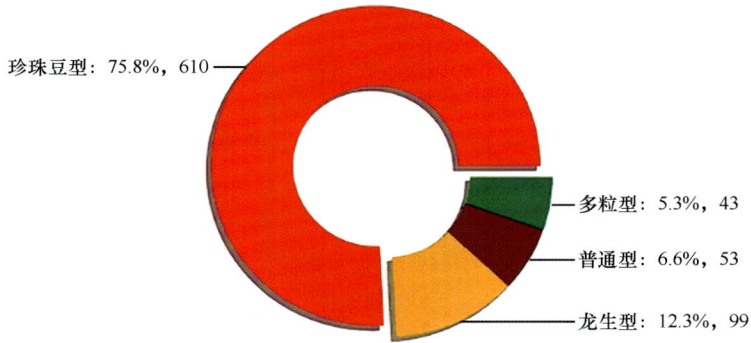

图 5-1　广西花生种质资源四大类型数量分布图

图中第一个数值表示该地收集到的资源数量所占比例；第二个数值表示该地收集到的种质资源份数。下同

（二）广西花生种质资源分布

1956～1957 年在广西第一次组织的农作物种质资源收集工作中，在 55 个县共收集保存花生种质资源 479 份（含区外）。经过整理归并，录入全国品种资源目录的广西资源有 196 份，其中：珍珠豆型 82 份（直立型），龙生型 62 份（蔓生型），普通型 52 份（蔓生型 43 份、半蔓生型 9 份）。

20 世纪 80 年代，对过去未搜集品种的县进行补充搜集工作，经过整理归并，录入全国品种资源目录的广西地方种质资源有 67 份，其中：珍珠豆型 29 份（直立型），龙生型 36 份（蔓生型），普通型 1 份（蔓生型），多粒型 1 份（直立型）。

2004～2008 年，广西再次开展花生种质资源收集行动，收集到各类花生种质资源 231 份，其中：珍珠豆型 218 份（直立型），龙生型 1 份（蔓生型），多粒型 12 份（直立型）。

2015～2020 年，在"第三次全国农作物种质资源普查与收集行动"和广西创新驱动发展专项资金项目"广西农作物种质资源收集鉴定与保存"的支持下，对广西 14 个地级市 111 个县（市、区）的花生种质资源再次进行系统调查，收集到地方花生种质资源 202 份，其中：珍珠豆型 172 份（直立型），多粒型 30 份（直立型），没有蔓生型资源。

广西花生种质资源主要分布于西江、南流江、钦江及湘江流域的丘陵红壤和沿河冲积地带，按当前的行政区域划分，玉林市、南宁市、桂林市、崇左市、贵港市、柳州市、钦州市、来宾市为主，其次是贺州市、河池市、百色市、梧州市，北海市、防城港市较少（图 5-2）。

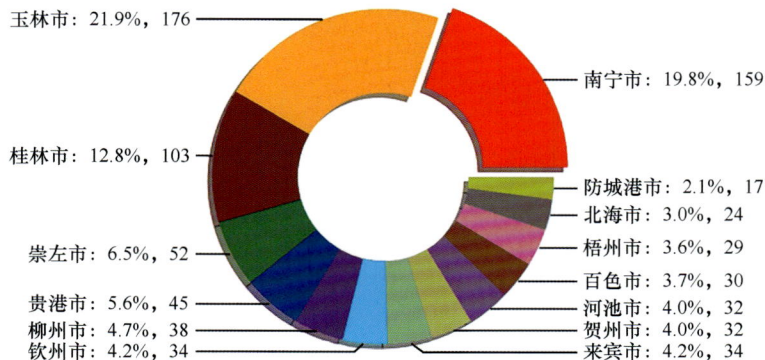

图 5-2　广西花生主产区花生种质资源分布图

三、花生种质资源多样性变化

（一）广西花生栽培品种的演变

　　根据中国古农史及地方志的描述，最早引入国内栽培的花生类型是龙生型；但随着时间推移和耕作制度演变，龙生型花生由于其生育期长、蔓生、收获困难、容易落果等缺点逐渐被淘汰。普通型花生由美国传教士于 1889 年引入；由于其产量高、品质好、栽培省工，很快遍及山东各地及黄河、长江流域（万书波，2003）。珍珠豆的引入时间未见有史料记载。

　　广西地处沿海，花生引入时间较早，栽培历史悠久。根据广西第一次（1956～1957年）组织的农作物种质资源搜集行动中搜集到的花生种质资源情况，当时生产种植的品种类型包括珍珠豆型、龙生型、普通型 3 种，没有多粒型品种，并且蔓生型迟熟花生品种（龙生型和普通型）占广西播种面积的 70%，居于优势地位。从 1962 年开始，广西花生育种目标确定为早熟、高产、抗逆性强的丛生型珍珠豆型品种，先后选育出三伏花生、贺粤 1 号、广柳等多个珍珠豆型高产抗病花生良种。到 20 世纪 80 年代中期，珍珠豆型早熟品种逐渐占优势，播种面积由 30% 发展到 80%。20 世纪 90 年代以培育高油、高产、抗旱花生品种为目标，先后选育出桂花 17、梧油 7 号等珍珠豆型花生良种。21 世纪以后，随着人们生活水平的提高和对花生品种多样化需求的增强，广西花生育种目标提升为优质（高油、高油酸）、高产、广适油用型及特色食用型花生品种，先后选育出桂花 1026、桂花 36、贺油 14 等高产广适品种，桂花 37、桂花 63 等高油酸高产品种，桂花红 166、桂花黑 1 号、桂花红 198 等特色食用型品种，珍珠豆型品种在生产上种植面积超过 90%，居于绝对优势地位。

　　由于直立早熟珍珠豆型花生品种更适合广西的自然条件，符合生产发展和市场需要，因此，广西花生品种经历了从新中国成立前以蔓生型迟熟花生品种（普通型和龙生型）为主、直立型花生（多粒型和珍珠豆型）为辅，发展到现在以直立早熟珍珠豆型花生品种占绝对优势地位、蔓生型迟熟花生基本绝迹。从花生四大类型多样性（珍珠豆型、龙生型、普通型、多粒型）及株型多样性（蔓生型、半蔓生型、直立型）来看，生产上广西花生品种多样性水平降低，但在珍珠豆型这一类型内，花生品种多样性变得更加丰富。

（二）广西花生种质资源多样性变化

　　20 世纪 50 年代，广西首次开展种质资源收集工作，共收集到 196 份花生种质资源并录入全国品种资源目录，其中直立珍珠豆型 82 份、蔓生龙生型 62 份、蔓生普通型 43 份、半蔓生普通型 9 份；蔓生及半蔓生的龙生型及普通型种质占到多数（占比约 58%），直立珍珠豆型种质占比约 42%。

　　20 世纪 80 年代，广西补充收集到 63 份花生种质资源并录入全国品种资源目录，其中直立珍珠豆型 25 份、蔓生龙生型 36 份、蔓生普通型 1 份、直立多粒型 1 份；蔓生及半蔓生的龙生型及普通型种质仍占多数（占比约 59%），直立型种质约占 41%。

　　21 世纪初，广西再次开展种质资源收集工作，共收集到 231 份花生种质资源，其中直立珍珠豆型 218 份、蔓生龙生型 1 份、直立多粒型 12 份；直立珍珠豆型及多粒型种质占绝大多数（占比约 99.57%）。

2015～2020 年，"第三次全国农作物种质资源普查与收集行动"和广西创新驱动发展专项资金项目"广西农作物种质资源收集鉴定与保存"收集到 202 份花生种质资源，其中直立珍珠豆型 172 份、直立多粒型 30 份；收集到的花生种质全部为直立珍珠豆型及多粒型，没有蔓生型。

从以上几次广西花生种质资源收集的统计数据来看，随着时代的发展，广西花生种质资源株型、类型都在发生变化。在株型上，从早期的以蔓生型、半蔓生型迟熟品种为主向以直立型早熟品种资源为主转变；在类型上，从普通型和龙生型品种为主向以珍珠豆型和多粒型品种为主转变；从趋势上看，广西花生种质资源多样性水平降低，而且蔓生型、半蔓生型的迟熟普通型和龙生型品种资源有快速消失的趋势。

四、花生种质资源主要特点

（一）抗青枯病、高油酸龙生型花生种质资源丰富

龙生型花生是我国最早引进的品种类型，栽培历史悠久，且高抗青枯病种质多，高油酸种质多、油酸平均含量高。广西拥有丰富的龙生型花生种质，尤其是抗青枯病及高油酸种质资源，国内目前已鉴定的这类资源绝大多数来源于广西，迄今，广西农业科学院种质库中共保存有 98 份广西龙生型花生种质资源，其中油酸含量 56% 以上的材料有 42 份（其中 8 份含量在 65% 以上、3 份含量超过 70%），青枯病抗性达高抗以上的有 37 份（其中有 7 份抗病率＞90%）。

（二）小粒、壳薄、仁饱满、高蛋白花生种质资源丰富

在适应生态环境的自然选择和人类有目的的选择改良作用下，广西花生种质资源中，小粒、壳薄、仁饱满、蛋白质含量高、吃起来香脆的花生种质资源比较多，广西农业科学院收集保存的广西花生种质资源中，百仁重小于 50g 的小粒花生种质资源有 152 份，出仁率 75% 以上的种质资源有 152 份，经品质分析蛋白质含量大于 30% 的种质资源有 71 份、大于 32% 的种质资源有 22 份，为选育食用型花生优良品种提供了很好的研究材料。

五、花生种质资源创新利用及产业化应用

（一）花生种质资源创新利用

1963～1964 年，以越南豆、柳州鸡嘴豆、博白大花生、贺县大花生等广西地方花生种质资源为亲本，组配杂交组合，在 20 世纪 70 年代初分别选育出三伏花生、桂伏花生、贺粤 1 号、贺粤 2 号和广柳等优良花生新品种，对当时广西花生生产起到了重要作用。1972 年，利用上述带有广西地方花生种质亲缘的品种材料，通过辐射育种从贺粤 1 号和广柳辐射后代中分别选育出 1025 和 145 两个优良品系；通过杂交育种育成新品种广粤 37-2。

20 世纪 90 年代初，以广西地方花生种质资源贺县马峰大花生为杂交亲本，从贺县马峰大花生×协抗青后代中育成新品种梧油 1 号；又以梧油 1 号为亲本育成高抗青枯病新品种

梧油 4 号。90 年代中期，从种质资源中筛选出超小粒 1 号、超小粒 2 号两份高抗黄曲霉侵染的抗性资源。

1982～2005 年，以带有广西地方花生种质亲缘的品种材料贺粤 1 号为亲本，通过与野生花生种质进行栽野远缘杂交、后代回交、定向选择和鉴定，选育出栽野杂交新品种桂花 22、桂花 26 和桂花 30，其中桂花 22 是国内外通过栽野远缘杂交育成的首个花生品种。

2004～2008 年，通过系统选育方法，从地方种质资源北流红皮花生、平南红皮花生和玉林红皮花生资源中育成桂花红 35、桂花红 95、桂花红 166 等 3 个高钙、高蛋白质含量的鲜食型红皮花生新品种。

2007～2020 年，利用广西多粒型红衣花生种质资源鹿寨四粒红为杂交亲本，通过系谱选育，选育出高产抗病红衣花生品种桂花红 168 和桂花红 198。

收集和保存的广西地方花生种质资源为广西开展花生种质创新、新品种选育和相关基础研究提供了非常宝贵的基础材料。

（二）花生种质资源产业化应用

广西花生栽培历史悠久，独具特色的民族传统文化和气候地貌特点，孕育出许多富有地方特色的花生种质资源，这些地方种质资源具有独特的品种特性和优势，深受广大人民群众的青睐。但长期以来，这些优异的地方种质资源以自发零星种植为主，规模小，产业化应用一直处于初级阶段。近年来，花生地方种质资源的开发成为广西各地脱贫攻坚产业发展中的重要组成部分，其产业化应用取得了长足的进展。

自开展脱贫攻坚以来，河池市大化瑶族自治县将红皮花生（2005195，河池市大化瑶族自治县）作为扶贫开发的重点产业，紧紧围绕"树品牌、打品质、扩规模、增收入"的发展思路，带动贫困农户增产增收，建立了岩滩镇协合村红皮花生生产基地（具体产量产值数据不详）。

优异地方种质红衣花生（泉水花生）种植业是浦北县农业产业持续发展、助农增收的支柱产业之一。广西浦生粮油食品有限公司是浦北县农业产业化重点龙头企业，主要经营红衣花生的种植及销售，实施"公司+基地+农户（贫困户）"的产业化发展战略，形成了从原料生产到加工销售一体化的全产业链，实现了企业增效、农民增收。在当前农产品难卖、农业投资收益低下、农民收入难以保障的情况下，该公司生产的浦生红衣花生、浦生红衣花生油的销售价格不断攀升，仅广西浦生源红衣花生种植示范基地面积达 2000 亩，亩产红衣花生 0.2t，总产红衣花生 400t，每吨红衣花生产值为 1.2 万元，总产值为 480 万元，直接带动农民 160 人增收致富，户均增收 1.5 万元；间接带动农民 600 多人增收致富，人均增收 1 万元以上，做到了以一粒花生带富一方百姓。

"永安红"珍珠红籽花生（大路花生）参加了第二届中国（广西）-东盟现代种业发展大会，荣获银奖，其具有特有的香气，口感好，深受消费者喜爱。桂林市永福县永安乡创新"党建+联合社+公司+农户"的党建联盟运作模式，通过该模式，在全乡范围内红籽花生种植面积近 2000 亩，产量达 430t，实现集体经济增收 16 万元，户均增收 1.5 万元，辐射带动了 100 多人进厂就业增收，有效助推永安乡特色产业发展跑出"加速度"。

全州小籽红皮花生（下岩口花生，老铺里花生）的籽粒均匀，晒干后香、脆、甜。桂林市全州县文桥镇仁溪村通过建设"小籽红皮花生种植基地",支持50多户脱贫户种植花生,在桂林市区每公斤可卖30元,南宁、广州每公斤售价达40多元,供不应求。

防城港市防城区那良镇土壤适合种植红衣花生(山竹红花生),随着人们绿色健康意识的加强,红衣花生日渐受到青睐,那良镇成立了盛丰红衣花生专业合作社,那良红衣花生逐渐成为防城港市特色农业"五红"中品牌效应最红的产品之一,种植面积达5000亩。

目前,广西花生地方种质资源产业的影响力较小,但随着人们生活水平的不断提高,对花生品质的要求也越来越高,优异的地方种质资源将越来越受到广大消费者的欢迎,其产业化发展空间将越来越大。

第二节　大豆种质资源多样性及其利用

广西地处低纬度地区,北回归线横贯中部,南濒热带海洋,北接南岭山地,西延云贵高原。在生态环境和耕作制度多样性的条件下,大豆在长期自然和人为选择中形成了较为丰富的遗传变异,携带抗性、丰产和优质的有利基因。

广西是中国野生大豆分布的最南界(北纬24°04′),境内18个县1个市均有分布,主要生长于桂西北地区。广西野生大豆有普通、狭叶和宽叶3种类型,均为一年生草本。通过近3次的资源考察,收集保存300余份种质资源。由于受城镇建设、生态环境、人为破坏等诸多因素的影响,广西野生大豆的分布区域和面积在不断萎缩,野生大豆种质资源极易濒危,因此建议设立野生大豆原位保护。

广西栽培大豆种质资源遗传多样性丰富,按栽培季节划分,有春、夏、秋和冬4种类型,其中以夏大豆为主,秋大豆和春大豆次之,冬大豆极少。按籽粒种皮颜色划分,有黄、青、黑、褐、双色大豆等,其中以黄和青为主。从栽培模式来看,广西大豆以间套作种植为主,春大豆主要与甘蔗、木薯和幼龄果苗进行间套种;夏大豆在春玉米收获前15天左右进行套种。本次在广西66个县(市、区)共收集到大豆地方种质资源382份,其中春大豆45份,集中在桂南、桂东南地区;夏大豆308份,全区均有分布;秋大豆29份,集中于桂北地区。与前4次考察分布区域基本相似,但数量在减少。采集地点多为偏远贫困山区,地理环境相对闭塞,种植年限多在30年以上,种植在田间地头仅供自家食用。根据田间鉴定,以椭圆形叶,紫花,黄褐色荚,灰毛,黄色种皮,褐色种脐,椭圆形粒,有限结荚习性为主。生育期,株高,主茎节数,分枝数,单株荚数,单株粒数,单株粒重,百粒重,粗蛋白质含量和粗脂肪含量的变异幅度均较大。其中,小籽粒材料(百粒重5.0~12.0g)有37份,大籽粒材料(百粒重≥30.0g)有34份。广西地方品种多为高蛋白品种,粗蛋白质含量为40.00%~45.00%的材料有318份,占83.25%;粗蛋白质含量≥45.00%的材料有32份。地方种质资源类型丰富、适应性强、抗性强,符合当地生产条件及利用要求。通过掌握其主要农艺性状、抗病虫水平、品质等特性特征,更好地为广西大豆的遗传改良提供基础材料。

广西现有育成大豆品种中绝大部分都含有本地种质资源血缘,如靖西早黄豆、北京豆、平果豆、扶绥黄豆、宜山六月黄等。育种目标主要针对间套种,高产、抗倒、耐阴为主攻方向。

一、大豆种质资源基本情况

（一）野生大豆种质资源

1981～1982 年广西野生大豆资源考察组对全区进行野生大豆资源大规模全面考察，全区共考察了 42 个县和 1 个县级市，收集野生大豆种子 112 份，标本 100 多份，种子已上交保存在国家种质库。对收集的野生大豆进行了主要农艺性状的观察鉴定和记载，对 112 份野生大豆的蛋白质、脂肪含量进行了测定。此后，一直没有再对野生大豆进行大规模考察和收集。自 2015 年起"第三次全国农作物种质资源普查与收集行动"工作开展以来收集野生大豆种质资源 47 份。截至 2018 年 12 月，入库保存野生大豆种质资源 159 份。

（二）栽培大豆种质资源

广西栽培大豆种质资源遍布全区各地，资源类型十分丰富，按适宜播种季节可分为适于春、夏、秋、冬种植的 4 种不同类型，按种皮色可分为黄、黑、褐、绿、双色五大类型。

自 20 世纪 50 年代以来，广西开展了 4 次不同规模的栽培大豆种质资源调查与收集，即 1955～1958 年在全区范围开展的第一次大规模农家品种征集与评选工作；1983～1985 年第二次全国农作物种质资源补充征集；1991～1995 年桂西山区农作物资源考察收集；2015～2020 年"第三次全国农作物种质资源普查与收集行动"和广西创新驱动发展专项资金项目"广西农作物种质资源收集鉴定与保存"。完成了广西 14 个地级市 111 个县（市、区）的大豆种质资源系统调查，收集栽培大豆资源 371 份。截至 2018 年 12 月，入库保存栽培大豆种质资源 983 份。

二、大豆种质资源类型与分布

（一）广西野生大豆种质资源

广西野生大豆资源丰富。1981～1982 年，对广西桂林市、河池市、南宁市、梧州市、百色市等 5 个地区 42 个县和 1 个县级市的 329 个公社进行野生大豆资源考察，考察范围北起桂林市全州县，南至崇左市龙州县、宁明县，东起贺州市八步区，西至百色市隆林各族自治县。考察发现，广西境内 18 个县和 1 个市有野生大豆分布，分布的地理范围为北纬 24°04′～26°07′、东经 107°30′～111°30′，垂直分布为海拔 83～890m，野生大豆分布的最南界是北纬 24°04′（徐昌，1982；广西野生大豆资源考察组，1983）。1991～1995 年进行桂西山区农作物资源考察收集，在北纬 24°04′ 以北高海拔的百色市乐业县发现有野生大豆分布（覃初贤等，1996）。2015～2018 年，对广西有野生大豆分布的县份开展全面调查，在桂西北原来有野生大豆分布的河池市南丹县、百色市乐业县两县目前找不到野生大豆，有可能是因为野生大豆已灭绝，其余县份的野生大豆由于受城镇建设、开垦、生态环境等诸多因素的影响，其分布点、覆盖面积等也在发生变化，由于广西没有建立野生大豆原位保护，野生大豆资源极易濒危。

根据调查，广西野生大豆有以下 3 种类型：①普通野生大豆。一年生草本，茎细弱，缠绕性强，叶具 3 小叶，叶片小，顶生小叶披针形，长 1.0～5.0cm、宽 1.0～2.5cm，总状花序腋生，荚成熟后为灰褐色、褐色或深褐色，呈弯镰形或弓形或直形，荚比栽培大豆小，一般长 2.0cm、宽 0.5cm 左右，每荚粒数 2 或 3 粒，种皮黑色、有泥膜，百粒重 1.0g 左右。②狭叶野生大豆。一年生草本，叶片较普通野生大豆长，顶生小叶长度一般为 2.5～6.0cm，其他形态与普通野生大豆一致。③宽叶野生大豆（也称宽叶蔓豆）。一年生草本，又可分为两类：一类是茎缠绕，主茎明显，较粗，一般茎粗 0.8cm，叶披针形或椭圆形，小叶长 15.0～22.0cm、宽 6.5～7.0cm，荚较大，大小（2.1～2.8）cm×（0.5～0.6）cm，籽粒黄绿色，百粒重 3.8～5.0g，有泥膜；另一类茎丛生，半直立，有限结荚习性，主茎粗 0.8～1.2cm，叶披针形、椭圆形，荚大小（2.0～2.5）cm×（0.5～0.6）cm，籽粒黄绿色，百粒重 2.4～3.5g（徐昌，1982；广西野生大豆资源考察组，1983；曾维英等，2010）。

本次野生大豆考察结果表明，导致这一结果的原因可能是采集区域地理范围比较狭窄且集中，收集种质资源比较少，并且采集的样本量还不够大，遗漏了一些遗传变异资源。

（二）广西栽培大豆种质资源

广西栽培大豆的种植历史久远，据史料记载，汉代已有种植，唐宋已很普遍，明清时期栽种大豆的品种已很多。历史上，大豆曾是广西主要外销农产品之一，20 世纪 40 年代常年外销量在 0.695 万 t 左右，运销广州、澳门等地，平果珍珠豆还远销东南亚。现保存的广西栽培大豆种质资源遗传多样性丰富，从豆粒种皮颜色上分类，有黄豆、青豆、黑豆、褐豆、双色豆等，其中以黄豆为主；从栽培季节上划分，有春大豆、夏大豆、秋大豆和冬大豆，其中，以夏大豆和秋大豆为主（约占 72%），春大豆次之（约占 28%），冬大豆极少。

2015～2019 年，在广西 66 个县（市、区）共收集到大豆地方种质资源 382 份。从分布区域看，广西全区 14 个地级市均有分布，但大部分种质资源集中在河池市（70 份）、百色市（69 份）和桂林市（63 份），占比超过 50%，这 3 个地级市同时也是广西大豆主产区；其次为崇左市（47 份），其余地级市种质数量为 3～21 份。春大豆种质资源 45 份，集中在桂南、桂东南地区，如钦州市、防城港市、岑溪市等地区，其他地区零星分布；夏大豆 308 份，全区均有分布，但大部分集中在河池市、百色市、崇左市；秋大豆 29 份，集中在桂北地区。从收集资源的水平分布来看，大豆地方种质资源主要分布在河池市大化瑶族自治县、环江毛南族自治县、南丹县、都安瑶族自治县，崇左市大新县、龙州县、天等县，桂林市恭城瑶族自治县、龙胜各族自治县，百色市凌云县、西林县，来宾市金秀瑶族自治县，柳州市柳城县，钦州市灵山县等山区，这些地区由于水田少、旱地多，大豆传统耕种方式是春玉米套种夏大豆，避开秋旱；其他地区只有零星分布。

"第三次全国农作物种质资源普查与收集行动"与上次普查相差 30 余年，通过对比发现，广西地方大豆种质资源的分布特点和农艺性状都有不同程度的改变。自 20 世纪 50 年代初以来，广西已经开展了 5 次不同规模的大豆种质资源调查与收集，前 4 次共收集地方大豆品种资源 665 份，鉴定评价广西 51 个县（市、区）春大豆地方种质资源 221 份、夏大豆 442 份。本次调查行动中发现 26 个县（市、区）有春大豆地方种质，且仅收集到 45 份春大豆地方种质。原来有春大豆种质资源的地区，如南宁市宾阳县、横州市，河池市巴马瑶族自治县、东兰县、环江毛南族自治县、凤山县，崇左市扶绥县、龙州县，北海市合浦县，百色市乐业县、隆林各族自治县，柳州市柳城县、柳江区，玉林市陆川县，桂林市平乐县等县（市、区）在本次资源调查过程中没有收集到春大豆种质资源；而原来没有收集到春大豆种质资源的地区，如桂林市兴安县、贺州市昭平县、百色市凌云县、贺州市富川瑶族自治县、防城港市、钦州市等县（市、区）本次共收集到 13 份春大豆地方种质资源；收集到的夏大豆地方种质资源 308 份，秋大豆种质资源 29 份。采集地点多为偏远贫困山区，地理环境相对闭塞，交通不便利，种植年限多在 30 年以上，种源来源于邻里相传，种植在田间地头仅供自家食用，普遍种植面积不大。说明随着大豆新品种的推广普及、农业种植结构调整、城镇化发展、农村劳动力减少以及气候变化，很多大豆地方种质资源消失，同时也会出现一些新的地方种质资源。

三、大豆种质资源多样性变化

（一）大豆物种水平多样性变化

目前大豆属包括两个亚属：*Glycine* 亚属和 *Soja* 亚属。*Glycine* 亚属包括 6 个野生种，分布于澳大利亚、中国台湾、菲律宾及巴布亚新几内亚等南太平洋岛屿。*Soja* 亚属包括一年生野生种和栽培种大豆。

一年生野生大豆生长于田野间，灌木丛间，沿路和河岸两旁。植株具有羽状三小叶复叶，经常具黄褐色茸毛，小叶为披针状、卵形或长椭圆形。花着生在短而纤弱的总状花序上，花瓣粉红色、淡紫色或紫色。荚比较短，弯镰形，种子长卵圆形。栽培大豆 *G. max* 是一类丛生、直立的草本植物，广泛分布于世界各地。栽培大豆和野生大豆 *G. soja* 二者都是二倍体植物（$2n=40$）。根据细胞学、形态学和种子蛋白质的研究结果，证明这两个"种"是同种的，可相互杂交，并支持野生大豆是栽培大豆野生祖先的假说。

根据本次调查，在广西仅发现 *Soja* 亚属大豆，即一年生野生大豆和栽培大豆。

（二）大豆品种多样性变化

根据我国生态区域划分，广西大豆属于南方区中的华南四季大豆区，即春、夏、秋和冬大豆均可种植。春大豆和夏大豆在广西全境均有分布，秋大豆主要种植于桂北地区，冬大豆种植于广西沿海。根据本次调查，春大豆、秋大豆和冬大豆品种减少，主要为夏播大豆品种。

多年田间鉴定试验结果显示，叶形以椭圆形居多，其次为卵圆形；花色以紫色居多；荚色以黄褐色居多，其次为褐色；茸毛色以灰色居多；种皮色以黄色居多，其次为绿色；脐色以褐色居多，其次为淡褐色；粒形以椭圆形居多，其次为圆形；结荚习性以有限型为主；落叶性以全落为主。

广西地方大豆种质资源 9 个质量性状的 Simpson 多样性指数为 0.1209～0.7348，其中荚色具有较大的多样性指数（0.7348），其次是脐色（0.7068），而结荚习性的多样性指数最小（0.1209），表明荚色、脐色、粒型和种皮色的遗传多样性较为丰富。

大豆地方种质资源的数量性状统计结果表明，不同品种间农艺性状差异很大，生育日数 74.7～108.7 天，平均 94.20 天；株高 28.53～117.89cm，平均 61.28cm；底荚高 8.01～37.90cm，平均 16.70cm；主茎节数 9.20～22.30 个，平均 14.03 个；有效分枝数 0.10～4.80 个，平均 2.39 个；单株荚数 9.30～72.7 个，平均 36.50 个；单株粒数 13.35～187.75 粒，平均 70.48 粒；单株粒重 1.85～44.98g，平均 12.06g；百粒重 7.26～41.82g，平均 19.13g；粗

蛋白质含量 39.72%～47.72%，平均 43.10%；粗脂肪含量 15.57%～24.33%，平均 20.20%。

在 356 份大豆地方种质资源中，百粒重 5.0～12.0g 的小籽粒材料有 37 份，占 10.39%；百粒重 12.0～20.0g 的中籽粒材料有 182 份，占 51.12%；百粒重 20.0～30.0g 的大籽粒材料有 103 份，占 28.93%；百粒重 ≥30.0g 的超大籽粒材料有 34 份，占 9.55%。

粗蛋白质含量 <40.00% 的材料有 6 份，占 1.68%；粗蛋白质含量为 40.00%～45.00% 的材料有 318 份，占 89.33%；粗蛋白质含量 ≥45.00% 的材料 32 份，占 8.99%。

粗脂肪含量 <18.00% 的材料有 10 份，占 2.81%；粗脂肪含量为 18.00%～20.00% 的材料有 142 份，占 39.89%；粗脂肪含量 20.00%～21.50% 的材料有 161 份，占 45.22%；粗脂肪含量 ≥21.50% 的材料有 43 份，占 12.08%。

（三）大豆种质资源多样性变化规律及分析

在野生大豆方面，分布区域在缩小，野外的种群数量及单个种群面积均在减少。主要受人为活动，包括城镇建设、开垦等诸多因素，特别是除草剂使用的影响，严重威胁到野生大豆种群的生存。

在栽培大豆方面，地方品种总数在减少，种植面积在降低。其主要原因是科研单位育成品种的推广，以及市场的调节。但在河池市的较多地区，仍然种植较多的本地种，主要是由于其独特的品质风味。

收集的资源百粒重主要为 12.0～30.0g，粗蛋白质含量大多为 40.00%～45.00%，粗脂肪含量主要为 18.00%～21.50%。按照我国高蛋白型、高油型大豆品种审定标准（粗蛋白质含量 ≥45.00%，粗脂肪含量 ≥21.50%），此次鉴定的广西地方大豆种质资源中有 26 份高蛋白型和 36 份高油型品种，包括 6 份高蛋白特大粒型、7 份高油特大粒型，这些优异的地方大豆种质资源是广西大豆育种及品质改良的重要材料。

地方种质资源的最大特点是类型丰富、适应性强、抗性强，符合当地生产条件及利用要求。收集到的地方种质资源只有经过鉴定评价，掌握其主要农艺性状、抗病虫水平、品质等特性特征，才能更好地被育种者利用。目前，作物农艺性状的田间鉴定和描述仍然是种质资源研究最基本、最直接的手段和方法。文仁来等（1991）对 166 份广西农家品种品质进行鉴定，评价出蛋白质含量超过 47% 的材料 11 份，脂肪含量超过 21.5% 的材料 3 份；杨守臻等（1995）对 80 份广西春大豆地方品种农艺性状进行鉴定，评价出多分枝品种三熟豆、大粒品种黑脐大豆、极早熟品种中黑豆等。这些优良品种已被大豆科研工作者用作育种的亲本材料。本研究对收集的 356 份广西地方大豆种质资源的主要农艺性状和品质进行鉴定评价，发现 9 个质量性状的 Simpson 多样性指数为 0.1209～0.7348，荚色、脐色、粒型、种皮色的遗传多样性丰富；11 个农艺性状和品质性状的变异系数为 3.57%～48.50%，说明资源类型丰富，种质间差异大，该批种质资源可拓宽广西大豆遗传基础。同时筛选出特大粒型、高蛋白特大粒型、高油特大粒型、高蛋白型、高油型及适合加工的品种，可作为高蛋白、高油型、菜用大豆专用型、豆豉专用型品种选育的骨干亲本用于育种实践。

为了更好地为大豆育种提供优异种质资源，应做好收集、保护及繁种更新工作，还要深入挖掘大豆地方品种资源的优异性状并进行基础性研究，进一步加强大豆种质资源的遗传多样性分析，充分发掘优异基因，提高育种水平和育种效益。同时有必要构建广西大豆种质资源信息服务平台，实现资源共享。

四、大豆种质资源主要特点

从广西历年收集的本地栽培大豆种质中，初步鉴定出一批具有优异特性的种质类型，如高蛋白、高油、双高及一些其他类型优异种质。

（一）高蛋白大豆种质资源

据不完全统计（部分种质未检测），高蛋白（蛋白质含量45%及以上）大豆种质有254份，占品质测定种质资源总量的35.9%；按种皮色类型可分为黄、绿、黑、褐、双色5种，其中黄色种皮135份（占比53.1%）、绿色种皮58份（占比22.8%）、黑色种皮53份（占比20.9%）、褐色种皮7份（占比2.8%）、双色种皮1份（占比0.04%）。羊头十月青的蛋白质含量最高（含量达49.2%），来自贺州市钟山县。

（二）高油大豆种质资源

高油（脂肪含量21.5%及以上）大豆种质有46份，仅占品质测定种质资源总量的6.5%；按种皮色类型可分为黄、绿、黑3种，其中黄种皮种质最多（25份），绿种皮、黑种皮分别有12份、9份。河池黑豆的脂肪含量最高（含量达24.3%），来自河池市。

（三）双高大豆种质资源

蛋白质和脂肪双高是指蛋白质+脂肪含量＞63.00%，且脂肪含量＞20.00%。研究表明，双高大豆品种非常适合作为豆腐、腐竹等大豆蛋白食品加工，是加工型大豆品种的一个关键性指标。双高大豆优异种质有120份，占品质测定种质资源总量的17.0%；按种皮色类型可分为黄、绿、黑3种，其中黄种皮75份（占比62.5%）、绿种皮31份（占比25.8%）、黑种皮14份（占比11.7%）。

五、大豆种质资源创新利用及产业化应用

（一）大豆种质资源创新利用

地方大豆种质资源是大豆育种的基础材料，广西现有育成审定的大豆品种中绝大部分都含有地方种质资源血缘。1992～2023年广西选育大豆品种52个，其中通过有性杂交选育品种50个（占比96.15%），只有3个是通过系统选育的。有些地方种质资源参与育成了多个新品种，如靖西早黄豆、北京豆、平果豆等（表5-1）。

表5-1　1992～2023年广西大豆育成审定品种信息

序号	品种名称	品种来源	审定年份	序号	品种名称	品种来源	审定年份
1	8901	矮脚早×北京豆	1991	5	桂早一号	矮脚早×北京豆	1995
2	柳豆一号	80-H28品种变异株	1992	6	桂夏一号	（平果豆×青仁鸟）F_4×（青仁鸟×阿姆索）F_5	1999
3	桂豆2号	靖西早黄豆×玉林大豆	1994	7	柳豆2号	杂交混选×如皋莱莱三	2000
4	桂豆3号	靖西早黄豆×从跃豆	1994	8	桂春一号	靖西早黄豆×吉三选三	2000

序号	品种名称	品种来源	审定年份	序号	品种名称	品种来源	审定年份
9	柳豆3号	（北京豆×75-735）F_1×（油79-1×卡纳斯）F_1	2003	31	桂春豆104	桂春一号×桂早一号	2012
10	桂春三号	北京豆×矮脚早	2003	32	桂春15号	桂豆3号×中黄13	2013
11	桂春二号	拉城黄豆×3051（靖西早黄豆×北京豆）	2004	33	桂夏5号	桂11×桂夏一号	2014
12	桂夏二号	扶绥黄豆×（平果豆×青仁乌）	2004	34	桂夏6号	武鸣黑豆×桂夏一号	2015
13	桂早二号	农家品种拉城黄豆中系统选育	2004	35	桂春16号	桂春三号×柳豆3号	2015
14	桂春5号	桂475（矮脚早×桂豆3号）×宜山六月黄	2005	36	桂夏豆105	中豆8号×巴西13号	2015
15	桂春6号	七月黄豆×桂豆2号	2005	37	桂春豆106	桂春豆1号×泉豆7号	2015
16	桂春豆1号	桂春一号×桂199	2006	38	桂夏7号	桂夏3号×桂夏二号	2015
17	桂夏豆2号	桂早一号×巴西13号	2006	39	桂春108	泉豆7号×桂早一号	2017
18	华夏3号	桂早一号×巴西13号	2006	40	桂春18号	柳8829×桂春6号	2018
19	华夏1号	桂早一号×巴西8号	2006	41	桂夏109	中豆8号×巴西13号	2018
20	华夏3号	桂早一号×巴西8号	2007	42	桂夏10号	柳8813×BR121	2019
21	桂春8号	柳8813×桂豆3号	2007	43	桂春豆111	泉豆973×桂早一号	2021
22	桂夏3号	靖西青皮豆×武鸣黑豆	2007	44	桂夏豆119	桂夏1号×桂0238-1（中豆8号×巴13）	2021
23	桂春9号	（矮脚早×宜山六月黄）F_1×桂豆3号	2008	45	桂春1601	柳8813×宝选87-1	2021
24	桂鲜豆1号	乌皮青仁×桂早一号	2008	46	桂春1607	桂春2号×中黄13	2021
25	桂春11号	黔8854×巴西大豆种质BR-56	2009	47	金百夏1号	都安本地豆系统选育	2021
26	桂夏4号	（平果豆×扶绥黄豆）F_1×BR-56	2009	48	桂春1608	桂春8号×福豆234	2022
27	桂春豆103	桂春一号×桂199（拉城黄豆系选）	2010	49	桂夏1702	桂98-64×中作429	2022
28	桂春10号	宜山六月黄×桂豆3号	2010	50	桂春豆112	泉豆8号×柳豆1号	2022
29	桂春12号	桂3号×BR-56	2011	51	桂1016	桂春6号×柳豆2号	2023
30	桂春13号	BR-56×桂豆3号	2012	52	桂1603	柳8813×BR105	2023

（二）大豆种质资源产业化应用

本地丰富的大豆种质资源中少量品质优良、适应性广的类型得到一定程度的产业应用。20世纪70年代之前，广西地方大豆种质资源平果豆（又名平果珍珠豆）在广西百色市平果市、南宁市隆安县、崇左市大新县、百色市德保县、百色市靖西市、崇左市等夏大豆主产区广泛种植，还曾作为出口创汇农产品。靖西早黄豆、宜山六月黄等也曾作为当地主栽品种进行了产业化应用。此后，由于陆续育成了产量高、适应性广的新品种，农家种直接在生产上的应用逐步减少。

随着经济发展及人民生活水平不断提高，更多有特色的地方大豆种质作为健康和保健食品将受到人们的关注。

第三节　麻类作物种质资源多样性及其利用

麻类作物是韧皮纤维作物或叶纤维作物的一个集群，分属于不同的科、属、种（粟建光等，2016）。广西主要栽培的麻类作物有苎麻、红麻、玫瑰茄（玫瑰麻变种）、大麻（火麻）、黄麻、剑麻。

一、苎麻种质资源多样性及其利用

（一）苎麻种质资源基本情况

中国是苎麻的起源中心，苎麻是我国的特产，被誉为中国草（China grass）。苎麻（*Boehmeria nivea*）为荨麻科（Urticaceae）苎麻属（*Boehmeria*）多年生草本植物，该属约有120种，中国约有31种12变种（熊和平，2008），广西约有18种7变种（刘飞虎等，2001）。广西是我国苎麻属植物的多样性中心，其中白叶种苎麻和绿叶种苎麻最具栽培价值。

广西早在宋朝时就有苎麻栽培。广西各地均可种植苎麻，主要产地分布在桂林市平乐县、阳朔县、荔浦市、灌阳县、恭城瑶族自治县，梧州市苍梧县、蒙山县、岑溪市，贺州市富川瑶族自治县、钟山县，贵港市平南县、桂平市，玉林市容县，钦州市灵山县、浦北县，南宁市邕宁区、武鸣区、上林县、宾阳县、横州市，百色市靖西市、德保县，河池市罗城仫佬族自治县、南丹县等县（市、区）。广西主要地方品种有黑皮蔸、黄金麻、红雅篼、绿白麻、满地串、黄皮麻、渠洋青麻、硬骨青、红皮红花、小叶青、三江红头麻等44个品种（涂世堃等，1988）。

广西苎麻栽培种分布广泛，且苎麻属野生近缘植物资源丰富。栽培种的微绿苎麻、苎麻以及野生近缘植物的长叶苎麻、糙叶水苎麻、青叶苎麻等在广西均为广布种。栽培种的柔毛苎麻、长圆苎麻以及野生近缘植物的帚序苎麻、水苎麻等分布有限，仅一地或两地有发现。此外，在桂西山区还发现滇黔苎麻、叶序苎麻、茎花苎麻等苎麻属野生近缘植物以及滇黔苎麻、茎花苎麻、水苎麻的种间过渡类型（黄亨履和钟永模，1996）。自2015年起，对桂林市灌阳县、龙胜各族自治县以及河池市大化瑶族自治县、百色市凌云县、百色市隆林各族自治县、百色市西林县进行了苎麻资源考察，普通栽培种在桂西北和桂北地区随处可见，同时桂西北和桂北山区仍然存在多种类型的苎麻属野生近缘种。

（二）苎麻种质资源多样性变化

苎麻种质资源多样性主要表现为形态性状、生育特性、经济性状、纤维品质、抗逆性等的差异性。形态性状主要包括根、叶、茎、骨、雌蕾颜色。根系分为深根丛生型、中根散生型、浅根串生型；叶柄色分为红色和绿色；雌蕾颜色分为红色、黄白色；生育时期分为苗期、旺长期、现蕾期、开花期、结果期、工艺成熟期、种子成熟期。依据生育日数分为早熟、中熟和晚熟型；主要经济性状包括有效株数、株高、茎粗、鲜皮厚、出麻率等；纤维品质包括单纤维支数与强力；抗逆性包括抗病、抗倒伏。

（三）苎麻种质资源创新利用

广西的苎麻当家品种黑皮蔸综合性状优良、抗逆性强，该品种栽培面积占全区苎麻栽培面积的95%以上。20世纪80年代初广西农业科学院经济作物研究所对黑皮蔸进行提纯复壮，建立良种繁育基地与优质麻基地，为全国提供了万余斤（1斤=500g，后文同）纯种种子，供湖南、湖北、安徽、四川、江西、江苏等各省麻区建立优质麻原料基地，提高了优质麻原料的比重。以广西苎麻黑皮蔸作为亲本，选育出湘苎3号、79-20、80-26等优质高产苎麻新品种（涂世堃和陆洁珍，1988）。

二、红麻种质资源多样性及其利用

（一）红麻种质资源基本情况

红麻（*Hibiscus cannabinus*）起源于非洲，1908年从印度引入中国台湾，1951年广西桂林地区开始引种红麻，并逐渐向全区推广种植。南方最早引入马达拉斯红、北方最早引入塔什干等红麻品种。20世纪70年代至90年代初，广西农业科学院经济作物研究所选育出红麻优良品种南选，其间各育种单位基于种质资源的鉴定评价与创新，相继选育出一批高产、优质、抗病、适应不同区域种植的红麻优良品种，如粤红1号、植保506、722、湘红1号、辽红55号等。

（二）红麻种质资源类型与分布

中国红麻产区主要分为华南产区、长江流域产区、黄淮海产区、东北产区、西北产区。广西位于华南产区，为红麻纤维主产区和重要的种子繁育基地。1958年以后红麻种植面积不断增加，遍及广西各个县份，主要当家品种为南选和青皮3号。20世纪70年代至90年代初，各育种单位相继选育出一批高产、优质、抗病、适应不同区域种植的红麻优良品种，如粤红1号、植保506、南选、722、湘红1号、辽红55号等。

广西是我国红麻重要的纤维主产区和种子生产基地，1972年由农业部、供销合作总社确定为全国红麻种子生产基地之一。红麻为典型的短日照作物，以营养体即韧皮纤维为栽培目的，南种北植是一项重要增产措施，南方红麻种子在北方种植纤维产量高、品质好。广西北海市合浦县、贵港市平南县、桂平市、来宾市，玉林市玉州区、兴业县，崇左市江州区、扶绥县等8个县（市、区）建立了良种繁育基地，常年留种面积6700hm²，年产种子5000t，产量为全国各省（区）之最，每年为外省提供种子4000t。1972～1992年的20年间广西累计为外省提供红麻种子81 000t，年均4050t，占全国用种量的一半以上，累计推广运用360万hm²。20世纪80年代以后，广西提供的青皮3号已成为全国红麻当家品种，为红麻生产提供种源保障。

21世纪以来，广西红麻主产区分布在北海市合浦县、崇左市扶绥县、来宾市、贵港市等地区，常年种植面积约为 2 万 hm^2。贵港市主要利用干麻皮进行麻绳加工，拥有 10 余家麻绳加工厂，主要生产腊味用绳以及工业用麻绳，这些加工厂使用的原料为红麻生麻皮，即采用不脱胶方式，将麻皮的外表皮刮掉后的纤维；来宾市和崇左市主要利用干麻皮捆绑甘蔗，广西甘蔗常年种植面积为 80 万 hm^2，刚需 2.67 万 hm^2 红麻干麻皮；北海市合浦县主要利用麻骨进行活性炭和炭粉烧制，麻炭粉具有易燃、质轻、易于升空等特性，因此麻炭粉主要用于烟花制作。

（三）红麻种质资源多样性

红麻种质资源多样性主要表现为形态性状、经济性状、生理特性等的差异性。形态性状主要包括叶、茎、花、蒴果、种子等，其中叶分为裂叶和全叶两种类型，裂叶型的叶片为掌状深裂形，其小叶形状有长卵圆形、披针形、羽状分裂形、近圆形。全叶型的叶片形状有卵圆形、近圆形、近卵形；茎型分为直、弯；茎表面的手感分为光滑、有毛、有刺；茎色分为绿、微红、淡红、红、紫、褐等；花冠色分为乳白、淡黄、淡红、红、蓝、紫；蒴果分为褐色或黄褐色，密生茸毛。蒴果形状有桃形、近圆形、扁球形，依据蒴果大小可分为大蒴果、小蒴果；种皮色分为绿、蓝、棕、褐；种子形状分为肾形、亚肾形、三角形（粟建光等，2016）。经济性状包括纤维产量、株高、茎粗、皮厚、出麻率等，纤维的物理特性有纤维拉力和纤维支数。红麻为典型的短日照植物，对光温反应敏感，研究发现，可将红麻分为 12 种光温反应类型（邓丽卿等，1985），依据生育期分为早熟、中熟和晚熟品种。红麻种质资源抗逆性主要包括抗病、耐盐碱、抗旱等特性。

（四）红麻种质资源创新利用

红麻以收获茎秆或韧皮纤维为栽培目的，F_1 代的优势率高达 44%（刘伟杰，1991），对红麻育种家具有极大的诱惑力。印度的尤盖尔首先报道发现了细胞质遗传的红麻雄性不育系（Ugale and Khuspe，1976），但之后未见进一步的报道。2002 年，广西大学周瑞阳首先报道了红麻野败型细胞质雄性不育株 UG93S 的发现，2003 年 3 月，中国农业科学院麻类研究所陈安国等也报道了红麻雄性不育株的发现。2004 年，广西大学周瑞阳等首次选育出高抗红麻炭疽病的 UG93 细胞质雄性不育系 K03A 及其保持系 K03B；2007 年，周瑞阳等又选育出了福 3A 等 6 个野败型细胞质雄性不育系，组配出的强优势组合红优 1 号（国品鉴麻 2007003）通过国家鉴定，是世界上第一个由细胞质雄性不育系配置的红麻三系杂交种；2008~2009 年，周瑞阳等又选育出强优势组合红优 2 号和红优 3 号；2010 年，福建农林大学以广西大学周瑞阳提供的红麻 CMS 系 L23A 为母本，转育出了 3 个同质异核的 CMS 系 992A、952A 和福红航 1A，并于 2011 年在河南信阳鉴定了 3 个红麻三系杂交种。红麻雄性不育系的选育与杂种优势利用取得了突破性进展（周瑞阳等，2008）。2007 年 2 月，李德芳等报道了红麻质核互作型雄性不育系的发现及初步创制。

2015 年广西农业科学院经济作物研究所育成红麻雄性不育系 P4A，同时选育出不育率达 100%、饱和回交红麻不育系材料 H1457A、H1458A、H1459A、H1460A、H1461A、H1462A、H1463A、H1866A、H1867A 等 9 个新的不育系及配套保持系，同时选育出杂交种桂杂红 3 号，常规种桂红麻 1 号。

三、玫瑰茄种质资源多样性及其利用

（一）玫瑰茄种质资源基本情况

玫瑰茄（*Hibiscus sabdariffa*）又名洛神花、山茄、红桃 K、洛神葵、芙蓉茄，是锦葵科（Malvaceae）木槿属（*Hibiscus*）一年生草本植物。玫瑰茄是玫瑰麻的一个变种，玫瑰麻分为纤用型玫瑰麻（*H. sabdariffa* var. *altissima*）和食用型玫瑰麻（*H. sabdariffa* var. *sabdariffa*）（Sharma et al.，2016），玫瑰茄为食用型玫瑰麻。玫瑰茄为四倍体植物（$2n=4x=72$），起源于非洲，栽培区域主要分布在全球的热带和亚热带地区，目前我国广西、广东、福建、云南等地已有大面积栽培。

玫瑰茄起源于非洲，已有 800 多年的栽培历史，中国自 1910 年从美国加利福尼亚州引进玫瑰茄，已有 100 多年的种植历史（梁启明，1982）。国家麻类作物中期库保存珍贵玫瑰茄种质资源 30 份（戴志刚等，2012），广西农业科学院经济作物研究所保存玫瑰茄种质资源 200 余份，福建省农业科学院亚热带农业研究所保存玫瑰茄资源 30 余份，浙江省萧山棉麻研究所保存玫瑰茄种质资源 30 余份。2014 年之前，国内公开报道育成 H190（叶敬用，2015）和锦葵一号（石韧，2005）等 2 个玫瑰茄品种。近 10 年来尚无玫瑰茄新品种鉴定登记的有关报道。

广西农业科学院经济作物研究所麻类研究室于 2014 年开始玫瑰茄育种与栽培研究工作，基于种质资源引进和收集，开展种质资源鉴定评价以及种质创新工作。截至 2021 年团队选育出高产型玫瑰茄新品种桂玫瑰茄 1 号、高花青素型玫瑰茄新品种桂玫瑰茄 2 号，并筛选出色素提取专用型、观赏专用型、鲜食专用型等多类型的玫瑰茄稳定品系桂 MG1501-12-2、桂 MG1501-16-1、桂 MG1503-4、桂 MG1503-8、桂 MG1501-10-1-2、桂 MG1501-23和桂 MG1504-8。

（二）玫瑰茄种质资源分布与类型

玫瑰茄根据花萼颜色可分为紫红玫瑰茄、玫红玫瑰茄、白色玫瑰茄、绿色玫瑰茄；根据花萼形状可分为杯形玫瑰茄、桃形玫瑰茄；根据生育期划分，可分为早熟玫瑰茄、中熟玫瑰茄、晚熟玫瑰茄。

玫瑰茄适宜在热带和亚热带地区种植，我国的华南地区和部分西南、东南地区适合种植，长江中下游一带为玫瑰茄的栽培边界，长江以北地区引种会受到早霜危害。因此，玫瑰茄的生产区域主要分布在广西、广东、福建、云南、四川、江西、海南等地。

（三）玫瑰茄种质资源多样性变化

玫瑰茄种质资源多样性主要体现为形态性状、经济性状、品质性状等的差异性。形态性状主要包括叶、茎、花、果等，其中叶形为掌状裂叶类型，掌状裂叶包括深裂叶与浅裂叶两种，叶缘有锯齿；叶色分为绿、深绿、绿嵌红 3 种；玫瑰茄茎秆直立，茎色分为红、绿、紫红、红绿镶嵌 4 种。玫瑰茄生长发育期由于表皮含花青素，茎色随不同发育阶段或环境条件变化而改变，生长旺盛期品种的固有颜色显现出来；花分为黄、粉红、紫红 3 种，花冠为离瓣、螺旋状花冠，花瓣 5 瓣、叠生，单生于叶腋处，花梗短小；花萼颜色可分为紫红色、玫红色、白色、绿色；花萼形状可分为杯形、桃形；蒴果卵球形，表面有茸毛，每果 5 或 6 室，每室种子 4~6 粒，单株蒴果数 50 个左右；种子成熟时为黄褐色或灰褐色，种子亚肾形，千粒重 30~40g；经济性状包括株高、茎粗、有效分枝数、单株鲜果数、单株鲜果重、单株鲜花萼重、单株干花萼重、单株种子产量、千粒重、原花青素含量等。依据生育日数分为早熟、中熟和晚熟。

（四）玫瑰茄特异种质资源主要特点

玫瑰茄种质资源中个别种质具有非常稀有的性状，属于稀有种质或特异种质，这些特异种质在种质资源中占比非常低，如白色花萼种质、绿色花萼种质和长花萼种质，其主要特征特性如下。

白色花萼种质，其代表种质为白玫瑰茄，主要特异性状为白色或米白色花萼。其他经济性状表现为平均株高 174.67cm，茎粗 12.15mm，有效分枝数 9.3 个，单株果数 30.4 个，单株鲜果重 359.33g，单株鲜花萼重 230.43g。绿色茎，黄花，深绿色掌状 5 浅裂叶，裂片披针形（上部叶型），花萼桃形、白色，种子亚肾形、褐色。

绿色花萼种质，其代表种质为 MG50，主要特异性状为绿色花萼，绿色茎。其他经济性状表现为分枝多，深裂叶，生育期长，为极晚熟种质，在广西需要种植在大棚才能开花结果。

长花萼种质，其代表种质为 MG7，主要特异性状为长花萼，花萼长度达 5cm，较普通品种花萼（3cm）长 2cm。其他经济性状表现为平均株高 165.37cm，茎粗 11.60mm，有效分枝数 13.6 个，单株果数 78.6 个，单株鲜果重 316.62g，单株鲜花萼重 220.44g，单株干花萼重 18.20g。紫红色茎，粉红花，深绿色掌状 5 浅裂叶，裂片披针形（上部叶型），花萼杯形、紫红色，种子亚肾形、褐色。

（五）玫瑰茄种质资源创新利用及产业化应用

1. 玫瑰茄种质资源创新利用

玫瑰茄为药食两用植物，其花萼极具商业价值，花萼产量高和花青素含量高为玫瑰茄的主要育种目标。广西跨越中亚热带、南亚热带、北热带 3 个气候带，具有开展玫瑰茄研究得天独厚的气候条件。玫瑰茄起源于非洲，目前国内栽培品种单一，色素含量参差不齐，花萼薄而短，且柠檬酸含量较高。针对上述问题，基于种质资源评价鉴定，采用有性杂交、辐射育种等技术，创制出色素提取专用型、观赏专用型、鲜食专用型玫瑰茄新品系。

色素提取专用型玫瑰茄新品种创制。选择花萼为深紫色或紫黑色的品种作为亲本，采用有性杂交、系统选育方法，选育出玫瑰茄色素含量高、花萼厚、花萼长的色素提取专用型玫瑰茄新品种；创制出玫瑰茄新品种桂玫瑰茄 2 号，花萼紫红色，长花萼，原花青素含量达 1.29%。

观赏专用型玫瑰茄新品种创制。选择花萼色泽漂亮且各异的品种作为亲本，采用有性杂交、系统选育方法，选育出花萼鲜艳、果实紧凑、观赏专用型玫瑰茄新品种；广西农业科学院经济作物研究所以白玫瑰茄为亲本，与其他玫瑰茄品种杂交，后代出现红白相间条纹的花萼，颜色特异，适合作为观赏型玫瑰茄；同时，以花萼粉红、花萼大的品种作为亲本，选育出稳定品系桂 MG1503-4、桂 MG1501-10-1-2，均适合作为观赏型玫瑰茄品种。

鲜食专用型玫瑰茄新品种创制。针对玫瑰茄花萼柠檬酸含量高导致花萼偏酸的问题，基于种质资源鉴定评价，选择口感好、酸度低的品种作为亲本，采用杂交手段，创制出花萼微酸或不酸，可鲜食的玫瑰茄新品种。例如，白玫瑰茄柠檬酸含量低，花萼厚，膳食纤维多，适合鲜食或拌沙拉。

2. 玫瑰茄种质资源产业化应用

目前广西全区均可种植玫瑰茄，主要产区分布在桂林市永福县、玉林市、北海市合浦县、南宁市武鸣区，玫瑰茄粗放种植时，亩产鲜果 1000～1500kg、鲜花萼 500～750kg、干花萼 50～70kg。干花萼收购价为 50 元/kg，干花萼收益 2500～3500 元/亩，鲜果约为 8 元/kg，每亩收益近万元。玫瑰茄主要用于玫瑰茄红色素提取、制作玫瑰茄酒、果酱、果脯、蜜饯、玫瑰茄饮料、果子汁、果冻、布丁、糕点、玫瑰茄茶等食品；同时，玫瑰茄还可用于制成抗菌剂、收敛剂、利胆剂、润滑剂、消化剂、利尿剂、润肤剂、通便剂、清凉剂、消散剂、镇静剂、健胃剂和强壮剂等药品。目前，广西玫瑰茄产业化应用主要包括加工产品和原料出售。其一，酿造玫瑰茄果酒，广西苣烽实业有限公司位于南宁市兴宁区三塘镇建新村大里彩坡，是全国首家专注于玫瑰茄生态种植和自然生态发酵型玫瑰茄果酒研发、生产、销售于一体的全产业链企业。该公司拥有种植基地 3000 亩（三塘、五合），年产 10 万斤玫瑰茄果酒。其二，制作玫瑰茄果脯，桂林市顺昌食品有限公司生产玫瑰茄果脯，旗下金顺昌以玫瑰茄果脯为主打的伴手礼、旅游休闲食品、特色产品畅销全国，此外，广西百色市和钦州市也有小型玫瑰茄果脯加工厂。其三，原料销售，桂林市永福县拥有成熟的玫瑰茄销售电商平台，以销售鲜果为主、干花萼为辅，桂林市永福县三皇镇常年种植玫瑰茄约 100 亩，年均销售额达 80 万元。

四、大麻种质资源多样性及其利用

（一）大麻种质资源基本情况

大麻（*Cannabis sativa*）又名火麻、汉麻、线麻，在广西俗称火麻，是大麻科（Cannabinaceae）大麻属（*Cannabis*）一年生草本植物。大麻起源于中国，种植历史超 6000 年，目前国际上根据大麻中四氢大麻酚（tetrahydrocannabinol，THC，具有致幻作用）的含量将大麻划分为工业大麻（THC<0.3%）（干物质质量百分比）、娱乐大麻（0.3%≤THC<0.5%）、毒品大麻（THC≥0.5%）。广西火麻是四氢大麻酚含量低于 0.3%（不足以危害人体）的工业大麻（熊和平，2008）。

大麻为典型的短日照作物，当日照长度短于其临界日长时才能开花，我国纬度跨度大，因此，大麻形成了典型的南方型品种和北方型品种。广西火麻属于典型的南方型品种，是雌雄异株异花授粉作物，类型间很容易相互杂交，在生产上保持纯种比较困难，但在各地区经长期种植，形成了有一定生产价值和生态类型的地方品种。

广西火麻主要分布在河池市巴马瑶族自治县及邻近的东兰县、凤山县、南丹县、大化瑶族自治县、都安瑶族自治县等地区，这些地区的少数民族聚居区历来有种植和食用火麻的习惯。河池地区火麻常年种植面积超 0.67 万 hm^2，年产火麻籽超 1400t。

广西农业科学院经济作物研究所保存大麻种质 390 份，其中广西地方品种 347 份、引进种质 43 份。巴马火麻于 2015 年成为地理标志产品，其指代的巴马火麻为选用河池市巴马瑶族自治县当地优良火麻品种作为种源，在广西河池市巴马瑶族自治县的现辖行政区域范围内种植、采收的干火麻籽。

（二）大麻种质资源多样性变化

大麻种质资源多样性主要体现为形态性状、生物学特性、品质性状等的差异性。形态性状和生物学特性的多样性表现为叶柄色分为绿、浅紫、紫；叶缘锯齿分为卷曲、平直；茎横切面分为圆形、四棱形、六棱形；茎表面状况分为光滑、粗糙；雄花着生叶腋处的数目分为丛生、单生；雌花颜色分为黄绿、绿；雄花萼片颜色分为绿、黄、紫；雌花柱头的颜色分为白、棕、棕黑；成熟坚果的外部形状分为卵圆形、近圆形、圆形；种子形状分为卵圆形、近圆形、圆形；成熟种子的颜色分为浅灰、灰、浅褐、褐、黑褐；种子的光泽分为无、有；成熟种子的表皮花纹状况分为无、花纹、斑点；分枝习性分为无、弱、中、强；种子脱落性分为无、弱、中、强；品质性状主要包括纤维细度、纤维断裂强度、纤维颜色、纤维光泽、纤维长度、纤维层厚度、种子含油率、四氢大麻酚含量等；抗逆性包括耐旱性、耐涝性、耐寒性、抗倒性（粟建光等，2006）。

（三）大麻优异种质资源主要特点

河池市巴马瑶族自治县种植的地方品种巴马火麻具有优良的特征特性，该品种为典型的南方型品种，属于雌雄异株异花授粉作物，表现为分枝多，抗病、抗逆性强，籽粒饱满，蛋白质含量为 35%，粗脂肪达 50% 以上，不饱和脂肪酸含量高达 27.83%，特别是不饱和脂肪酸中 ω-3 族 α-亚麻酸含量较高，且与 ω-6 族亚油酸含量均衡，符合国际卫生组织推荐的 ≤4∶1 的最佳比值的特点（王景梓和徐贵发，2005）。

（四）大麻种质资源创新利用及产业化应用

广西巴马火麻为传统农家品种，种植粗放，缺乏新品种和新技术的支撑，火麻籽易落粒且产量低，一般产量为 30kg/亩左右，从而制约了火麻产业的发展。针对上述问题，依托广西农业科学院经济作物研究所，火麻科研团队从巴马火麻地方品种中筛选出难落粒且分枝多的优异单株，将单株进行纯化和扩繁、推广。

广西火麻作为籽用用途。广西种植火麻有悠久的传统历史，河池市巴马瑶族自治县人民政府将火麻产业打造为地方特色优势产业。2019 年，河池市巴马瑶族自治县全县火麻种植面积 0.33 万 hm²。年产火麻籽 875t，实现产值 1400 万元，其中企业火麻籽年加工量约为 400t，餐饮店火麻籽年消费量约为 250t，剩余为群众作为油料辅料自用。目前驻扎于巴马瑶族自治县，以生产火麻产品为主的企业有 10 余家，其中不乏龙头企业。广西巴马常春藤生命科技发展有限公司于 2005 年成立，是一家专注于火麻研究、产品开发与生产的民营高科技企业，是广西火麻产业发展的龙头企业，创立了巴马火麻"长寿圣籽"品牌，确立"公司+基地+农户"的原料种植、收购运行方式。同时还有广西巴马百岁寿星健康长寿产业有限公司、广西巴马正中长寿食品有限公司、广西巴马印象生活体验产业有限公司、巴马千百年健康食品有限公司等专注火麻食品加工的企业。火麻产品拥有"长寿圣籽"品牌，旗下有火麻油、火麻糊、火麻蛋白粉、火麻仁、火麻蛋白饮、火麻汤等长寿食品畅销全国。

五、黄麻种质资源多样性及其利用

（一）黄麻种质资源基本情况

黄麻（*Corchorus olitorius*）是椴树科（Tiliaceae）黄麻属（*Corchorus*）一年生草本植物，具有长果种和圆果种两个种。菜用黄麻为黄麻中可食用类型，菜用黄麻为药食两用的特色蔬菜，主要有圆果种和长果种两个栽培种（李燕等，2010）。国外埃及、阿拉伯以及以埃及为中心的中东地区已有 5000 年以上的栽培历史，在古埃及主要作为药食兼用的宫廷御膳蔬菜；我国的《全国中草药汇编》记载了黄麻叶可入药；农业农村部颁布的行业标准《绿色食品 绿叶类蔬菜》（NY/T 743—2020）包括了菜用黄麻。我国广西南部、广东潮汕及福建中南部地区均有栽培和食用黄麻嫩茎叶的习惯（赵艳红等，2018）。

我国南部为栽培和野生圆果种黄麻起源中心，广西和福建种质资源的遗传多样性丰富、野生资源和地方品种多，广西农业科学院经济作物研究所保存黄麻种质资源 352 份，以口感佳、分枝性强、抗逆性强等适宜菜用的主要农艺性状为选择标准，从中筛选出适宜菜用的黄麻种质 117 份。

菜用黄麻为药食两用的特色蔬菜，国内外均有食用菜用黄麻的习惯。菜用黄麻在广西全区均可种植，目前生产上种植的菜用黄麻品种均为广西农业科学院经济作物研究所选育的桂麻菜系列品种，市场占有率接近 100%。桂麻菜系列品种桂麻菜 1 号、桂麻菜 2 号、桂麻菜 3 号、桂麻菜 4 号、桂麻菜 5 号均为圆果种菜用黄麻。

（二）菜用黄麻种质资源多样性变化

菜用黄麻种质资源多样性主要体现为形态性状、生物学特性、品质性状等的差异性。形态性状和生物学特性的多样性表现：叶形分为卵圆形、披针形、椭圆形；叶尖形状分为渐尖、锐尖、钝尖；叶缘形状分为锯齿形、牙齿形、钝齿形；叶色分为浅绿、黄绿、绿、深绿、红；叶柄色分为绿、浅红、红、紫红；茎色分为浅绿、黄绿、绿、深绿、淡红、红、鲜红、条红、褐；果形分为柱形、梨形、球形、扁球形；种皮颜色分为绿、蓝、棕、褐、黑；品质特性包括耐储藏性、维生素 C 含量、多糖含量、膳食纤维含量；抗逆性包括耐旱性、耐涝性、耐寒性、耐盐碱性、抗倒性（粟建光等，2005）。

（三）菜用黄麻种质资源主要特点

广西农业科学院经济作物研究所率先育成圆果种菜用黄麻新品种桂麻菜 1 号和桂麻菜 2 号，国内其他单位育种品种主要为长果种菜用黄麻。广西菜用黄麻种质资源的主要特点为圆果种品种居多，长果种相对较少；茎色呈现多样化，有红、亮红、绿、紫红等；具有分枝性强、抗逆性好等特征特性。

（四）菜用黄麻种质资源创新利用及产业化应用

1. 发掘高耐盐菜用黄麻种质5份，为耐盐品种选育提供亲本材料

我国土壤盐渍化面积不断扩大，土壤盐渍化引起多种作物减产甚至绝产，因而耐盐种质的挖掘显得尤为重要。土壤盐渍主要包括 $NaCl$、Na_2SO_4 两种单盐，黄麻 $NaCl$ 耐受性报道较多而 Na_2SO_4 耐受性鲜有报道，而菜用黄麻对 $NaCl$、Na_2SO_4 的耐盐性评价未见报道。项目组分别以高耐 $NaCl$ 的 O-3、对 $NaCl$ 盐敏感的南阳长果两份纤用黄麻为参照种质，分别测定在不同浓度（0mmol/L、50mmol/L、100mmol/L、150mmol/L、200mmol/L）的两种单盐 $NaCl$、Na_2SO_4 处理下种子的发芽率、发芽势、胚芽长度、胚根长度，采用隶属函数法和系统聚类分析法对其耐盐性进行综合评价。根据综合评价及聚类分析，将15份黄麻种质划分为高耐盐、中耐盐、盐敏感3种类型，筛选出高耐 $NaCl$ 的菜用黄麻4份，分别为14MCB-1（桂麻菜5号）、粤引2号、埃及麻菜、福农1号；高耐 Na_2SO_4 种质1份，为桂麻菜2号（侯文焕等，2019）。

2. 育成圆果种菜用黄麻新品种桂麻菜1号和桂麻菜2号

桂麻菜1号和桂麻菜2号以高抗氧化活性、天然富硒、高膳食纤维为典型特征，是目前最受欢迎的药食两用蔬菜，已成为华南地区的特色蔬菜。

目前各种化学添加剂、激素、抗生素的滥用引起人们对食品安全和身体健康的极大担忧，具有天然药效作用、强身健体的蔬菜成为现今及未来绿色健康生活的追求。针对上述问题，项目组围绕以抗氧化能力强、高膳食纤维、天然富硒为主要目标的圆果种菜用黄麻新品种选育，于2008年对15个变异单株进行系统选择，其中优异单株0902-3和0805-2在比较试验、不同区域性试验中产量和口感等综合性状表现良好，总多酚、总黄酮和膳食纤维含量高，天然富硒，于2014年通过了广西非主要农作物品种登记，分别命名为桂麻菜1号【桂（登）（蔬）2014002】（红茎）、桂麻菜2号【桂（登）（蔬）2014003】（绿茎）（李初英等，2015）。桂麻菜1号和桂麻菜2号是项目组在国内率先育成的第一个和第二个圆果种菜用黄麻，生育期187天左右，采摘期4个月左右，嫩茎叶产量1100～1200kg/亩。桂麻菜1号和桂麻菜2号与普通蔬菜相比，具有以下三大优势。

高抗氧化活性（药用价值）：菜用黄麻采摘期包括苗期、打顶期和开花期，桂麻菜1号苗期、打顶期、开花期嫩茎叶的总多酚含量分别为363.5mg/100g、276.1mg/100g、349.8mg/100g，桂麻菜2号苗期、打顶期、开花期嫩茎叶的总多酚含量分别为360.3mg/100g、310.3mg/100g、362.2mg/100g，显著高于对照品种黄秋葵（261.8mg/100g）、油麦菜（245.4mg/100g）、山药（70.8mg/100g），同时远远高于目前报道的蔬菜中总多酚含量较高的莲藕（142.42mg/100g）、大蒜（138.21mg/100g）、菠菜（133.14mg/100g）、黄瓜（12.03mg/100g）（陆广念等，2009）。桂麻菜1号苗期、打顶期、开花期嫩茎叶的总黄酮含量分别为187.0mg/100g、275.0mg/100g、275.0mg/100g，桂麻菜2号苗期、打顶期、开花期嫩茎叶的总黄酮含量分别为243.0mg/100g、317.0mg/100g、408.0mg/100g，显著高于对照品种黄秋葵（<20mg/100g，低于检出值）、油麦菜（124.0mg/100g）、山药（<20mg/100g，低于检出值），也高于前人报道的蔬菜中总黄酮含量较高的菠菜（101.94mg/100g）（表5-2）（陆广念等，2010）。

表 5-2　菜用黄麻不同生育期的总多酚和总黄酮含量

蔬菜品种	不同处理	总多酚/（mg/100g）	总黄酮/（mg/100g）
桂麻菜 1 号	苗期	363.5	187.0
	打顶期	276.1	275.0
	开花期	349.8	275.0
	蒴果期	407.4	249.0
桂麻菜 2 号	苗期	360.3	243.0
	打顶期	310.3	317.0
	开花期	362.2	408.0
	蒴果期	384.6	475.0
山药（CK）	块根	70.8	<20（低于检出值）
黄秋葵（CK）	嫩荚果	261.8	<20（低于检出值）
油麦菜（CK）	茎叶	245.4	124.0

　　体外抗氧化活性的 3 个主要指标分别为亚铁离子螯合能力、羟自由基清除率、DPPH
自由基清除率。在浓度为 1.0mg/mL 的情况下，桂麻菜 2 号总多酚的体外抗氧化能力略
高于桂麻菜 1 号；而桂麻菜 1 号总黄酮的体外抗氧化能力又略高于桂麻菜 2 号。桂麻菜
2 号总多酚的亚铁离子螯合能力、羟自由基清除率、DPPH 自由基清除率分别为 74.6%、
71.7%、62.3%，分别相当于相同浓度下对照的 80.9%（乙二胺四乙酸，EDTA）、76.9%（抗
坏血酸，Vc）、67.4%（Vc）的抗氧化活性；桂麻菜 1 号总黄酮的亚铁离子螯合能力、羟自
由基清除率、DPPH 自由基清除率分别为 75.3%、57.2%、46.2%，分别相当于相同浓度下
对照的 81.7%（EDTA）、61.4%（Vc）、50.0%（Vc）的抗氧化活性。因此，菜用黄麻具有
较强的体外抗氧化活性（表 5-3）。

表 5-3　菜用黄麻总多酚和总黄酮的体外抗氧化活性

指标	总多酚（1.0mg/mL）		总黄酮（1.0mg/mL）		对照（1.0mg/mL）	
	桂麻菜 1 号	桂麻菜 2 号	桂麻菜 1 号	桂麻菜 2 号	Vc	EDTA
亚铁离子螯合能力	72.8%	74.6%	75.3%	74.3%	—	92.2%
羟自由基清除率	69.3%	71.7%	57.2%	56.0%	93.2%	—
DPPH 自由基清除率	59.4%	62.3%	46.2%	45.7%	92.4%	—

注："—"表示未测定

　　高膳食纤维：桂麻菜 1 号、桂麻菜 2 号嫩茎叶的膳食纤维含量分别为 3.16g/100g、
3.17g/100g，是普通蔬菜大白菜（0.6g/100g）、菠菜（1.7g/100g）的 1.86～5.28 倍。

　　天然富硒：种植于中硒（全硒含量 0.221mg/kg，pH=6.02）土壤，桂麻菜 1 号的可食用
部位苗期、打顶期的嫩茎叶总硒含量分别为 0.095mg/kg、0.087mg/kg，硒蛋白（硒代氨基
酸的总称）含量分别为 0.081mg/kg、0.077mg/kg，硒代氨基酸含量占总硒含量的百分比分
别为 85.3%、88.5%（>65%），达到富硒蔬菜的标准 [《富硒农产品》（GH/T 1135—2017）]
（侯文焕等，2021）。

3. 育成耐盐新品种桂麻菜 3 号、桂麻菜 4 号和桂麻菜 5 号，为盐碱地区提供蔬菜新品种

我国土壤盐渍化面积不断扩大，土壤盐渍化引起多种作物减产甚至绝产。针对上述问题，项目组对稳定品系进行了耐盐性评价，其中稳定品系 14MCH-1（桂麻菜 3 号）和 14MCH-2（桂麻菜 4 号）均表现为中耐 NaCl 和 Na_2SO_4；14MCB-3（桂麻菜 5 号）表现为高耐 NaCl 和中耐 Na_2SO_4。这 3 个稳定品系参加 2018 年安徽省非主要农作物区域性试验，因产量、口感和耐盐性等综合性状表现良好，于 2019 年通过了安徽省非主要农作物品种登记，分别命名为桂麻菜 3 号【皖品鉴登字第 1809017】（粉红茎）、桂麻菜 4 号【皖品鉴登字第 1809018】（粉红茎）和桂麻菜 5 号【皖品鉴登字第 1809019】（白茎），生育期 183～185 天，采摘期 4 个月左右，嫩茎叶产量 1800～1900kg/亩，属于耐盐品种。

六、剑麻种质资源多样性及其利用

（一）剑麻种质资源基本情况

剑麻是龙舌兰科龙舌兰属中可以从叶片中提取纤维的叶纤维作物。剑麻种类繁多，主要分布在美洲、非洲、亚洲、大洋洲等热带、亚热带地区。目前，世界上有 20 多个国家和地区生产种植剑麻。我国剑麻主要分布在热带及南亚热带的广东、广西，海南、福建和云南有零星种植。我国于 1901 年引入普通剑麻（即西沙尔麻），1963 年引入龙舌兰麻杂种 11648（即 H11648），并于 20 世纪 70 年代开始开展剑麻种质资源的研究工作。农业农村部在广东湛江建立了国家剑麻种质资源圃，已引进和收集种质资源 160 多份，制定了《农作物种质资源鉴定技术规程　龙舌兰麻》（NY/T 1941—2010），形成了剑麻种质资源描述评价标准体系，完成一批种质资源的调查、收集、整理、保存、鉴定评价和创新利用等工作。

广西剑麻生产始于 1954 年 5 月，1965 年 5 月引入 H11648 并大规模生产，成为剑麻生产的当家品种。半个世纪以来，广西积极开展剑麻引种试种、选育种、丰产栽培、病害防治、深加工及综合利用等研究，引进龙舌兰科植物共 5 属 50 多种，选育出桂麻 1 号【（桂）登（麻）2013006 号】、广西 76416 号等优良品种（裴超群和陶玉兰，1993）。

（二）剑麻种质资源类型与分布

广西剑麻种质资源主要分布于崇左市的扶绥县、南宁市的广西壮族自治区亚热带作物研究所。剑麻种质资源均作纤维用。目前，国内剑麻主栽品种仍为 H11648，广西南部各地栽培种也为该品种。广西 76416 号在斑马纹病高发区作为补植品种（裴超群和陶玉兰，1992）。广西平果市大石山区种植另外一个栽培品种青麻，但其纤维产量不高。

（三）剑麻种质资源多样性变化

1. 物种水平多样性变化

龙舌兰属有 257 种，具有重要经济价值的约有 50 种。其生长环境千差万别，性状差异悬殊，多倍体较多，易变异，基因资源丰富。属内各种在生物量、叶片长宽、生长周期、纤维率、束纤维强力等性状上差异巨大。

2. 剑麻品种多样性变化

对部分剑麻种质 DNA 的遗传多态性分析清楚解释了剑麻种质资源的遗传背景和亲缘关系（陈涛，2012），为剑麻选育种工作和种质资源的创新利用提供了科学依据。

3. 剑麻种质资源多样性变化规律及分析

龙舌兰属内亲缘关系较近的种间是可以进行种间杂交的。通过广泛引种和属间杂交，促进属间基因交流，是加快培育剑麻优良品种的有效途径。亲本亲缘关系的远近与结果关系密切，凡是亲缘近的，杂交后代稔实率较高，变异较少。

（四）剑麻主要种质资源特点

广西 76416 号适应性广、中抗斑马纹病、抗剑麻茎腐病，皂素含量高。

桂麻 1 号叶片产量高于 H11648，该品种株型高大，株高 210～250cm；叶片刚直，叶长 130～150cm、叶宽 14～16cm；叶色灰绿，叶面蜡粉少；叶缘无刺，叶顶有锐刺；生命周期 10～15 年，周期展叶 600～650 片，年展叶 45～55 片；纤维率约 3.5%，纤维细而均匀，纤维长度 110cm，束纤维强力 649N。花期 5～6 月；体细胞染色体数目 110～125 条，为四倍体；抗风，耐寒，耐旱，耐贫瘠。

（五）剑麻种质资源创新利用及产业化应用

1. 剑麻种质资源创新利用

广西剑麻种质资源创新主要利用从国外引进的龙舌兰种质资源进行，目前广西壮族自治区亚热带作物研究所收集保存的龙舌兰科植物 5 属 53 种（亚种），龙舌兰属超过 40 份资源，丝兰属 3 份资源，中美麻属 3 份资源，虎尾兰属 4 份资源，铁树属 3 份资源。历年来，运用抗原与高产品种进行有性杂交获得抗斑马纹病品种龙舌兰杂种广西 76416 号，在山圩农场从 1994 年种植的 H11648 麻园中选育出优良变异单株桂麻 1 号。

2. 剑麻种质资源产业化应用

广西选育的剑麻新品种广西 76416 号具有较好的抗斑马纹病性能，主要用于斑马纹病重病区补植，历年来补植累计 1 万亩，减少麻园因病损失 500 多万元。桂麻 1 号是高产品种，在广西崇左市扶绥县、玉林市博白县、钦州市浦北县、南宁市武鸣区等产区，云南广南以及国外的缅甸腊戌等剑麻产区进行推广，近几年来累计推广面积 2 万亩，产值 2000 多万元。

第四节　茶树种质资源多样性及其利用

茶（*Camellia sinensis*）原产于中国，隶属于山茶科（Theaceae）山茶属（*Camellia*），山茶属下分成多个组（张宏达分类系统分为 19 个组，闵天禄分类系统分为 14 个组），茶属于茶组（Section *Theaceae*）。狭义的茶树指茶这一种植物，广义的茶树指茶组（Section *Theaceae*）这一群植物（杨世雄，2021）。茶组植物包括野生型和栽培型茶树的所有物种（虞富莲，2018），张宏达分类系统中把茶组分为五室茶系（*Quinqueloculars*）、五柱茶系

（*Pentastylae*）、秃房茶系（*Gymnogynae*）和茶系（*Sinenses*）4 个系（张宏达，1981），野生型茶树多属于前两个系，栽培型茶树多属于茶系，1998 年张宏达在《中国植物志》（中国科学院中国植物志编辑委员会，1998b）中最新确定属于以上 4 个系的种共有 31 种 4 变种。闵天禄分类系统将山茶属中的茶组（Section *Theaceae*）和秃茶组（Section *Glaberrima*）的 47 种 3 变种进行了分类订正，将秃茶组并入茶组，取消"系"的分类单元，归并后的茶组植物包括 12 种 6 变种（闵天禄，1992）。

我国拥有茶组植物的全部自然种类，至今作为商品茶的主要是茶这一种，绝大多数栽培品种可以归属于茶种、普洱茶变种和白毛茶变种。云南、广西、贵州毗邻区为茶树起源中心，广西种茶历史悠久，距今有 2000 多年（韦静峰和刘晓东，2019），广西作为茶树三大起源中心之一，种质资源非常丰富，自 20 世纪 80 年代以来，茶叶科技工作者对广西各地的茶树种质资源进行了多次考察，调查结果显示广西拥有非常丰富的茶树种质资源，按张宏达分类系统广西茶树涵盖 4 系 11 种 5 变种（表 5-4）（虞富莲，2018），按闵天禄分类系统广西茶树包括 5 种 6 变种（表 5-5）（张宏达，1984；虞富莲，2018；杨世雄，2021），防城茶、膜叶茶为广西特有，2012 年在广西柳州地区调查发现另一种广西独有的光萼厚轴茶（杨世雄，2021）。

表 5-4　广西茶树资源分布情况（张宏达分类系统）

系	种或变种	学名	广西分布区域
五室茶系 *Quinquelocularis*	1. 疏齿茶	C. remotiserrata	/
	2. 广西茶	C. kwangsiensis	百色市田林县、百色市那坡县、百色市靖西市
	3. 大苞茶	C. grandibracteata	/
	4. 广南茶	C. kwangnanica	/
	5. 大厂茶	C. tachangensis	百色市隆林各族自治县
	6. 南川茶	C. nanchuanica	/
五柱茶系 *Pentastylae*	7. 厚轴茶	C. crassicolumna	百色市德保县、百色市右江区、贵港市
	8. 圆基茶	C. rotundata	/
	9. 皱叶茶	C. crispula	/
	10. 老黑茶	C. atrothea	/
	11. 马关茶	C. makuanica	/
	12. 五柱茶	C. pentastyla	百色市
	13. 大理茶	C. taliensis	/
秃房茶系 *Gymnogynae*	14. 德宏茶	C. dehungensis	/
	15. 膜叶茶	C. leptophylla	崇左市龙州县
	16. 秃房茶	C. gymnogyna	百色市凌云县
	17. 突肋茶	C. costata	贺州市昭平县
	18. 缙云山茶	C. jinyunshanica	/
	19. 拟细萼茶	C. parvisepaloides	/
	20. 榕江茶	C. yungkiangensis	大苗山

续表

系	种或变种	学名	广西分布区域
茶系 *Sinenses*	21. 狭叶茶	*C. angustifolia*	大瑶山
	22. 大树茶	*C. arborescens*	/
	23. 紫果茶	*C. purpurea*	/
	24. 毛肋茶	*C. pubicosta*	/
	25a. 普洱茶	*C. assamica*	广西
	25b. 多脉普洱茶	*C. assamica* var. *polyneura*	/
	25c. 苦茶	*C. assamica* var. *kucha*	贺州市、百色市
	26. 毛叶茶	*C. ptilophylla*	/
	27. 汝城毛叶茶	*C. pubescens*	/
	28. 防城茶	*C. fangchengensis*	防城港市防城区、崇左市宁明县、崇左市扶绥县、玉林市博白县
	29a. 茶	*C. sinensis*	广西
	29b. 白毛茶	*C. sinensis* var. *pubilimba*	百色市、桂林市龙胜各族自治县、桂林市兴安县、柳州市三江侗族自治县、南宁市横州市、崇左市龙州县、来宾市金秀瑶族自治县、来宾市象州县、贺州市钟山县
	29c. 香花茶	*C. sinensis* var. *waldensae*	广西
	30. 多萼茶	*C. multisepala*	/
	31. 细萼茶	*C. parvisepala*	百色市凌云县

注："/"表示没有分布

表 5-5 广西茶树资源分布情况（闵天禄分类系统）

种/变种	云南	贵州	四川	西藏	广西	广东	海南	湖南	湖北	河南	福建	江西	浙江	台湾	安徽	江苏	陕西
1. 大厂茶 *C. tachangensis*	+	+	+		+												
2. 广西茶 *C. kwangsiensis*																	
2a. 广西茶（变种） *C. kwangsiensis* var. *kwangsiensis*	+				+												
2b. 毛萼广西茶（变种）（广南茶） *C. kwangsiensis* var. *kwangnanica*	+																
3. 大苞茶 *C. grandibracteata*	+																
4. 大理茶 *C. taliensis*	+																
5. 厚轴茶 *C. crassicolumna*																	
5a. 厚轴茶（变种） *C. crassicolumna* var. *crassicolumna*	+	+			+												
5b. 光萼厚轴茶（多瓣茶） *C. crassicolumna* var. *multiplex*					+												
6. 秃房茶 *C. gymnogyna*	+	+			+	+											
7. 紫果茶 *C. purpurea*	+																

续表

种/变种	云南	贵州	四川	西藏	广西	广东	海南	湖南	湖北	河南	福建	江西	浙江	台湾	安徽	江苏	陕西
8. 突肋茶 C. costata		+			+	+											
9. 膜叶茶 C. leptophylla					+												
10. 毛叶茶 C. ptilophylla						+		+									
11. 防城茶 C. fangchengensis					+												
12. 茶 C. sinensis																	
12a. 茶（变种）C. sinensis var. sinensis	+	+	+	+	+	+	+	+	+	+	+	+	+	+	+	+	+
12b. 普洱茶 C. sinensis var. assamica	+	+	+	+	+	+	+	+	+	+	+	+	+	+	+	+	+
12c. 德宏茶 C. sinensis var. dehungensis	+																
12d. 白毛茶 C. sinensis var. pubilimba	+					+	+										

注："+"表示有分布

广西茶树种质资源极为丰富，区内60多个县（市、区）均有分布。野生茶树种质资源类型多样，百色市右江区、凌云县、隆林各族自治县、西林县、德保县等桂西地区主要为乔木，防城港市上思县、崇左市扶绥县等桂南地区以小乔木为主，来宾市金秀瑶族自治县、柳州市融水苗族自治县等桂中地区以小乔木、灌木为主，贺州市昭平县、梧州市苍梧县、贵港市桂平市、贵港市港北区等桂东地区乔木、小乔木、灌木3种树型均有，桂林市龙胜各族自治县等桂北地区以小乔木、灌木为主（陈涛林和葛智文，2018；李朝昌和蒋漓生，2018；虞富莲，2018）。栽培茶树由野生茶树驯化而来，广西环境条件适宜茶树生长，随着人们对各地野生茶树资源的自发利用，形成了各具特色的地方茶树品种，包括桂西的凌云白毫茶、巴平大叶茶，桂东的开山白毛茶、苍梧群体种，桂南的南山白毛茶、桂平西山茶、扶绥姑辽茶、灵山种、宁明大叶茶、上林安塘种，桂北的龙脊茶、宛田大叶茶、资源大叶茶、三江牙己种以及桂中地区的白牛茶等。在这些种质中存在多种性状优异的资源，除常见的黄绿、翠绿、深绿叶色，还发现红叶、红茎（高花青素）、黄叶（高茶多酚52%以上，咖啡碱5%以上）、紫叶、白叶（高氨基酸6%以上）及叶片轮生状、立体分枝状、特大树冠（高产性状）、叶厚而柔软富光泽（高抗性状）、早芽和特早芽（产品上市早、高效益）等特异的茶树资源。广西地方茶树群体种及野生茶种质资源构建了一个天然庞大的"种质资源库"，可为本地茶树新品种选育提供丰富、优异的素材。

现今茶树的生长区域从北纬18°46′的海南省五指山到北纬36°04′的山东省青岛，从东经94°15′的西藏自治区林芝到东经121°45′的台湾宜兰，南北横跨热带、亚热带、暖温带。广西地处北纬20°54′~26°24′、东经104°28′~112°04′，跨越中亚热带、南亚热带、北热带3个气候带，全区年平均气温16~23℃，年积温（≥10℃）6000~8000℃，年降水量1000~2000mm，气候温暖，雨量充沛，光照充足，土地肥沃，是茶树的适宜气候区。根据生态环境、行政区域和茶类结构等因素，全国大体划分为华南茶区、西南茶区、江南茶区和江北茶区，广西地跨西南、华南两个茶区，特有的地理生态条件为广西发展茶产业奠定了良好基础。

第六章

广西甘蔗种质资源多样性及其利用

广西地处我国南部，位于北纬 20°54′～26°23′、东经 104°28′～112°04′，跨越中亚热带、南亚热带、北热带 3 个气候带，北回归线横贯中部。土地总面积 23.76 万 km²，地处中国地势第二台阶中的云贵高原东南边缘，两广丘陵西部。广西属于亚热带季风气候区，气候温暖，雨水丰沛，光照充足，无霜期长，而且温光雨同季，三者相互配合，非常有利于甘蔗生长和糖分积累，适宜种植甘蔗（覃蔚谦，1995）。甘蔗是全国重要的糖料作物之一，也是广西最主要的经济作物之一，2019 年甘蔗种植面积为 89.02 万 hm²，占全国甘蔗种植面积的 64.01%，产量为 7490.7 万 t，占全国甘蔗产量的 68.48%（张跃彬等，2022）。

2015～2020 年，依托农业农村部组织开展实施的"第三次全国农作物种质资源普查与收集行动"和广西创新驱动发展专项资金项目"广西农作物种质资源收集鉴定与保存"，对广西 14 个地级市 75 个县（市、区）开展了甘蔗种质资源系统调查与收集工作，共收集到甘蔗种质资源 1422 份。本章对这两次收集的甘蔗及其近缘属种质资源地区分布和收集的主要种类进行概述。分析不同类型甘蔗资源的多样性变化情况，并对目前甘蔗种质资源的创新利用及产业化应用进行阐述，为甘蔗种质资源的保护和利用提供科学依据。

第一节　甘蔗种质资源基本情况

甘蔗种质资源是指甘蔗属及其近缘属植物，以及通过遗传改良获得的杂交品种、杂交亲本和中间材料，可分为栽培原种资源、野生种资源和杂交种资源。甘蔗属（Saccharum）在植物学上隶属于种子植物门（Spermatophyta）单子叶植物纲（Monocotyledoneae）颖花目（Glumiflorae）禾本科（Poaceae）黍亚科（Panicoideae）高粱族（Andropogoneae）甘蔗亚族（Saccharinae）。甘蔗属及其近缘属植物分类如图 6-1 所示（Daniels and Roach，1987；于慧和赵南先，2004）。

在甘蔗育种上，将甘蔗属和与其亲缘关系较近且与甘蔗育种关系较大的近缘属植物芒属、蔗茅属、硬穗茅属、河八王属一起合称为"甘蔗属复合体（Saccharum complex）"。甘蔗栽培资源主要包括热带种、印度种、中国种、肉质花穗野生种、杂交品种，甘蔗野生种质主要包括甘蔗属中的割手密、大茎野生种和近缘属的蔗茅属、硬穗茅属、河八王属、芒属等，是甘蔗抗逆性的主要来源。

禾本科（Poaceae）

黍亚科（Panicoideae）

高粱族（Andropogoneae）

白茅属（*Imperata*）

金棉木属（*Eriochrysis*）

油芒属（*Eccoilopus*）

大油芒属（*Spodiopogon*）

拟芒属（*Miscanthidium*）

甘蔗亚族（Saccharinae）

芒属（*Miscanthus*）

蔗茅属（*Erianthus*）

甘蔗属复合体（the *Saccharumc* omplex）

硬穗茅属（*Sclerostachya*）

河八王属（*Narenga*）

甘蔗属（*Saccharum*）

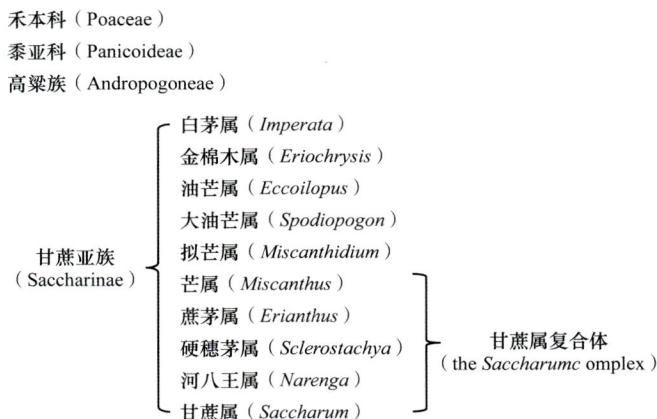

图 6-1　甘蔗属及其近缘属的分类关系

参考 Daniels 和 Roach（1987）、于慧和赵南先（2004），有修改

第二节　甘蔗种质资源类型与分布

一、甘蔗种质资源的类型

广西地形地貌复杂，各地气候生态环境差异大，甘蔗野生资源种类多，是我国甘蔗野生资源主要分布地区，主要野生近缘植物种类有割手密、斑茅、河八王、芒等。甘蔗种质资源的类型主要如下。

（一）甘蔗属

甘蔗属（*Saccharum*）内有 6 个种（Irvine，1999；Daniels and Roach，1987），分别是热带种（*Saccharum officinarum*）、印度种（*Saccharum barberi*）、中国种（*Saccharum sinense*）、割手密（*Saccharum spontaneum*）、大茎野生种（*Saccharum robustum*）和肉质花穗野生种（*Saccharum edule*）。其中热带种、印度种、中国种和肉质花穗野生种被认为是世界上最古老、原始的甘蔗栽培种，大茎野生种和割手密是野生种（D'Hont et al.，1998）。

1. 热带种

热带种发源于南太平洋、大洋洲诸岛，适宜于热带、亚热带高温多雨地区栽培，是现代甘蔗品种商业性状的重要来源。主要代表品种类群有 5 个：奥它希地（Otaheite or Bourbon）、车里本（Cheribon cane）、拔地拉（Badila）、克里斯塔林娜（Crystalina）、黄加利顿尼亚（Yellow caledonia）。

2. 印度种

印度种主要分布在印度恒河流域的旁遮普、拜夏和萨密等地，在中国南方也有分布，适宜于亚热带和温带地区栽培。植株矮小，茎细，分蘖多。芽细小、卵形，着生于根带之上。蜡粉厚，外皮坚硬，节间圆筒形，地下茎短。叶片窄，中肋不发达，叶下垂。难开花，花粉发育不良。在印度被分为 5 个类群：新尼（Surmabile）、芒高（Mungo）、那高利

（Nargori）、盘沙鞋（Pansahi）、沙黎打（Saretha）。其中，春尼（Chunnee，属于新尼类群）为主要的育种材料，也曾用作栽培品种。

3. 中国种

中国种主要分布在我国南方、印度北部、伊朗、马来西亚等地。栽培种，多年生草本，适宜在亚热带和温带地区栽培，植株高大，蔗茎细或中等，多呈细腰形，蜡粉带厚。芽长卵形，附于根带之上，芽沟明显。叶片宽，两面无毛，具白色肥厚中肋，叶耳常缺。难开花，花粉发育不良。约有 40 个无性系，代表品种有竹蔗、芦蔗、育巴（Uba）。

4. 割手密

割手密也称细茎野生种。生长于南纬 8°～40° 的热带和亚热带地区，在我国主要分布在西南和华南地区。茎纤细，类型变异很大，节上有绢毛，节下被白粉，节间细腰形，大部空心，组织木质化，表皮硬，蜡粉带厚，幼时淡绿，成熟时白色或黄色。叶片细长坚硬，两面无毛或腹面粗糙，边缘外卷、具小锯齿。鞘无毛，鞘口有毛。芽三角形。圆锥花序，白色，披针形。花序主轴及总花梗被白色丝状毛。穗轴节间及节上被白色长柔毛。常生长在河旁、溪边、旷地、田埂边，有地下横走茎。

5. 大茎野生种

大茎野生种，别名伊里安野生种，主要分布在新几内亚岛、加里曼丹岛、新不列颠岛及苏拉威西岛等地。蔗皮甚厚，节膨大，生长带突出，节下有一条很明显的蜡质层。

6. 肉质花穗野生种

肉质花穗野生种又称食穗种，主要分布在新几内亚及瓦努阿图（旧称新赫布里底群岛）以西的小岛上，分布范围小，从巴布亚新几内亚至斐济一带地区有种植，是美拉尼西亚人的一种传统蔬菜，其花穗退化为肥厚肉质，形如玉米果穗，包于叶鞘内。

（二）蔗茅属

蔗茅属（*Erianthus*）多为高大、粗壮的多年生草本，本属约有 20 种，分布于温带、亚热带和热带，是甘蔗育种利用价值较大的近缘属野生种质。我国主要有 4 种：斑茅（*Erianthus arundinaceus*）、蔗茅（*Erianthus fulvus*）、滇蔗茅（*Erianthus rockii*）、台蔗茅（*Erianthus formosanus*）。蔗茅属植物主要形态表现为叶长而扁平，圆锥花序延长，小穗有一个两性小花，每个小穗的基部有束毛，实性外稃有劲直或旋钮状的芒，这是与甘蔗属最易识别之处。

1. 斑茅

斑茅在我国主要分布于华南、西南等热带亚热带地区，常见于涧旁、岩石旱坡地间或在公路旁丛生。多年生高大草本，无根茎，植株粗壮直立，叶片扁平，线状披针形，两面光滑，边缘具小锯齿，中脉白色、宽厚，基部有柔毛。芽卵形或矩圆形，根点常缺。圆锥花序，大而稠密，主轴及总花梗均无毛，小穗披针形且成对（彭绍光，1990；何顺长等，1994）。

2. 蔗茅

蔗茅在我国主要分布于云南、贵州、四川、广西、陕西、甘肃、湖北、西藏等地，常见于海拔480～2800m的区域。基部坚硬木质，花序以下部分具白色丝状髭毛，有多数具髭毛的节，节下被白粉。叶鞘大多长于节间，上部或边缘被柔毛，鞘口生继毛；叶舌质厚，顶端截平，具纤毛；叶片宽条形，基部较窄，顶端长渐尖，无毛，下面被白粉，微粗糙，边缘粗糙，中脉粗壮。圆锥花序大型直立，主轴密生丝状柔毛（中国科学院中国植物志编辑委员会，1997）。

3. 滇蔗茅

滇蔗茅是我国特有的蔗茅属资源，分布于四川、云南、西藏海拔500～2700m的干燥山坡草地。单一，直立，有时下部节具分枝，紧接花序以下的部分平滑无毛，具多数节，节下被白粉。叶鞘较长于节间，无毛或在口部具柔毛，叶舌质厚，顶端钝，无毛，两侧下延，与叶鞘边缘相连；叶片线状披针形，顶端长渐尖，基部狭窄，与叶鞘相接处有一横痕而易自该处脱落，中脉在上部与侧脉均不明显，下面粉绿色，疏生柔毛，近基部的毛较密，边缘锯齿状粗糙。圆锥花序较密集，顶端下垂，主轴无毛，伸长达花序上部，具多数分枝，小穗披针形，基盘具黄色丝状柔毛且长短不一（中国科学院中国植物志编辑委员会，1997）。

4. 台蔗茅

台蔗茅为中国特有的蔗茅属资源，分布于江西、福建、台湾、广东、海南等省（区）。秆直立，具多节，不分枝，紧接花序以下被丝状毛或无毛。叶鞘质厚，通常较长于其节间，上部较短，鞘口具柔毛；叶舌短，顶端圆截形，具纤毛；叶片线形，扁平或内卷，顶端长渐尖，下部渐窄，具粗壮隆起的中脉，基部贴生柔毛，两面平滑无毛，边缘粗糙。圆锥花序伞房状，栗褐色或带紫色，主轴被丝状柔毛。具有耐旱、耐贫瘠、耐寒、宿根性强等优良性状（中国科学院中国植物志编辑委员会，1997）。

（三）河八王属

河八王属（*Narenga*）为多年生草本，直立，叶片披针形，顶生叶片常退化，主要分布于东南亚的热带地区和印度北部，有河八王（*Narenga porphyrocoma*）、金猫尾（*Narenga fallax*）2种。

1. 河八王

河八王在我国主要分布于长江以南的贫瘠红壤地区。多年生，须根坚韧粗壮，秆直立，节具长髭毛，节上下部分均被柔毛或白粉。茎较细，中空，基部中空明显，上部较粗，有蜡粉，无根点。芽长三角形，芽鳞厚，难萌发，通常以种子繁殖。叶鞘下部长于节间而上部短于节间，遍生疣基柔毛，鞘口密生疣基长柔毛，叶舌厚膜质，钝圆，具纤毛；叶片长线形，顶生者退化成锥形，基部渐窄而仅具肥厚的中肋，下面无毛，上面密生疣基柔毛，边缘锯齿状粗糙。叶上部较大，中脉不发达，叶缘锯齿锋利，叶鞘紧包蔗茎，极难脱落。圆锥花序，紧缩，淡紫色，主轴被白色柔毛，节具柔毛，花粉发育好、量大。自交不亲和，但异型杂交可以产生大量种子（彭绍光，1990）。

2. 金猫尾

金猫尾在我国主要分布于云南、广西、广东、海南等省（区）。茎秆直立，粗壮，中空，节部被金黄色茸毛，节下被蜡粉或黄色柔毛，叶鞘通常长于其节间，边缘密生纤毛，鞘节被黄色柔毛；叶舌厚膜质，紧贴其背部，密生纤毛；叶片基部渐窄，中脉粗壮，两面疏生疣基柔毛或无毛，基部与叶鞘相连处及中脉上密生柔毛，边缘锯齿状粗糙。圆锥花序大型，直立，主轴及其花序以下的部分秆均被黄锈色柔毛，每节具多数分枝，分枝直立上举（中国科学院中国植物志编辑委员会，1997）。

（四）芒属

芒属（*Miscanthus*）全世界约有 20 种，主要分布在热带亚洲至热带非洲地区。在我国主要分布于长江以南地区。芒属是多年生高大草本植物，粗壮、直立，有根状茎，茎秆充满白色软髓，具有生长快、产量高、易繁殖的特点，播种后能迅速覆盖地面。芒属植物叶片线状披针形，边缘粗糙，中脉白色，基部厚。圆锥花序顶生广展，由纤细总状花序组成。小穗成对，均为两性花，小穗柄短，颖片密被银丝长毛（彭绍光，1990；张木清等，2006）。在国内主要有芒（*Miscanthus sinensis*）和五节芒（*Miscanthus floridulus*）两种类型。

1. 芒

芒在我国分布于江苏、浙江、江西、广东、海南和广西等省（区），遍布于海拔 1800m以下的山地、丘陵和荒坡原野，常组成优势群落。秆高 1～2m，叶片线形，长 20～50cm、宽 6～10mm，下面疏生柔毛及被白粉，边缘粗糙。圆锥花序直立，长 15～40cm，小穗披针形，长 4.5～5mm，黄色、有光泽，基盘具等长于小穗的白色或淡黄色的丝状毛，颖果长圆形，暗紫色。花果期 7～12 月。

2. 五节芒

五节芒在我国分布于江苏、浙江、福建、台湾、广东、海南、广西等省（区）。多生于低海拔荒地、丘陵潮湿谷地和山坡或草地。秆高大，叶片披针状线形，扁平，基部渐窄或呈圆形，顶端长渐尖，中脉粗壮隆起，两面无毛，或上面基部有柔毛，边缘粗糙。圆锥花序大型，稠密，小穗卵状披针形，黄色，芒长 7～10mm，微粗糙，伸直或下部稍扭曲；内稃微小；雄蕊 3 枚，花药长 1.2～1.5mm，橘黄色；花柱极短，柱头紫黑色，自小穗中部两侧伸出。

（五）硬穗茅属

硬穗茅属（*Sclerostachya*）是甘蔗属复合体的中间类型，主要分布在印度北部、中南半岛和马来半岛地区。茎秆中空，达 3m 长，主要有 3 个种：*Sclerostachya fusca*、*Sclerostachya milroyi* 和 *Sclerostachya ridleyi*。其中，*S. fusca* 分布于印度和中南半岛，*S. ridleyi* 分布于马来半岛。硬穗茅与"甘蔗属复合体"大多数植物的区别是茎秆中空、成对排列的小穗均有花梗，而甘蔗属的小穗，一个有花梗，另一个则没有。

二、甘蔗种质资源的分布

不同甘蔗野生近缘植物的分布有差异，甘蔗属割手密广泛分布在广西各地；蔗茅属斑茅、芒属芒主要分布在桂林市、河池市和百色市的部分县；河八王属河八王主要分布在河池市、柳州市和桂林市部分县。这些甘蔗及其近缘植物在广西分布广、类型多、资源丰富，为甘蔗杂交育种提供丰富的物质基础。

2015~2020 年，实施了"第三次全国农作物种质资源普查与收集行动"和广西创新驱动发展专项资金项目"广西农作物种质资源收集鉴定与保存"，完成了广西 14 个地级市 75 个县（市、区）的甘蔗种质资源系统调查与收集工作，共收集到甘蔗种质资源 1422 份，其中割手密 1067 份、斑茅 228 份、河八王 57 份、芒 49 份、果蔗 21 份（表 6-1）。通过鉴定评价，筛选出优异资源 355 份，其中割手密 240 份、斑茅 80 份、河八王 25 份、芒 5 份、果蔗 5 份。

表 6-1　甘蔗种质资源在广西的分布情况

序号	地级市	县（市、区）数量	割手密份数	斑茅份数	河八王份数	芒份数	果蔗份数	合计份数	占比/%
1	南宁市	6	91	21	0	3	1	116	8.16
2	柳州市	5	80	15	15	0	0	110	7.74
3	桂林市	12	143	71	18	21	5	258	18.14
4	梧州市	4	81	3	1	0	0	85	5.98
5	北海市	1	16	1	0	0	0	17	1.20
6	防城港市	2	27	4	0	3	2	36	2.53
7	钦州市	3	32	8	0	3	4	47	3.31
8	贵港市	3	53	4	1	2	0	60	4.22
9	玉林市	5	54	9	0	0	2	65	4.57
10	百色市	9	147	20	0	4	3	174	12.24
11	贺州市	3	52	4	7	1	0	64	4.50
12	河池市	11	133	34	14	5	2	188	13.22
13	来宾市	5	72	11	1	4	1	89	6.26
14	崇左市	6	86	23	0	3	1	113	7.95
	合计	75	1067	228	57	49	21	1422	100.00

第三节　甘蔗种质资源多样性变化

一、割手密

在鉴定的 482 份割手密中，锤度 4.0%~18.5%，株高 55~271cm，茎径 3.08~10.2mm，锤度在 15% 以上的有 27 份；可作为甘蔗亲本，用于杂交选育高糖、强分蘖、强宿根的材料。

二、斑茅

在鉴定的 96 份斑茅中，锤度 2.0%～13.2%，株高 55～514cm，茎径 6.73～18.85mm；可作为甘蔗亲本，用于高产、耐旱、强分蘖材料的选育。

三、河八王

在鉴定的 27 份河八王中，锤度 8.5%～17.0%，株高 82～159cm，茎径 7.0～9.0mm。河八王是抗黑穗病的良好基因源材料，可作为甘蔗亲本，用于抗黑穗病、强分蘖材料的选育。

四、芒

在鉴定的 30 份芒中，锤度 4.0%～15.0%，株高 78～416cm，茎径 5.2～16.8mm，其中株高在 3m 以上的材料有 4 份；可作为甘蔗亲本，用于高产、强适应性材料的选育。

第四节　甘蔗种质资源主要特点

一、甘蔗属资源主要特点

甘蔗属有 6 个种，分别是热带种、印度种、中国种、割手密、大茎野生种和肉质花穗野生种。

（一）热带种

典型热带种染色体数 $2n=80$，$x=10$，具有植株高大、生长旺盛、产量高、糖分高、纤维含量少、蔗汁多等优点，但分蘖力弱，根群不发达，易患病虫害，不耐贫瘠，抗旱、抗寒能力差。热带种是生产上主要的杂交育种材料之一，而且是早期的栽培品种。

（二）印度种

染色体 $2n=82～124$，具有早熟、高糖、耐贫瘠、耐寒、耐粗放栽培、根群发育良好、抗萎缩病、淀粉含量高等优点，但其纤维多，宿根性较差，易感嵌纹病，难开花。

（三）中国种

染色体 $2n=116～118$，约有 40 个无性系，其中最有代表性的是竹蔗、芦蔗和育巴。抗逆性强，耐粗放栽培，耐旱、耐贫瘠，根系发达，分蘖力强，宿根性好，糖分含量较高，对萎缩病免疫、抗根腐病、花叶病，但易感黑穗病、赤腐病、嵌纹病。

（四）割手密

染色体基数 $x=8$，具有早花、易花、耐旱、耐贫瘠、宿根性强的特点，对萎缩病、根腐病、赤腐病、嵌纹病免疫，与甘蔗杂交结实率高，是甘蔗育种中最重要的野生种质之一。对甘蔗育种具有十分重要的作用（李杨瑞，2010）。

（五）大茎野生种

多年生草本植物，具有植株高大、长势旺盛、茎硬、抗风、抗虫、耐旱性强、宿根性好、纤维含量多、生物产量高等特点。易感嵌纹病、根腐病、斐济病、霜霉病。

（六）肉质花穗野生种

肉质花穗野生种又称食穗种，花穗可供食用，是美拉尼西亚人的一种传统蔬菜，分布范围小，从新几内亚至斐济一带地区有种植（张木清等，2006）。

二、甘蔗近缘属资源主要特点

在甘蔗近缘属资源中，主要利用的有蔗茅属、河八王属和芒属。

（一）蔗茅属

蔗茅属植物具有抗旱、耐贫瘠、耐寒、耐涝、叶片清秀、抗病虫性强、宿根性好、分蘖力强、适应性广等特性，成为各国甘蔗育种机构广泛杂交利用的重点研究对象。

1. 斑茅

染色体 $2n=20$、40、60 三种类型，具有高大粗壮、丛生性好、萌芽力强、分蘖多、生长势强、宿根性好、适应性广、抗逆性强、抗病虫性强等优异性状。

2. 滇蔗茅

染色体 $2n=30$，具有抗旱、抗寒、耐贫瘠、宿根性强及较强的锈病抗性等优良性状，它比割手密表现出更强的抗旱、抗病虫和宿根特性，是抗逆及抗病育种的重要基因源，在甘蔗育种上具有较好的利用价值（李文凤等，2005；王丽萍等，2008）。

3. 蔗茅

染色体 $2n=20$，具有锤度高、耐旱、耐寒、宿根性强等优良性状，但蔗茅具有怕热的特性（萧凤迥等，1996）。

（二）河八王属

1. 河八王

染色体 $2n=30$，具有早熟且花粉量大、耐旱、耐贫瘠、分蘖力强、直立抗倒、抗黑穗病和花叶病等优良性状，是甘蔗育种中优良的抗性基因源。

2. 金猫尾

染色体 $2n=30$，具有耐旱、耐寒、早熟等优良性状。

（三）芒属

1. 五节芒

染色体 $2n=38$，具有耐旱、耐贫瘠、纤维含量高、宿根性好、抗病性强等优良性状。

2. 芒

染色体 $2n=38$，具有粗生、耐旱、生物量大、纤维含量高等特点。

第五节　甘蔗种质资源创新利用及产业化应用

一、甘蔗属的杂交利用及产业化应用

甘蔗属内的栽培种有热带种、印度种、中国种，在历史上都曾作为栽培品种应用于生产。热带种和中国种曾作为制糖原料，也作为果蔗食用，印度种只作为制糖原料。现在热带种只是作为果蔗栽培。现代的甘蔗品种大多数都含有约 90% 热带种的血缘，部分品种还有印度种、中国种的血缘。采用染色体原位杂交技术对热带种、印度种、中国种的分析结果表明，印度种和中国种都是热带种与割手密的种间杂种（D'Hont et al.，2002）。

（一）热带种的杂交利用

热带种也称高贵种或高贵蔗，是甘蔗育种最重要的基因资源。最早的甘蔗育种是从天然授粉的热带种后代中进行品种选育，如利用 Otaheiti 在爪哇育成 EK 系列品种，在夏威夷育成 H109。由于热带种及其产生的后代易受病、虫危害，且只适应于特定的热带环境，育种家开始考虑拓宽热带种的遗传基础以改良其适应性、增强抗病性和抗虫性（Stenvenson，1965）。由此产生了甘蔗"高贵化"（nobilization）育种，即利用热带种作为母本与割手密杂交，之后再与热带种进行连续回交。POJ2878 的育成即是"高贵化"育种的标志性事件，是世界甘蔗育种的一大突破。热带种有 700 多个品种或无性系，迄今为止，已在甘蔗杂交育种中利用的主要有奥它希地（Otaheiti）、黑车利本（Black Cheribon）、卡路打布廷（Kaludai Boothan）、Bandjermasim hitam、灰毛里求斯（Ashy Mauritius）、D74（Critalina 天然授粉后代）、拔地拉（Badila）、拉海那（Lahaina）、黄加利（Yellow Caled）、Batjam、Fidji、Vellai、S. Mauritius、Black Hitam 等（彭绍光，1990；张木清等，2006）。

我国利用收集的 Badila、Fidji、Black Cheribon 等热带种作为"高贵化"育种的起始材料，与海南崖城等地的割手密进行杂交、回交等，筛选出了一批优良育种材料，其中以 Badila 利用最为成功。据不完全统计，利用 Badila 创新的亲本材料育成并经鉴定、审定或认定的甘蔗品种达 17 个，包括粤糖 64-395、粤糖 85-881、粤糖 89-113、湛蔗 82-339、粤农 75-191、粤农 89-759、桂糖 13 号、桂糖 14 号、桂糖 17 号、川糖 89-103、闽糖 86-05、珠蔗 75-53、云蔗 71-388、云蔗 89-7、甜城 16 号、凉蔗 1 号和福农 91-4621 等（邓海华等，2004）。此外，江西省甘蔗研究所育成赣蔗 18 号、广西农业科学院甘蔗研究所育成的桂糖 21 号都是 Badila 的后代（邓祖湖等，2004）。

研究表明，热带种×热带种和热带种×割手密是杂交时间早、杂交数量最多、育种成效最大的方式，目前世界上所有的商业品种均来自这两种杂交方式。全世界热带种有700多个，但成功用于甘蔗育种的只有十多个；割手密数量多，但成功利用的不多。继续发掘和利用性状优良的热带种和割手密进行杂交，有望对甘蔗育种做出更大的贡献。

（二）印度种的杂交利用

印度种有4种类型：Sunnabile、Mungo、Nargori、Saretha，其中Saretha类型中的春尼（Chunnee）杂交利用最多、最有成效。爪哇以黑车利本等热带种与其杂交，育成许多优良品种如POJ36、POJ213、POJ234等。其中以POJ213对世界甘蔗育种的贡献最大（彭绍光，1990），它是POJ、Co、B、H、F等系列及我国一些优良品种的祖先，如POJ2878、Co290、Co419、F134、桂糖11号等都是由它衍生而来。Saretha类型中的甘沙（Kansar）也曾被有效利用，印度以POJ213与Kansar杂交育成的Co213，不但曾经在许多国家大面积推广应用，还是一个重要亲本。

（三）中国种的杂交利用

中国种约有38个无性系，主要有育巴（Uba）、竹蔗和芦蔗。育巴花粉大多不育，产生的实生苗表现差，因此在甘蔗育种上的杂交利用不多。但部分育种机构用育巴与其他品种杂交，也育成一些优异品种，如美国夏威夷的H32-1603、H49-5，巴巴多斯的B45151、B45258、B54142等（彭绍光，1990）。竹蔗不易开花，花粉不育，用作亲本杂交利用的研究报道较少。

广东省科学院南繁种业研究所（原广州甘蔗糖业研究所）海南甘蔗育种场利用中国种与割手密的后代杂交，成功选配潭州竹蔗×F134+Co331、越南牛蔗×崖城58-46和广西竹蔗×崖城58-63这3个组合，培育出F_1代新种质崖城57-36、崖城71-370和崖城73-92，但目前还没有选育出甘蔗品种的报道（吴才文等，2014）。

（四）割手密的杂交利用

割手密为复杂多倍体植物，是甘蔗属及其近缘属种中最有育种价值和研究价值的野生种之一，对甘蔗育种具有十分重要的作用。割手密在甘蔗杂交育种中的利用方式主要有热带种×割手密、杂交种×割手密两种方式。

1. 热带种×割手密

现代甘蔗改良始于20世纪初印度尼西亚（爪哇）和印度最早利用割手密与甘蔗热带种进行杂交以及回交利用，后来分别育成世界甘蔗育种史上著名的POJ2878（为爪哇割手密的BC_2代）、Co419（为印度割手密的BC_2代和爪哇割手密的BC_3代）等。POJ2878、Co419不但一度成为世界范围广泛推广的甘蔗品种，而且是许多甘蔗育种机构常用的优良的杂交亲本，如我国台湾利用POJ2878与Co290杂交育成F134，广西农业科学院甘蔗研究所利用Co419与CP49-50杂交育成桂糖11号等（彭绍光，1990）。1930年以前利用割手密取得的成效使甘蔗育种家对利用野生种质改良甘蔗品种充满信心。20世纪60年代前后，甘蔗属野生种质特别是割手密的利用已成为许多甘蔗育种机构整个甘蔗育种程序的一部分，如澳大利亚、巴巴多斯、印度、中国台湾、路易斯安那州、夏威夷和海南甘蔗育种场等

（黄启尧，1991）。

　　从 20 世纪 50 年代至 90 年代，广东省科学院南繁种业研究所海南甘蔗育种场开展了利用野生种质拓宽甘蔗遗传基础的研究（黄启尧，1991）。其中，对割手密的杂交利用最有成效，育成一大批具有海南割手密血缘的崖城系列优良甘蔗育种新材料，国内各育种机构进一步利用这些材料育成不少优良甘蔗新品种或育种材料（林日坚，1987；邓海华等，1996；邓祖湖等，2004），部分育种材料及甘蔗品种如表 6-2 所示。云南省农业科学院甘蔗研究所于 1998～2003 年利用割手密及其 F_1、BC_1 代，分别与热带种、地方种、栽培亲本杂交或回交，获得了一大批野生性强、分蘖多、宿根性强等综合性状优良的 F_1、BC_1、BC_2 杂交后代材料（王丽萍等，2006）；通过 8 个农艺性状因子对 70 份云南割手密血缘 F_1 代创新种质进行综合评价，鉴定发现 35 份为高产材料，50 份为高糖材料，27 份为高产、高糖材料（经艳芬等，2013）。对割手密的杂交利用有效拓宽了甘蔗育种的遗传基础，为我国的甘蔗育种做出了重要贡献。

表 6-2　利用海南割手密育成的部分优良育种材料及甘蔗品种

材料名称	母本	父本	育成的主要优良育种材料或品种（系）
崖城 58-43（F_1）	Badila	崖城割手密	崖城 62-40
崖城 58-47（F_1）	Badila	崖城割手密	梁河 78-121、梁河 78-85
崖城 82-108（F_1）	Badila	云割 75II-11	崖城 94-46
崖城 62-40（BC_1）	F134	崖城 58-43	福农 79-23、桂糖 17 号
崖城 71-370（BC_1）	越南牛蔗	崖城 58-46	赣南 83-1035
崖城 71-374（BC_1）	粤糖 54-143	崖城 58-47	崖城 84-125、川蔗 89-103、桂糖 19 号、桂糖 21 号、桂糖 23 号、桂糖 24 号、赣蔗 18 号
崖城 84-125（BC_2）	NCo310	崖城 71-374	云蔗 89-7
崖城 94-46（BC_1）	粤糖 57-423	崖城 82-108	桂糖 29 号

2. 杂交种×割手密

　　杂交种×割手密是目前割手密的主要利用方式之一，广东省科学院南繁种业研究所海南甘蔗育种场利用杂交种 K28、POJ2878、崖城 60-75 与不同类型割手密杂交，成功获得 F_1 代崖城 55-7、崖城 75-411、崖城 82-110、崖城 85-45，但目前仍未培育出甘蔗品种。云南省农业科学院甘蔗研究所瑞丽育种站利用云南蛮耗、西双版纳、高黎贡山、宾川等地割手密与甘蔗品种（系）杂交育成一大批含有云南不同生态类型割手密血缘的抗黑穗病、抗旱性强的优良高代育种新材料，并育成含有云南割手密血缘的甘蔗新品种云蔗 95-155（桃联安，1996；楚连璧，2000；杨李和，2004；安汝东等，2007）。随后通过对全国育种机构批量提供杂交花穗，普遍反映后代宿根性强、丛有效茎数多、产量高，但目前还没有培育出优良甘蔗品种（表 6-3）。

表 6-3　热带种×割手密基础杂交利用统计

材料	杂交地点	亲本组合
崖城 55-7	海南省三亚市崖城区	POJ2878×崖城割手密

续表

材料	杂交地点	亲本组合
崖城 75-411	海南省三亚市崖城区	EK28×崖城割手密
崖城 82-110	海南省三亚市崖城区	EK28×元江割手密
崖城 85-45	海南省三亚市崖城区	崖城 60-75×崖城割手密
云瑞 80-15	云南省德宏傣族景颇族自治州瑞丽市	F134×蛮耗割手密
云瑞 86-161	云南省德宏傣族景颇族自治州瑞丽市	POJ3016×云南割手密
云瑞 92-81	云南省德宏傣族景颇族自治州瑞丽市	川糖 61-480×云割 83-157
云瑞 93-36	云南省德宏傣族景颇族自治州瑞丽市	赣蔗 14 号×云割 83-157
云瑞 00-298	云南省德宏傣族景颇族自治州瑞丽市	赣蔗 14 号×云割 82-48
云野 99-3	云南省红河哈尼族彝族自治州开远市	赣蔗 14 号×越割 2 号
云野 02-356	云南省红河哈尼族彝族自治州开远市	Co419×云割 75-1-2
云野 00-57/00-63/00-77	云南省红河哈尼族彝族自治州开远市	Co617×云割 1 号
云野 00-271/00-287	云南省红河哈尼族彝族自治州开远市	赣蔗 14 号×越割 3 号
云野 00-339/00-347/00-350	云南省红河哈尼族彝族自治州开远市	赣蔗 14 号×海割 92-66
云野 00-202	云南省红河哈尼族彝族自治州开远市	Co419×广东割 81 号

研究表明：①热带种×割手密杂交后代及衍生后代选育出的品种多，品种的突破性大、适应性广、推广面积大。通过进一步分析，发现所有后代突破性大的品种，其杂交方式均为对等杂交。②在热带种×割手密杂交方式中，选择杂交对象种性不同，后代差异较大，有的后代种性优良，成为世界性的品种或亲本，有的未能育成品种，因此选择性状优良的热带种和割手密杂交，才有可能选育出优良品种或亲本。③热带种与割手密杂交的组合数量多，但应用的热带种类型少，仅有 Badila、Fiji、Crystalina、越南牛蔗等几种，扩大不同种类热带种的杂交利用才有可能选育出优良甘蔗品种。④杂交种×割手密利用时间早、杂交组合多、后代数量大，但其后代和衍生后代几乎无优良品种，个别品种虽然通过审定，但种性表现不佳，推广面积有限，未能成为突破性品种，值得育种工作者深思。

研究表明：①割手密的锤度在野生种中比较高，但其品系间的锤度差异比较大，利用时需要对品系的锤度进行筛选，有利于获得高糖杂交后代；②甘蔗与割手密及其 F_1、BC_1 代之间的杂交容易成功，其亲和力强，结实率与杂交真实率都比较高，容易获得真实杂交种，有利于选育含割手密血缘的具有耐旱、耐寒、抗病虫、抗逆性强的优良创新种质；③割手密可为甘蔗育种提供抗逆来源，但其对我国主要病害黑穗病有不同程度的抗/感性，作为杂交亲本时，需有选择地利用。

（五）大茎野生种的杂交利用

大茎野生种从形态特征看与割手密较相近，它与割手密的区别主要是茎更大、更长，花序大，小穗少。其突出的优良性状是抗风、抗虫能力强（王启柱，1979）。多数大茎野生种后代选育出的品种具有萌芽率高、分蘖性好、生长快、植株高、有效茎数多、生长势强和不易倒伏等优点，利用大茎野生种来拓宽甘蔗遗传基础和进行品种改良具有十分重要的意义。部分育种机构利用它与热带种或甘蔗品种杂交、回交育成一些优良品种或育种材料，如夏威夷育成的大茎野生种 F_3 材料 H37-1933、昆士兰育成的 32MQ、佛罗里达运河点育种场育成的 CP36 等品种。对大茎野生种的利用最成功的是台湾糖业研究所。

台湾糖业研究所于 1939 年开始利用大茎野生种，以 POJ2883×*S. robustum* 育成了 PT39-461；以 POJ2725 为母本育成 PT40-203、PT40-243 等；以 F108 为母本育成 PT40-388（骆君骕，1984）。1946 年发现大茎野生种 F_2 材料 PT43-52 抗风能力特强，之后即以 PT43-52 及其后代为亲本育成一系列重要的台糖新品种，最重要的是 F146、F152、F160、F172、ROC1、ROC5、ROC10、ROC16、ROC22 等，这些品种都曾在我国（包括台湾）大面积推广应用，而且是我国各育种机构常用的重要亲本，其中 ROC22 曾在大陆约占 80% 甘蔗种植面积。

广东省科学院南繁种业研究所海南甘蔗育种场自 20 世纪 70 年代中期起，曾多次利用大茎野生种，先后育成崖城 75-270、75-273、75-280、80-142、80-143、95-4、96-37、96-39 和 96-48 等杂种后代。此外，海南甘蔗育种场利用大茎野生种的后代 PT40-388 育成崖城 73-226 和湛蔗 80-101 等优良亲本材料，并育成粤糖 79-177 等著名推广品种（邓海华等，2004）。

云南省农业科学院甘蔗研究所于 1998～2002 年利用大茎野生种 57NG208 与甘蔗（热带种或甘蔗品种）杂交和回交育成一些优良种质材料。例如，云蔗 2000-505、云蔗 2000-506、云蔗 2000-530 是大茎野生种与热带种的 BC_1，其生长势强，中大茎，有效茎数达 125 070～150 075 条/hm²，高产，高糖（14.09%～14.67%）；云蔗 2002-105、云蔗 2002-107、云蔗 2002-112、云蔗 2002-115 等是热带种与大茎野生种的 BC_1，其生长势强，锤度高，1 月锤度达 23.0%～24.4%（王丽萍等，2003）。在 2008～2018 年，云南省农业科学院甘蔗研究所瑞丽育种站以大茎野生种 57NG208 为核心创新种质，先后与含割手密、斑茅、热带种等野生种质血缘的甘蔗亲本进行远缘杂交，创制了一批云瑞系列甘蔗亲本。通过对 45 份参试材料的亲本血缘、产量和糖分数据的整理，采用聚类分析对大茎野生种 57NG208 在瑞丽甘蔗育种站中的利用情况进行研究。结果表明，大茎野生种 57NG208 是瑞丽甘蔗育种站甘蔗杂交育种中的高频应用亲本，也是为数不多既可作为父本又可作为母本使用的杂交亲本之一，其作为母本杂交应用较多，后代性状表现非常突出。采用大茎野生种 57NG208 与瑞丽割手密、斑茅、热带种杂交，选育了大批优良杂种后代，虽然迄今尚未育成生产品种，但近年来含大茎野生种 57NG208 血缘的 BC_1、BC_2 代杂种的育成却标志着其杂交利用取得了重大的突破（俞华先等，2019）。

对大茎野生种的研究表明：①热带种×大茎野生种、大茎野生种×热带种的杂交方式从 20 世纪 70 年代就进行了很多组合，也筛选出了比较优良的后代，但至今对甘蔗育种没有做出大的贡献，因此还需继续对杂交的高代材料进行追踪研究。②杂交种×大茎野生种的杂交方式对甘蔗育种贡献大，尤其是 POJ2878×大茎野生种组合选育出 PT43-52，其衍生后代选育出很多抗风性强、适应性广的品种，很多 F 系列和新台糖系列品种都是它的后代。③云南野生种割手密×大茎野生种、斑茅×大茎野生种杂交获得了众多优良后代，这为大茎野生种的杂交利用开启了一个新方式。

二、蔗茅属的杂交利用及产业化应用

蔗茅属约有 20 种，分布于温带、亚热带和热带，我国有 4 种：台蔗茅、滇蔗茅、蔗茅和斑茅。

早在 1927 年，Rankle 就利用热带种 EK28 与蔗茅杂交，获得杂交后代；1941 年贾纳奇·安默鲁用热带种与蔗茅杂交，其后代染色体为 $n+n$；1953 年拉格范利用割手密与蔗茅杂交，获得了一些后代（张木清等，2006）。20 世纪 90 代初广西农业科学院甘蔗研究所曾探讨甘蔗品种与滇蔗茅的杂交研究并获得了杂种实生苗，通过生长习性、形态学观察和同工酶分析显示后代具有亲本的某些特征特性（何红，1994）。但这些材料由于没有花粉，进一步的杂交研究未见报道。黄家雍等（1997）利用甘蔗栽培品种与滇蔗茅杂交，获得了少量杂种实生苗。桃联安（1996）利用桂糖 11 号与滇蔗茅杂交获得实生苗 14 株，从中选出优良材料云滇 F_1 91-2008，进一步利用该材料与云割斑 93-3148 杂交获得含"三种"复合血缘的云割斑滇 F_1 99-48，对甘蔗黑穗病及叶斑病的抗性表现优异（杨李和，2004）。云南省农业科学院甘蔗研究所利用甘蔗热带种与滇蔗茅杂交，再与优良栽培品种进行回交，获得了一些抗旱性强、高抗锈病的 BC_1 真杂种（王丽萍等，2008）。云南农业大学于 2012 年育成了含有蔗茅血缘的甘蔗新品种滇蔗 01-58（云农 01-58）（李媛甜等，2018）。

（一）斑茅的杂交利用

在上述蔗茅属的 4 个种中，斑茅的杂交利用研究是近 30 年来甘蔗野生种质基因资源发掘利用的热点。早在 1885 年 Scotwedel 就试图利用甘蔗与斑茅杂交，但未获得成功。1941 年贾纳奇·安默鲁用热带种与斑茅杂交获得一些后代。世界上开展甘蔗育种研究较早的国家如巴巴多斯、美国、南非等都开展过斑茅杂交利用研究，而以我国广东省科学院南繁种业研究所海南甘蔗育种场、云南省农业科学院甘蔗研究所和福建农林大学甘蔗研究所等机构近 20 年的研究进展较为突出。斑茅杂交利用的方式主要有 5 种：杂交种×斑茅，热带种×斑茅，中国地方种×斑茅，大茎野生种×斑茅，斑茅×割手密。

1. 杂交种×斑茅

广东省科学院南繁种业研究所海南甘蔗育种场从 1956 年起开展斑茅与甘蔗杂交的研究，至 20 世纪 80 年代，先后选育出崖城 57-25、崖城 73-07、崖城 80-83、崖城 80-85 等。2000 年以后，海南甘蔗育种场加强对斑茅 F_1 杂种的真实性鉴别，筛选综合性状优良的真杂种进行回交利用。在进一步的回交中，改变以往以斑茅 F_1 代为父本与甘蔗进行回交的策略，以其为母本进行杂交，获得经同工酶分析或分子鉴别含斑茅血缘的 BC_1、BC_2 后代材料。现已将回交世代推进到 BC_5 并保存大量的斑茅血缘中间材料，已筛选出农艺性状较优的含斑茅血缘的甘蔗优良亲本，供全国各育种单位利用，如崖城 07-71、崖城 06-140（邓海华，2002；符成等，2004；劳方业等，2006；刘少谋等，2007a；王勤南等，2017）。在杂交可育性和 BC_1 后代主要经济性状方面，斑茅 F_1 代品系间和杂交组合间均存在显著差异。斑茅 BC_1 后代的产量性状和糖分仍与甘蔗栽培品种有较大差距，但各性状的最大值已与栽培品种相当（邓海华等，2004）。云南省农业科学院甘蔗研究所瑞丽甘蔗育种站先后利用不同杂交种与云南蛮耗斑茅、云南富宁小斑茅、斑茅 180 等不同类型的斑茅杂交，创制了一批杂交后代，如云瑞 80-114、云瑞 93-3148、云瑞 06-75 等，但目前还没有培育出甘蔗新品种（吴才文等，2014）。海南甘蔗育种场目前已筛选出含斑茅血缘的崖城 07-71、崖城 06-140、崖城 04-55 等 13 个遗传亲本材料并推荐给全国各育种单位进行杂交选配利用，这些亲本具有高光效、高抗性、高经济育种值、农艺性状优、宿根性好、适合机械化等优点（表 6-4）。

表 6-4　杂交种×斑茅基础杂交利用统计

亲本组合	杂交地点	后代材料
CP34-120×斑茅	海南省三亚市崖城区	崖城 57-25
S17×崖城斑茅	海南省三亚市崖城区	崖城 72-399、崖城 80-83
粤糖 57-423×崖城斑茅	海南省三亚市崖城区	崖城 73-512
Co1001×崖城斑茅	海南省三亚市崖城区	崖城 90-31
CP72-1210×崖城斑茅	海南省三亚市崖城区	崖城 90-4、崖城 90-11
粤糖 54-18×云南蛮耗斑茅	云南省德宏傣族景颇族自治州瑞丽市	云瑞 80-114
云瑞 80-15×云南富宁小斑茅	云南省德宏傣族景颇族自治州瑞丽市	云瑞 93-3148
云瑞 00-7×斑茅 180	云南省德宏傣族景颇族自治州瑞丽市	云瑞 06-75
Co285×江西斑茅 79-02	云南省红河哈尼族彝族自治州开远市	实生苗 115 株，均为假杂种
Co285×广西斑茅 84-16	云南省红河哈尼族彝族自治州开远市	实生苗 45 株，均为假杂种
Co614×云南斑茅 83-158	云南省红河哈尼族彝族自治州开远市	实生苗 26 株，57% 为真杂种

2. 热带种×斑茅

广东省科学院南繁种业研究所海南甘蔗育种场于 1973 年开始利用 5 个热带种与 10 个不同斑茅杂交，成功选配出杂交组合 11 个。但直到 2001 年才突破甘蔗与斑茅杂交第 1 代杂种（F_1）杂交不育的难题，获得第 2 代杂种（BC_1），2003 年成功育成一批第 3 代杂种（BC_2）。现已有 BC_5 材料供全国各育种单位利用。研究人员采用澳大利亚家系试验法进行经济育种值评价，崖城 11-31、崖城 07-71 和崖城 06-140 可作为生产性母本；崖城 05-164 和崖城 07-20 可作为生产性父本，桂糖 02-761×崖城 05-164、德蔗 93-88×崖城 06-61、崖城 11-31×ROC22、崖城 07-71×HoCP02-623 和崖城 12-8×K86-110 等 5 个家系可作为生产性家系（王勤南等，2017）。云南省农业科学院甘蔗研究所于 1998 年开始利用 11 个热带种与云南斑茅、海南斑茅、广东斑茅、广西斑茅和福建斑茅等不同类型的斑茅杂交，从后代中筛选出一批极抗寒和高抗黑穗病的种质，利用斑茅 F_1、BC_1、BC_2、BC_3 代与栽培种回交，获得一批含斑茅血缘的优良创新种质（王丽萍等，2003，2007）（表 6-5）。

表 6-5　热带种×斑茅基础杂交利用统计

亲本组合	杂交地点	后代材料
Badila×斑茅	海南省三亚市崖城区	崖城 75-283、崖城 73-09、崖城 75-284、崖城 95-40、崖城 95-41、崖城 96-46、崖城 96-60、崖城 96-63、崖城 96-66、崖城 96-67、崖城 96-69
B.Cheribon×崖城斑茅	海南省三亚市崖城区	崖城 73-906

续表

亲本组合	杂交地点	后代材料
Badila×崖城斑茅	海南省三亚市崖城区	崖城 73-07
50Uahiapele×斑茅	海南省三亚市崖城区	崖城 96-35、崖城 96-60
Badila×海斑 92-77+海斑 92-79	海南省三亚市崖城区	崖城 96-40、崖城 96-41
Badila×海斑 92-105	海南省三亚市崖城区	崖城 96-65、崖城 96-68
Akoki22×斑茅	海南省三亚市崖城区	崖城 96-32
罗汉蔗×海斑 92-84	云南省红河哈尼族彝族自治州开远市	实生苗 60 株，真杂种 80%
Crystalina×海斑 92-109	云南省红河哈尼族彝族自治州开远市	实生苗 59 株，真杂种 80%
越南牛蔗×云斑 82-123	云南省红河哈尼族彝族自治州开远市	实生苗 1 株，真杂种 100%
罗汉蔗×云斑 82-143	云南省红河哈尼族彝族自治州开远市	实生苗 5 株，真杂种 100%
96NG16×云斑 82-28	云南省红河哈尼族彝族自治州开远市	实生苗 4 株，真杂种 100%
96NG16×云斑 83-183	云南省红河哈尼族彝族自治州开远市	实生苗 12 株，真杂种 80%

3. 中国地方种×斑茅

广东省科学院南繁种业研究所海南甘蔗育种场 20 世纪 90 年代开展中国种、中国地方种（松溪百年蔗、广西竹蔗、广东竹蔗、江西竹蔗）与斑茅杂交，先后选育出崖城 95-21、崖城 95-26、崖城 95-31 等材料（刘少谋等，2007）（表 6-6）。

表 6-6 中国种、中国地方种×斑茅基础杂交利用统计

亲本组合	杂交方式	后代材料
江西竹蔗×斑茅	中国种×斑茅	崖城 95-21、崖城 96-61
广西竹蔗×斑茅	中国种×斑茅	崖城 95-30、崖城 95-31
松溪百年蔗×斑茅	中国地方种×斑茅	崖城 95-26、崖城 95-27
广东竹蔗×斑茅	中国种×斑茅	崖城 95-34、崖城 95-35

4. 大茎野生种×斑茅

广东省科学院南繁种业研究所海南甘蔗育种场于 2007 年利用大茎野生种 NG77-1 与海南斑茅 92-92 杂交并成功获得 3 株后代，入选 F_1 材料崖城 96-63，但没有进一步杂交利用的报道。

5. 斑茅×割手密

广西农业科学院甘蔗研究所利用广西斑茅 87-36 与广西割手密 79-9 杂交，获得斑茅割手密复合体 GXAS 07-6-1，利用粤糖 93-159 与斑茅割手密复合体 GXAS 07-6-1 杂交获得 F_1 代（刘昔辉等，2012a），通过与甘蔗品种回交获得了一批含斑茅和割手密血缘的 BC_1、BC_2、BC_3 代材料，部分材料在抗病性、糖分含量和宿根性方面有突出表现。

斑茅的杂交利用结果表明：①甘蔗（热带种、地方种、野生种、栽培种或杂交种）与斑茅进行远缘杂交时 F_1 代花粉量少，可育性差，杂交亲和性很低，结实率很低，实生苗数量少；②斑茅 BC_1 代会产生花粉量多且发育良好的父本材料，基本上消除与栽培种间杂交不亲和的现象，说明利用斑茅培育新品种的可能性进一步增大；③热带种×斑茅较栽培

种×斑茅易获得批量实生苗，易获得斑茅真杂种，而栽培种更适合作为回交亲本；④从斑茅 BC_1、BC_2 代的农艺性状看，斑茅的低糖、细茎等不良性状较易改良，但表现出侧芽多、气根明显、难脱叶等缺点，多数蒲心大、57 号毛群发达；⑤斑茅后代能稳定遗传其生长势强的优良性状，而随着回交代数的增加，回交后代的锤度提高、蒲心性状减轻（表 6-7）。

表 6-7　斑茅及其 F_1、BC_1 与甘蔗热带种、栽培种、野生种杂交情况

杂交组合	杂交日期（年-月-日）	杂交类型	世代	实生苗数/株
Crystalina×海南斑茅 92-109	2002-12-3	热带种×斑茅	F_1	59
越南牛蔗×云南斑茅 82-123	2003-1-8	热带种×斑茅	F_1	1
Keongjeav×海南斑茅 92-84	2002-11-15	热带种×斑茅	F_1	1
罗汉蔗×海南斑茅 92-84	1998-11-23	热带种×斑茅	F_1	60
罗汉蔗×云南斑茅 82-143	1994-11-2	热带种×斑茅	F_1	5
96NG16×云南斑茅 82-28	2003-11-10	热带种×斑茅	F_1	4
96NG16×云南斑茅 83-183	2003-11-7	热带种×斑茅	F_1	12
96NG16×海南斑茅 92-109	2003-11-7	热带种×斑茅	F_1	1
Co285×江西斑茅 79-02	2002-9-28	热带种×斑茅	F_1	115
Co285×广西斑茅 84-16	2002-10-8	热带种×斑茅	F_1	45
Co419×云南斑茅 83-158	2002-11-4	热带种×斑茅	F_1	26
广西斑茅 87-36×广西割手密 79-9	2006-11-16	斑茅×割手密	F_1	26
云 00-117×F172	2002-11-4	斑茅 F_1×栽培种	BC_1	57
云 00-117×云 00-530	2002-11-11	斑茅 F_1×栽培种	BC_1	150
云 00-116×ROC25	2002-11-22	斑茅 F_1×栽培种	BC_1	20
云 00-116×Co419	2003-11-20	斑茅 F_1×栽培种	BC_1	4
桂糖 05-955×ASF$_1$08-2-40	2014-11-25	栽培种×斑茅 F_1	BC_1	167
云 03-108×ROC10	2004-12-13	斑茅 BC_1×栽培种	BC_2	63
云 03-108×CP74-2005	2005-1-10	斑茅 BC_1×栽培种	BC_2	22
云 03-123×云瑞 99-155	2004-12-29	斑茅 BC_1×栽培种	BC_2	161
云 03-108×ROC9	2005-12-13	斑茅 BC_1×栽培种	BC_2	181
云 03-125×云瑞 99-155	2006-1-16	斑茅 BC_1×栽培种	BC_2	180
桂糖 29 号 ×ASBC$_1$12-A6-3	2014-12-6	栽培种×斑茅 BC_1	BC_2	385
福农 39 号 ×ASBC$_1$12-A6-25	2014-12-15	栽培种×斑茅 BC_1	BC_2	362
ASBC$_1$12-A6-3×桂糖 05-1822	2014-12-9	斑茅 BC_1×栽培种	BC_2	318
桂糖 42 号 ×ASBC$_1$12-A6-25	2014-12-18	栽培种×斑茅 BC_1	BC_2	446

（二）滇蔗茅的杂交利用

滇蔗茅 $2n=30$，为我国独有而珍贵的近缘属野生种质，仅产于四川、云南、西藏，生长在海拔 500～2700m 的干燥山坡草地，具有抗旱、耐寒、耐贫瘠、粗生、宿根性好、抗锈病性强等优良性状，比割手密表现出更强的抗病虫性和宿根性（王丽萍等，2008），是抗

锈病育种的重要基因源。目前报道的滇蔗茅杂交利用方式有 3 种：杂交种×滇蔗茅、热带种×滇蔗茅、中国地方种×滇蔗茅。

1. 杂交种×滇蔗茅

广西农业科学院甘蔗研究所利用甘蔗杂交种与滇蔗茅远缘杂交，配置了 CP72-1210×滇蔗茅 86-10、ROC1×滇蔗茅 86-10 两个组合，获得 6 株实生苗。F_1 茎径和锤度介于双亲之间，株高和节间长度表现出超亲现象；又选配了滇蔗茅 F_2 回交组合，培育出 3 株实生苗，但后代茎径变细，蔗茎空心，锤度 7.5%～16.5%（黄家雍等，1997）。云南省农业科学院甘蔗研究所瑞丽育种站利用桂糖 11 号与滇蔗茅 86-10 杂交获得实生苗 14 株，从中选出优良材料云瑞 91-2008（桃联安，1996），进一步利用该材料与云割斑 93-3148 杂交获得含 3 种复合血缘的云割斑滇 $F_1$99-48，经抗性鉴定，对黑穗病及叶斑病的抗性表现优异（杨李和，2004）。利用 F172 与滇蔗茅 99-4 杂交，获得滇蔗茅 F_1 材料云瑞 00-7 和云瑞 00-19（表 6-8）。

表 6-8　杂交种×滇蔗茅基础杂交利用统计

亲本组合	杂交地点	后代材料
CP72-1210×滇蔗茅 86-10	广西南宁市	桂糖 $F_1$91-1
ROC1×滇蔗茅 86-10	广西南宁市	桂糖 $F_1$91-12
桂糖 11 号×滇蔗茅 86-10	云南省德宏傣族景颇族自治州瑞丽市	云瑞 91-2008
F172×滇蔗茅 99-4	云南省德宏傣族景颇族自治州瑞丽市	云瑞 00-7/00-19

2. 热带种×滇蔗茅

云南省农业科学院甘蔗研究所利用 9 个热带种与 4 个滇蔗茅选配了 10 个组合，其中实生苗最多的为 178 株/穗，筛选获得一批 F_1 材料。由于 F_1 代花粉败育，作为母本与优良甘蔗品种回交，获得一批抗旱性强、高抗锈病的优良 BC_1 材料（林秀琴等，2017）。研究结果表明：甘蔗热带种与滇蔗茅杂交亲和性差，要获得足够的后代需要设计大量杂交组合；滇蔗茅抗旱、抗锈病的优良特性在后代得到较好的表现，且其 F_1 代与甘蔗品种回交后植株较矮、茎细、锤度低的不良特性易得到改良，其 BC_1 代表现出高产潜力（王丽萍等，2008）。甘蔗原始亲本热带种越南牛蔗与滇蔗茅/云南 95-20 杂交后代 F_1 叶片像滇蔗茅，F_1 代作为母本与甘蔗品种 ROC10 杂交获得 BC_1 后代时，BC_1 后代叶片则趋向于像甘蔗品种 ROC10，节间长度和株高表现出一定的杂种优势，茎径和锤度逐渐接近甘蔗品种，此外，杂交后代 F_1 遗传了野生种滇蔗茅易开花的习性，在 11 月底孕穗，12 月中、下旬抽穗开花，BC_1 后代开花能力减弱（林秀琴等，2017）（表 6-9）。

表 6-9　热带种×滇蔗茅基础杂交利用统计

亲本组合	杂交地点	杂交类型
罗汉蔗×滇蔗茅/云南 95-19	云南省红河哈尼族彝族自治州开远市	热带种×滇蔗茅
越南牛蔗×滇蔗茅/云南 95-20	云南省红河哈尼族彝族自治州开远市	热带种×滇蔗茅
斐济×滇蔗茅/云南 83-224	云南省红河哈尼族彝族自治州开远市	热带种×滇蔗茅
51NG90×滇蔗茅/四川 92-40	云南省红河哈尼族彝族自治州开远市	热带种×滇蔗茅

续表

亲本组合	杂交地点	杂交类型
48Mouna×滇蔗茅/云南 95-19	云南省红河哈尼族彝族自治州开远市	热带种×滇蔗茅
96NG16×滇蔗茅/云南 95-20	云南省红河哈尼族彝族自治州开远市	热带种×滇蔗茅

3. 中国地方种×滇蔗茅

云南省农业科学院甘蔗研究所利用陶山果蔗等中国地方种与云南滇蔗茅 83-224 杂交获得实生苗，但没有进一步杂交利用的报道（王丽萍等，2008）。

对滇蔗茅的研究结果表明，尽管其花粉发育率高，花粉量多，但作为父本与甘蔗属内热带种、中国地方种或杂交种杂交，杂交结实率不高。滇蔗茅植株虽然较矮、茎细、锤度低，但抗旱、抗锈病的优良特性在后代都有较好的表现，且 F_1 代与甘蔗品种回交获得的 BC_1 代真杂种的株高、茎径和锤度均优于滇蔗茅，其不良性状易改良，BC_1 代表现出抗旱性强、高抗锈病且有较高产量。

（三）蔗茅的杂交利用

蔗茅 $2n=20$，各无性系间没有变异，是甘蔗近缘属野生资源中染色体数目最少的，对于在杂交过程中探索染色体遗传规律和进行分子标记辅助选择等非常有利。蔗茅分布在我国云南、贵州、四川、陕西、甘肃、湖北等地区，适应性广，茎锤度较高（最高可达 22%），还具有耐寒、抗旱、耐贫瘠等特性。目前报道蔗茅的利用方式主要有两种：杂交种×蔗茅、割手密×蔗茅。

1. 杂交种×蔗茅

云南农业大学甘蔗研究所利用杂交种（崖城 89-9、梁河 78-121、CP72-1210、华南 56-12、ROC16、ROC20）与昆明蔗茅杂交，获得一批在产量、糖分和抗寒性等方面表现优良且适宜高海拔的创新材料（李富生等，2003）。其中"崖城 89-9×昆明蔗茅"组合有 47 个真杂种，能忍耐冬季低温存活，具有较强的耐寒能力，同时有些材料还具有抗旱、高产、高糖等优良性状。其中云农 01-58 参加了云南省甘蔗区试，新宿平均产量 77.99t/hm²，比对照减产 22%，平均蔗糖分 14.72%，比对照低 0.39 个百分点，但在高海拔地区表现出较强的抗寒性和一定的抗旱性，作为高原甘蔗通过云南省甘蔗品种审定。后又选择不同世代含蔗茅血缘的 8 个材料在德宏蔗区种植，综合产量糖分表现：滇蔗 09-38、滇蔗 01-104、滇蔗 01-106 可作为糖料甘蔗加以利用，亦可作为优良亲本进行杂交利用（李媛甜等，2018）（表 6-10）。

表 6-10　杂交种×蔗茅基础杂交利用统计

亲本组合	杂交类型	利用效果
崖城 89-9×昆明蔗茅	杂交种×蔗茅	表现优良，育出品种云农 01-58
梁河 78-121×昆明蔗茅	杂交种×蔗茅	获得杂交后代
CP72-1210×昆明蔗茅	杂交种×蔗茅	获得杂交后代
华南 56-12×昆明蔗茅	杂交种×蔗茅	获得杂交后代
ROC16×昆明蔗茅	杂交种×蔗茅	获得杂交后代
ROC20×昆明蔗茅	杂交种×蔗茅	获得杂交后代

2. 割手密×蔗茅

1953 年拉格范利用割手密与蔗茅杂交，获得染色体传递方式为 $2n+n$ 的后代（张木清等，2006），但没有进一步杂交研究的报道。

对蔗茅的研究结果表明，蔗茅作为父本与甘蔗属内野生种和杂交种均易于杂交并获得后代，育种成效以杂交种×蔗茅的方式最好，不仅选配了很多组合，且育出品种，在高海拔地区表现优良，抗寒性、耐旱性突出。

三、芒属的杂交利用及产业化应用

在芒属 4 个类型中，*Eumiscanthus* 有杂交利用的报道。*Eumiscanthus* 主要有五节芒和芒两个种，五节芒是代表种。Grassl（1967）已证实在新几内亚和太平洋群岛，五节芒的基因已渗入割手密和大茎野生种中。台湾利用五节芒与甘蔗 POJ 2725 杂交，获得的后代材料生物产量或纤维含量得到提高（李杨瑞，2010）。广西农业科学院甘蔗研究所利用甘蔗品种 CP72-1210 与五节芒杂交获得了 4 个后代材料。CP72-1210×五节芒杂种 F_1 后代表现分蘖多，生长旺盛，抗逆性、宿根性强，茎多纤维，硬度大，空心或蒲心，汁少；主要性状如茎径、锤度介于双亲之间，株高和节间长度表现"超亲"现象，尤以株高为最；酶谱表型有双亲酶带互补偏母本型和杂种型 2 种模式；但其花粉不育，给进一步回交利用带来困难（黄家雍等，1997）。

四、河八王属的杂交利用及产业化应用

河八王属有河八王及金猫尾两个种，在甘蔗育种上的杂交利用仅前者有报道。广西农业科学院甘蔗研究所利用甘蔗品种（川蔗 57-416、ROC1）作为母本与河八王杂交获得少量杂交后代；两者杂交亲和性低（黄家雍等，1997）。随后又利用桂糖 05-3256、桂糖 05-190-9、桂糖 05-191-10、桂糖 02-761、ROC22、ROC25、桂糖 08-1180、Pansahi 与广西河八王杂交，获得了一大批 F_1 代材料。其 F_1 代材料表现出分蘖力强、高抗黑穗病等优良性状，部分材料花粉活力高，可作为父本继续杂交利用；目前经过与甘蔗杂交回交，获得了 BC_2、BC_3 的高代材料（段维兴等，2017；刘昔辉等，2012b），表现出高抗黑穗病、强分蘖力、强宿根性等优良性状，部分 BC_2 代材料田间锤度高（有的达 25% 以上），但大部分材料包叶。

对河八王的杂交利用研究表明，从获得的实生苗数量看，其与甘蔗杂交的亲和性比五节芒、滇蔗茅与甘蔗杂交的亲和性高；后代表现分蘖多、生长旺、宿根性强、茎多纤维、硬度大、有空心或蒲心、汁少；主要性状如茎径、锤度介于双亲之间，株高和节间长度表现"超亲"现象。广西农业科学院甘蔗研究所利用优良甘蔗品系桂糖 05-3256 与广西河八王 1 号杂交获得了 F_1 代材料，F_1 代与优良甘蔗品种回交后选配出了一批在黑穗病抗性方面表现突出且综合性状优良的 BC_1、BC_2 代抗黑穗病育种新材料（表 6-11）。

表 6-11　杂交种×河八王基础杂交利用统计

亲本组合	杂交地点	后代材料
川蔗 57-416×河八王 89-13	广西南宁市	桂糖 94-15
ROC1×河八王 89-13	广西南宁市	桂糖 94-25
桂糖 05-3256×广西河八王 1 号	广西南宁市	获得 17 个真杂种材料
桂糖 05-3256×广西河八王 2 号	广西南宁市	10-1-5、10-1-10
桂糖 05-191-10×广西河八王 1 号	广西南宁市	10-3-9
桂糖 05-190-9×广西河八王 1 号	广西南宁市	10-4-1、10-4-4、10-4-7
桂糖 02-761×广西河八王 2 号	广西南宁市	10-7-4、10-7-8、10-7-9
ROC25×广西河八王 2 号	海南三亚市	获得 10 个后代材料
Pansahi×广西河八王 2 号	海南三亚市	获得 17 个后代材料
ROC22×广西河八王 2 号	海南三亚市	获得 31 个后代材料
桂糖 08-1180×广西河八王 4 号	海南三亚市	获得 12 个后代材料

第七章

广西绿肥作物种质资源多样性及其利用

一些作物，可以利用其生长过程中所产生的全部或部分鲜体，直接或间接翻压到土壤中作肥料；或者是通过它们与主作物的间套轮作，起到促进主作物生长、改善土壤性状等作用。这些作物称之为绿肥作物，其鲜体称之为绿肥（曹卫东等，2010）。中国是世界上利用绿肥作物历史悠久的国家之一，至今已逾3000年，人工栽培和利用绿肥作物至今亦近2000年，漫长的绿肥作物利用史，也是绿肥作物种质资源不断演变和发展的历史（焦彬，1986）。然而，自20世纪80年代以来，因受化学肥料冲击和农业生产方式变革等影响，绿肥作物种植利用和科研工作陷入长期停滞或半停滞状态，导致绿肥作物种质资源严重退化，甚至消失（曹卫东等，2017）。当前，国家推行农业绿色发展理念，绿肥作为最清洁的有机肥源，重新受到重视，而种质资源是一切工作的基础，更是大面积恢复绿肥生产的前提条件。为此，本团队在"第三次全国农作物种质资源普查与收集行动"、广西创新驱动发展专项资金项目"广西农作物种质资源收集鉴定与保存"和国家绿肥产业技术体系等支持下，在广西开展了绿肥作物种质资源收集整理和鉴定评价工作，积累了一定的工作经验。而本章是对前期工作的阶段性总结，首先，简要介绍了我国绿肥作物种质资源发展概况、广西绿肥作物种质资源研究进展及广西绿肥作物种质资源的主要类型与分布现状；其次，重点阐述了广西紫云英、田菁、红萍种质资源现状及其多样性；最后，对广西绿肥作物种质资源创新利用前景进行展望。为广西绿肥作物种质资源的相关研究提供借鉴，同时为广西绿肥作物生产与利用提供物质基础。

第一节　绿肥作物种质资源基本情况

一、我国绿肥作物资源发展概况

据推测，公元1～3世纪，绿肥作物在我国开始以栽培作物的形式出现，纵观1000多年来关于绿肥作物的史料记载，人们一直偏重于种植和利用，而对其种质资源的研究相对薄弱，关于绿肥作物的主要史料记载便是各时期绿肥作物的种类变化及其肥料效应。例如，在魏、晋、南北朝时期，我国主要利用的绿肥作物有绿豆、小豆、苕子、胡麻、芜菁等5种，绿豆被认为肥效最佳，小豆和胡麻次之。而唐、宋时期，主栽绿肥作物在原来5种的基础上又增加了紫云英、蚕豆、大麦、紫花苜蓿等，在漫长的历史发展过程中，人们不断发掘新的绿肥作物种类，逐渐形成了种类多、品种丰富的绿肥作物种质资源。因此，到元、明、清时代，我国主要绿肥作物已达 20 余种，包括绿豆、小豆、苕子、胡麻、芜菁、紫云英、蚕豆、大麦、紫花苜蓿、红萍、金花菜、香豆子、爬山豆、油菜、肥田萝卜、鳖豆、茅草、小麦、水苔等（焦彬，1986）。新中国成立后，为确保农业稳定高产，绿肥作物的种植和利用得到了空前的重视，国家培养了一批专门从事绿肥作物生产的科技工作者，各地通过交叉引种、系统选育、杂交等手段培育了一批直接用于生产的优良品种（系）。特别是 20 世纪 80 年代初，由中国农业科学院土壤肥料研究所（现中国农业科学院农业资源与农业区划研究所）主持，全国绿肥试验网品种资源协作组首次在全国范围内征集绿肥作物种质资源，并对征集到的 916 份种质资源进行整理、鉴定和分类，最终鉴定整理出绿肥作物种质资源 617 份（分属 4 科 20 属 26 种），主要包括紫云英、箭筈豌豆、苕子、田菁、红萍等，基本摸清了我国当时的绿肥作物种质资源家底，汇编的专集《中国绿肥作物品种资源研究》不仅是学科基础性研究的突破，对指导绿肥作物生产和种质资源研究工作也具有重大的实用价值及借鉴意义（焦彬和陈礼智，1987）。

二、广西绿肥作物种质资源研究进展

据地方历史资料记载，在 200 多年前的清朝乾隆年代，广西人民已栽培油菜和茹菜（又称肥田萝卜）作为兼用绿肥，如桂林市《灵川县志》记载了："芸苔富油质，入土种之肥田，亦可榨油"。《临桂县志》记载："茹菜似萝卜，其根细，不堪食，其茎叶可以作菹，桂人种以肥田亩"（何铁光等，2020）。而刘寿春等在 20 世纪 60 年代初编著的《广西冬季绿肥》书稿中指出，早期人们认为五岭以南冬季不能种植豆科绿肥作物，直到 1925 年桂林地区全州县石脚村的群众从湖南引种苕子试种成功，才打破了这种观念（刘寿春等，1965）。由此推断，广西栽培专用绿肥作物自此由北向南逐渐发展，于 60 年代中后期得到较大面积的推广应用，广西绿肥作物种质资源研究工作也由此拉开了序幕。

20 世纪 60 年代至 90 年代初，在我国绿肥产业发展的鼎盛时期，广西绿肥作物种质资源研究工作也得到了快速的发展，在这一阶段，广西农业科学院的科技人员采用 ^{60}Co 辐射诱变和杂交育种相结合的办法，选育出紫云英新品种萍宁 3 号和萍宁 72 号；分别以广西本地藤苕选和湖北苕作为父本、母本进行杂交，经 6 代单株选育出苕子新品种藤湖苕；此外，利用国外引进的混杂绿豆材料，通过系谱法选育出绿豆新品种桂选 18 号。以上育成品种，曾在广西乃至华南多个省份得到大面积的推广应用，极大地加快了广西绿肥作物品种选育工作步伐。上述紫云英、苕子、绿豆新品种的成功选育和推广应用，相继获得 1990 年、1991 年和 1992 年广西科学技术进步奖三等奖（李杨瑞等，2010），绿肥作物作为一类小作物，连续 3 年获得广西科学技术进步奖三等奖，可见当时绿肥作物品种资源选育工作已初成体系，发展也较为迅速，遗憾的是未查找到更多相关的文字记录资料。而广西农业科学院种质库保存的 355 份种质资源中，就数量来看：苕子 117 份＞绿豆（106 份）＞豌豆（66 份）＞蚕豆（31 份）＞紫云英（7 份）＞猪屎豆（7 份），且均大于其余 8 种 21 份资源，这与刘寿春等在《广西绿肥》一书中重点阐述广西主栽绿肥作物为苕子、紫云英、茹菜、豌豆、蚕豆、黄花草木樨、黄花苜蓿、田菁、绿豆、柽麻、豇豆等相吻合，说明当时广西绿肥作物种质资源的基础性工作主要围绕生产需求开展研究，并取得较好成效。而 90 年代以后，广西绿肥作物生产及研究和全国大趋势一样，进入了萧条和停滞期。综上可知，广西绿肥作物种质资源的研究工作起步晚、持续时间短、人才断层严重，尤其是 90 年代以后，绿肥几乎完全被化肥取代，原有的优良资源在生产上逐渐消失，品种资源混杂、退化严重，急需加快这方面的研究工作，以满足新时期广西恢复绿肥产业发展需要。

三、广西绿肥作物种质资源类型与分布

广西原保存的绿肥作物种质资源主要有苕子、绿豆、豌豆、蚕豆、猪屎豆和紫云英等，占资源保存总数的 94.08%，通过本次普查行动收集到的种质资源主要是田菁、羊角豆、紫云英、猪屎豆、决明、红萍等，占收集保存资源总数的 97.19%。

近年来，针对冬季绿肥品种退化、旱地绿肥资源匮乏等问题，广西农业科学院农业资源与环境研究所的科技人员在前人工作基础上，开展了紫云英、苕子、茹菜、绿豆、拉巴豆等绿肥作物的提纯复壮及系谱选育工作。利用原保存和野外收集的种质资源，通过系谱选育法，育成肥粮兼用绿豆新品种桂绿豆 3 号和桂绿豆 5 号、茹菜新品种桂茹菜 3 号，通过广西农作物品种审定委员会审定，为广西绿肥作物品种选育工作奠定了一定的基础。

自 2016 年起，历时 4~5 年，在广西 111 个县（市、区）开展地毯式调查和收集行动，最终在 88 个县（市、区）277 个乡（镇）（表 7-1）共收集到不同绿肥作物种质资源 427 份（表 7-2）。

表 7-1　广西绿肥作物种质资源收集县（市、区）分布情况

序号	调查县（市、区）	收集份数	序号	调查县（市、区）	收集份数
1	南宁市武鸣区	3	20	桂林市灌阳县	9
2	河池市巴马瑶族自治县	7	21	贵港市桂平市	5
3	南宁市宾阳县	5	22	北海市合浦县	2
4	玉林市博白县	2	23	来宾市合山市	2
5	梧州市苍梧县	1	24	南宁市横州市	6
6	梧州市岑溪市	3	25	河池市环江毛南族自治县	5
7	河池市大化瑶族自治县	2	26	桂林市全州县	12
8	崇左市大新县	9	27	南宁市江南区	9
9	百色市德保县	4	28	崇左市江州区	12
10	河池市东兰县	5	29	河池市金城江区	6
11	防城港市东兴市	3	30	来宾市金秀瑶族自治县	3
12	河池市都安瑶族自治县	3	31	百色市靖西市	10
13	河池市凤山县	6	32	百色市乐业县	2
14	崇左市扶绥县	12	33	桂林市荔浦市	2
15	玉林市福绵区	1	34	南宁市良庆区	1
16	贺州市富川瑶族自治县	2	35	桂林市临桂区	2
17	贵港市港北区	3	36	桂林市灵川县	2
18	贵港市港南区	3	37	钦州市灵山县	5
19	桂林市恭城瑶族自治县	3	38	百色市凌云县	6

续表

序号	调查县（市、区）	收集份数	序号	调查县（市、区）	收集份数
39	柳州市柳城县	4	64	崇左市天等县	6
40	柳州市柳江区	9	65	河池市天峨县	4
41	桂林市龙胜各族自治县	8	66	百色市田东县	9
42	崇左市龙州县	5	67	百色市田阳区	1
43	南宁市隆安县	12	68	梧州市万秀区	3
44	百色市隆林各族自治县	6	69	贺州市八步区	5
45	南宁市马山县	6	70	来宾市武宣县	3
46	梧州市蒙山县	2	71	百色市西林县	2
47	百色市那坡县	4	72	南宁市西乡塘区	7
48	河池市南丹县	2	73	来宾市象州县	3
49	崇左市宁明县	12	74	来宾市忻城县	4
50	百色市平果市	4	75	桂林市兴安县	5
51	贵港市平南县	11	76	来宾市兴宾区	12
52	崇左市凭祥市	2	77	南宁市兴宁区	3
53	钦州市浦北县	5	78	玉林市兴业县	5
54	钦州市钦北区	4	79	桂林市雁山区	3
55	钦州市钦南区	2	80	河池市宜州区	5
56	玉林市容县	5	81	南宁市邕宁区	1
57	柳州市三江侗族自治县	10	82	桂林市永福县	3
58	南宁市上林县	5	83	百色市右江区	4
59	防城港市防城区	2	84	贺州市昭平县	1
60	防城港市上思县	3	85	贺州市钟山县	3
61	桂林市阳朔县	3	86	桂林市资源县	17
62	贵港市覃塘区	4	87	玉林市陆川县	3
63	梧州市藤县	4	88	柳州市鹿寨县	3

表 7-2　绿肥作物种质资源收集表

序号	科	作物类型	资源份数	占比/%
1	豆科	紫云英	64	14.99
2	豆科	田菁	124	29.04
3	豆科	羊角豆	85	19.91
4	豆科	决明	46	10.77
5	豆科	猪屎豆	62	14.52
6	满江红科	红萍	34	7.96
7	豆科	草木樨等8种	12	2.81

绿肥作物种质资源在广西广泛分布，而曾作为生产上重要专用绿肥种植利用的如苕子、草木樨、黄花苜蓿等已非常鲜见。因此，本研究针对广西现阶段调查收集到的数量较多、生产上应用潜力较大的几类绿肥作物即紫云英、田菁、红萍开展比较详细的鉴定和评价工作，以期为广西优良绿肥作物品种选育及绿肥作物生产应用奠定基础。

第二节　绿肥作物种质资源多样性

一、紫云英种质资源收集鉴定和多样性分析

紫云英（Astragalus sinicus）又名红花草、草子、翘摇等，是豆科黄芪属一年生或越年生草本植物，起源中心推测在中国秦岭以南的中部山间河谷地带，后向南、向东扩展，是南方稻田的主要冬季绿肥作物，全国种植面积最大时曾达 1.406 亿亩（林多胡和顾荣申，2000）。文献资料记载广西种植紫云英的时间较晚，但在发展的鼎盛时期，选育的萍宁系列紫云英品种萍宁 3 号、杂交 77-4（萍宁 4 号）、萍宁 72 号，是 20 世纪 80 年代全国表现较好的 3 个中熟品种，该系列品种盛花期鲜草产量达 3600～3900kg/亩，种子产量达 40～58kg/亩，同时具有早生快发的优良特性（焦彬和陈礼智，1987）。此后，因绿肥作物科研工作被迫中断，该系列品种的优良特性退化严重，而广西库存的紫云英种质资源非常匮乏，无法为培育新品种（系）提供种质材料支撑。目前，生产用种几乎均从省外采购，存在适应性不佳、种性不纯、种源不稳定等风险，急需在广西开展种质资源的收集、鉴定和评价，以期提高紫云英种质资源的丰富度和多样性，并通过杂交、系谱等方法选育优良的紫云英新品种（系），以满足广西恢复绿肥产业发展需要。因此，广西农业科学院农业资源与环境研究所绿肥研究团队在广西开展全面系统的调查和收集行动，最终在 23 个县（市、区）46 个乡（镇）共收集到 58 份紫云英种质资源（表 7-3）。于 2019 年秋至 2021 年春开展田间鉴定和评价，试验地点设在南宁市隆安县。试验地土壤为赤红壤黏土，中等肥力，前茬作物为水稻。

表 7-3　58 份紫云英种质资源基本信息

序号	采集编号	采集地	序号	采集编号	采集地
1	GXLF20180003	南宁市隆安县	12	GXLF2019105	崇左市大新县
2	GXLF20180004	柳州市三江侗族自治县	13	GXLF2019106	崇左市大新县
3	GXLF20180006	桂林市资源县	14	GXLF2019107	南宁市隆安县
4	GXLF20180007	桂林市兴安县	15	GXLF2019109	河池市金城江区
5	GXLF20180008	桂林市全州县	16	GXLF2019110	河池市金城江区
6	GXLF20180009	桂林市全州县	17	GXLF2019111	河池市宜州区
7	GXLF20180010	柳州市三江侗族自治县	18	GXLF2019112	河池市宜州区
8	GXLF20180011	桂林市灌阳县	19	GXLF2019113	河池市宜州区
9	GXLF20180012	桂林市恭城瑶族自治县	20	GXLF2019114	来宾市忻城县
10	GXLF20180013	桂林市阳朔县	21	GXLF2019115	来宾市忻城县
11	GXLF20180014	桂林市雁山区	22	GXLF2019116	南宁市上林县

序号	采集编号	采集地	序号	采集编号	采集地
23	GXLF2019117	南宁市宾阳县	41	GXLF2019139	桂林市资源县
24	GXLF2019118	贵港市覃塘区	42	GXLF2019141	桂林市资源县
25	GXLF2019120	南宁市横州市	43	GXLF2019142	桂林市资源县
26	GXLF2019121	河池市环江毛南族自治县	44	GXLF2019144	桂林市全州县
27	GXLF2019122	河池市环江毛南族自治县	45	GXLF2019145	桂林市兴安县
28	GXLF2019123	桂林市永福县	46	GXLF2019146	桂林市兴安县
29	GXLF2019124	桂林市永福县	47	GXLF2019147	桂林市全州县
30	GXLF2019125	桂林市临桂区	48	GXLF2019148	桂林市全州县
31	GXLF2019127	桂林市临桂区	49	GXLF2019151	桂林市全州县
32	GXLF2019128	桂林市龙胜各族自治县	50	GXLF2019154	桂林市全州县
33	GXLF2019130	桂林市龙胜各族自治县	51	GXLF2019155	桂林市全州县
34	GXLF2019131	桂林市资源县	52	GXLF2019156	桂林市灌阳县
35	GXLF2019132	桂林市资源县	53	GXLF2019157	桂林市灌阳县
36	GXLF2019133	桂林市资源县	54	GXLF2019159	桂林市灌阳县
37	GXLF2019135	桂林市资源县	55	GXLF2019161	桂林市兴安县
38	GXLF2019136	桂林市资源县	56	GXLF2019162	桂林市灵川县
39	GXLF2019137	桂林市资源县	57	GXLF2019165	桂林市灵川县
40	GXLF2019138	桂林市资源县	58	GXLF2019166	来宾市金秀瑶族自治县

（一）紫云英种质资源的分布

调查发现广西桂林、柳州、河池、南宁、来宾、贵港、崇左等 7 个地市有紫云英种质资源分布（表 7-3），而集中分布在桂林、河池、南宁等 3 个地市，占所收集资源总数的 86.21%，其余 4 个地市均为零星分布，包括来宾 3 份、柳州 2 份，崇左 2 份、贵港 1 份，合计占所收集资源总数的 13.79%。而由图 7-1 可以看出，在垂直方向上，广西紫云英种质资源在海拔 0～1000m 均有分布，其中 82.76% 的资源集中分布于海拔 0～400m，而海拔 400m 以上资源分布仅占资源总数的 17.24%。

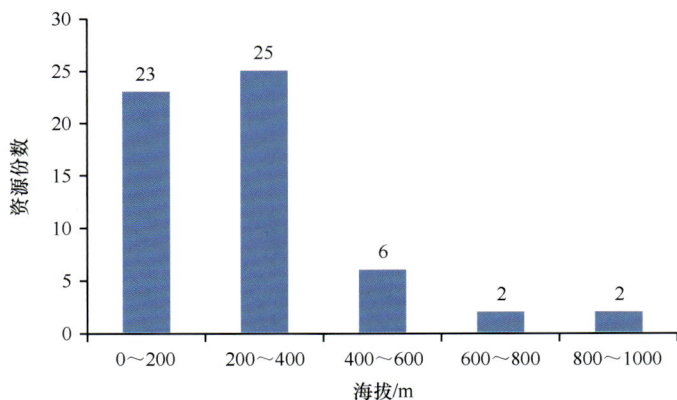

图 7-1　广西紫云英种质资源垂直分布情况（韦彩会等，2024）

（二）紫云英种质资源表型多样性

由表 7-4 可知，58 份广西紫云英种质资源的表型性状指标变异系数为 5.17%～58.01%，平均变异系数为 25.47%，其中种子产量、干草产量、鲜草产量、单株结荚花序数、单株总花序数 5 项性状指标的变异系数较大，分别为 58.01%、56.51%、54.70%、30.08%、28.21%，而其余 7 项性状的变异系数大小排序依次为单株分枝数（20.61%）＞每分枝花序数（16.88%）＞株高（11.84%）＞茎粗（10.99%）＞千粒重（7.22%）＞播种到盛花期天数（5.43%）＞生育期（5.17%）。而 12 项表型性状指标的遗传多样性指数为 1.72～2.06，其平均值为 1.93。以上数值表明，供试紫云英不同种质间存在较大的遗传变异，尤其是生物产量之间的差异最大，具备较大的遗传改良潜力。

表 7-4　12 个重要农艺性状的多样性分析（韦彩会等，2024）

性状指标	极小值	极大值	极差	平均值	标准差	变异系数	遗传多样性指数（H）
播种到盛花期天数	89	123	34	115.95	6.30	5.43%	1.76
生育期/天	123	158	35	143.00	7.39	5.17%	1.90
茎粗/mm	2.29	3.74	1.45	3.05	0.34	10.99%	2.01
株高/cm	29.80	54.73	24.93	42.05	4.98	11.84%	2.06
单株分枝数/个	1.57	4.19	2.62	2.77	0.57	20.61%	2.03
每分枝花序数/个	3.40	6.99	3.59	5.45	0.92	16.88%	2.05
单株总花序数/个	8.13	26.23	18.10	15.13	4.27	28.21%	1.98
单株结荚花序数/个	6.54	19.97	13.43	12.15	3.66	30.08%	2.00
鲜草产量/（kg/hm²）	6 853.35	48 792.75	41 939.40	19 504.06	10 668.28	54.70%	1.76
干草产量/（kg/hm²）	751.56	6 318.27	5 566.71	2 427.19	1 371.65	56.51%	1.72
种子产量/（kg/hm²）	80.55	991.20	910.65	329.11	190.92	58.01%	1.92
千粒重/g	2.95	4.07	1.12	3.36	0.24	7.22%	1.99

（三）紫云英优异资源发掘

对 58 份紫云英种质资源的 12 项表型数量性状进行主成分分析，如表 7-5 所示，前 3 个主成分即可代表 72.089% 的紫云英表型性状信息。而各主成分的载荷数值（表 7-6）表明，第一主成分（PC1）主要反映紫云英的种子产量，且与单株分枝数、每分枝花序数、单株总花序数、单株结荚花序数等性状呈明显的正向关系；第二主成分（PC2）主要反映紫云英的鲜/干草产量，与株高关系密切；第三主成分（PC3）主要反映紫云英的生育期，与茎粗关系密切。由此可知，紫云英的单株分枝数、每分枝花序数、单株总花序数、单株结荚花序数以及株高等数量性状，在一定程度上反映了种质资源的鲜草及种子产量，可作为评选紫云英优异种质的主要依据。

表 7-5　紫云英主要农艺性状的主成分分析（韦彩会等，2024）

主成分	PC1	PC2	PC3
特征根	4.616	2.460	1.574

续表

主成分	PC1	PC2	PC3
贡献率/%	38.469	20.501	13.119
累计贡献率/%	38.469	58.970	72.089

表 7-6 主要农艺性状在各主成分的载荷值（韦彩会等，2024）

农艺性状	PC1	PC2	PC3
播种到盛花期天数	−0.013	0.032	0.903
生育期	−0.038	−0.145	0.892
茎粗	0.190	0.065	0.675
株高	0.245	0.521	0.051
单株分枝数	0.789	−0.108	0.270
每分枝花序数	0.575	0.446	−0.222
单株总花序数	0.941	0.211	0.084
单株结荚花序数	0.948	0.221	0.063
鲜草产量	0.293	0.913	0.019
干草产量	0.250	0.916	0.037
种子产量	0.823	0.290	−0.170
千粒重	0.357	−0.458	0.244

而选取前 3 个主成分载荷矩阵，得出主成分系数矩阵列于表 7-7，由此得出前 3 个主成分表达式分别为

$$F_1 = -0.062ZX1 - 0.039ZX2 + 0.012ZX3 - 0.012ZX4 + 0.260ZX5 + 0.125ZX6 + 0.266ZX7 + 0.268ZX8 - 0.060ZX9 - 0.076ZX10 + 0.229ZX11 + 0.180ZX12$$

$$F_2 = 0.081ZX1 - 0.001ZX2 + 0.047ZX3 + 0.213ZX4 - 0.167ZX5 + 0.101ZX6 - 0.053ZX7 - 0.050ZX8 + 0.391ZX9 + 0.401ZX10 - 0.012ZX11 - 0.264ZX12$$

$$F_3 = 0.410ZX1 + 0.394ZX2 + 0.298ZX3 + 0.045ZX4 + 0.068ZX5 - 0.102ZX6 - 0.002ZX7 - 0.010ZX8 + 0.056ZX9 + 0.067ZX10 - 0.103ZX11 + 0.057ZX12$$

表 7-7 主成分特征值系数矩阵（韦彩会等，2024）

编号	F_1	F_2	F_3
ZX1	−0.062	0.081	0.410
ZX2	−0.039	−0.001	0.394
ZX3	0.012	0.047	0.298
ZX4	−0.012	0.213	0.045
ZX5	0.260	−0.167	0.068
ZX6	0.125	0.101	−0.102
ZX7	0.266	−0.053	−0.002
ZX8	0.268	−0.050	−0.010

续表

编号	F_1	F_2	F_3
ZX9	−0.060	0.391	0.056
ZX10	−0.076	0.401	0.067
ZX11	0.229	−0.012	−0.103
ZX12	0.180	−0.264	0.057

将 58 份紫云英种质资源的 12 项性状指标标准化后的数值代入主成分方程式，计算主成分得分值，列于表 7-8，结果表明：第一主成分得分排前十位的紫云英种质采集编号依次为 GXLF2019118、GXLF2019147、GXLF2019156、GXLF20180011、GXLF2019117、GXLF2019136、GXLF2019109、GXLF2019111、GXLF2019112、GXLF2019139，这些种质种子产量较高，而第二主成分排前十位的紫云英种质采集编号依次为 GXLF20180011、GXLF2019123、GXLF2019109、GXLF20180006、GXLF20180010、GXLF2019106、GXLF2019113、GXLF2019156、GXLF2019165、GXLF2019155，这些材料具有较高的草产量，第三主成分主要反映物候特征因子中排前十位的紫云英种质采集编号依次为 GXLF2018014、GXLF20180009、GXLF20180006、GXLF20180012、GXLF20180010、GXLF2019125、GXLF20180008、GXLF2019145、GXLF2019156、GXLF2019138，这些材料主要是生育期较长，茎秆相对粗壮。以上信息均可为育种亲本选择提供依据。

表 7-8 58 份紫云英种质资源 12 个农艺性状的综合排名（韦彩会等，2024）

编号	得分			排名			综合得分 D_1	综合排名 D_2
	F_1	F_2	F_3	F_1	F_2	F_3		
1	−1.489	−0.054	−2.843	57	25	57	−3.982	58
2	−0.674	−0.191	−0.351	39	27	47	−1.433	43
3	0.349	1.727	1.330	24	4	3	2.758	7
4	0.507	−0.944	0.236	20	50	30	0.136	26
5	−0.285	−0.692	0.871	33	42	7	−0.571	36
6	−1.181	−0.877	1.389	50	49	2	−1.881	51
7	−1.427	1.614	1.214	56	5	5	−0.244	33
8	1.604	2.407	0.436	4	1	20	4.859	1
9	−1.147	−0.671	1.221	49	41	4	−1.742	46
10	0.847	−0.753	0.569	14	44	16	1.025	15
11	0.239	−1.081	1.592	27	53	1	0.330	22
12	−1.390	0.510	−2.502	55	16	56	−3.156	56
13	−0.010	1.512	−1.311	30	6	53	0.559	21
14	0.937	−0.401	−3.366	13	35	58	−0.679	37
15	1.247	2.279	0.286	7	3	28	4.096	2
16	0.610	−0.230	−1.226	17	29	52	0.112	28
17	1.234	0.369	−1.000	8	18	50	1.744	9

续表

编号	得分			排名			综合得分 D_1	综合排名 D_2
	F_1	F_2	F_3	F_1	F_2	F_3		
18	1.197	0.953	0.523	9	11	17	3.014	5
19	−0.281	1.507	0.500	32	7	18	1.108	13
20	0.254	0.770	−2.143	26	13	55	−0.107	31
21	0.468	−0.158	−1.202	21	26	51	−0.042	29
22	−1.553	−0.432	−1.576	58	36	54	−3.716	57
23	1.552	0.298	0.141	5	21	34	2.815	6
24	2.293	0.713	−0.983	1	15	49	3.744	4
25	−0.459	−0.353	−0.542	37	33	48	−1.331	42
26	−0.780	0.153	0.639	40	23	11	−0.769	38
27	0.293	−0.200	−0.250	25	28	43	0.162	25
28	−1.186	2.331	0.436	51	2	21	0.328	23
29	0.745	−0.743	0.205	15	43	31	0.671	18
30	0.421	0.726	0.901	22	14	6	1.785	8
31	0.530	−0.238	0.128	19	30	36	0.715	17
32	−0.930	−0.586	0.134	44	38	35	−1.915	52
33	−1.068	−0.274	0.268	47	31	29	−1.797	50
34	−0.976	−0.819	0.607	46	48	13	−1.931	53
35	0.408	−0.796	−0.322	23	46	45	−0.202	32
36	−0.890	−0.969	0.010	43	51	39	−2.245	55
37	1.036	−1.033	0.093	12	52	37	0.828	16
38	1.361	−0.765	0.145	6	45	33	1.605	10
39	−0.500	−1.150	0.326	38	54	24	−1.604	45
40	1.044	−0.610	0.705	11	39	10	1.536	11
41	1.157	−1.193	0.389	10	55	22	1.047	14
42	0.111	−1.838	−0.329	28	58	46	−1.570	44
43	0.593	−0.288	−0.251	18	32	44	0.567	20
44	−0.407	−0.619	0.312	35	40	26	−1.009	40
45	0.680	−1.515	0.813	16	57	8	0.240	24
46	−1.254	0.313	−0.077	53	20	40	−1.783	47
47	1.623	−1.384	0.166	2	56	32	1.508	12
48	−1.251	0.168	−0.188	52	22	42	−1.962	54
49	−0.945	−0.505	0.288	45	37	27	−1.786	49
50	0.060	−0.811	0.633	29	47	12	−0.250	34
51	−0.795	1.105	0.499	41	10	19	−0.058	30
52	1.606	1.234	0.768	3	8	9	4.043	3

续表

编号	得分			排名			综合得分 D_1	综合排名 D_2
	F_1	F_2	F_3	F_1	F_2	F_3		
53	−0.835	0.827	0.322	42	12	25	−0.456	35
54	−1.275	0.091	0.329	54	24	23	−1.784	48
55	−0.202	0.506	0.044	31	17	38	0.132	27
56	−1.088	0.314	0.573	48	19	15	−1.162	41
57	−0.430	1.134	0.585	36	9	14	0.598	19
58	−0.302	−0.386	−0.170	34	34	41	−0.906	39

而综合得分排前十位的种质采集编号分别为 GXLF20180011、GXLF2019109、GXLF2019156、GXLF2019118、GXLF2019112、GXLF2019117、GXLF20180006、GXLF2019125、GXLF2019111、GXLF2019136。以上种质生育期 134～147 天，盛花期茎粗 2.83～3.66mm，盛花期株高 41.63～54.73cm，单株分枝数 2.83～4.19 个，每分枝花序数 5.85～6.99 个，单株总花序数 17.55～26.23 个，单株结荚花序数 14.33～19.97 个，鲜草产量 10 458.15～48 792.75kg/hm²，干草产量 1037.36～5724.34kg/hm²，种子产量 246.75～991.20kg/hm²，由此可知，不同种质间性状数值差距均较大，为较快地筛选出优良的品种（系），可综合考虑种子和鲜草产量均表现优良的种质进行进一步的观察。

在传统观念里，紫云英主要作为一种优良的冬季绿肥作物，通过与水稻轮作培肥地力，以保障稻谷稳产增产，其亦可作为牲畜的饲料。而在新时期，应充分挖掘紫云英作菜用、蜜源及观赏植物的功能。因此，在种质资源鉴定和评价过程中，应针对不同种质进行归类整理，如生物量高的种质可作肥饲两用，而花序多、花期长、花色鲜艳的种质可作蜜源和观赏植物加以开发，具有单项或某些特殊优异性状的种质则可作为新品种选育的亲本材料。因此，本研究不仅充实了广西紫云英种质资源的数量，增加了紫云英种质资源的多样性，同时，可根据以上研究结果，结合生产需求，筛选出可直接用于生产的优良种质，以缓解广西紫云英品种资源短缺的问题。

二、田菁种质资源收集鉴定和多样性分析

田菁是豆科田菁属（*Sesbania*）一年生或多年生植物，多为草本、灌木，少为小乔木，是优良的夏季绿肥作物和改良盐碱地的先锋绿肥作物，种子内含半乳甘露聚糖，可作为多种工业原料，20 世纪 80 年代在全国种植面积高达 500 万亩（焦彬等，1986）。田菁曾是广西主要的夏季绿肥作物，但缺少文献记载资料，种质资源方面的研究更是缺乏，种质库也少有田菁种质资源保存，而在 20 世纪 80 年代全国性绿肥作物资源征集整理鉴定试验的记载资料表明，广西提供了 2 份材料，但仅 1 份有相关性状记录，其亩鲜草产量 2800kg，株高 342cm，生育期 179 天，属于中晚熟品种，亩产种子 87kg，盛花期植株 N、P_2O_5、K_2O 养分含量分别为 0.542%、0.111%、0.141%，由此可知，田菁确实是一种优质的绿肥作物（焦彬和陈礼智，1987）。在近年的调查和收集行动中，广西农业科学院农业资源与环境研究所绿肥研究团队在 37 个县（市、区）57 个乡（镇）共收集到 68 份田菁地方（野生）种

质资源（表 7-9）。于 2020 年 5 月在武鸣里建基地和广西农业科学院本部基地绿肥作物资源圃同时布置田间试验，系统地开展了田菁农艺性状、肥用及饲用相关指标的鉴定和评价。

表 7-9　68 份田菁种质资源基本信息

序号	采集编号	采集地点	序号	采集编号	采集地点
1	GXLF20170005	桂林市雁山区	35	GXLF2019032	南宁市兴宁区
2	GXLF20170006	贵港市桂平市	36	GXLF2019035	南宁市兴宁区
3	GXLF20180001	南宁市西乡塘区	37	GXLF2019052	柳州市柳江区
4	GXLF20180025	贺州市八步区	38	GXLF2019053	柳州市鹿寨县
5	GXLF20180026	百色市西林县	39	GXLF2019168	崇左市宁明县
6	GXLF20180031	百色市右江区	40	GXLF2019169	崇左市宁明县
7	GXLF20180033	百色市右江区	41	GXLF2019172	崇左市凭祥市
8	GXLF20180035	百色市德保县	42	GXLF2019176	崇左市龙州县
9	GXLF20180037	百色市德保县	43	GXLF2019179	崇左市龙州县
10	GXLF20180038	百色市田东县	44	GXLF2019180	崇左市龙州县
11	GXLF20180042	百色市田东县	45	GXLF2019182	崇左市大新县
12	GXLF20180043	百色市田东县	46	GXLF2019186	崇左市江州区
13	GXLF20180045	百色市田东县	47	GXLF2019192	崇左市江州区
14	GXLF20180046	百色市田东县	48	GXLF2019194	崇左市江州区
15	GXLF20180047	百色市平果市	49	GXLF2019198	崇左市宁明县
16	GXLF2019001	河池市都安瑶族自治县	50	GXLF2019206	防城港市防城区
17	GXLF2019003	河池市金城江区	51	GXLF2019207	防城港市防城区
18	GXLF2019004	河池市金城江区	52	GXLF2019210	防城港市上思县
19	GXLF2019006	河池市金城江区	53	GXLF2019215	崇左市扶绥县
20	GXLF2019007	河池市金城江区	54	GXLF2019217	崇左市扶绥县
21	GXLF2019008	河池市环江毛南族自治县	55	GXLF2019221	南宁市良庆区
22	GXLF2019009	河池市环江毛南族自治县	56	GXLF2019225	钦州市钦北区
23	GXLF2019010	河池市环江毛南族自治县	57	GXLF2019227	钦州市灵山县
24	GXLF2019011	河池市宜州区	58	GXLF2019230	钦州市浦北县
25	GXLF2019012	河池市宜州区	59	GXLF2019236	钦州市浦北县
26	GXLF2019013	柳州市柳城县	60	GXLF2019243	玉林市陆川县
27	GXLF2019014	柳州市柳城县	61	GXLF2019250	玉林市兴业县
28	GXLF2019016	柳州市柳城县	62	GXLF2019251	玉林市容县
29	GXLF2019017	柳州市柳江区	63	GXLF2019257	贵港市平南县
30	GXLF2019019	南宁市上林县	64	GXLF2019269	梧州市藤县
31	GXLF2019020	南宁市上林县	65	GXLF2019274	梧州市蒙山县
32	GXLF2019021	南宁市上林县	66	GXLF2019275	梧州市蒙山县
33	GXLF2019022	南宁市上林县	67	GXLF2019281	贺州市富川瑶族自治县
34	GXLF2019031	南宁市兴宁区	68	GXLF2019295	崇左市江州区

（一）田菁种质资源的分布

相对于紫云英，田菁在水平方向上的分布相对广泛，在全区各地均有发现，总体上，桂南多于桂北，比较集中地分布在崇左市、防城港市及南宁市，其次在百色市和河池市一些地势比较平坦的区域也有较多分布，在玉林市、梧州市、贺州市等地零星分布，而紫云英分布较多的桂林地区则极少收集到田菁资源，这可能与不同地区的传统种植习惯有关。

而垂直方向上，田菁种质资源在海拔 57~939m 均有分布，由图 7-2 可以看出，绝大部分资源分布在海拔 0~400m，占收集总数的 95.59%，海拔 400~600m、600~800m、800~1000m 处分别各收集到 1 份资源，总占比为 4.41%，而海拔超过 1000m 的地方未收集到田菁资源，这与紫云英资源在垂直方向上的分布颇为相似，可能与高海拔地区本身多为丘陵和石山，缺乏人类活动，而紫云英和田菁都是作为栽培作物繁衍流传，因此，高海拔地区很少有紫云英和田菁分布。

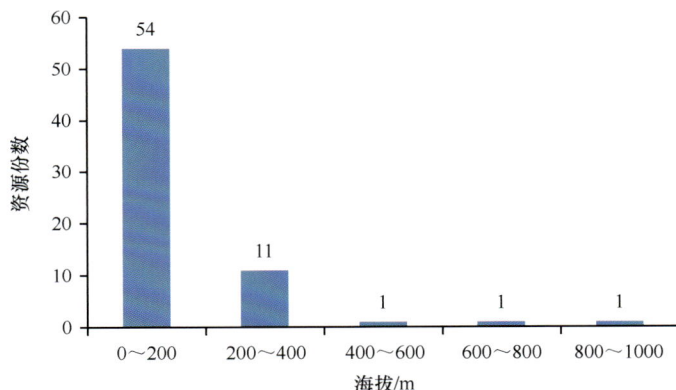

图 7-2　广西田菁种质资源垂直分布情况

（二）田菁种质资源表型多样性

研究发现，田菁播种后 0~45 天生长缓慢，平均生长速度为 1.02cm/d，45~65 天生长迅速，平均生长速度为 3.55cm/d，大部分田菁种质资源的翻压适宜时间为播种后 60~70天，此时，鲜草产量可达 7753.05~34 433.40kg/hm²。从表 7-10 可以看出，不同田菁种质农艺、肥用、饲用等相关指标的数量性状变异程度各不相同。

表 7-10　田菁种质资源重要数量性状的表型多样性分析

指标	极小值	极大值	极差	平均值	标准差	变异系数	遗传多样性指数（H）
45 天株高/cm	28.25	96.25	68.00	46.34	13.12	28.31%	1.56
0~45 天生长速度/（cm/d）	0.63	2.14	1.51	1.02	0.32	31.37%	1.56
65 天株高/cm	73.80	174.60	100.80	117.28	19.00	16.20%	1.92
45~65 天生长速度/（cm/d）	1.91	5.17	3.26	3.55	0.68	19.15%	1.92
成熟期株高/cm	200.07	402.01	201.94	272.71	38.73	14.20%	1.68
生育期/天	151	180	29	164.24	7.71	4.69%	1.72
茎色赋值	1	3	2	1.84	0.89	48.48%	0.72

续表

指标	极小值	极大值	极差	平均值	标准差	变异系数	遗传多样性指数（H）
茎粗/mm	11.77	31.27	19.50	18.81	3.68	19.56%	1.71
千粒重/g	5.16	13.38	8.22	7.15	1.60	22.43%	1.46
65 天鲜草产量/（kg/hm²）	7 753.05	34 433.40	26 680.35	24 591.45	5 382.09	21.89%	1.45
65 天干草产量/（kg/hm²）	1 928.96	9 140.10	7 211.14	5 895.22	1 340.57	22.74%	1.67
种子产量/（kg/hm²）	378.30	1 981.50	1 603.20	1 125.52	497.28	44.18%	1.87
氮含量/%	1.89	4.97	3.08	2.88	0.71	24.71%	1.77
磷含量/%	0.20	0.33	0.13	0.25	0.03	10.23%	1.77
钾含量/%	1.18	3.08	1.90	2.01	0.47	23.31%	1.94
碳含量/%	61.3	69.3	8.0	63.1	1.06	1.69%	1.45
氮积累量/（kg/hm²）	10.88	62.65	51.77	31.84	14.45	45.39%	1.64
磷积累量/（kg/hm²）	0.95	5.45	4.50	2.86	1.31	45.71%	1.83
钾积累量/（kg/hm²）	7.54	51.74	44.20	22.53	11.31	50.18%	1.99
碳积累量/（kg/hm²）	236.82	1 248.35	1 011.53	711.59	316.72	44.51%	1.86
氮磷钾总积累量/（kg/hm²）	20.66	117.36	96.70	57.23	26.29	45.93%	1.91
粗蛋白质含量/%	13.74	19.96	6.22	17.18	1.45	8.42%	1.67
粗脂肪含量/（g/kg）	21.0	63.0	42.0	37.2	7.61	20.47%	1.53
粗灰分含量/%	5.1	9.4	4.3	7.5	0.80	10.61%	1.66
粗纤维含量/%	24.0	35.6	11.6	29.1	2.70	9.29%	1.68
无氮浸出物含量/%	34.4	45.7	11.3	39.3	2.44	6.19%	1.55

12 项农艺性状指标平均变异系数为 24.43%，其中茎色赋值变异系数最高，为 48.48%，生育期变异系数最低，为 4.69%，茎色赋值、种子产量、0～45 天生长速度、45 天株高的变异系数大于平均变异系数值（24.43%），其余指标的变异系数大小排序为 65 天干草产量＞千粒重＞65 天鲜草产量＞茎粗＞45～65 天生长速度＞65 天株高＞成熟期株高＞生育期。由此可知，不同种质早期生产速度差异大，而早生快发是田菁在适宜翻压期获得高鲜草产量的主要因素，是田菁资源优异与否的一项重要指示指标。肥用性状指标的平均变异系数为 32.41%，其大小排序为钾积累量＞氮磷钾总积累量＞磷积累量＞氮积累量＞碳积累量＞氮含量＞钾含量＞磷含量＞碳含量。饲用性状指标的平均变异系数为 11.00%，其大小排序为粗脂肪含量＞粗灰分含量＞粗纤维含量＞粗蛋白质含量＞无氮浸出物含量。总体上，肥用性状变异系数＞农艺性状变异系数＞饲用性状变异系数。

而遗传多样性指数（H），农艺性状各指标的大小排序为 65 天株高＝45～65 天生长速度＞种子产量＞生育期＞茎粗＞成熟期株高＞65 天干草产量＞45 天株高＝0～45 天生长速＞千粒重＞65 天鲜草产量＞茎色赋值；肥用性状各指标遗传多样性指数（H）的大小排序为钾积累量＞钾含量＞氮磷钾总积累量＞碳积累量＞磷积累量＞氮含量＝磷含量＞氮积累量＞碳含量；饲用性状各指标遗传多样性指数（H）的大小排序则为粗纤维含量＞粗蛋白质含量＞粗灰分含量＞无氮浸出物含量＞粗脂肪含量。由此可知，广西田菁种质资源具有一定的遗传多样性，播种后 65 天左右即可翻压还田，前期生长速度、鲜草产量、养分含量是其潜在肥用价值的关键组成部分。为此，从众多的观察指标中筛选 17 项性状指标进行主成分分析，以期挖掘优异的田菁种质资源。

（三）田菁优异资源发掘

对种质资源的表型多样性进行研究，需要对众多的性状进行描述，并且由于性状的增多及性状之间存在相关性，使研究问题复杂，而主成分分析是一种掌握主要矛盾的统计方法，对表型性状的研究具有指导和预测作用，本研究对田菁的 17 项性状指标进行主成分分析，选取特征值大于 1 的主成分并进行主成分分析。

由表 7-11 可知，前 5 个主成分累计贡献率达 82.893%，说明 17 项性状的绝大部分相关信息可由这 5 个主成分来概括。因此，选取前 5 个主成分作 17 项性状的分析结果，如表 7-12 所示。

表 7-11　田菁产量及相关性状的主成分分析

主成分	PC1	PC2	PC3	PC4	PC5
特征根	6.945	2.506	2.075	1.438	1.128
贡献率/%	40.852	14.740	12.207	8.457	6.637
累计贡献率/%	40.852	55.592	67.799	76.256	82.893

表 7-12　主要农艺性状在各主成分的载荷值

农艺性状	PC1	PC2	PC3	PC4	PC5
45 天株高	0.507	0.397	−0.207	0.526	0.087
65 天株高	0.572	0.580	−0.099	0.354	0.048
成熟期株高	0.307	0.086	0.118	0.783	−0.280
生育期	0.042	−0.049	−0.262	0.610	0.472
茎色赋值	0.145	0.077	0.031	0.056	0.822
65 天鲜草产量	0.205	0.908	0.186	−0.016	0.041
65 天干草产量	0.127	0.956	−0.014	−0.003	0.062
种子产量	0.977	0.045	−0.163	0.022	0.074
氮含量	−0.001	0.035	0.826	−0.134	−0.104
磷含量	0.089	−0.269	0.609	0.443	0.121
钾含量	0.143	0.206	0.834	−0.053	−0.180
氮积累量	0.954	0.050	0.192	−0.018	0.015
磷积累量	0.969	−0.003	−0.026	0.120	0.089
钾积累量	0.932	0.080	0.224	0.034	−0.004
碳含量	0.178	0.057	−0.311	−0.120	0.639
碳积累量	0.974	0.047	−0.173	0.015	0.102
氮磷钾总积累量	0.973	0.062	0.201	0.011	0.011

第一主成分（PC1）特征值最大为 6.945，贡献率最大为 40.852%，特征向量中氮磷钾

总积累量载荷量较高，为 0.973，第一主成分可称为养分积累因子。第二主成分（PC2）特征值为 2.506，贡献率为 14.740%，特征向量中 65 天鲜草产量和干草产量载荷量较高，分别为 0.908 和 0.956，可称为生物产量因子。第三主成分（PC3）特征值为 2.075，贡献率为 12.207%，特征向量中氮、磷、钾含量载荷量较高，分别为 0.826、0.609 和 0.834，可称为养分含量因子。第四主成分（PC4）特征值为 1.438，贡献率为 8.457%，特征向量中成熟期株高载荷量较高，为 0.783，可称为株高因子。第五主成分（PC5）特征值为 1.128，贡献率为 6.637%，特征向量中茎色赋值载荷量较高，为 0.822，可称为茎色因子。由此可以推测，鲜草产量、养分含量、株高和茎色具有较大载荷，是造成 68 份田菁种质资源养分积累能力差异的主要因素，其他为次要因素。

本研究选取前 5 个主成分载荷矩阵，得出主成分系数矩阵，列于表 7-13，由此得出前 5 个主成分表达式分别如下。

$F_1 = 0.022ZX1 + 0.034ZX2 - 0.004ZX3 - 0.061ZX4 - 0.034ZX5 - 0.038ZX6 - 0.052ZX7 + 0.181ZX8 - 0.015ZX9 - 0.031ZX10 - 0.003ZX11 + 0.171ZX12 + 0.169ZX13 + 0.160ZX14 + 0.013ZX15 + 0.180ZX16 + 0.171ZX17$

$F_2 = 0.126ZX1 + 0.212ZX2 - 0.011ZX3 - 0.056ZX4 + 0.006ZX5 + 0.402ZX6 + 0.433ZX7 - 0.054ZX8 + 0.011ZX9 - 0.161ZX10 + 0.078ZX11 - 0.052ZX12 - 0.081ZX13 - 0.038ZX14 + 0.010ZX15 - 0.052ZX16 - 0.049ZX17$

$F_3 = -0.102ZX1 - 0.063ZX2 + 0.008ZX3 - 0.029ZX4 + 0.171ZX5 + 0.081ZX6 - 0.014ZX7 - 0.104ZX8 + 0.395ZX9 + 0.342ZX10 + 0.379ZX11 + 0.065ZX12 - 0.029ZX13 + 0.079ZX14 - 0.043ZX15 - 0.104ZX16 + 0.068ZX17$

$F_4 = 0.285ZX1 + 0.161ZX2 + 0.512ZX3 + 0.382ZX4 - 0.014ZX5 - 0.063ZX6 - 0.055ZX7 - 0.079ZX8 - 0.070ZX9 + 0.308ZX10 - 0.032ZX11 - 0.094ZX12 - 0.009ZX13 - 0.057ZX14 - 0.133ZX15 - 0.085ZX16 - 0.077ZX17$

$F_5 = -0.035ZX1 - 0.044ZX2 - 0.249ZX3 + 0.285ZX4 + 0.629ZX5 + 0.039ZX6 + 0.019ZX7 - 0.036ZX8 + 0.086ZX9 + 0.192ZX10 + 0.013ZX11 - 0.009ZX12 - 0.001ZX13 - 0.019ZX14 + 0.427ZX15 - 0.016ZX16 - 0.013ZX17$

表 7-13 主成分特征值系数矩阵

编号	F_1	F_2	F_3	F_4	F_5
ZX1	0.022	0.126	−0.102	0.285	−0.035
ZX2	0.034	0.212	−0.063	0.161	−0.044
ZX3	−0.004	−0.011	0.008	0.512	−0.249
ZX4	−0.061	−0.056	−0.029	0.382	0.285
ZX5	−0.034	0.006	0.171	−0.014	0.629
ZX6	−0.038	0.402	0.081	−0.063	0.039
ZX7	−0.052	0.433	−0.014	−0.055	0.019
ZX8	0.181	−0.054	−0.104	−0.079	−0.036
ZX9	−0.015	0.011	0.395	−0.070	0.086
ZX10	−0.031	−0.161	0.342	0.308	0.192

续表

编号	F_1	F_2	F_3	F_4	F_5
ZX11	−0.003	0.078	0.379	−0.032	0.013
ZX12	0.171	−0.052	0.065	−0.094	−0.009
ZX13	0.169	−0.081	−0.029	−0.009	−0.001
ZX14	0.160	−0.038	0.079	−0.057	−0.019
ZX15	0.013	0.010	−0.043	−0.133	0.427
ZX16	0.180	−0.052	−0.104	−0.085	−0.016
ZX17	0.171	−0.049	0.068	−0.077	−0.013

　　将 68 份田菁种质资源的 17 个性状指标标准化后的数值代入主成分方程式，计算主成分得分值（表 7-14），结果如下：第一主成分养分积累因子中排前十位的田菁种质采集编号为 GXLF20170005、GXLF2019198、GXLF2019251、GXLF2019008、GXLF2019017、GXLF2019169、GXLF2019001、GXLF2019031、GXLF2019006、GXLF2019004；第二主成分生物产量因子中排前十位的田菁种质采集编号为 GXLF20180037、GXLF2019031、GXLF2019180、GXLF2019032、GXLF20180047、GXLF2019010、GXLF20180035、GXLF2019013、GXLF2019176、GXLF2019295；第三主成分养分含量因子中排前十位的田菁种质采集编号为 GXLF20180025、GXLF20180042、GXLF20180033、GXLF20180026、GXLF20170006、GXLF20180001、GXLF20180035、GXLF20180043、GXLF20180031、GXLF20180046；第四主成分株高因子中排前十位的田菁种质采集编号为 GXLF20170005、GXLF2019031、GXLF2019295、GXLF2019250、GXLF2019274、GXLF2019011、GXLF2019012、GXLF2019010、GXLF2019275、GXLF2019192；第五主成分茎色因子中排前十位的田菁种质采集编号为 GXLF2019022、GXLF2019243、GXLF2019295、GXLF2019010、GXLF2019009、GXLF20180033、GXLF2019007、GXLF2019221、GXLF2019215、GXLF2019186。

表 7-14　68 份田菁种质资源的综合排名

编号	得分					排名					综合得分 D_1	综合排名 D_2
	F_1	F_2	F_3	F_4	F_5	F_1	F_2	F_3	F_4	F_5		
1	1.999	−0.261	0.802	2.735	−1.166	1	51	16	1	60	6.211	1
2	0.162	0.605	1.793	−0.991	−1.422	27	13	5	57	65	1.182	24
3	−0.611	0.025	1.488	−0.416	−0.581	43	34	6	42	49	−0.832	37
4	0.753	−1.415	2.933	0.373	−0.875	21	66	1	25	55	2.598	19
5	−0.746	−0.249	1.884	0.139	0.068	45	50	4	27	31	−0.573	34
6	1.313	0.065	1.174	−0.029	−0.561	12	31	9	30	45	3.919	5
7	−0.906	0.650	2.146	1.008	1.375	57	12	3	14	6	0.990	25
8	0.654	0.876	1.303	0.459	0.136	23	7	7	23	29	3.639	8
9	−0.771	1.432	1.012	1.070	−0.363	48	1	14	11	39	0.520	27
10	−0.293	0.544	0.457	−0.858	0.934	32	16	17	54	14	0.036	31
11	−0.349	−0.148	2.874	−1.216	−0.007	35	44	2	63	32	0.502	28

续表

编号	得分					排名					综合得分 D_1	综合排名 D_2
	F_1	F_2	F_3	F_4	F_5	F_1	F_2	F_3	F_4	F_5		
12	−1.103	0.665	1.298	−0.749	−0.495	62	11	8	49	43	−1.750	45
13	−1.058	0.501	1.094	−0.950	−0.542	60	17	13	55	44	−2.057	50
14	−0.169	0.155	1.156	−0.365	−0.568	30	28	10	38	47	0.160	29
15	−0.515	1.261	−0.038	−0.251	−1.431	40	5	27	34	66	−0.877	38
16	1.458	−0.121	−0.240	0.936	−1.313	7	42	34	16	64	3.260	10
17	−0.333	−0.068	1.139	−0.772	0.588	34	39	11	51	21	−0.200	33
18	1.338	−0.912	−1.597	−1.495	−1.493	10	64	68	66	67	−0.050	32
19	1.386	0.179	−0.482	−0.959	0.212	9	26	43	56	27	2.815	17
20	0.740	0.467	0.418	−0.161	1.278	22	18	19	32	7	2.975	16
21	1.590	−0.130	0.063	−0.676	0.675	4	43	25	48	18	3.773	7
22	1.056	−0.093	0.152	0.041	1.380	17	41	24	29	5	3.205	11
23	0.870	1.199	−0.329	1.338	1.387	19	6	38	8	4	4.205	4
24	0.854	0.378	−0.196	1.368	0.147	20	21	31	6	28	3.053	13
25	1.297	0.438	−0.843	1.354	−1.615	13	20	56	7	68	3.008	14
26	1.094	0.789	−0.299	−1.007	0.818	15	8	36	58	16	2.989	15
27	0.967	0.545	0.420	−0.549	0.699	18	15	18	45	17	3.177	12
28	1.070	0.036	−0.782	−0.397	0.946	16	33	53	41	13	2.269	21
29	1.566	0.559	−0.674	0.839	−1.032	5	14	49	18	59	3.875	6
30	−1.089	−0.592	−0.504	−0.851	−0.954	61	59	44	53	58	−4.397	67
31	−0.780	−0.047	−0.505	−0.305	−0.675	49	38	46	35	50	−2.761	57
32	−1.582	0.288	0.195	1.008	−0.154	68	23	23	13	35	−3.047	61
33	0.320	−0.163	−0.506	−0.774	3.899	25	46	47	52	1	1.436	23
34	1.429	1.380	−1.337	2.252	−0.850	8	2	65	2	54	4.573	3
35	−1.003	1.304	−0.727	−0.166	−0.158	58	4	51	33	37	−1.994	47
36	−0.431	−0.354	−0.840	0.937	0.302	38	54	55	15	25	−1.396	40
37	1.320	−0.683	0.020	−0.753	0.327	11	60	26	50	24	2.408	20
38	−1.022	−1.943	1.117	0.625	0.418	59	68	12	22	23	−2.937	59
39	−0.331	−0.480	−0.166	−1.168	−0.155	33	55	30	61	36	−2.023	48
40	1.558	−0.271	0.222	−1.310	0.580	6	52	22	64	22	3.326	9
41	1.225	0.156	−0.564	−1.592	−0.182	14	27	48	68	38	1.857	22
42	−0.554	0.749	−0.688	−1.137	−1.308	42	9	50	60	63	−2.311	56
43	−0.752	0.459	−0.398	−1.584	−0.562	46	19	42	67	46	−2.772	58
44	−0.684	1.321	−0.781	−1.378	−0.835	44	3	52	65	53	−2.124	53
45	−0.195	0.292	0.304	−0.607	−1.175	31	22	21	46	61	−0.776	36

续表

编号	得分					排名					综合得分 D_1	综合排名 D_2
	F_1	F_2	F_3	F_4	F_5	F_1	F_2	F_3	F_4	F_5		
46	0.107	−0.197	−0.880	0.392	1.055	28	47	58	24	10	0.063	30
47	−0.462	−0.803	−0.057	1.216	−0.759	39	62	28	10	51	−1.577	42
48	0.320	−0.750	−1.398	−0.371	−0.772	24	61	66	39	52	−1.406	41
49	1.714	−0.584	−0.108	−0.659	−1.196	2	58	29	47	62	2.811	18
50	−0.110	−0.856	−0.234	0.140	1.037	29	63	33	26	11	−0.717	35
51	−0.404	−0.221	−1.074	−0.443	0.974	37	48	63	44	12	−1.819	46
52	−0.525	−0.027	−0.807	−0.323	0.071	41	36	54	37	30	−2.049	49
53	−0.399	−0.561	−1.440	−0.068	1.217	36	57	67	31	9	−2.089	52
54	−0.895	0.070	−1.081	−1.110	0.238	56	30	64	59	26	−3.409	62
55	−0.851	−0.029	−0.344	−0.375	1.266	53	37	39	40	8	−2.060	51
56	−0.863	−1.373	−1.050	0.934	−0.117	54	65	62	17	34	−3.692	64
57	−0.885	−1.526	−0.871	−0.426	−0.453	55	67	57	43	41	−4.577	68
58	−0.822	0.081	−1.028	−1.173	−0.952	51	29	61	62	57	−3.691	63
59	−1.354	−0.080	−0.223	0.100	−0.579	66	40	32	28	48	−3.753	65
60	0.255	−0.293	−0.327	−0.312	1.690	26	53	37	36	2	0.645	26
61	−0.830	−0.224	−0.349	1.676	−0.079	52	49	40	4	33	−1.679	44
62	1.686	−0.499	0.835	1.045	0.858	3	56	15	12	15	5.203	2
63	−1.311	−0.157	−0.918	0.648	−0.404	65	45	60	21	40	−3.876	66
64	−1.235	0.235	−0.505	0.747	−0.464	63	24	45	19	42	−3.011	60
65	−1.264	0.199	−0.242	1.391	0.644	64	25	35	5	20	−2.147	54
66	−0.753	0.015	−0.896	1.227	−0.931	47	35	59	9	56	−2.248	55
67	−0.789	0.039	0.321	0.681	0.654	50	32	20	20	19	−1.063	39
68	−1.410	0.730	−0.374	1.725	1.420	67	10	41	3	3	−1.652	43

　　通过 5 个主成分得分值以各主成分方差贡献率为权重进行加权平均，计算得出每个样本的综合得分排序，得出综合性状排前十的种质采集编号分别为 GXLF20170005、GXLF2019251、GXLF2019031、GXLF2019010、GXLF20180031、GXLF2019017、GXLF2019008、GXLF20180035、GXLF2019169、GXLF2019001。综合排名前十位的种质，45 天株高 33.5～96.25cm，65 天株高 124.0～174.6cm，成熟期株高 241.14～402.01cm，生育期 153～179 天，适宜翻压期鲜草产量 23 584.95～32 071.80kg/hm²，干草产量 4849.51～9140.10kg/hm²，种子产量 1249.51～1981.50kg/hm²，适宜翻压期氮积累量 39.7～62.6kg/hm²、磷积累量 3.3～5.4kg/hm²、钾积累量 28.6～34kg/hm²、氮磷钾总积累量 77.8～117.4kg/hm²。

　　以上具有单项或多项优异性状的种质资源，可作为育种的亲本材料加以利用，而综合得分较高的种质，经过进一步的系统选育后，可扩大繁种面积，作为优良夏季绿肥作物直接应用于生产。

三、红萍种质资源收集鉴定和多样性分析

红萍是藻萍共生的蕨类植物，具有固氮、繁殖快、营养丰富等特性，我国利用红萍作肥料、饲料和饵料已有几百年的历史，20 世纪 60 年代初，国内开始有意识地收集和保存红萍种质资源，80 年代初国内保存红萍种质资源 160 多份，其中一半从国外引进，说明红萍在我国绿肥作物发展历程中也曾颇受关注（黄毅斌等，2017）。但未曾看到广西红萍种质资源研究的相关报道，近年来本团队在广西 9 个县（市、区）28 个乡（镇）共收集到红萍种质资源 33 份（表 7-15）。2020 年 7 月在广西南宁市广西农业科学院本部基地开展相关鉴定和评价，包括繁殖能力、养分含量及有机肥应用潜力评定，以期为红萍作为绿肥应用提供依据。下文中，红萍生物量积累用繁殖系数 K 表示，$K=(W_1-W_0)/t$，其中 W_1 为测产时红萍质量（g/m^2），W_0 为初始红萍质量（$250g/m^2$），t 为培养天数。

表 7-15　33 份红萍种质资源基本信息

序号	采集编号	采集地点	序号	采集编号	采集地点
1	GXLF20180034	柳州市三江侗族自治县	18	GXLF2020012	桂林市资源县
2	GXLF20180035	桂林市龙胜各族自治县	19	GXLF2020013	桂林市资源县
3	GXLF20180036	桂林市龙胜各族自治县	20	GXLF2020014	桂林市资源县
4	GXLF20180037	桂林市灌阳县	21	GXLF2020015	桂林市资源县
5	GXLF2019158	桂林市灌阳县	22	GXLF2020016	桂林市资源县
6	GXLF2019160	桂林市恭城瑶族自治县	23	GXLF2020017	桂林市全州县
7	GXLF2020001	柳州市三江侗族自治县	24	GXLF2020018	桂林市全州县
8	GXLF2020002	柳州市三江侗族自治县	25	GXLF2020019	桂林市全州县
9	GXLF2020003	柳州市三江侗族自治县	26	GXLF2020020	桂林市灌阳县
10	GXLF2020004	柳州市三江侗族自治县	27	GXLF2020021	桂林市灌阳县
11	GXLF2020005	柳州市三江侗族自治县	28	GXLF2020022	百色市靖西市
12	GXLF2020006	柳州市三江侗族自治县	29	GXLF2020023	百色市那坡县
13	GXLF2020007	柳州市三江侗族自治县	30	GXLF2020024	百色市那坡县
14	GXLF2020008	桂林市龙胜各族自治县	31	GXLF2020025	百色市靖西市
15	GXLF2020009	桂林市龙胜各族自治县	32	GXLF2020026	百色市田阳区
16	GXLF2020010	桂林市龙胜各族自治县	33	GXLF2020027	桂林市灌阳县
17	GXLF2020011	桂林市龙胜各族自治县			

（一）不同红萍种质资源的鲜生物量和繁殖系数

不同红萍种质资源，露天培养 15 天后鲜生物量为 860.28～1812.44g/m^2，繁殖系数为 40.69～104.16$g/(m^2·d)$，其中 GXLF2020018 鲜生物量最低，为 860.28g/m^2，相应的繁殖系数也最低，为 40.69$g/(m^2·d)$；而 GXLF2020012 鲜生物量最高，为 1812.44g/m^2，相应的繁殖系数也最高，为 104.16$g/(m^2·d)$；平均鲜生物量为 1457.38g/m^2。由此可见，不同种质资源鲜生物量和繁殖系数的差异均较大，说明不同种质资源的越夏能力存在很大差异（表 7-16）。

表 7-16 不同红萍种质资源的鲜生物量及繁殖系数

序号	采集编号	鲜生物量/（g/m²）	繁殖系数/［g/(m²·d)］	序号	采集编号	鲜生物量/（g/m²）	繁殖系数/［g/(m²·d)］
1	GXLF20180034	1611.35	90.76	18	GXLF2020012	1812.44	104.16
2	GXLF20180035	1033.43	52.23	19	GXLF2020013	1114.97	57.66
3	GXLF20180036	1571.81	88.12	20	GXLF2020014	1259.25	67.28
4	GXLF20180037	1354.19	73.61	21	GXLF2020015	1084.17	55.61
5	GXLF2019158	1682.14	95.48	22	GXLF2020016	1772.36	101.49
6	GXLF2019160	1753.86	100.26	23	GXLF2020017	1639.81	92.65
7	GXLF2020001	1644.17	92.94	24	GXLF2020018	860.28	40.69
8	GXLF2020002	1764.32	100.95	25	GXLF2020019	1674.87	94.99
9	GXLF2020003	1740.18	99.35	26	GXLF2020020	1214.76	64.32
10	GXLF2020004	1689.72	95.98	27	GXLF2020021	1324.65	71.64
11	GXLF2020005	1669.37	94.62	28	GXLF2020022	1271.18	68.08
12	GXLF2020006	1761.66	100.78	29	GXLF2020023	1083.56	55.57
13	GXLF2020007	1674.39	94.96	30	GXLF2020024	864.33	40.96
14	GXLF2020008	1214.31	64.29	31	GXLF2020025	1623.54	91.57
15	GXLF2020009	1569.18	87.95	32	GXLF2020026	1721.01	98.07
16	GXLF2020010	1321.14	71.41	33	GXLF2020027	1582.14	88.81
17	GXLF2020011	1134.91	58.99				

（二）不同红萍种质资源养分含量及有机肥品质评价

根据全国有机肥料品质 N、P、K 三要素单项和总分分级标准（全国农业技术推广服务中心，1999）进行红萍种质资源的品质评价。由表 7-17 可以看出，不同红萍种质资源氮含量为 2.64%～3.71%，其中有 26 份种质氮含量达到一级有机肥氮素评分标准，其余 7 份达到二级标准；磷含量为 0.562%～0.853%，所有种质均达到二级有机肥料的评分标准；钾含量为 2.18%～3.01%，均达到二级有机肥料的评分标准；三要素综合评分达一级有机肥标准的有 27 份（占比 81.19%），其余 6 份达到二级有机肥标准（占比 18.81%）。

表 7-17 不同红萍种质资源养分含量及有机肥品质综合评价

采集编号	碳含量/%	氮含量/%	氮素评分	磷含量/%	磷素评分	钾含量/%	钾素评分	三要素总分	评定结果
GXLF20180034	56.64	3.03	40	0.602	12	2.74	16	68	一级
GXLF20180035	64.51	3.15	40	0.851	12	3.01	16	68	一级
GXLF20180036	57.61	3.39	40	0.714	12	2.87	16	68	一级
GXLF20180037	59.75	2.64	32	0.683	12	2.55	16	60	二级
GXLF2019158	55.08	3.36	40	0.728	12	2.74	16	68	一级
GXLF2019160	50.11	3.07	40	0.699	12	2.68	16	68	一级
GXLF2020001	56.63	3.13	40	0.741	12	2.81	16	68	一级

续表

采集编号	碳含量/%	氮含量/%	氮素评分	磷含量/%	磷素评分	钾含量/%	钾素评分	三要素总分	评定结果
GXLF2020002	54.53	3.51	40	0.719	12	2.72	16	68	一级
GXLF2020003	53.08	3.62	40	0.627	12	2.63	16	68	一级
GXLF2020004	52.19	2.85	32	0.853	12	2.85	16	60	二级
GXLF2020005	54.56	3.71	40	0.718	12	2.65	16	68	一级
GXLF2020006	50.43	2.68	32	0.684	12	2.92	16	60	一级
GXLF2020007	54.67	3.42	40	0.720	12	2.79	16	68	一级
GXLF2020008	64.01	3.19	40	0.690	12	2.63	16	68	一级
GXLF2020009	56.49	2.74	32	0.740	12	2.85	16	60	二级
GXLF2020010	57.72	3.26	40	0.671	12	2.67	16	68	一级
GXLF2020011	63.19	3.14	40	0.562	12	2.74	16	68	一级
GXLF2020012	52.36	3.39	40	0.805	12	2.55	16	68	一级
GXLF2020013	65.04	3.17	40	0.715	12	2.67	16	68	一级
GXLF2020014	63.17	3.36	40	0.638	12	2.33	16	68	一级
GXLF2020015	64.31	2.89	32	0.727	12	2.91	16	60	二级
GXLF2020016	53.21	3.21	40	0.694	12	2.39	16	68	一级
GXLF2020017	54.55	3.57	40	0.744	12	2.66	16	68	一级
GXLF2020018	64.94	3.36	40	0.718	12	2.27	16	68	一级
GXLF2020019	55.56	3.18	40	0.624	12	2.61	16	68	一级
GXLF2020020	62.16	3.53	40	0.811	12	2.58	16	68	一级
GXLF2020021	61.05	3.24	40	0.796	12	2.57	16	68	一级
GXLF2020022	60.25	3.44	40	0.568	12	2.76	16	68	一级
GXLF2020023	64.38	3.27	40	0.672	12	2.91	16	68	一级
GXLF2020024	65.79	2.96	32	0.569	12	2.63	16	60	二级
GXLF2020025	57.08	3.18	40	0.747	12	2.57	16	68	一级
GXLF2020026	54.72	3.64	40	0.711	12	2.18	16	68	一级
GXLF2020027	55.31	2.69	32	0.608	12	2.46	16	60	二级

以上研究表明，红萍繁殖能力强，具有在短时间内生产出高生物产量的能力和潜力，氮、磷、钾含量高。同时，红萍植株体小，不妨碍机耕操作，还田腐解速度快，作为有机肥使用方便，是良好的有机肥源。

第三节　绿肥作物种质资源创新利用及产业化应用

一、绿肥作物种质资源创新利用

我国栽培和利用绿肥作物历史悠久，但千百年来，人们一直偏重于种植和利用，种质资源的搜集、整理和鉴定研究工作非常欠缺。在 20 世纪 60 年代至 80 年代末，曾出现昙花一现式的迅速发展阶段，国家层面和地方一级的绿肥作物专业研究人员，通过收集、引进、交换等传统方法，同时使用杂交、辐射、诱变等新手段加快了绿肥种质资源创新利用，选育了一批优异的品种资源供生产应用（焦彬和陈礼智，1987）。90 年代以后，受工业化学肥料的冲击，绿肥生产发生大滑坡，种质资源研究工作随即停滞或半停滞，目前，生产上使用的品种多数是 30 年前育成的，因长期无人管理，优质品种被杂化、优异种质特性退化，甚至有些优异种质资源（品系）在生产上消失（曹卫东等，2017）。而在绿肥科研工作恢复较早的地区，如福建、安徽、湖南、河南等省份，利用提纯复壮和杂交选育等办法新育成了一批优良绿肥作物资源供生产应用。广西于近年才开始系统性恢复种质资源研究工作，鉴于库存种质资源作物单一，生产上需要的绿肥作物库存资源缺乏，因此，仅利用库存种质资源进行提纯复壮或杂交选育均不能满足生产所需。而因种植制度不断更迭变化，破坏了绿肥作物的生存环境，同时大量化学除草剂的施用，更使有些种质资源被当成杂草喷除而濒临灭绝，所以通过调查收集野外绿肥作物种质资源，不仅补充了库存主要绿肥作物种质资源的缺乏，同时可以抢救性收集一些优异绿肥作物种质资源。通过连续几年的系统调查和收集工作，基本摸清了广西野外绿肥作物种质资源的类型、分布及数量等，并通过田间鉴定和评价工作，筛选了一批优异的紫云英、田菁、红萍种质资源，同步对紫云英变异单株进行系统筛选，已选育出 2 或 3 个优异紫云英新品种（系），有望通过转化经营权，将优异的品种（系）推向市场，改变广西目前紫云英生产用种完全依赖从区外采购的现状，并摸清了田菁的适宜翻压时期，明确田菁适宜翻压期可获得的鲜生物产量及其养分供应潜能，为广西夏季绿肥作物应用提供了种质和技术支撑。此外，通过与区外专家进行技术交流和多点联合试验等方式，加快了广西绿肥作物种质资源工作进度和步伐，并从区外引进多种绿肥作物，如苕子、箭筈豌豆、山黧豆、穗序木蓝、油菜、肥田萝卜、黑麦草、鼠茅草等进行适应性种植，可作为广西稻田、果园、休耕地等绿肥作物品种选择的依据。

二、绿肥作物种质资源创新利用前景

绿肥作物大多是利用季节性闲置耕地和主作物行间空地进行见缝插针式种植发展，即通过与主作物接茬轮作、间作、套种以减少地表裸露、补充土壤有机质及养分、保持和改善土壤理化性状，实现用地养地结合、耕地质量保护和土地资源的可持续发展（曹卫东和黄鸿翔，2009）。广西温、光、水、热资源丰富，适宜多种绿肥作物生产。而作为农业种植大省，广西的粮食作物和经济作物种类多，种植面积大，据统计，广西的水稻总面积约为 100 万 hm^2，玉米种植面积约为 40 万 hm^2，甘蔗为 90 万 hm^2，此外，广西还是多种蔬菜和果树的种植大省，绿肥作物发展空间大。以水稻和玉米冬闲面积 120 万 hm^2 计算，如果冬季全部播种豆科绿肥作物紫云英或光叶苕子等，每年可固定约 900 万 t CO_2，养分生产能力相当于 30 万～40 万 t 尿素、22 万～30 万 t 钙镁磷肥、24 万～32 万 t 硫酸钾，价值相当于 15.88 万～21.24 亿元（曹卫东和黄鸿翔，2009）。而甘蔗、木薯、剑麻等在生育前期行间空闲面积大，以广西农业科学院农业资源与环境研究所绿肥研究室在甘蔗生育前期间作绿肥作物试验为例，如果前期全部播种豆科绿肥作物（播种绿豆 5～60 天，可收获鲜生物量 15.8t/hm^2，可富集的 N、P_2O_5、K_2O 养分量分别为 68.1kg/hm^2、19.6kg/hm^2、99.6kg/hm^2），在甘蔗产量稳定的前提下，可减施化肥用量 25% 左右，按照广西甘蔗地建议 N、P_2O_5、K_2O 施用量分别为 330kg/hm^2、225kg/hm^2、360kg/hm^2 计算，化肥减施可节支 1075 元/hm^2，全区仅甘蔗化肥施用量即可节省 9.76 亿元。而坡耕果茶园现行的清耕制度，不仅劳动力成本高，而且容易造成水土流失，喷洒除草剂和覆盖农膜均有悖于绿色生产理念，果茶树行间种植绿肥作物，对于保持水土、改善果茶园生态环境、提升果茶质量具有重要意义，以本团队前期在桂林阳朔金橘园的试验为例，与清耕相比，在 13°～23° 坡度条件下，金橘园行间套种雀稗和自然草种白花藿香蓟的径流水、泥沙、总氮、总磷流失量可分别降低 26.96%～50.35%、45.73%～77.46%、4.41%～19.71%、9.16%～20.94%，换算为 10 万 hm^2 的坡地果园面积，仅半年就可减少径流水 234 万～514 万 m^3、泥沙流失 4.2 万～9.2 万 t、总氮流失 0.13 万～1.53 万 kg、总磷流失 0.03 万～0.14 万 kg（李婷婷等，2020）。而广西果茶园总面积为 100 多万公顷，发展果茶园绿肥将产生巨大的经济、生态和社会效益。由此可知，绿肥作物在广西具有广大的应用前景，而种质资源收集、整理及创新是一切工作的基础。

第八章

广西药用植物种质资源多样性及其利用

"药用植物种质资源"广义上泛指一切可用于药物开发的植物遗传资源，是所有药用植物物种的总称。狭义的"种质资源"通常是就某一具体物种而言的，是包括栽培品种（类型）、野生种、近缘野生种和特殊遗传材料在内的所有可利用的遗传材料。药用植物种质资源是中医药产业的基础和源头，种质的优劣对药材的产量和质量具有决定性的作用。因此，了解药用植物种质资源分布及其多样性极其重要，关系到资源合理开发和可持续发展。第四次全国中药资源普查结果显示，全国药用植物资源 1.1 万多种，主要分布在西南、中南、华东、西北、东北和华北，其中云南 4758 种、广西 4000 多种，全国 400 多种中药材 70% 的原料来源于广西，广西是我国四大药材产区之一，铁皮石斛、山银花、白及、桄榔、赤苍藤、凉粉草等中药材为广西特色中药材，容县铁皮石斛、桂平铁皮石斛、雅长铁皮石斛、忻城山银花获得国家地理标志产品，随着中医药产业的不断发展和壮大，药用植物种质资源的作用日渐凸显，对药用植物种质资源的保护和合理开发利用也迫在眉睫。本章对这几种药用植物的种质资源分布、特点及产业化利用进行了介绍。

第一节　铁皮石斛种质资源多样性及其利用

一、铁皮石斛种质资源基本情况

铁皮石斛（*Dendrobium officinale*）是传统名贵珍稀中药材，具有益胃生津、滋阴清热等独特的功效。早在秦汉时期，《神农本草经》就记载铁皮石斛"主伤中、除痹、下气、补五脏虚劳羸瘦、强阴、久服厚肠胃"；1000 多年前的《道藏》将铁皮石斛列为"中华九大仙草"之首；李时珍在《本草纲目》中评价铁皮石斛"强阴益精，久服厚肠胃，补内绝不足，平胃气，长肌肉，益智除惊，轻身延年"；民间称其为救命仙草，国际药用植物界称为"药界大熊猫"。现代药理研究证明，铁皮石斛具有增强免疫力、消除肿瘤、抑制癌症等作用，对咽喉疾病、肠胃疾病、白内障、心血管疾病、糖尿病、肿瘤均具有显著疗效，特别是对人体肺癌细胞具有极大的抑制作用，抑制率达 74.7%～97.2%。为此，2010 年版《中华人民共和国药典》特将铁皮石斛从药材石斛中划出，单独收载，2015 年版和 2020 年版同载。

20 世纪 90 年代以前，铁皮石斛原料主要依靠野生资源，采自热带、亚热带原始森林。由于铁皮石斛在自然条件下种子萌发困难、生长发育十分缓慢，加上人们长期以来进行毁灭性采挖与生存环境的破坏，使其野生资源处于濒临灭绝，造成国内市场供需矛盾突出，价格昂贵，伪品冲击严重，制约铁皮石斛产业的健康发展。为了保护铁皮石斛资源，国际社会将其列入《濒危野生动植物种国际贸易公约》（CITES），1987 年国务院发布的《野生药材资源保护管理条例》将铁皮石斛列为三级保护品种；1992 年在《中国植物红皮书》中铁皮石斛被收载为濒危植物。

二、铁皮石斛种质资源类型与分布

我国铁皮石斛主要分布于秦岭和长江流域及其以南的 10 多个省（区），台湾也有分布。其中云南省铁皮石斛资源最为丰富。目前，我国铁皮石斛主要分布于云南东南部（麻栗坡县、石屏县、广南县、文山市、西畴县），浙江东部（鄞州区、天台县、仙居县、临安区、富阳区、江山市、金华市），广西（天峨县、永福县、西林县、宜山市、隆林各族自治县、东兰县、平乐县、南丹县、巴马瑶族自治县、钟山县），贵州（独山县、兴义市、梵净山、荔波县、三都水族自治县），安徽西南部（大别山），福建西部（宁化县），四川（汉源县、金阳县、甘洛县），广东（乳源瑶族自治县、平远县），河南（洛阳市、信阳市），江西（庐山市、井冈山市）等大部分地区。野生铁皮石斛多生长于悬崖峭壁或大树上（张治国，2006）。

三、铁皮石斛种质资源多样性变化

铁皮石斛主要分布于亚洲热带至大洋洲（波利尼西亚和澳大利亚），原产于澳大利亚、菲律宾、中国和日本等国，以喜马拉雅山脉、锡金和尼泊尔区域较为丰富。全世界约有 1500 种，我国分布有 76 种，其中包括 2 变种。根据《中国植物志》（中国科学院中国植物志编辑委员会，1999a），铁皮石斛属于兰科石斛属植物。石斛属可分为 12 个组，铁皮石斛属于石斛组（Section *Dendrobium*）。

根据铁皮石斛的加工品质，可以分为便于加工的软脚铁皮（F 型）和不便于加工的硬脚铁皮（H 型）两种变异类型。两者的形态结构具有明显差异。F 型总体茎圆、柔软，茎表皮具有较丰富的蜡质，适合做枫斗；H 型则具有茎较长，质地较硬等特征。F 型铁皮石斛的茎不具有下皮层，横切面上维管束密度小，维管束内外侧纤维群不发达，基本组织中含有丰富的多糖黏性成分，茎短且柔软，具有黏性，是加工铁皮枫斗的优质材料；而 H 型的茎较长，具有发达厚壁的下皮层，横切面上维管束数目多、维管束鞘纤维发达，基本组织中的多糖成分少，因而茎秆较硬，黏性差，不适于铁皮枫斗的加工（丁小余等，2001）。

四、铁皮石斛种质资源主要特点

（一）形态特征

据《中国植物志》记载，铁皮石斛因其表面呈黑绿色又名为黑节草或铁皮兰，其茎直立，直径为 2～4cm，长圆柱形；茎长 15～50cm，茎段节间长 1～4cm；叶呈矩圆状披针形，二列生于茎上部，长 2～4cm、宽 9～11mm；叶鞘带肉质，短于节间，基部有光泽，具紫斑，衰老时上缘与茎鞘口张开，并与节留下环状铁青的间隙；花为总状花序，生于无叶茎的中上部，2～4 朵，蕊柱黄绿色，长 3mm，花梗和子房长 2～2.5cm；花唇瓣为卵状披针形，长 1.3～1.6cm、宽 7～9mm，近上部中间具有紫红色斑块，下部两侧有紫红色条纹，近下部中间有黄色胼胝体；花序轴长 2～4cm；花瓣、萼片都为黄绿色，呈长圆状披针形，长约 1.8cm、宽 4～5mm，先端逐渐锐尖，具 5 条脉。唇型花，花期一般在 3～6 月，其雌蕊、雄蕊合为一体形成合蕊柱，雌蕊位于下方，中间隔膜将其隔开并形成柱头窝，药室在上方。果实为长 3～5cm 的椭圆形蒴果，成熟果实为黄绿色，每个果实含有上万粒种子，且不含胚乳。

（二）主要成分及功能

铁皮石斛中所含主要活性成分有多糖、生物碱、氨基酸、挥发性物质及黄酮类物质等。石斛多糖在 2020 年版《中华人民共和国药典》中被记载是评价铁皮石斛质量的宝贵标准。目前，从铁皮石斛中分离到的多糖多以葡甘聚糖或甘露聚糖形式存在且主要由 D-木糖、L-阿拉伯糖、D-甘露糖和 D-葡萄糖等单糖构成，其中以 D-葡萄糖为主。对石斛植物多糖活性的研究表明，石斛多糖通常具有抗氧化和增强免疫力的活性。近年来，越来越多的石斛多糖的生物活性被挖掘，包括抗肿瘤、保肝、抗糖化等作用。许多疾病的发生都与体内自由基的积累相关，通过降低氧化程度可以起到很好的治疗效果。研究表明，石斛多糖可以减少自由基的产生，增强清除自由基的能力，减少蛋白质分解，还能提高抗氧化酶的能力等，是铁皮石斛发挥疗效的最主要因素。铁皮石斛的复方颗粒剂以及鲜铁皮石斛汁均能够帮助机体提高免疫能力。截至目前，从石斛属植物中提取分离获得的生物碱共有 32 种，主要为石斛碱、石斛次碱、石斛醚碱和石斛宁等。生物碱对肿瘤、心血管、胃肠等都有一定的治疗作用，此外还具有清热止痛的效果。石斛生物碱在临床上具有广泛的应用，如可以改善由多糖引起的记忆功能下降，降低血糖，具有抗糖尿病性白内障的功效，能够有效缓解脑部的缺血性损伤。此外，研究发现脂溶性生物碱对氧化引起的人晶状体上皮细胞损伤具有修复作用。

铁皮石斛中的氨基酸多达 16 种，主要由缬氨酸、天冬氨酸、亮氨酸、谷氨酸和甘氨酸等构成。氨基酸是人类重要的营养物质，某些氨基酸亦具有生物活性和疗效。铁皮石斛挥发性成分对革兰氏阳性菌具有较强的抑制作用。有研究从铁皮石斛根、茎、叶等部位鉴定出了 14 种挥发性物质，主要包含醛类、酯类、烷烃类、烯烃类和醇类等化合物。对铁皮石斛样品中的黄酮类成分进行测定，发现柚皮素的含量最高。这些黄酮类化合物对我们的身体健康有着积极的作用。黄酮类化合物可以作为结构性的抗真菌药物，也可以作为植物的抗生素。且已被证明是各种氧化性物质的清除剂，包括超氧阴离子、羟自由基、氧自由基等，具有抗氧化活性。此外，一些黄酮类化合物还能够对某些酶起到抑制作用；一些抗氧化的黄酮类化合物在一定程度上能够缓解冠心病的症状，还具有抗炎和活化血管的活性等。

（三）生长习性

野生铁皮石斛对自身的生长环境要求比较严格，气候要求温暖湿润，在空气流畅、阳光充足的半阴半阳环境中生长得较为良好，最适生长温度为 25～28℃，最适相对湿度在 80% 左右，自然条件下可附生在多种不同的基质上，如松树皮上、岩石表面以及丹霞石壁的表面等。

五、铁皮石斛种质资源创新利用及产业化应用

（一）铁皮石斛种质资源创新利用

铁皮石斛的茎常被制作成"铁皮枫斗"并作为药材使用，茎鲜条也可榨成汁，做成饮品等用于保健。从野生资源中选择并进行驯化是培育新品种的一个有效、便捷的途径。①李明焱采用系统育种方法从野生铁皮石斛种质资源中成功获得了铁皮石斛新品种仙斛1号。②杭州天目永安集团有限公司选育的铁皮石斛新品种天斛1号是从浙江临安天目山上采集的野生种经组培快繁驯化而成的。该品种适宜在临安天目山地区广泛种植，具有综合性状优异、抗病性强、耐寒性好、品质佳等优点。③浙江森宇实业有限公司从云南铁皮石斛产区采集野生品种并经过多年驯化，获得了适宜在浙江地区种植的铁皮石斛新品种森山1号。④中国科学院华南植物园以来自云南广南的野生铁皮石斛（自编号T13）为亲本，经过多代自交，选育了产量高、抗逆性强、质量好的中科1号铁皮石斛新品种。⑤广西农业科学院生物技术研究所从野生种子实生苗后代群体中筛选出优良单株，结合"以芽繁芽"快繁技术，选育出新品种桂斛1号、桂斛2号。⑥赵贵林采用人工杂交授粉、后代群体单株选择及多代自交纯化等方法育成铁皮石斛新品种——双晖1号（郑希龙等，2011）。

（二）铁皮石斛种质资源产业化应用

20世纪80年代，我国科研人员开始努力探索铁皮石斛的人工种植技术，经过多年的努力，取得了一定的成效。目前铁皮石斛的人工种植技术包括铁皮石斛苗的组培、扩繁、仿野生栽培等，大大提升了铁皮石斛的人工栽培成活率，亩产量也得到了稳步提高。迄今，铁皮石斛的种植面积已经远远超出10万亩，年产量也在万吨以上。随着铁皮石斛种植业的发展，铁皮石斛产业链已初具规模，带来的经济价值达到了百亿元。目前，种植铁皮石斛的省（区）从传统的浙江、云南已经扩展到了广西、江苏、安徽、贵州、北京等地。浙江省是我国首个发展铁皮石斛产业的省份，浙江野生铁皮石斛主要分布在浙西临安天目山、浙南温州雁荡山等地。90年代，浙江省率先实现铁皮石斛的人工栽培、规模化种植和产业开发，并形成规模化的以"公司+基地"为主的种植模式。如今，浙江省已是铁皮石斛类保健食品的生产基地和消费大省。目前全省铁皮石斛类药品和保健品的年销售规模近4亿元，拉动相关产业产值十几亿元，成为保健食品领域的拳头产品和中药现代化工程建设的重要成果。浙江省温州市乐清市双峰乡是铁皮枫斗的主要加工地，每年加工鲜石斛3500t，产出枫斗约700t，同时是全国石斛枫斗的主要集散地。全乡专业从事枫斗销售的大户200多户，产品主要销往广东、上海、杭州、江苏等地及东南亚等海外市场。现在双峰乡不仅进行石斛加工、销售，还建立了试管苗工厂和种植基地，铁皮石斛产业蓬勃发展，不愧为"中国铁皮石斛之乡"的光荣称号。

云南是铁皮石斛种植面积最大的栽培区域。在云南的德宏傣族景颇族自治州、思茅区、西双版纳傣族自治州、文山壮族苗族自治州、红河哈尼族彝族自治州、保山市和临沧市等地均有铁皮石斛的种植，占全国种植面积的一半，这主要依托于云南省得天独厚的气候和自然环境的优势。

第二节　山银花种质资源多样性及其利用

一、山银花种质资源基本情况

　　山银花是 2005 年版《中华人民共和国药典》新增中药植物品种，为忍冬科植物灰毡毛忍冬（*Lonicera macranthoides*）、红腺忍冬（*Lonicera hypoglauca*）、华南忍冬（*Lonicera confusa*）、黄褐毛忍冬（*Lonicera fulvotomentosa*）的干燥花蕾或带初开的花，也是常用大宗药材，具有清热解毒、疏风散热、抗菌消炎、抗病毒等功效，可用于治疗痈肿、喉痹、丹毒、热毒血痢、风热感冒、温热发病等病症，目前是维 C 银翘片、银翘伤风胶囊、银蒲解毒片、银屑灵、清肝利胆口服液等多种中成药的主要原料。

　　山银花植株为半常绿藤本；幼枝暗红褐色，密被黄褐色、开展的硬直糙毛、腺毛和短柔毛，下部常无毛。叶纸质，卵形至矩圆状卵形，有时卵状披针形，稀圆卵形或倒卵形，极少有 1 至数个钝缺刻，长 3～5（～9.5）cm，顶端尖或渐尖，少有钝、圆或微凹缺，基部圆或近心形，有糙缘毛，上面深绿色，下面淡绿色，小枝上部叶通常两面均密被短糙毛，下部叶常平滑无毛而下面多少带青灰色；叶柄长 4～8mm，密被短柔毛。总花梗通常单生于小枝上部叶腋，与叶柄等长或稍较短，下方则长达 2～4cm，密被短柔毛，并夹杂腺毛；苞片大，叶状，卵形至椭圆形，长达 2～3cm，两面均有短柔毛或有时近无毛；小苞片顶端圆形或截形，长约 1mm，为萼筒的 1/2～4/5，有短糙毛和腺毛；萼筒长约 2mm，无毛，萼齿卵状三角形或长三角形，顶端尖而有长毛，外面和边缘都有密毛；花冠白色，有时基部向阳面呈微红色，后变黄色，长（2～）3～4.5（～6）cm，唇形，筒稍长于唇瓣，很少近等长，外被倒生的开展或半开展糙毛和长腺毛，上唇裂片顶端钝形，下唇带状而反曲；雄蕊和花柱均高出花冠。果实圆形，直径 6～7mm，熟时蓝黑色，有光泽；种子卵圆形或椭圆形，褐色，长约 3mm，中部有 1 凸起的脊，两侧有浅的横沟纹。花期在 4～6 月（秋季亦常开花），果熟期在 10～11 月（徐炳声，1979；国家药典委员会，2010）。

　　广西山银花野生种质资源丰富，但遭到破坏情况十分严重，多数资源量在迅速减少，亟待保护；栽培区域主要分布在南宁市马山县、来宾市忻城县、桂林市资源县、百色市隆林各族自治县、南宁市上林县等县，花期过于集中、采摘耗工多、销售渠道窄、产品宣传力度弱等问题是制约广西山银花产业发展的重要原因。

二、山银花种质资源类型与分布

　　山银花主要包括灰毡毛忍冬、红腺忍冬、华南忍冬和黄褐毛忍冬 4 种。

　　野生山银花一般分布在海拔 200～700m（西南部可达 1500m）的山地丘陵地带，人工栽培主产于安徽南部，浙江，江西，福建，台湾北部和中部，湖北西南部，湖南中部、西部至南部，广东（南部除外），广西，四川东部和东南部，贵州北部、东南部至西南部及云南西北部至南部，山银花在全国的主产区分布比金银花更广泛，产量也更高（薛红卫和周超凡，2011）。

　　广西野生山银花种质资源在各个县（市、区）均有分布，1000 亩以上人工栽培面积有南宁市马山县、宾阳县，来宾市忻城县，桂林市资源县、全州县、龙胜各族自治县，河池市罗城仫佬族自治县、都安瑶族自治县、大化瑶族自治县，柳州市融水苗族自治县，崇左市宁明县、龙州县，以及百色市乐业县、田阳区、德保县、靖西市、那坡县、凌云县等县（市、区）。

三、山银花种质资源多样性变化

山银花野生种质资源红腺忍冬、灰毡毛忍冬和华南忍冬在广西均有广泛分布，种质资源十分丰富。红腺忍冬主要分布于桂林市临桂区、贺州市昭平县，梧州市苍梧县、藤县，玉林市容县，贵港市桂平市，南宁市横州市、邕宁区、宾阳县、上林县、马山县、武鸣区、隆安县，崇左市宁明县、龙州县，百色市田阳区、德保县、靖西市、那坡县、凌云县，河池市宜州区、都安瑶族自治县、大化瑶族自治县，来宾市忻城县，柳州市三江侗族自治县等地；生长于丘陵及山地灌丛或疏林中，海拔 200~700m。灰毡毛忍冬主要分布于百色市乐业县，河池市罗城仫佬族自治县，柳州市融水苗族自治县，桂林市龙胜各族自治县、资源县、全州县、兴安县、灵川县、灌阳县，贺州市富川瑶族自治县等地；生长于山谷溪流旁、山坡、山顶预混交林内或灌丛中，海拔 500m 以上。华南忍冬主要分布于玉林市北流市、陆川县、博白县，南宁市横州市、邕宁区、上林县、南宁市，防城港市上思县、防城区等地；生长于丘陵地的山坡、杂木林和灌丛中及村边路旁或河边，海拔 800m 以下（吴庆华和黄宝优，2008）。

除以上 3 种外，广西忍冬属植物中还有一些未被 2005 年版《中华人民共和国药典》收载的种也作为山银花收购和使用，如水忍冬（*Lonicera dasystyla*）、大花忍冬（*Lonicera macrantha*）、菰腺忍冬（*Lonicera hypoglauca*）、皱叶忍冬（*Lonicera rhytidophylla*）、短尖忍冬（*Lonicera mucronata*）、黄褐毛忍冬（*Lonicera fulvotomentosa*）等。

目前，广西山银花栽培区域主要分布在南宁市马山县、来宾市忻城县、桂林市资源县、桂林市全州县、河池市都安瑶族自治县，以及百色市田阳区、隆林各族自治县等地。其中以南宁市马山县的加方、古寨、金钗、古零、里当以及来宾市忻城县的北更、红渡、遂意、城关、新圩、古蓬、果遂等乡镇的栽培面积最大。此栽培区属于喀斯特地貌，是广西有名的石山地区，一般是在大石块的周围或石缝中挖穴进行栽培，以大石块作为山银花藤蔓攀缘的支架，栽培种主要为红腺忍冬。桂林市资源县是广西山银花另一大产区，主要分布在该县的梅溪、资源、中峰、瓜里、车田等乡镇，此栽培区为广西高海拔、高寒山区，多是利用稀灌木丛作为攀缘物，或选择坡度较大处，沿山坡水平线修筑高位梯级畦，在畦上种植，修剪培育成直立型花丛，本区栽培种主要为灰毡毛忍冬。其他地区如百色市隆林各族自治县、田阳区，河池市都安瑶族自治县，桂林市全州县等地均有零星栽培，栽培种除了红腺忍冬和灰毡毛忍冬，还杂有部分华南忍冬、水忍冬、菰腺忍冬、黄褐毛忍冬和忍冬（金银花）等（吴庆华和昌荣伟，2012）。

四、山银花种质资源主要特点

（一）有效成分

山银花花蕾含 30 余种挥发油，主要为绿原酸、异绿原酸、咖啡酸、棕榈酸、奎宁酸、柠檬酸等有机酸类化合物，以及芳樟醇、木犀草素、黄酮类化合物等。其中，绿原酸类化合物也是其主要有效成分，包括绿原酸、4-咖啡酰奎宁酸、5-咖啡酰奎宁酸、3,4-二咖啡酰奎宁酸、3,5-二咖啡酰奎宁酸、4,5-二咖啡酰奎宁酸、1-咖啡酰奎宁酸以及它们的酯类化合物，如绿原酸甲酯、5-咖啡酰奎宁酸丁酯、3,4-二咖啡酰奎宁酸甲酯、3,5-二咖啡酰奎宁酸甲酯、4,5-二咖啡酰奎宁酸甲酯。此外，山银花中的华南忍冬还含有反式桂皮酸和2,5-二羟基苯甲酸-5-O-β-D-吡喃葡萄糖苷（周建玉，2009）。

（二）生长习性

山银花植株每年出芽长蔓2次，2～3月长春梢，随着气温升高生长加快，长成藤蔓，少部分藤蔓花芽也能花芽分化。10～11月长秋梢，长出的藤蔓翌年2～3月分化出花芽，绝大部分能开花，在温暖的中低山地区花期在4～5月，高山地区花期可推迟到6～7月。山银花藤蔓扦插繁殖，10～11月扦插出根快，长芽较慢，12月以后扦插出根、长苗均慢；3月扦插长苗快、出根快、成活率高。种子干燥后容易失去发芽力，出苗率低（王玲娜和张永清，2017）。

不同山银花品种对气候、土壤条件要求略有差异。例如，灰毡毛忍冬适宜在海拔500m以上的高寒山区栽培；红腺忍冬适宜在海拔200～700m的低山、丘陵地区栽培；黄褐毛忍冬则较适宜在海拔850～1300m的石灰岩山区栽培。

五、山银花种质资源创新利用及产业化应用

（一）山银花种质资源创新利用

山银花种质资源全球忍冬属植物大约有200种，原产于旧大陆北部的温带及亚热带地区，中国忍冬属植物有98种，有近1/2可供药用。广西分布有丰富的山银花种质资源，可充分利用山银花资源，提升其药用、食用价值，最终提高其经济价值，实现山银花种质资源的产业化发展（文庆等，2018）。

1. 药用价值

山银花具有药用价值，含有多种药用成分，可清热解毒，疏散风热，用于痈肿疔疮、喉痹、丹毒、热毒血痢、风热感冒、温热发病。其他药性成分还含有绿原酸、机酸类、三萜皂苷类、黄酮类、挥发油及氨基酸类等。三萜皂苷类成分具有保肝、抗癌活性（夏远等，2012）。近年来，医学界许多专家都在寻找中药替代西药抗生素，灰毡毛忍冬因其绿原酸（绿原酸有较高的清除自由基作用、较广泛的抗菌作用等）含量高达6.196%以上，可结合山银花有效成分含量，选择药用品种进行选育，并开发、生产山银花药品，真正发挥其药用价值。

2. 食用价值

山银花已被国家卫生健康委员会列入药食同源目录，具有药用价值的同时，还具有食用价值。生食：取山银花鲜嫩茎叶及鲜花适量，用冷开水洗净，细嚼咽下，可以用于毒蘑菇或水银中毒后缓解解毒作用；用于煲粥，食用山银花粥，可提高免疫力；制作成山银花

露可清热、解暑；做成山银桃花饮料，用桃花 15 朵，山银花 10g，水煎服可解痢疾，还可以作为漱口液起到治疗咽喉炎、口腔溃疡等功效，此外，提取必要成分可以制成保健品，对人体有强身健体等作用。

3. 生态价值利用

山银花耐干旱，适应性强。广西为山银花产地之一，喀斯特地貌类型多，峰丛石山高大，山体陡峭，岩石裸露，这些地方生态环境十分脆弱。山银花根系发达，主根粗壮，毛细根密如蛛网，生根力强，涵养水分高，适应性强，枝叶发达，覆盖率强，根系包裹保护固定岩石及土壤的面积大，有利于水土保持和岩石保护，生态保护效果好，可防止和根治大石山区的石漠化，具有重要的生态价值（苏孝良等，2005）。

（二）山银花种质资源产业化应用

山银花为常用的大宗药材，始载于《名医别录》，被列为上品。山银花种质资源丰富，分布区域广，一直以来是多种中成药的主要原料，具有广阔的开发利用前景。山银花丰富的化学成分和多样的药理活性，使其在医疗、保健、美容等各方面应用广泛。山银花提取物广泛用于加工各种山银花产品，而山银花提取物中主要的活性成分为绿原酸，其他药性成分为有机酸类、黄酮类、环烯醚萜类、挥发油及氨基酸类等。可以制成多种药物，如柴胡山银花连翘薄荷脑、山银花露等。江苏省中国科学院植物研究所冯煦等研究发现，在灰毡毛忍冬化学成分中发现了大量的三萜皂苷类成分，该成分具有保肝、抗癌活性（刘文娟等，2013）。近年来，医学界许多专家都在寻找中药替代西药抗生素，灰毡毛忍冬因其绿原酸含量高达 6.196% 以上（绿原酸有较高的清除自由基作用、较广泛的抗菌作用），是较理想的绿原酸替代品。如果灰毡毛忍冬早日用于生产替代抗生素的中药，那么市场前景将不可估量。而在 2010 年版《中华人民共和国药典》把山银花单列之前，山银花作为金银花入药，含有多种药理活性较强的成分，具有抗病原微生物、抗炎、抗氧化、保肝、抗肿瘤、免疫调节与抗动脉粥样硬化等方面的活性，除此之外，很多学者研究表明山银花中的各种提取物在医疗药理行业有巨大应用。陈丽娜（2009）对山银花的抗菌作用进行了研究，结果表明：山银花提取物对引起呼吸道感染的常见致病菌和条件致病菌有很强的抗菌作用。李光玉等于 1984 年对普通感冒的发热、头痛、咽喉肿痛等进行临床试验，表明山银花具有抗病毒作用，相关研究已分析出山银花中还含有大量的三萜皂苷类成分，该成分具有保肝、抗癌活性，山银花很有可能被开发为新一代治疗肿瘤的一线用中药，前景可观。

山银花中含有的各种绿原酸和黄酮类等物质也广泛应用于化妆美容产业中，如山银花提取物可以在化妆品中用作皮肤调理剂。山银花中的多酚类物质主要包括绿原酸和黄酮类物质。绿原酸具有抑菌的作用，像木犀草素这样的黄酮类物质也具有抗菌消炎的作用，开发作为化妆品中的防腐剂，同时山银花中的挥发油在食品等行业中是上等的香精香料，可以用于香水中。在市场上也会看到花露水中含有山银花，一般是与牛黄和薄荷等物质一起使用，具有去痱止痒和去除疲劳等作用。同时山银花挥发油还能防止皮肤干燥、粗糙与皲裂，是很好的护肤品原料（王力川，2009）。

山银花作为一种药食同源的药材，除了具有很高的药用价值，其保健饮料和功能性食品也非常受人们的喜爱。中国已经开发出的食品，如山银花固态饮品、山银花茶、山银花糕、山银花保健饮品等也深受中老年人喜欢，不但有效满足人们对营养的需求，而且使山银花的食用方式多样化。在大健康消费理念成为时尚新名词的今天，山银花在产业化应用方面需求量依旧坚挺，相信未来的产业化发展具有巨大的潜力。

第三节　白及种质资源多样性及其利用

一、白及种质资源基本情况

白及（*Bletilla striata*）又名白芨、地螺丝、羊角七，为地生兰科白及属多年生草本植物。白及干燥的假鳞茎（块茎）是我国传统中药，其性微寒，味苦、甘，具有收敛止血、消肿生肌的功效；用于咯血、吐血、外伤出血、疮疡肿毒、皮肤皲裂等症（国家药典委员会，2020）。始载于《神农本草经》，在《本草纲目》等医药书籍中均有记载，其药用范围广泛，历史源远流长。现代研究表明，白及的提取物不仅无毒副作用，还具有较强的抗氧化和抗衰老作用，添加到化妆品中可以起到消炎、止痒、消退色斑、消除痤疮、防止粗糙、抗冻防裂等作用，兼备保健、护肤及美容的功效（李中岳，1998；马世宏等，2009）。白及被列入国家卫生健康委员会公布的可用于保健食品名单。

白及假鳞茎（图 8-1）为膨大的变态茎，分叉、扁平状，多年生长的假鳞茎相连成串，《本草纲目》中称为连及根。假鳞茎的汁液富有黏性，俗称"白及胶"，具有止血润肺、生肌止痛、保护组织和修补破损组织等功效，在保护修复胃黏膜、缓解癌痛、抗菌等方面疗效显著，作为"云南白药""快胃片""胃康宁""胃乐"等中成药的主要组分。

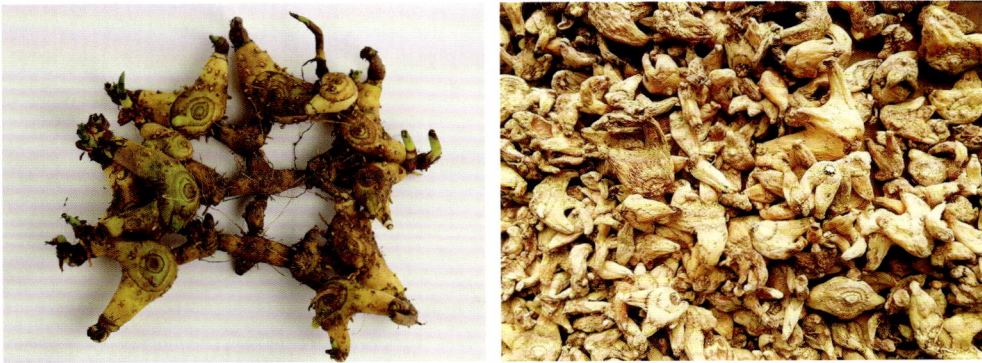

图 8-1　白及假鳞茎鲜品（左）与干品（右）

二、白及种质资源类型与分布

白及野生于海拔 100～3200m 的林下阴湿处、沟边或山坡草丛中。分布于我国的河北、陕西、甘肃、江苏、安徽、浙江、福建、江西、广西、广东、云南、四川、贵州，以及日本、朝鲜半岛及缅甸北部（中国科学院中国植物志编辑委员会，1999b）。据不完全统计，目前全国种植白及面积达 15 万亩左右，全国各地占比分别为：贵州约为 20%，云南约为16%，安徽约为 15%，四川约为 14%，湖北约为 10%，浙江、广西、湖南、陕西、江西各约为 5%。广西作为主要产区之一，主要分布在桂林市资源县、永福县、全州县、恭城瑶族自治县，柳州市融水苗族自治县，河池市环江毛南族自治县、天峨县、百色市凌云县、乐业县、隆林各族自治县、靖西市、德保县、那坡县，以及贺州市、玉林市等地。

三、白及种质资源多样性变化

（一）白及品种多样性变化

我国白及种质资源很多，不同地方称谓不同：如紫花白及、水白及、羊角白及、三叉白及、巨茎白及、金顺白及、甘根白及等。广西白及比较常见的有资源白及、靖西白及、恭城白及等，因产地不同白及的产量和药效有所不同。

（二）白及种质资源多样性变化规律及分析

在白及规模化种植前，白及药用资源基本来源于野生自然资源，随着市场需求量不断增加，以野生种质驯化为栽培种苗，大多数白及种质资源来源于江西群落和贵州群落的三叉白及。由于连年掠夺式地采挖加上其天然生境日益恶化，野生白及的数量正以10%～15%的速度逐年递减（周涛等，2008），分布范围逐年缩小，濒临灭绝边缘，被列为国家二级保护野生植物。

白及形态特征：植株高18～60cm，茎秆有粗壮的、直立的、细短的，茎秆有绿色或浅绿色、黄绿色等不同颜色。叶4～8片，叶片长圆状披针形或狭长圆形，长8～30cm，宽1.5～5cm。花大，紫红色或粉红色、淡红色；萼片与花瓣等长，长25～30mm；唇瓣倒卵状椭圆形，长23～30mm，3裂，侧裂片伸至中裂片的1/3以上，先端稍钝，中裂片倒卵形或近四方形，边缘具波状齿；唇瓣上的5枚纵脊状褶片仅在中裂片上面为波状；蕊柱长18～20mm。假鳞茎扁平形。不同品种开花时间有所不同，花期长达3个月以上，大多花期在5～7月。

四、白及种质资源主要特点

（一）白及种质资源生长习性

白及喜温暖、阴凉和较阴湿的环境，在3～4月日均气温达到15～20℃时，开始出苗；在6月底至7月初，当日均气温达到20℃以上时，生长旺盛，株高达到最高，7～9月株高基本不再变化；在10月底至11月初气温降低至10℃以下时，植株地上部分枯萎，地下部分的假鳞茎不再增大，完成一个假鳞茎生长周期，待到第二年又周而复始。白及对土壤条件要求不高，在中性、微酸性或微碱性的黄土、黑土、沙壤土等土壤中均能生长，抗病虫害能力和适应性都较强。

（二）白及种质资源的繁殖栽培方法

1. 繁殖方法

白及的繁殖方式分为无性繁殖和有性繁殖，无性繁殖以假鳞茎分株繁殖方式为主；有性繁殖采用种子直播繁殖方式，需要营造一个适合种子萌发和生长的环境。虽然白及蒴果有大量的种子（10万～30万粒/个果荚），但由于种子没有胚乳，在自然条件下很难萌发。最初白及大田栽培多采用假鳞茎分株育苗的方式，随着种植规模不断扩大，组培苗的应用日益广泛。

2. 栽培方法

（1）选地整地

选择阴山缓坡或山谷平地、土层深厚、肥沃疏松、排水条件良好、富含腐殖质的沙质壤土或阴凉湿润的地块种植。新垦地应在头年秋冬翻耕过冬，使土壤熟化，种植时再翻耕1或2次，使土壤疏松细碎。肥料以有机肥为主，施用量为1000kg/亩，浅耕1次，使土壤与有机肥充分混匀，耙平整细，畦宽为1.2m，畦长视地形而定。

（2）种植规格、时间和方法

种植密度：行距为40cm，株距为30cm，穴深为10cm。

种植时间：气候温暖的地区可在前一年的10～11月种植，寒冷地区在3～4月种植。

种植方法：将假鳞茎嫩芽的芽头向上，平摆在穴底，盖上细土，浇淋稀的有机肥液，最后盖土平畦面。

（三）白及的主要成分及功能

白及的主要成分含有黏胶质（白及多糖）、联苄类、二氢菲类、菲类、黄酮类、2-异丁基苹果酸葡萄糖氧基苄酯类、多酚类、联苄葡萄糖苷类、菲并吡喃类、菲并螺甾内酯类、甾类化合物和三萜类等50多种化合物（罗新根等，1999），其中多糖、二氢菲及菲类、萜类物质具有很高的药用价值。

1. 白及多糖

白及多糖是一种高分子的黏性多糖，其主要成分是葡甘露聚糖，经纯化后为无臭无味白色粉粒，不溶于乙醇，可在水中溶解并形成黏稠的亲水胶液，在酸性溶液中较稳定，在碱性溶液中易失去黏性。白及多糖含量高、功效显著，可作为衡量白及质量的指标之一。

白及多糖无毒副作用，可降解，无污染，用途广泛。第一，白及多糖作为具有抗菌消炎、收敛伤口、祛腐生肌等作用的药效成分，在中成药中发挥重要作用；第二，白及多糖是一种良好的天然生物材料，可作为药物辅料，作为药物制剂和巴布剂的基质材料；第三，白及多糖是一种很好的天然增稠剂，性能卓越，在医药原料、辅料和生物医学材料等方面广泛应用。

2. 白及联苄类

联苄类成分是白及属的特征性成分和主要成分（赵艳霞等，2013），共17种，主要是简单联苄类，是苯环和（或）连接苯环的链桥上有简单的取代基，如甲基、甲氧基、羟基、氯等，或接有异戊烯单元和糖基；具有抗血小板凝聚、抗氧化、抗炎、抗肿瘤等功效。

3. 白及二氢菲类

二氢菲类化合物也是白及属的主要成分（赵艳霞等，2013），分离了11个化合物，具有抗菌作用，对临床常见病原菌的生长起抑制作用。

4. 其他成分

除了以上几大类化合物，还有一系列简单的菲类衍生物、双菲氧醚衍生物，芘类、菲类衍生物的糖苷、甾类、萜类、酯类、醚类等化合物，都是具有生物活性的物质。

五、白及种质资源创新利用及产业化应用

（一）白及种质资源创新利用

白及既有药用价值又有保健功效，应用于医药、保健、美容、化工等领域。现代医学用白及做的胶膜块，用于肝脾手术贴在刀口处，代替血钳子，具有快速凝血作用和促进伤口愈合作用。以白及为原料制成的白及代血浆（郑笑沸，1995）、超声耦合剂（张新春等，1992）、肝动脉栓塞剂和软膏剂等产品均优于同类产品。白及作为装裱字画和高级香烟烟头用的黏合剂、染布用的着色剂、日用化妆品（牙膏、面膜、面霜等）等的主要成分，可以提升产品品质。随着白及研究不断深入，深加工产品的需求量将日益增加，市场开发前景广阔。

（二）白及种质资源产业化应用

白及种植规模随着市场需求不断调整，栽培面积不断变化。广西、贵州、云南等地采取"企业+科研+基地+农户"的模式，企业与科研机构联合建立白及优良新品种的标准化栽培示范基地，通过示范带动当地农户种植，增加农户收入。该模式将传统农业的分散式种植向集约化转变，调整农业产业结构，促进当地经济发展。

第四节　桄榔种质资源多样性及其利用

一、桄榔种质资源基本情况

桄榔（*Arenga pinnata*），又名南椰、莎木等，是棕榈科（Arecaceae）桄榔属（*Arenga*）多年生植物，桄榔属约有 11 种，我国有 2 种，即桄榔和矮桄榔（香棕）（中国科学院北京植物研究所，1976；广东省植物研究所，1977）。桄榔最早产于中南半岛及东南亚一带，目前主要分布于我国的广西、海南、云南等地，广西境内分布在百色市靖西市、德保县，崇左市龙州县、天等县、大新县等石灰岩地带。桄榔具有较高的经济价值和药用价值，其幼嫩果实可以用来做蜜饯，是制作蜜饯的原料，种子可入传统药（李凤金等，2019）；花序的汁液能够制糖、酿酒；叶基部是黑色粗长纤维硬棕，是制作绳索、刷子等的材料，根在中草药中用于治疗肾结石；茎干中的髓心加工制成的桄榔粉是广西的四大传统名粉之一，其绿色营养保健作用受到众多消费者的肯定和赞同。另外，桄榔植株冠幅大，株型高大壮观，单干直立，单叶长达 7m，为特大型叶片，羽状全裂，羽叶柔韧飘拂，可历时数年不枯，被誉为林中神树，遮阴效果甚佳，是热带林中极为雄伟壮丽的景观，可作为石漠化石山地区、西部山区的生态环境改造林木，也可用于退耕还林坡耕地的造林，是一种良好的造林绿化树种。

二、桄榔种质资源类型与分布

根据 2018～2020 年的调查结果，桄榔种质资源主要有栽培种和野生种两种类型，栽培种主要分布在海南省文昌市的中国热带农业科学院椰子研究所、广东省湛江市的中国热带农业科学院南亚热带作物研究所湛江实验站、广东省广州市的中国科学院华南植物园、广西南宁青秀山风景区、广西南宁药用植物园、广西南宁市人民公园、广西南宁青秀区埌东小学附近、广西南亚热带农业科学研究所，野生种主要分布在海南省保亭黎族苗族自治县呀诺达雨林文化旅游区内、云南省文山壮族苗族自治州麻栗坡县、广西境内西南部的百色市靖西市（广西药用植物园靖西分园）、德保县，崇左市大新县、天等县、龙州县等石灰岩地带。另外，根据相关文献记载（耿中耀，2019），云南省中国科学院西双版纳热带植物园-勐仑植物园、海南省儋州热带植物园和白鹭公园、福建省厦门园林植物园和福州植物园、上海植物园、广东省深圳市仙湖植物园和园博园、广东省深圳市、广西桂林植物园和南宁大明山等地也分布有栽培桄榔种，海南省尖峰岭、霸王岭、保亭七仙岭和陵水吊罗山以及云南省德宏傣族景颇族自治州盈江县等地也分布有野生桄榔种。

三、桄榔种质资源创新利用及产业化应用

桄榔粉是广西的四大传统名粉之一，主产地位于崇左市龙州县。桄榔粉具有低脂、低热能、高纤维等特点，含有钙、铁、锌等多种人体必需微量元素，沸水冲调后清香扑鼻、口感顺滑、益气健胃，有祛湿热和滋补功能，对肠道消化疾患、肿瘤病变有显著的治疗作用，对小儿疳积、发热、痢疾、咽喉炎症等有辅助治疗功效。桄榔粉作为一种纯天然的绿色营养食品，同时又是医疗保健品（刘连军和黎萍，2009），食用方便，适合生活、工作节奏快的上班族或者学生，符合现代人的饮食观念，深受广大消费者的青睐和称赞。现如今，市场上消费者对桄榔粉的需求不断增大，处于供不应求的阶段。袋装销售是目前市场上桄榔粉的主要销售方式，只有在龙州才有散装销售，而销售的主要供应方为初级手工作坊，其次是有规模的厂商。除此之外，还有很大的销售市场有待开发。2020 年，在崇左市龙州县当地，部分桄榔粉小作坊已经发展成为企业化生产模式，年产桄榔粉 200t 左右，年产值达 2000 万元以上，经济效益可观、开发潜力大。

第五节　赤苍藤种质资源多样性及其利用

一、赤苍藤种质资源基本情况

赤苍藤（*Erythropalum scandens*）是赤苍藤科（Erythropalaceae）赤苍藤属（*Erythropalum*）多年生常绿大型木质藤本植物，别名牛耳藤、姑娘菜、萎藤、勾华、排毒菜、侧苋、细绿藤、龙须菜、菜藤、腥藤、假黄藤等。植株长 5～10m，具腋生卷须，枝纤细，绿色，有不明显的条纹。嫩芽主要分红、绿两色，随气候变化颜色深浅略有不同。单叶互生，纸质至厚纸质或近革质，异形叶，卵形、长卵形或三角状卵形，长 8～20cm，宽 4～15cm，顶端、基部变化大，叶正面绿色，背面粉绿色；基出脉 3 条，稀 5 条；叶柄长 3～10cm。花

期 4～8 月，果期 5～12 月。花排成腋生的二歧聚伞花序，花序长 6～18cm，花小，花冠白色，直径 2～2.5cm，裂齿小，卵状三角形；雄蕊 5 枚；花盘隆起。核果球形、卵状椭圆形、椭圆状长椭圆形或梨形等，长 1.5～2.5cm，宽 0.8～1.2cm，全为增大成壶状的花萼筒所包围，果梗长 1.5～3cm，果皮红色，种子蓝紫色。花萼筒顶端有宿存的波状裂齿，成熟时淡红褐色，干后为黄褐色，常不规则开裂为 3～5 裂瓣，多 5 瓣。

二、赤苍藤种质资源类型与分布

赤苍藤有 2 或 3 种，国内仅有 1 种，目前尚未登记品种，野生资源主要分布在亚洲南部地区，在国内云南、贵州（南部）、西藏（东南部）、广西、广东（中南部）、海南，以及国外印度、尼泊尔、缅甸、越南、老挝、马来西亚、印度尼西亚、菲律宾等国均有分布。

赤苍藤在国内主要生长在广东、广西海拔 280～550m 和云南、贵州海拔 1000～1500m 等山区，在广西主要分布在桂西南及中越边境石山林中，以崇左市、百色市及其下属县如崇左市大新县、天等县、龙州县和百色市德保县等为主要适生区。近年来，随着赤苍藤药用需求的增加，群众上山砍伐直径粗、生长年限久的野生枝条进行扦插育苗，其余部分根、茎、叶等以药材形式出售，对野生资源造成毁灭性破坏，野生资源分布减少，与此同时，随着嫩芽菜用赤苍藤栽培的发展，人工栽培面积逐年增加，种植园区选址与野生资源产区相近，或生境相似。2019 年广西、广东、贵州、云南、海南种植面积已有 100hm^2 左右，其中广西种植面积最大，达 64.4hm^2，种植地集中在崇左市天等县、大新县、龙州县及崇左市辖区，面积占比依次为 43%、30%、16%、11%（黄诗宇等，2021）。

三、赤苍藤产业发展潜力

（一）营养成分

赤苍藤富含维生素、矿物质、氨基酸等营养成分，有研究指出，可食用嫩芽部分每 100g 中含有维生素 B$_1$ 126μg，维生素 B$_2$ 401μg，维生素 C 156mg，锌 0.65mg，铁 1.29mg，钙 60.99mg；嫩芽叶含 18 种氨基酸，总量为 3.26g/100g，其中 8 种为人体必需氨基酸，包含小儿生长发育期间必需的组氨酸，另有药效氨基酸 12 种，总量达 2.27g/100g（隆卫革等，2017）。赤苍藤茎中含有氨基酸、多肽、蛋白质类、有机酸、多糖和苷类、酚类、三萜类、挥发油、黄酮类、香豆素类化合物等，根中含酚类、树脂及三萜，树脂的主要成分为苏门树脂酸、桂皮酸松柏醇酯。

赤苍藤醇提取物中可能有香豆素类、黄酮类、酚类、三萜类、多糖等物质，挥发油中的主要成分为二十七烷（10.54%）、1-辛烯-3-醇（10.20%）、环己二烯（6.29%）、叶绿醇（7.02%）、二十五烷（7.41%）、二十八烷（5.16%）（冯旭等，2014）。

（二）药用价值

广西、广东、云南及海南等地区的民间具有采集野生赤苍藤嫩尖叶食用以利尿排毒的习俗，传统中医药中赤苍藤常用于治疗水肿、小便不利、尿道炎、急性肾炎等，民间用药实践显示，经常食用嫩芽或藤茎等的水煎液能预防或减轻痛风的发生；根煮肉或浸酒服，同时捣烂叶敷患处可治疗水肿；茎水煎服或浸酒用，可治疗肺炎、肺结核咯血、支气管炎哮喘；叶子捣烂敷患处，可治疗跌打损伤。

（三）产业发展及发展潜力

赤苍藤在我国南部山区有长期民间食用史，作为鲜食蔬菜有一定的群众基础，但在我国中部及以北地区知名度较低。因食用后排臭尿，部分民众接受程度较低，其药用效果也未获得大众认知，除在广西、云南南部地区市场较常见外，嫩芽主要通过冷链供应广州、深圳等城市酒店。同时因鲜食嫩芽售价较高，推广阻力大，限制了产业的发展和壮大。

当前，赤苍藤在人工种植方面处于快速发展阶段，但尚未形成规模，人工栽培选址与其习性相关，为保证鲜菜品质，常种于山谷平原、山坡林下，多为林下套种，难以形成连片规模化种植。喜山林，可作为生态恢复物种，参与石漠化、生态脆弱地区中药材立体复合种植。尚未区分药用、食用品种，缺乏种苗繁育及相关配套栽培技术，采收、运输成本较高，很大程度上制约了产业的发展。

赤苍藤产品主要有嫩芽、种苗、粉制品、赤苍藤茶、切片、提取物等。在农产品相关交易平台、淘宝等电商平台上搜索赤苍藤，可见较多的药用赤苍藤切片，均为野生货源，玉林市是药材主要交流地之一；嫩芽主产区在广西崇左，主要与酒店或销售公司签订协议直销，少量通过淘宝等电商平台出售；赤苍藤粉、叶茶、花茶主要为线下销售。

目前赤苍藤资源利用从传统中药切片、鲜食向内源物提取、医药、临床研究发展。当前针对赤苍藤的药用研究集中在对痛风的辅助治疗作用上，其茎叶水提物的抗痛风作用可能与促进尿酸代谢、抗炎以及保护或改善肾功能等有关，有望成为新一代植物源痛风治疗药。现代药理研究证明其醇提取物无明显急性毒性作用，也证实对高尿酸血症大鼠、小鼠模型均有显著的抑制和保护作用。赤苍藤在医药产业有较大的发展潜力。

第六节　凉粉草种质资源多样性及其利用

一、凉粉草种质资源基本情况

凉粉草（*Platostoma palustre*）是唇形科（Lamiaceae）逐风草属（*Platostoma*）的草本宿根型植物，又称仙草、仙人草、仙人冻、仙人伴等。凉粉草具有很高的营养和医药价值，是一种药食同源的植物，据《本草求原》记载，凉粉草能够"清暑热，解藏府结热毒，治酒风"，《中国药用植物图鉴》也提到，凉粉草是清凉解渴除暑剂，全草煎服，还能治疗糖尿病（李晓晖，2012）。《中药大辞典》中介绍凉粉草味甘涩，性凉，具有清暑解渴、凉血的功效，能够治疗中暑、热毒、消渴、高血压、肾脏病、糖尿病、关节肌肉疼痛等。现代医学研究发现，凉粉草还具有美容养颜、补充维生素、提高免疫力等作用。凉粉草是食品工业和化学工业很多产品的重要原料，凉粉草的枝叶经水煮可提出凉粉草胶，用来制龟苓膏、仙草冻、仙草蜜、仙草保健茶、仙草露、仙草胶等，目前在市场上流行的80%的凉茶饮料都是以凉粉草为主要原料，如"王老吉""加多宝""和其正"等（夏微，2018）。同时，凉粉草中富含的咖啡色色素也是一种可供食品加工行业使用的天然色素，凉粉草的嫩芽还可当蔬菜食用。此外，凉粉草还是一些草本洗面奶、沐浴露、洗洁精等日用品的原料之一（李晓晖，2012）。随着市场对凉粉草的需求量增大，凉粉草具有广阔的产品开发利用前景。

二、凉粉草种质资源类型与分布

凉粉草原产于中国南部、印度和马来西亚。目前，中国有 3 个凉粉草种，分别为 *Mesona chinensis*、*Mesona paruifsota*、*Mesona procumbens*。《中国植物志》上记载的有两种：凉粉草（*M. chinensis*）和小花凉粉草（*M. parviflora*）。目前已知的凉粉草有 50 多个品种，主要分布在我国浙江、江西、贵州、广东、福建、广西、台湾等地区，在东南亚国家如越南、缅甸等地也有分布（李晓晖，2012）。广西作为凉粉草的主要栽培区之一，主要分布在贵港市平南县、来宾市、钦州市灵山县、崇左市龙州县、钦州市浦北县等县（市）。凉粉草的根、茎或种子均可作为繁殖材料，但凉粉草结实率低，种子小而少，变异性大，所以大田生产一般采用扦插育苗和分株育苗的方法，也可通过组织培养由凉粉草茎尖或带腋芽茎段诱导出完整植株。目前，经过选育且通过品种认定的栽培品种十分稀少，仅见闽选仙草 1 号、增城 2 号等少数品种。

三、凉粉草种质资源主要特点

（一）凉粉草种质资源多样性变化规律

凉粉草为一年生草本植物，经过长期进化栽培，性喜阴凉、温暖湿润气候，温度 20℃ 左右为最适宜的生长温度，较耐涝，但若积水浸泡超过 2 天会造成烂根。其对土壤条件要求不高，在中性、微酸性或微碱性的湿软沙质土壤中均能存活。凉粉草自身能挥发出一种特殊气味，避免被牲畜采食，抗病虫害能力、再生能力和适应性都较强。凉粉草种质资源从外观形态进行分类，有直立型、半直立型、匍匐型，茎秆有绿色或紫红色、红色、紫色等不同颜色，叶型分为大叶型和小叶型，又分为狭卵圆形、阔卵圆形或近圆形，叶长 2.2～7cm、宽 1.7～4cm，在小枝上者较小，先端急尖或钝，基部急尖、钝或圆形，边缘具或浅或深的锯齿，纸质或近膜质，两面被细刚毛或柔毛，或仅沿叶下面脉上被毛，或变无毛，侧脉 6 或 7 对，与中肋在上面平坦或微凹，下面微隆起；叶柄长 2～15mm，被平展柔毛。花色有紫色和白色，轮伞花序多数，组成间断或近连续的顶生总状花序，花序长 2～10（13）cm，直立或斜向上，具短梗；苞片圆形或菱状卵圆形，稀为披针形，稍超过或短于花，具短或长的尾状突尖，通常具色泽；花梗细，长 3～4（5）mm，被短毛。花萼开花时钟形，长 2～2.5mm，密被白色疏柔毛。不同品种生长期不同，为 120～200 天，花期 7 月下旬至 11 月上旬（Zhang et al.，2012；夏微，2018）。

（二）凉粉草的主要成分及功能

凉粉草的主要成分有多糖类、黄酮类、酚类、萜类、鞣质、氨基酸等，还含有丰富的营养元素（蛋白质、碳水化合物、氨基酸、脂肪等）、多种矿物元素（钙、铁、钾、锰、锌等）以及多种维生素（以 B 族维生素的含量最高）。其中，多糖、黄酮、酚类和萜类物质具有极高的药用和食用价值。凉粉草多糖，又称凉粉草胶，呈碱性，是一种具有凝胶性的多糖，在凉粉草全草干样品中，凉粉草胶的含量约为 27%，以叶中含胶量最高，其次分别为根、茎，不同的品种及不同产地凉粉草多糖含量、黏度、质构等均有一定差异，凉粉草胶具有抑制自由基形成、降血压、增强免疫机能等作用。黄酮类在凉粉草中的含量为5.45%～6.20%，是一种提取植物黄酮的优质原料，凉粉草黄酮对羟自由基和 DPPH 自由基均有较强的清除能力，具抗溃疡、抗氧化、抗病毒、抗炎和健胃消食等多种生物活性。凉粉草水溶性成分多为酚酸类化合物，其中以咖啡酸含量最高（含量 0.03%），具有抗菌、抗病毒和凝血等功效。萜类物质主要以游离形式或与糖结合成苷的形式存在于植物中，凉粉草含有熊果酸、齐墩果酸等多种萜类化合物，这些物质均能抑菌、消炎，对肝损伤有较好的保护作用（李艳平，2019）。

四、凉粉草的开发潜力

凉粉草是天然、安全、保健营养食品较理想的原料，具有广阔的发展前景。凉粉草在我国资源丰富，年产值高，种植凉粉草每亩收益可达 2000 元以上。凉粉草品种很多，其加工利用价值不同，不同品种的加工要求和用途不同，可根据加工需求筛选或选育适宜品种。对不同种质类型如直立型、匍匐型以及高氨基酸型、高多糖型、高抗虫害型等种质资源，可采用集团选育、杂交育种、诱变育种等育种技术，培育高产、优质、抗逆性强的新品种，并进行繁育推广。凉粉草目前主要用于制作凉粉冻和凉茶饮料，也有少量用于药品生产，因此急需开拓新领域，除凉粉草全草外，应尽快研究其根、茎、叶、花、果等各个不同器官或部位的活性成分及药理作用，提高凉粉草的利用价值；另外，应深入研究其各活性成分的生物活性作用机制和各活性成分调控和识别机制，挖掘其潜在药效，使其更好地应用于社会生产，为人类的营养健康服务。

第九章

广西菌类作物种质资源多样性及其利用

广西是著名的"绿城"，森林覆盖率高达 62.55%，丰富的生态环境孕育着种类繁多的野生食用菌；2020 年广西栽培类食用菌总产量约为 110 万 t，总产值为 92 亿元，经济价值显著，促进了广西食用菌产业及相关产业的向好发展。习近平总书记点赞柞水黑木耳"小木耳，大产业"，广西食用菌产业助推全区 54 个贫困县成功摘帽，业已成为乡村振兴的主力军。

广西食用菌种质资源丰富，早在唐代广西已经成功种植香菇；到清代，广西已经在玉林市容县、贵港市平南县等地大规模仿野生种植香菇；民国时期，已经发展到桂林市，梧州市苍梧县，南宁市，柳州市区、三江侗族自治县、融安县等地，尤以柳州市三江侗族自治县、融安县为多。黑木耳最早记载于宋代，用椴木仿野生栽培黑木耳，广西俗称云耳；到清代，以河池市宜州区、百色市凌云县、桂林市永福县等地栽培范围最广；民国以后，百色市田阳区、田林县、乐业县，河池市环江毛南族自治县，玉林市北流市，柳州市等地开始大规模种植云耳。而后，广西的双孢菇发展迅速。1958 年，南宁象山牌双孢菇罐头开始生产，到 1979 年，百色钻石牌"鲁贤云耳"注册商标，1983 年，百色市田林县的"鲁耳"等已经初步在国内外市场上崭露头角（谢毅栋，2009）。值得一提的是，在 1985 年广西首次发现野生松茸。

从 20 世纪 80 年代开始，广西食用菌种质资源的调查研究得到长足发展，21 世纪之后有诸多科研工作者对广西的大小山川、自然保护区、林场等进行了详细调查，进一步摸清了广西食用菌种质资源，形成了具有指导性意义的成果，也为将来认识与了解广西诸多的食用菌资源，尤其是野生食用菌资源奠定了坚实基础（曾小飚，2013；陈振妮等，2014；覃逸明，2014；郎宁等，2020）。

食用菌是菌类作物中的主要类群，正确地认识广西食用菌种质资源，是资源开发利用的基础。通过查阅 10 余年来广西食用菌种质资源调查、收集与鉴定等相关材料，本章初步总结了具有广西特色的食用菌种质资源（侧耳、双孢蘑菇、木耳、红菇等菌类作物）的基本情况、分布和类型、多样性变化、主要特点、创新利用及产业化情况等，旨在让读者了解广西食用菌种质资源的概况，激发读者研究食用菌的热忱，进一步走入食用菌的大家庭，揭秘食用菌的科学奥秘，为乡村振兴做出更大的贡献。

第一节　侧耳类食用菌种质资源多样性及其利用

一、侧耳类食用菌种质资源基本情况

侧耳类食用菌肉质肥厚、味道鲜美。广西一直以来有在秋末冬初或冬春季采食侧耳属食用菌的习惯。20 世纪 80 年代初，广西开始引进和示范推广平菇菌种制作和畦式（床式）栽培新技术（李政祥，1983），80 年代中期随着香菇袋式栽培模式的成功及快速推广发展，侧耳属食用菌袋料栽培得到快速应用（周鸿举，1994），产量也得到快速提高，侧耳类（包括平菇、凤尾菇、秀珍菇、杏鲍菇、大杯蕈等）产量为 23.39 万 t，是广西第二大食用菌品种，一直稳居广西食用菌前三位，其中肺形侧耳（秀珍菇）2019 年产量达 7.55 万 t，位居全国第一。

广西存在野生侧耳属种质资源，栽培种质资源主要引自外省。从 1982 年引进凤尾菇开始，先后出现黑侧五、夏灰 1 号、558、和平 2 号、灰美 2 号、春栽 1 号、早秋 615、姬菇8 号、黑平 2 号等糙皮侧耳优良品种，台秀 57、金秀、秀珍菇 990 等肺形侧耳优良品种，大朵榆黄蘑、长白山 1 号等金顶侧耳优良品种。目前，大面积栽培的侧耳品种分别是和平2 号、姬菇 8 号、台秀 57 和大朵榆黄蘑。

二、侧耳类食用菌种质资源类型与分布

（一）野生资源

目前在广西境内发现的侧耳类野生种质资源有小白侧耳、糙皮侧耳、金顶侧耳、黄白侧耳、黄毛侧耳、漏斗状侧耳、紫孢侧耳、桃红侧耳、暗蓝亚侧耳、巨大侧耳、肺形侧耳（曾小飚，2013；陈振妮等，2014；覃逸明，2014）。

（二）侧耳类栽培资源

广西侧耳属栽培种质资源广泛分布于全区，其中糙皮侧耳主要在各城市周边地区农法栽培，以南宁市、柳州市、桂林市等大城市为主；肺形侧耳在全区各地均有栽培，但需温差刺激的肺形侧耳品种台秀 57 等集中在玉林市、贺州市、河池市、桂林市等中东部及东北部地区，以设施化或工厂化栽培为主；金顶侧耳以百色地区农法栽培为主；刺芹侧耳在南宁市武鸣区及柳州市柳城县进行工厂化栽培（陈雪凤等，2022）。

三、侧耳类食用菌种质资源多样性变化

（一）物种水平多样性变化

目前，广西报道的侧耳属野生种质资源有 11 种，占整个侧耳属种质资源（50 种）的22%（邹亚杰等，2015），其中，已商业化栽培的有糙皮侧耳、金顶侧耳、紫孢侧耳、桃红侧耳、巨大侧耳、肺形侧耳、刺芹侧耳 7 种，占整个侧耳属种质资源的 12%，整个广西侧耳类资源的 54.45%。

（二）食用菌品种多样性变化

目前，侧耳属在广西主栽食用菌有糙皮侧耳、肺形侧耳、金顶侧耳和刺芹侧耳，其中糙皮侧耳高温型品种有夏灰 1 号、558、茶 39 等，广温型品种有和平 2 号、早秋 615、春栽 1 号等，中低温型品种有姬菇 8 号、214 等；肺形侧耳高温季节需要低温刺激出菇的品种有台秀 57、金秀、秀 13、秀珍菇 p-6 等，不需要低温刺激的品种有秀珍 990、P54、秀珍 18、科大秀珍菇、江都 71、基因 2005 等；金顶侧耳品种有大朵榆黄蘑、长白山 1 号等；刺芹侧耳为工厂化栽培品种，比较单一。

四、侧耳类食用菌种质资源主要特点

和平 2 号：广温型品种，较耐高温，子实体丛生、柄短、肉较厚、软柄、菇片大、质优、菇盖灰白色至深灰色，商品性好；栽培性状稳定、产量高，生物学转化率达 200%；抗黄枯病；出菇整齐，适应性广，可在广西春、秋、冬季出菇，厚菇率高，适合各种农作物及林业废弃物栽培。

姬菇 8 号：广温型品种，较耐高温，出菇整齐，子实体丛生、菇片圆整、数量适中、均匀、柄短、肉较厚、质优、菇盖灰白色至灰色，商品性好，子实体幼时可作姬菇出售，偏大时可作平菇售卖；产量高，生物学效率达 200%；抗黄枯病；栽培性状稳定，适应性广，可在广西春、秋、冬季出菇，适合各种农作物及林业废弃物栽培。

台秀 57：子实体单生或散生，菌盖呈扇形、肾形，菇形美观、灰黑色，菌丝生长温度为 7～35℃，适宜温度为 27～30℃。子实体生长温度为 10～34℃，适宜温度为 22～28℃。菌丝生理成熟后有 10℃左右的低温温差刺激时出菇整齐，潮次明显，生物学转化率为 80%～100%，子实体商品性好。温差不明显时，冬季出菇不整齐，潮次不明显。

金秀：子实体单生或散生，菌盖呈扇形、肾形，菇体成熟时呈灰黑色，高温天气子实体灰色或灰白色。菌丝生长温度为 7～35℃，适宜温度为 27～30℃，在 PDA 培养基上菌丝绒状，气生菌丝较浓，较适合液体发酵。出菇温度为 12～34℃，出菇期抗黄斑病。菌丝生理成熟后有 10℃左右的低温温差刺激时出菇整齐，潮次明显，生物学转化率为 70%～100%。

大朵榆黄蘑：不仅是广温型品种，还是短菌龄菌种，较耐高温，出菇整齐，子实体丛生、菇片圆整、数量适中、均匀，菌丝长满菌包可立即出菇；菌盖颜色艳丽，为鲜黄色、金黄色；子实体叶片大，呈喇叭状，边缘内卷，不易碎，耐运输。

五、侧耳类食用菌种质资源创新利用及产业化应用

（一）侧耳类食用菌种质资源创新利用

绝大部分是由区外引进，只有少部分由本地资源开发利用，如金顶侧耳（百色）、巨大侧耳（阳朔）少量菌株经过当地野生资源系统的驯化选育，进行栽培利用。

（二）侧耳类食用菌种质资源产业化应用

自 20 世纪 80 年代初引进凤尾菇以来，广西侧耳类栽培品种更新换代迅速，目前大面积栽培的糙皮侧耳品种有以采收大菇为主的和平 2 号，以及以采收小菇为主的姬菇 8 号；肺形侧耳品种有以设施化或工厂化栽培且需要低温刺激出菇的台秀 57，以及以小规模、散户栽培且不需要低温刺激的夏秀 990（郎宁等，2020）；金顶侧耳有以采收大叶的品种大朵榆黄蘑。其中，肺形侧耳、刺芹侧耳是广西产业化栽培应用程度较高的食用菌。

第二节　双孢蘑菇种质资源多样性及其利用

一、双孢蘑菇种质资源基本情况

20 世纪 70 年代后期，广西开始引进和示范推广双孢蘑菇菌种制作和栽培新技术，并成为我国双孢蘑菇的主产区之一，双孢蘑菇成为广西出口创汇的重要土特产品，南宁市罐头厂生产的"象山"牌蘑菇罐头以品质优良著称，曾经是我国主要的出口创汇蘑菇品牌（谢毅栋，2009）。2006 年以来，广西双孢蘑菇进入高速发展期，至 2016 年产量达 60 多万 t，位居全国第一位。

广西有野生双孢蘑菇种质资源分布，栽培种质资源主要引自外省或国外。1995 年从福建引进双孢蘑菇品种 As2796，该品种后来成为全区蘑菇的主要栽培品种，占蘑菇栽培总面积的 95% 以上；2000 年引进高温四孢蘑菇品种新登 96，该品种在 30～36℃条件下可以正常出菇；2008 年以后，陆续引进大肥菇、浙农 1 号、108、F56、W1000、W192、褐蘑菇、福 35、A15 等品种（李玉贞，2007；廖剑华，2013）。目前，规模栽培的品种主要有 As2796、W192、褐蘑菇、福 35、A15。

二、双孢蘑菇种质资源类型与分布

广西双孢蘑菇栽培种质资源广泛分布于全区，其中主产区有南宁市辖区、横州市，桂林市全州县、兴安县、临桂区、灵川县、荔浦市，来宾市武宣县，贵港市覃塘区，玉林市北流市，柳州市鹿寨县。其中 As2796 和 W192 在全区均有分布，A15 主要分布于南宁市横州市、梧州市等工厂化栽培企业，褐蘑菇主要分布于桂林市全州县、柳州市鹿寨县等，2020～2021 年引进的福 35 主要分布于玉林市，其他品种则仅有零星分布。

三、双孢蘑菇种质资源多样性变化

广西双孢蘑菇种质资源数量较少，2010 年以前主要品种为 As2796，占栽培面积的 90% 以上。此后，广西陆续引进了大肥菇、浙农 1 号、108、F56、W1000、W192、褐蘑菇、福 35、A15 等 10 多个双孢蘑菇品种，规模栽培品种也由单一的 As2796 品种增加了 W192、褐蘑菇、福 35、A15 等多个品种。

四、双孢蘑菇种质资源主要特点

双孢蘑菇 As2796：子实体大，单生，组织致密；菌盖白色，扁半球形，直径 3～10cm，厚 2.0～2.5cm，表面光滑；菌柄白色，圆柱状，长 1.5～4.0cm，直径 1.0～1.5cm，中生，肉质，无柔毛和鳞片。菌丝洁白，浓密，气生菌丝发达，后期能形成菌索，并出现褐色色素；孢子褐色，椭圆形，光滑，大小为（6～8.5）μm×（5～6）μm。生物学转化率达 40%～45%，抗性强，出菇不集中，潮次不明显，适宜农法栽培（李玉贞，2007）。

双孢蘑菇 W192：子实体中等大小，单生，组织致密；菌盖白色，半球形，直径 3～5cm，厚 1.5～2.5cm，表面光滑；菌柄白色，圆柱状，长 1.5～2.0cm，直径 1.0～1.5cm，中生，肉质，无柔毛和鳞片。菌丝洁白，浓密，菌落贴生，平整，雪花状，气生菌丝少，无色素；孢子褐色，椭圆形，光滑，大小为（6～8.5）μm×（5～6）μm。W192 品种产量高，生物学转化率达 50%～60%，抗性强，出菇密集，潮次明显，转潮集中，适宜工厂化栽培（廖剑华，2013）。

五、双孢蘑菇种质资源创新利用及产业化应用

自 20 世纪 90 年代引进双孢蘑菇品种 As2796，该品种后来成为全区蘑菇的主要栽培品种，占蘑菇栽培总面积的 95% 以上，产业化应用非常广。2015 年以后，随着广西双孢蘑菇工厂化栽培的兴起，双孢蘑菇品种 W192 逐渐代替 As2796，成为广西产业化栽培的主要品种。

第三节　木耳种质资源多样性及其利用

一、木耳属种质资源基本情况

木耳属（*Auricularia*）隶属于担子菌门（Basidiomycota）伞菌纲（Agaricomycetes）木耳目（Auriculariales）木耳科（Auriculariaceae）。该属真菌的主要形态学特征：子实体一年生，新鲜时胶质、有弹性，干时易碎，薄时透明，厚时不透明，单生、群生或者覆瓦状叠生，菌盖盘状、耳状、杯状或不规则形状，菌盖背面即不孕面具柔毛或刚毛，具褶皱或光滑，子实层无毛，光滑或具网状褶皱，颜色由浅至深，常呈黑色或者红褐色，比较容易辨识。木耳属真菌分布广泛，主要生长在阔叶树倒木或者腐木上，偶见于腐朽的竹子上，是重要的食用真菌。木耳属中的黑木耳（*A. heimuer*）和角质木耳（*A. cornea*）在我国是仅次于香菇、平菇外的第四大栽培食用菌种类。

我国对木耳属真菌的研究始于 1939 年，邓叔群记载了中国木耳属真菌 6 种；20 世纪 80 年代后，国内学者相继发现并报道了 4 个木耳属新种。近些年，基于形态学与分子系统学，诸多木耳属新种被发现。截至目前，木耳属有效名称 75 个，中国有 15 个。广西大部分地区均有木耳属真菌分布，野外多见于栎树、麻栎或者米椎等阔叶树种上。百色地区人工栽培木耳（云耳）已有 500 年的历史，百色云耳以百色市田林县分布最广、产量最高、品质优良，曾多次在全国黑木耳质量评比中居前三位，远销港澳及东南亚等地区。目前，

规模化栽培的木耳属真菌主要有黑木耳和毛木耳，也有短毛木耳（*A. villosula*）、皱木耳（*A. delicata*）、脆木耳（*A. fibrillifera*）等种类的少量栽培。

二、木耳种质资源类型与分布

所有木耳属真菌无毒，均可食用。黑木耳是木耳属分布较广的种类之一，除荒漠地带，绝大多数地方均有分布。黑木耳在中国有1300多年的栽培历史，在《唐本草注》中记载："桑、槐、楮、柳、榆，此为五木耳……煮浆粥，安诸木上，以草覆之，即生蕈尔"。该书不仅描述了对常见树的认识，而且有接种、覆草遮阳、保温保湿的栽培管理措施，是人类第一次系统描述黑木耳的人工椴木栽培。目前，黑木耳的栽培地区集中在东北，适宜的气候条件也造就了东北黑木耳的美名。毛木耳为中高温型种类，多分布在我国南方地区。栽培地区主要在我国南方福建、四川等省（区）和北方的山东省。近年来，随着广西螺蛳粉产业的迅猛发展，毛木耳作为螺蛳粉的主要原料，在广西本地的栽培面积也在逐年上升。皱木耳主要分布于我国华中和华南等地区，已实现了人工化栽培。目前，皱木耳的栽培地区分布比较零星，还未呈规模化栽培。短毛木耳的野外分布范围较广，子实体与黑木耳较为相近。在市场销售和栽培的黑木耳中混杂有短毛木耳，百色云耳的主要栽培地区也有以专门栽培短毛木耳作为百色云耳销售。脆木耳主要分布在我国的亚热带和热带地区，该品种质地较软，容易腐烂，而木耳属的其他木耳一般不腐烂，较易区分，市场上也有以脆木耳作为野生百色云耳销售。

三、木耳种质资源主要特点

木耳属的许多种类具有较高的食用和药用价值，均含有丰富的蛋白质、粗纤维、维生素、矿物质等营养物质。大量研究报道了木耳多糖及其他分离化合物、提取物的药用特性和药理活性，包括降血糖、降血脂、降胆固醇、抗炎、抗氧化、抗肿瘤、抗病毒和免疫调节等作用。

毛木耳与脆木耳、皱木耳的亲缘关系较近，这几个种类多数也为中高温型种类，比较适合南方湿热地区种植。黑木耳与短毛木耳亲缘关系较近，适宜栽培区域较广，多为中低温型种类。

四、木耳种质资源创新利用及产业化应用

目前，木耳属的大多数种类均可以人工栽培，但栽培规模较大的主要是黑木耳和毛木耳两大种类。利用野生种质资源选育的黑木耳品种较多，但多以东北野生黑木耳为亲本开展研究工作。东北黑木耳在市场上的占有率也较高。毛木耳的品种选育主要在四川和福建两地，多是以野生资源驯化选育为主，有少数品种为杂交品种。目前，也有关于皱木耳、脆木耳、短毛木耳等种类的栽培报道，但是多以野生驯化种类为主。广西的毛木耳和黑木耳及短毛木耳、邹木耳的野生资源较为丰富，已利用野生种质资源驯化选育了百云6号、桂云3号等黑木耳新品种，也有部分种植户小规模栽培当地脆木耳、短毛木耳、皱木耳。

据不完全统计，广西的黑木耳栽培集中在桂林市、柳州市、贺州市等地，品种以916、

黑 3 为主，年生产菌棒 1.5 亿棒，栽培面积达 12 000 余亩，产值为 5.6 亿元。毛木耳栽培主要集中在柳州市、玉林市、南宁市等地，品种以台毛 1 号和 193 为主，栽培面积达 10 000 余亩，产值为 4.6 亿元。

第四节　红菇种质资源多样性及其利用

一、红菇种质资源基本情况

红菇属（*Russula*）隶属于担子菌门（Basidiomycota）伞菌纲（Agaricomycetes）红菇目（Russulales）红菇科（Russulaceae）（Kirk et al.，2008）。多数红菇的子实体颜色鲜艳，菌肉易碎，在野外容易识别。1796 年，Persoon 将蘑菇属（*Agaricus*）中菌盖为红色、菌肉较脆、破损后无乳汁状液体流出的种类分出，归入新建立的红菇属。红菇属真菌的主要特征为：多数伞状（有明显的菌盖和菌柄），少数腹菌状，极少数侧耳状；子实体肉质，易碎，易腐烂，盖表颜色鲜艳，少暗淡，菌褶受伤时无乳汁流出，孢子具淀粉质纹饰，菌髓由菌丝和莲座细胞群构成，子实层上具大囊体，菌丝无锁状联合（Beenken，2001；Agerer，2006；李国杰和文华安，2009）；外生菌根菌（李海鹰等，2000）。红菇属真菌均为典型的外生菌根菌，常与裸子植物松科的冷杉属（*Abies*）、落叶松属（*Larix*）、云杉属（*Picea*）、松属（*Pinus*）、黄杉属（*Pseudotsuga*）、铁杉属（*Tsuga*）和被子植物杨柳目（Salicales）、壳斗目（Fagales）、椴科（Tiliaceae）、蓼科（Polygonaceae）、山榄科（Sapotaceae）、豆科（Fabaceae）、紫茉莉科（Nyctaginaceae）、桃金娘科（Myrtaceae）、龙脑香科（Dipterocarpaceae）和胡桃科（Juglandaceae）等植物形成外生菌根（Miller and Buyck，2002；刘润进和陈应龙，2007）。

二、红菇种质资源类型与分布

一些红菇属真菌具有较高的食用价值，我国已报道 82 种可食的红菇属物种。广西记载的红菇约有 35 种，其中可食红菇 2 种。

红菇含有丰富的人体必需氨基酸、萜类、多糖等多种活性物质，不仅味道鲜美，而且有抗肿瘤、抗氧化、抗衰老、降血脂、降血糖、增强免疫功能等作用。可食的红菇包括铜绿红菇（*Russula aeruginea*）、金红菇（*R. aurata*）、紫褐红菇（*R. brunneoviolacea*）、壳状红菇（*R. crustosa*）、蓝黄红菇（*R. cyanoxantha*）、密褶红菇（*R. densifolia*）、可爱红菇（*R. grata*）、灰肉红菇（*R. griseocarnosa*）、淡紫红菇（*R. lilacea*）、蜜味红菇（*R. melliolens*）、稀褶红菇（*R. nigricans*）、黄白红菇（*R. ochroleuca*）、红色红菇（*R. rosea*）、大红菇（*R. rubra*）、菱红菇（*R. vesca*）、变绿红菇（*R. virescens*）、红边绿菇（*R. viridirubrolimbata*）、酒色红菇（*R. vinosa*）（宋斌等，2007）等。灰肉红菇（广西俗称"红菇""红椎菌"；云南俗称"大红菌"；福建俗称"正红菇"），不仅味道鲜美，而且有重要的药用价值，是孕妇产后的名贵补品，价格昂贵。

红菇属真菌还具有重要的药用价值。我国报道的红菇属真菌名录中，23 种具有药用价值，如美味红菇、黄孢花盖菇、菱红菇、血红菇等。明代云南嵩明人兰茂的《滇南本草》中就有关于变绿红菇近似种（青头菌）的记载，"气味甘淡，微酸，无毒，主治眼目不明，能泻肝经之火，散热舒气，妇人气郁服之最良，不可多食，食之宜以姜为使"。明代李时珍的《本草纲目》中也有记载："红菇味清、性温、开胃、止泻、解毒、滋补、常服之益寿也"。

红菇属中有少数有毒的种类。我国记载 13 种有毒红菇，除了亚稀褶红菇（*R. subnigricans*）会导致横纹肌溶解症而被认为是剧毒的种类，其他种仅导致不同程度的腹泻，不足以致命。我国曾发生过多起由亚稀褶红菇引起的导致多人死亡的食物中毒事件，食用该菇半小时后发生呕吐和腹泻等症状，死亡率达 70%。

三、红菇种质资源多样性变化

1935～2009 年，以采自中国的材料为模式发表的红菇物种仅有 13 种，这一时期是我国红菇分类研究从无到有的阶段。在这一时期，邓叔群和戴芳澜分别撰写了《中国的真菌》和《中国真菌总汇》。《中国的真菌》中记录了我国 19 个红菇属真菌；《中国真菌总汇》中收录了我国 73 个红菇属真菌。1945 年，裘维蕃对云南省的红菇科进行了专门研究，记录了 31 个红菇种（Chiu，1945）。其他国内文献对红菇的报道一直处于比较零散的状态，这些报道散见于各种菌物期刊和志书中。宋斌和李泰辉通过文献收集整理，汇总了中国红菇属真菌的 179 个分类单元名称，并对其用途、生境和分布进行了总结。2003 年，李玉和图力古尔调查东北长白山地区常见大型真菌 345 种，包括 19 个红菇属真菌。2009 年和 2015 年，李国杰对红菇属的分类学研究进展和物种资源及经济价值进行了综述性概括。2015 年，李玉、图力古尔等在中国各地发现了 28 个红菇属种，记录了生活环境、生活习性、繁殖习性、栽培与利用价值等详细信息。2016 年，图力古尔和包海鹰对东北地区山货店及市场上常见的野生食用菌资源进行调查，研究发现变绿红菇很常见并描述了详细形态学特征。2017 年，刘晓亮等调查东北大小兴安岭地区红菇属物种多样性，记录了 23 个红菇属物种，包括 3 个中国新记录种。

广西记载的红菇约有 35 种，其中可食红菇 2 种，分别为灰肉红菇和红色红菇或玫瑰红菇。关于广西红椎菌分类研究，韦仕岩等（1998）的研究表明分布于广西浦北六万大山椎林下的红菇是葡酒红菇（在食用菌学上惯称为"正红菇"），属于"真红菇"，而当地存在另一种红菇，即鳞盖红菇（现红色红菇 *R. rosea*），为"假红菇"，并在形态学以及菌根结构方面进行了验证。李海鹰等（1995）则认为广西浦北红菇应为鳞盖红菇，并详细描述其形态学特征。王桂文等（2004）认为钦州市浦北县、玉林市容县和防城港市上思县的红椎菌没有地理差异，且钦州市浦北县的红椎菌可能包括多种食用红菇。值得借鉴的是，灰肉红菇（*R. griseocarnosa*）（俗称"大红菌"）长期以来被人们误认为是葡酒红菇，但是经形态学与分子系统学研究鉴定其为红菇属一新物种（Wang et al.，2009；Li et al.，2010）。又如，臧穆先生对浦北红椎菌的鉴定结果是血红菇（*R. sanginea*）和蔷薇色红菇（*R. rosacea*）；也有认为浦北红椎菌是亮黄红菇（*R. claroflava*）；Li 等（2010）研究了采自云南和广西的"大红菌"，结果表明广西分布的"大红菌"并不是葡酒红菇；而依据 Beenken（2001）、Wang 等（2009）对葡酒红菇的生境描述，其多生于北方的针叶林，故红椎菌是葡酒红菇的可能性不大（图 9-1）。

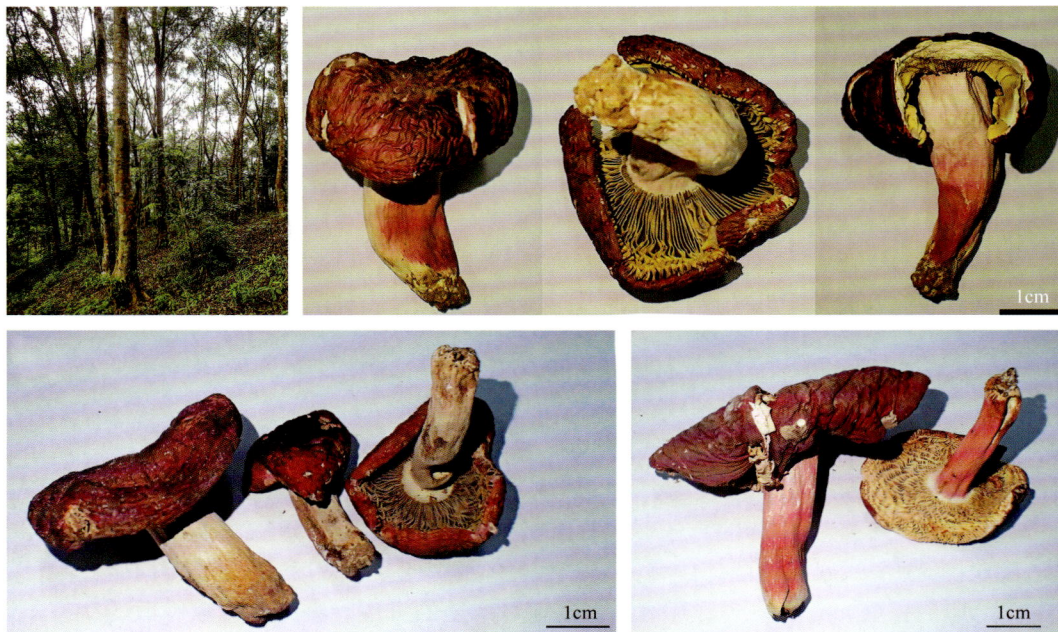

图 9-1 广西钦州市浦北县椎林以及收集的红椎菌

四、红菇种质资源主要特点

红菇是一种药食两用的珍稀野生食用菌，含有丰富的多糖（5 种）、蛋白质、氨基酸（16 种）、麦角固醇、脂肪（4 种）、碳水化合物、粗纤维、灰分、矿物质和纤维素。《中华草本》记载红菇具有养血、逐瘀、祛风功效，主治血虚萎黄、产后恶露不尽、关节酸痛，现研究表明红菇具有增强机体免疫力、平喘、祛痰、清热、解毒、抑菌、补血、降低胆固醇、抗癌等药用功能，民间常用于产妇补血，素有"南方红参"之称。钦州市浦北县、玉林市容县等地盛产红椎菌，其汤红味甜、肉厚质脆、口感独特，深受群众喜爱。

五、红菇种质资源创新利用及产业化应用

红菇属于外生菌根真菌，其菌种难以在纯培养条件下存活，现有的创新利用集中在对红菇林地的改造方面。依据红菇的生长特点及生态环境，及时清理林地杂草、枯枝落叶，出菇期喷水增湿，并做好防虫处理等。

据不完全统计，广西仅钦州市浦北县红椎菌采收面积就达 4.48 万亩，3 万多农户参与采收，累计销售额近 2 亿元，有效地推动了当地农户脱贫增收。在玉林市容县，为了加强红菇林地经营管理，积极组织相关合作社实行统一山林管护、统一采菇加工、标准化烘干、标准化包装、统一对外销售的模式，积极推进林地改造，加强林地除草、加湿、培土移菌、扩地繁殖等管理措施，极大地促进了当地红菇产业的发展。通过打造广西首个"红菇小镇"，极大地促进了红菇产业的发展。

第十章

广西花卉种质资源多样性及其利用

广西素有"植物王国""花卉宝库"的美称，花卉种质资源极其丰富，具有资源多样性显著、种类丰富、特有种繁多、珍稀濒危种众多等特点。本章主要介绍在广西具有丰富野生花卉植物资源的野生兰花、金花茶、苦苣苔、秋海棠、杜鹃花，以及在广西具有栽培优势的茉莉花和睡莲。据统计，广西境内共分布有野生兰科植物 113 属 418 种，约占中国野生兰科植物的 29%，其具有齐全的物种生活类型，优势属明显，在观赏、药用保健和香料方面具有很高的利用价值。广西是金花茶的故乡，分布有 27 种 3 变种，分布种类及存储量均居世界首位，具有独特的观赏价值、很高的保健和药用价值，市场潜力大。广西拥有苦苣苔科植物 33 属，占全国总属数的 73.33%，拥有的种类数量达 320 种，占全国总种数的 40.71%，位居全国第一；其叶片奇特有趣、花色结构精巧，是优异的室内观赏花卉。广西是秋海棠属植物的全球重要分布中心之一，已达 100 种，约占全国秋海棠属植物总数的 38%，位居全国第二；其叶色、叶形丰富多样，是优异的观叶花卉，广泛应用于盆花、花坛、花境等。广西分布有杜鹃花 115 种（含亚种、变种），约占全国种数的 19.17%，其中特有种有 40 种，占全国特有种数的 9.52%，应用潜力大，具有较高的观赏价值、食用及药用价值。茉莉花具有"天下第一香"的美誉，广西农业科学院收集保存茉莉花种质资源 28 个品种，约占全球的 50%；横州市是"中国茉莉之乡"，具有面积大、产量高、质量好、花期长的优势，横州市茉莉花和茉莉花茶是广西最具价值的农产品品牌之一。睡莲称为"池塘调色板"，花色丰富、品种繁多，广西农业科学院收集保存睡莲种质资源 180 余种（含品种），其中热带睡莲特别适宜在广西地区种植，具有良好的推广应用前景。

第一节　野生兰花种质资源多样性及其利用

一、野生兰花种质资源基本情况

（一）种类丰富

野生兰科（Orchidaceae）植物资源科考是发现野生兰科植物新种、新记录种及物种资源新分布区的重要活动，国内的植物分类学先驱曾先后在广西各地开展兰科植物科考活动。结合本次广西野生兰科植物调查结果，并根据《广西植物名录》（覃海宁和刘演，2010）记载及新近在各学术期刊发表的科研文献统计，广西境内共分布有野生兰科植物 113 属 418 种（依据《中国植物志》鉴定、统计）。

（二）齐全的物种生活类型

兰科植物的生活类型分为地生、附生（半附生及藤本）和腐生 3 种。通过调查和统计发现，广西境内的野生兰科植物生活类型齐全，地生兰科植物 200 种，占广西兰科物种总数的 47.85%；附生（半附生及藤本）兰科植物 204 种，占广西兰科物种总数的 48.80%；腐生兰科植物 14 种，占广西兰科物种总数的 3.35%。

（三）优势属明显，类群具备一定分化

植物种数众多的属通常被认为体现了其在区系上的繁育能力和生态上的活力，因此，一个区域种类较多的属基本上能够直观地体现本区域植物组成的特征。根据各个属所含有的种数，可将广西境内兰科植物 113 属划分为 4 个等级（表 10-1）。具有 10 种以上的优势属共有 8 个，占总属数的 7.08%；共包含 185 种，占总种数的 44.26%。优势属主要包括兰属（*Cymbidium*）26 种、石斛属（*Dendrobium*）31 种、虾脊兰属（*Calanthe*）22 种、羊耳蒜属（*Liparis*）27 种、毛兰属（*Eria*）23 种、石豆兰属（*Bulbophyllum*）23 种、玉凤花属（*Habenaria*）17 种、兜兰属（*Paphiopedilum*）16 种，其共同组成了广西兰科植物的优势属、种。具有 5 种以下的属在数量上占绝对优势（92 属，81.41%），但在种数上仅占 33.73%，绝大部分属只含有少量种，说明广西境内兰科植物成分复杂多样，较多类群在该区域内具有一定分化。

表 10-1　广西兰科植物属内种组成

级别	属数	占比/%	种数	占比/%
≥10 种	8	7.08	185	44.26
5～9 种	13	11.51	92	22.01
2～4 种	29	25.66	78	18.66
1 种	63	55.75	63	15.07
合计	113	100.00	418	100.00

二、野生兰花种质资源分布

气候及地形地貌是影响物种分布的重要因素。广西地处中国南疆，北回归线横贯中部，桂南和桂西南地区热量丰富，气候湿润；桂北地区冬季寒冷干燥。广西四周环绕山脉，岩溶地貌广泛发育，岩溶景观千奇百怪，是典型且复杂的喀斯特地貌；桂中地区地势较低，相对平坦，整个广西约为一个四周高、中间低的盆地。受气候和地形地貌的双重影响，防城港市、崇左市、百色市是广西兰科植物分布最丰富的区域；河池市和柳州市次之；第三则是桂林市及贺州市北部区域；其他区域兰科植物也常见分布，只是相对于以上 3 个集中分布区丰富度较低。

三、野生兰花种质资源创新利用及产业化应用

（一）资源利用类型

植物资源是人类赖以生存和发展的基础。广西兰科植物资源丰富，从开发利用的角度出发，野生兰科植物的价值主要体现在观赏、药用保健和香料方面。

在观赏方面，广西观赏价值高的野生兰科植物种类非常丰富，国内外育种专家高度关注的兰属、兜兰属、万代兰属（*Vanda*）、蝴蝶兰属（*Phalaenopsis*）、石斛属均有分布，其中兰属、兜兰属、石斛属是广西优势属，具有众多种类和丰富数量，在育种方面有着重要的意义。另外，虾脊兰属、鹤顶兰属（*Phaius*）、贝母兰属（*Coelogyne*）、石豆兰属等类群的物种，大部分花朵显著，色系丰富，种类和数量也较为丰富，具有较大的开发价值。

兰科植物多为药用保健植物，广西具有药用保健价值的兰科植物共 181 种（黄宝优等，2012），主要分布于植被覆盖度较好的桂西北和中越边境地区，常生于林中石壁或树上，多以全草或假鳞茎入药，具有清热解毒、活血化瘀、滋阴润肺等功效。

香荚兰属（*Vanilla*）是著名的香料作物，以香荚兰（*V. planifolia*）最为著名。香荚兰原产于墨西哥，20 世纪 60 年代引入我国，又名香果兰、香草兰，果荚经杀青、发酵、干燥、调理 4 个阶段产生一系列酶促及非酶促反应，最终产生迷人的香气，被广泛应用于食品、高级烟酒、香水及制药等领域。另外，香荚兰还具有抗氧化、抗癌、降血脂、抑菌等生物活性。在广西分布有香荚兰属物种 2 个，即台湾香荚兰（*V. somae*）和越南香荚兰（*V. annamica*），这两种资源在改良品种性状、提高抗性和产量等方面的新品种研发中具有重要价值。

（二）资源开发利用状况

广西野生兰科植物资源丰富，具有重要的开发利用价值。勤劳智慧的当地居民在长期"靠山吃山"的劳作中，逐渐学会了将部分野生兰科植物用于药用保健和观赏，区内各地大小不一的药市上均可见到兰科植物的身影，众多家庭的房前屋后、楼顶或阳台也都种植有当地野生兰花。但是，广西在野生兰花开发利用方面存在诸多问题。

1. 已开发利用物种种类少，占资源总量比重低

在药用保健方面，广西具有药用保健价值的兰科植物共 181 种（黄宝优等，2012），但是人们已经广泛利用的物种仅局限于铁皮石斛（*Dendrobium officinale*）、金钗石斛（*D. nobile*）、金线兰（*Anoectochilus roxburghii*）、白及（*Bletilla striata*）和天麻（*Gastrodia elata*）等少数物种，其他绝大部分具有重要药用保健价值的物种则不被利用，或者极少被利用。在观赏方面，广西分布有兰属、兜兰属、万代兰属、蝴蝶兰属和石斛属等观赏价值极高的类群，其中兰属、兜兰属及石斛属还是广西优势属，但是能被开发利用成为商品兰花的种类则较少，市场流通的商品兰花基本上来自广西以外甚至国外的品种。在食用和香料的开发利用方面，广西目前仍属空白。

2. 人工规模化生产程度低，对野生资源依赖程度高

全区目前仅有铁皮石斛、金钗石斛、白及、兰属部分物种（如建兰 *Cymbidium*

ensifolium、春兰 *C. goeringii*、墨兰 *C. sinense*、寒兰 *C. kanran* 等）等少数物种得到小规模栽培，其产品远不足以供给市场旺盛需求，巨大的市场需求缺口依赖非法肆意采挖的野生资源来获得满足。

3. 兰花产业发展缓慢，高效技术及优良品种缺乏

广西兰花产业起步晚，底子薄；育种技术落后，育种效率低，缺乏适合规模化生产的品种和技术。

4. 缺乏龙头企业带动，产业发展缓慢，企业及花农增收难

针对广西野生兰花开发利用方面的问题，应支持鼓励企业、相关研究机构等立足实际，加大投入，积极开展创新研发工作，夯实广西产业基础，培育本土新品种，形成新技术。培育龙头企业及发挥其产业带动能力，推动产业加速发展。专业研究机构、重点大学和知名企业应加强合作，联合开展技术攻关，探索"产学研"产业创新发展模式，从人才培养、技术研发和生产推广等方面形成闭环，提高转化效率，有效提高广西兰花创新研发攻关能力。培育区内兰花龙头企业，将新品种、新技术在区内大型知名生产企业中转化，形成产业龙头，提升桂系兰花品牌竞争力和影响力。

第二节　茉莉花种质资源多样性及其利用

一、茉莉花种质资源基本情况

茉莉花（*Jasminum sambac*）是木樨科（Oleaceae）素馨属（*Jasminum*）多年生常绿小灌木，原产于印度等地，现在世界各地广泛栽培。茉莉花具有"天下第一香"的美誉（董利娟和张曙光，2001），可用于花茶加工、精油提取及观赏等，为著名的花茶及香精原料，具有较高的经济价值。茉莉花的花、叶还可用于治疗目赤肿痛、止咳化痰，具有药用价值（中国科学院中国植物志编辑委员会，1992）。茉莉花是巴基斯坦、菲律宾、印度尼西亚等国家的国花，也是中国江苏省省花、福建省福州市市花。

木樨科素馨属植物全球约有 200 种，其中有 47 种 1 亚种 4 变种 4 变型分布于我国。全球约有 60 个茉莉花品种（杨江帆等，2008）。茉莉花在东南亚国家或地区间传播历史久远、流通较广。西汉时期，茉莉花从印度传入中国。近代，如福建省长乐区单瓣茉莉花，先被引入台湾种植，改良后又被引回福建省，台湾同胞还将其带到东南亚国家种植，用于窨制花茶，多年后，又从东南亚引回广西南宁市横州市（原横县）。

二、茉莉花种质资源类型与分布

茉莉花按花冠层数可分为 3 类，即单瓣茉莉、双瓣茉莉及多瓣茉莉，花冠层数分别为单层、两层和 3 层及以上。调查发现广西素馨（*J. guangxiense*）在崇左市、柳州市有野生分布，尚未发现茉莉花野生资源分布。近年来，广西农业科学院花卉研究所广泛收集素馨属种质资源，保存于广西南宁市。其中，保存茉莉花种质资源 28 个品种，约占全球的50%，种质资源及保存分布情况见表 10-2。

表 10-2　茉莉花种质资源及保存分布情况

序号	资源名称	拉丁名	瓣型	保存情况
1	菊花茉莉	*J. sambac*	多瓣	南宁市横州市、西乡塘区、武鸣区
2	越南多瓣茉莉	*J. sambac*	多瓣	南宁市横州市、西乡塘区、武鸣区
3	缅甸多瓣茉莉	*J. sambac*	多瓣	南宁市横州市、西乡塘区、武鸣区
4	横县单瓣茉莉	*J. sambac*	单瓣	南宁市西乡塘区、武鸣区
5	越南单瓣茉莉	*J. sambac*	单瓣	南宁市横州市、西乡塘区、武鸣区
6	缅甸尖瓣茉莉	*J. sambac*	多瓣	南宁市横州市、西乡塘区、武鸣区
7	单双瓣茉莉	*J. sambac*	1 或 2 轮	南宁市横州市、西乡塘区、武鸣区
8	横县双瓣茉莉	*J. sambac*	双瓣	南宁市横州市、西乡塘区、武鸣区
9	柬埔寨双瓣茉莉	*J. sambac*	双瓣	南宁市横州市、西乡塘区、武鸣区
10	虎头茉莉	*J. sambac* 'Grand Duke of Tuscany'	多瓣	南宁市横州市、西乡塘区
11	柬埔寨圆叶单瓣茉莉	*J. sambac*	单瓣	南宁市横州市、西乡塘区、武鸣区
12	柬埔寨多瓣茉莉	*J. sambac*	多瓣	南宁市横州市、西乡塘区
13	狮子头茉莉	*J. sambac*	多瓣	南宁市西乡塘区
14	笔尖茉莉	*J. sambac*	单瓣	南宁市横州市、西乡塘区
15	泰国单瓣茉莉	*J. sambac*	单瓣	南宁市西乡塘区
16	泰国虎头茉莉	*J. sambac*	多瓣	南宁市西乡塘区、武鸣区
17	泰国双瓣茉莉	*J. sambac*	双瓣	南宁市横州市、西乡塘区、武鸣区
18	菲律宾茉莉	*J. sambac*	单瓣	南宁市西乡塘区
19	福清单瓣茉莉	*J. sambac*	单瓣	南宁市西乡塘区
20	华盖茉莉	*J. sambac* 'Mali Chat'	多瓣	南宁市西乡塘区
21	泰国花环茉莉	*J. sambac*	多瓣	南宁市西乡塘区
22	台湾单瓣茉莉	*J. sambac*	单瓣	南宁市西乡塘区
23	漳香茉莉	*J. sambac*	多瓣	南宁市西乡塘区
24	香妃 1 号	*J. sambac* 'Xiangfei 1'	单瓣	南宁市横州市、西乡塘区、武鸣区
25	香妃 2 号	*J. sambac* 'Xiangfei 2'	多瓣	南宁市横州市、西乡塘区、武鸣区
26	香妃 3 号	*J. sambac* 'Xiangfei 3'	多瓣	南宁市横州市、西乡塘区、武鸣区
27	香妃 4 号	*J. sambac* 'Xiangfei 4'	多瓣	南宁市横州市、西乡塘区、武鸣区
28	香妃 5 号	*J. sambac* 'Xiangfei 5'	单瓣	南宁市横州市、西乡塘区、武鸣区

三、茉莉花种质资源创新利用及产业化应用

广西农业科学院花卉研究所鉴定了 26 份素馨属种质资源（包括 18 份茉莉花资源）对白绢病的抗性，筛选出高抗资源 1 份、抗病资源 9 份（包括 5 份茉莉花资源），为茉莉花抗性育种提供种质资源（李春牛等，2021）。通过诱变育种、实生选种等育种手段获得大量育种中间材料，已完成国际登录茉莉花新品种 1 个（Lura and Whittemore，2021）。通过优良单株选育并通过省级审（认）定香妃系列品种 6 个，包括窨茶用茉莉花品种香妃 1 号和香

妃 2 号、观赏品种香妃 3 号和香妃 4 号。

我国规模化种植茉莉花主要用于窨制茉莉花茶。20 世纪 80 年代之前，我国茉莉花主要产地在福建、浙江等地。现在，我国茉莉花主要产区在广西横州市、四川犍为县、福建福州市、云南元江哈尼族彝族傣族自治县等，主要种植双瓣茉莉。其中，南宁市横州市是"中国茉莉之乡"，茉莉花产量占全国总产量的 80.00%，具有面积大、产量高、质量好、花期长四大优势。横州市自 1979 年开始规模种植茉莉花，到 20 世纪 90 年代后期茉莉花茶产量占据了全国 50% 左右，被茶业界和新闻界誉为"中国茉莉花之都"。2000 年 6 月，被国家林业局、中国花卉协会命名为"中国茉莉之乡"。2006 年 7 月，横州市茉莉花被国家质量监督检验检疫总局列入国家地理标志产品保护范围。2015 年 8 月，横州市被国际茶叶委员会授予"世界茉莉花和茉莉花茶生产中心"称号。2019 年 8 月，国际花园中心协会（IGCA）授予广西横州市"世界茉莉花都"牌匾。2020 年，全市有花农 33.00 万人，茉莉花种植面积达 12.00 万亩，年产鲜花 9.50 万 t，鲜花产值 18.00 亿元。全市花茶加工企业130 多家，茉莉花精油、浸膏等精深加工企业 18 家，其中规模以上企业 20 多家，年加工茉莉花茶 7.80 万 t，产值 83.00 亿元。2021 年，横州市茉莉花和茉莉花茶品牌综合价值达215.03 亿元，成为广西最具价值的农产品品牌之一。

第三节　金花茶种质资源多样性及其利用

一、金花茶种质资源基本情况

金花茶是山茶科（Theaceae）山茶属（*Camellia*）金花茶组（Section *Chrysantha*）植物的统称，该组植物区别于其他山茶属植物最大的特点是具有金黄色或黄色的花朵，而这一特点使金花茶组植物成为培育黄色系花茶新品种的首选亲本资源。国内将金花茶誉为"茶族皇后""植物界的大熊猫"，国外则称之为"幻想中的黄色山茶"。金花茶主要分布于北回归线附近，集中在北纬 20°53′～23°53′、东经 104°～108°56′区域丘陵山地的溪边或沟谷两侧，垂直海拔主要在 50～650m，其中以 120～350m 的常绿阔叶林下最为集中（梁盛业，1993；闵天禄和张文驹，1993；韦霄等，2007）。广西是金花茶的故乡，金花茶的分布种类及存储量均居世界首位。随着新种陆续发现和新分类方法的应用，据报道，目前已知的金花茶组植物有 42 种 5 变种，除了少部分产于越南北部和我国云南、贵州、四川，大部分产于广西（梁盛业等，2012）。本节选取其中有代表性的种和近年发现的新种，统计在广西分布的金花茶 27 种 3 变种的种质资源分布情况（闵天禄和张文驹，1993；中国科学院中国植物志编辑委员会，1998b；梁盛业，2007；Hu et al.，2019）。

二、金花茶种质资源分布

结合文献资料（中国科学院中国植物志编辑委员会，1998b；梁盛业，2007；Wu and Peter，2007；Hu et al.，2019）和资源调查分析广西金花茶种质资源分布。从种类的地域分布来看，金花茶的种及变种在地级市的分布为：崇左市 19 个，南宁市 5 个，百色市 3 个，防城港市 3 个，河池市 2 个，玉林市 1 个（表 10-3）；在县（市、区）的分布为：崇左市龙州县 8 个、宁明县 6 个、扶绥县 5 个、凭祥市 4 个，防城港市防城区 3 个，崇左市大新县、江州区，南宁市隆安县、武鸣区、邕宁区，河池市天峨县，百色市平果市各 2 个，崇左市大新县、百色市田东县和德保县、防城港市东兴市、玉林市博白县各 1 个。从金花茶种类在桂北、桂南、桂西、桂东、桂中地区的分布情况（图 10-1）来看，金花茶集中分布在桂南地区，共 24 个；桂西地区有少量分布，共 5 个；桂东地区仅玉林市博白县发现 1 个；桂中和桂北地区没有分布。

表 10-3　金花茶种及变种在桂北、桂南、桂西、桂东、桂中地区的分布

地级市	县（市、区）	资源编号	地级市	县（市、区）	资源编号
崇左市	龙州县	2、5、6、7、8、9、21、26	百色市	平果市	13、25
	宁明县	8、10、12、24、27、28		田东县	13
	扶绥县	1、3、8、18、21		德保县	23
	凭祥市	2、10、27、28	防城港市	防城区	4、11、16
	江州区	8、19		东兴市	16
	大新县	7、15	河池市	天峨县	20、29
	天等县	14	玉林市	博白县	30
南宁市	邕宁区	11、17			
	武鸣区	5、22			
	隆安县	11、15			

注：1. 中东金花茶（*C. achrysantha*）；2. 薄叶金花茶（*C. chrysanthoides*）；3. 中华五室金花茶（*C. aurea* var. *quinqueloculosa*）；4. 显脉金花茶（*C. euphlebia*）；5. 淡黄金花茶（*C. flavida*）；6. 弄岗金花茶（*C. longgangensis*）；7. 凹脉金花茶（*C. impressinervis*）；8. 柠檬金花茶（*C. limonia*）；9. 龙州金花茶（*C. lungzhouensis*）；10. 小花金花茶（*C. micrantha*）；11. 金花茶（*C. nitidissima*）；12. 小瓣金花茶（*C. parvipetala*）；13. 平果金花茶（*C. pingguoensis*）；14. 顶生金花茶（*C. pingguoensis* var. *terminalis*）；15. 毛瓣金花茶（*C. pubipetala*）；16. 东兴金花茶（*C. tunghinensis*）；17. 小果金花茶（*C. nitidissima* var. *microcarpa*）；18. 扶绥金花茶（*C. fusuiensis*）；19. 崇左金花茶（*C. perpetua*）；20. 贵州金花茶（*C. huana*）；21. 多瓣金花茶（*C. multipetala*）；22. 武鸣金花茶（*C. wumingensis*）；23. 德保金花茶（*C. debaoensis*）；24. 陇瑞金花茶（*C. longruiensis*）；25. 薄瓣金花茶（*C. leptopetala*）；26. 细叶金花茶（*C. parvifolia*）；27. 毛籽金花茶（*C. ptilosperma*）；28. 夏石金花茶（*C. xiashiensis*）；29. 天峨金花茶（*C. tianeensis*）；30. 博白金花茶（*C. bobaiensis*）

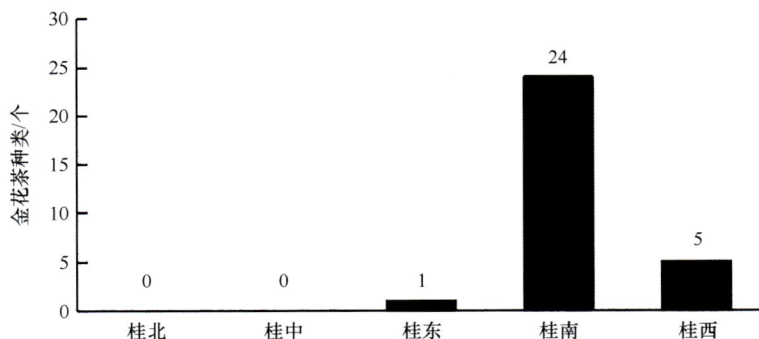

图 10-1　广西金花茶的地域分布情况

从分布的数量和面积来看，金花茶（*C. nitidissima*）是金花茶组植物中数量最多、分布面积最大的种类之一。除在南宁市邕宁区、崇左市扶绥县和南宁市隆安县有分布外，主

要分布于十万大山南麓的防城区和东兴市的天然次生林下，尤其集中于防城金花茶国家级自然保护区和十万大山国家级自然保护区内。据韦霄等（2007）统计，该种在十万大山东南面的防城区内分布的乡镇有那梭镇、那良镇、扶隆镇、大菉镇、华石镇等 17 个，占防城区总乡镇数的 89.40%，分布行政村 139 个，占防城区行政村总数的 71.00%。黄瑞斌等（2007）报道金花茶在防城港市分布面积为 1355.30hm²，共 634 769 株，显脉金花茶（*C. euphlebia*）分布面积为 710.10hm²，共 520 665 株，东兴金花茶（*C. tunghinensis*）分布面积为 52.10hm²，共 27 323 株。杨泉光等（2020）报道东兴金花茶仅在广西防城金花茶国家级自然保护区的隐蔽山林中有少量分布，面积不足 50.00hm²。谢代祖等（2014）报道天峨金花茶（*C. tianeensis*）原野生数量在 31.00 万株以上，现存数量约为 2.80 万株。而凹脉金花茶（*C. impressinervis*）的现存数量不足 400 株，顶生金花茶（*C. pingguoensis* var. *terminalis*）、毛瓣金花茶（*C. pubipetala*）则不足 100 株，是广西的极小种群野生植物（卢燕华，2012a，2012b），迫切需要优先实施抢救性保护行动。

结合文献资料和资源调查分析，广西金花茶的海拔分布情况见图 10-2。本书统计的广西分布的金花茶 27 种 3 变种中，有 24 种 3 变种在海拔 150～350m 有分布。在海拔 500m 以上分布的金花茶组植物有金花茶、小瓣金花茶（*C. parvipetala*）、平果金花茶（*C. pingguoensis*）、贵州金花茶（*C. huana*）、德保金花茶（*C. debaoensis*）。苏宗明和莫新礼（1988）报道金花茶分布区中熔岩地区地貌和砂、页岩和花岗岩发育成的流水侵蚀地貌两种地貌类型均有金花茶组植物出现。适宜金花茶组植物生长的土壤类型有两种：一种生长于石灰岩石山或钙质土山，如平果金花茶、龙州金花茶等 18 种 2 变种，占种类数的 66.7%；另一种生长于酸性土山，如金花茶、东兴金花茶、显脉金花茶等 9 种 1 变种，占种类数的 33.30%（中国科学院中国植物志编辑委员会，1998b；梁盛业，2007；Wu and Peter，2007；Hu et al.，2019）。

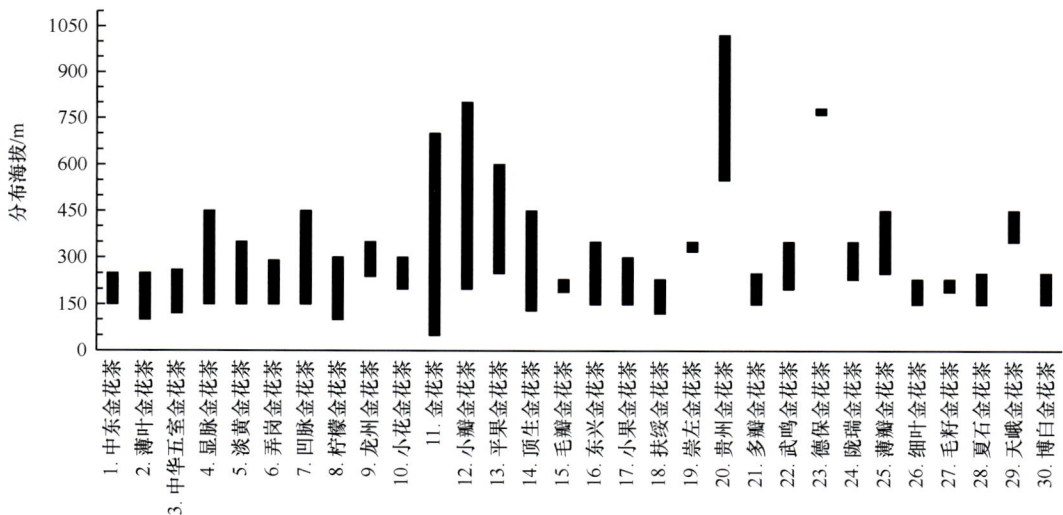

图 10-2　广西金花茶的海拔分布情况

由于金花茶组植物对生境要求相对较为苛刻，其自然分布区域较为狭窄，野外群体数量有限。《中国植物志　第四十九卷　第三分册》所记载的 16 种及 1 变种金花茶均被列为国家二级保护植物（中国科学院中国植物志编辑委员会，1998b）。从物种受威胁程度来看，显脉金花茶在《世界自然保护联盟濒危物种红色名录》中评估等级为易危（VU），毛瓣金花茶、小花金花茶（*C. micrantha*）、顶生金花茶、薄叶金花茶（*C. chrysanthoides*）为濒危（EN），凹脉金花茶、簇蕊金花茶为极危（CR）。此外，生态环境部和中国科学院于2013年发布的《中国生物多样性红色名录－高等植物卷》将淡黄金花茶（*C. flavida*）列为濒危植物、多变淡黄金花茶（*C. flavida* var. *patens*）列为近危植物；在此基础上，覃海宁等（2017）更新的《中国高等植物受威胁物种名录》还将贵州金花茶、东兴金花茶、小果金花茶（*C. nitidissima* var. *microcarpa*）、平果金花茶评定为濒危，金花茶、柠檬金花茶（*C. limonia*）评定为易危。随着社会的发展，金花茶野生环境、伴生群落遭受破坏程度日趋严重。此外，近些年受利益驱使，人们对金花茶采挖和非法买卖，使野生金花茶数量急剧减少，分布区逐渐萎缩。目前除自然保护区外，野生金花茶已经越来越少见，金花茶野生种质资源保护工作仍有巨大的挑战。

三、金花茶种质资源创新利用及产业化应用

广西农业科学院、广西林业科学研究院、广西植物研究所等科研单位近年来收集了大部分的金花茶组植物品种资源，并利用这些资源开展了各方面的研究。金花茶具有与众不同的金黄色花朵以及紧凑的株型，是有独特观赏价值的花卉。同时因为金花茶是山茶科植物中唯一具有黄色花朵的类群，因此是培育黄色系山茶花的优良亲本，广西一直致力于金花茶种质创新方面的研究，近年来已成功选育出一些杂交新品种并推广应用。同时，针对金花茶组植物的分子生物学、生理生化、成花基因、生长发育等机理问题开展了研究和探索，也获得了相关部门的科研立项支持。除了基础性研究，为解决产业的瓶颈问题，我们还开展了优异金花茶组植物组培快繁、扦插、嫁接等种苗繁育技术研究。其中金花茶一叶一芽扦插育苗技术在种苗繁育上取得了重要突破，获得了国家发明专利授权，解决了金花茶良种繁育慢、成本高、效率低等产业"卡脖子"问题，实现了金花茶优良种苗繁育的商品化、规模化，推动了金花茶种植产业的快速发展。

金花茶组植物除了以其独特的优异观赏性状在园林绿化、城市景观、花卉盆景等领域广泛应用，也是一种重要的加工原材料。金花茶组植物花、叶等富含天然有机锗、硒、钼、钒、锌等多种对人体有重要保健作用的微量元素，以及茶多酚、儿茶素、黄酮类、维生素、氨基酸等对人体有用的活性成分（黄兴贤等，2011；李辛雷等，2018），具有很高的保健和药用价值，市场潜力大。2010年卫生部批准金花茶为新资源食品，2020年广西出台《金花茶花》食品安全地方标准，进一步为金花茶产品开发提供了依据。不少企业，尤其是金花茶的故乡——防城港市十多家企业及众多合作社依托金花茶进行生产加工和新品研发，开发了相关茶类产品如金花茶花朵茶、砖茶、袋泡茶、茶膏，饮品如金花茶饮料、凉茶、金花茶酒，美容护肤品如洗发液、沐浴露、面膜、护肤霜、牙膏、口服液、保健品以及精油、香料、助眠枕头等近百种原生态及深加工类产品并逐步投入市场，部分高档保健品更是远销世界各地。检索广西金花茶专利申请563项，分布在金花茶茶类产品、医药产品、金花茶培育、金花茶酒产品、金花茶成分提取、干燥加工领域（李全文等，2020）。高附加值产品的开发如药物、化妆品、保健食品等领域的产业技术是未来研究的重点和突破的主要方向。

防城港市是金花茶组植物的主要分布地区，经过多年的研究与开发，防城港市发挥金花茶原产地的独有资源和品牌优势，在金花茶自然保护区之外的防城港市上思县、东兴市、防城区等地建立了金花茶林下种植基地，初步实现了种植、加工、制造、商贸、科研、旅游为一体的产业化经营。防城港市上思县金花茶观赏园利用景区内金花茶种植园、金花茶系列产品多功能厅，开展"茶族皇后"观赏活动，吸引游客发展旅游业，是集金花茶种苗繁育、金花茶规范化种植和农业生态休闲观光旅游为一体的"广西农业旅游示范点"和"全国休闲农业与乡村旅游示范点"。防城港市金花茶特色小镇先后入选广西第一批特色小镇、广西首批特色金花茶产业圣地、广西首批且最具特色的金花茶产业生态圈名单，目前正在打造旅游度假、地域文化、农业生产"三合一"的生态特色产业（揭英英，2020）。该项目位于防城区华石镇，规划总用地面积为68.00hm²，包括金花茶加工交易区、金花茶科创教育区、小镇客厅以及配套服务区，将构建种植示范、展示展销、科研加工、文化创意、休闲旅游、康养度假功能于一体的金花茶及香料特色产业生态圈，并延伸发展成金花茶田园综合体+金花茶小镇综合示范区的格局。

除此之外，广西首府南宁市还打造了以龙头企业+园区+基地+农户模式的金花茶产业园，其中位于南宁市青秀区长塘镇天堂村巴兰坡的金花小镇，就是金花茶开发利用的一个成功案例。该园区面积约为333hm²，是广西五星级特色农业示范园区，也是金花茶生态与大健康产融结合示范区、广西中药材种植示范基地、国家级森林康养建设试点等，是一个以金花茶为主导、以服务美丽广西、健康广西和乡村振兴建设为切入点的集金花茶资源收集、育种研究、种苗生产、标准化种植、产品精深加工、观光旅游、休闲康养、林下经济等综合一体的多功能园区，近年来建成了包括30多种金花茶组植物的种质资源圃及育苗场近15hm²，繁育了近千万株金花茶优良种苗，金花茶种植面积达410hm²，开发了金花茶的系列有机高值产品，包括茶、饮品、保健品、酒类等。

目前广西金花茶种植面积约为5333hm²，极大地促进了广西特色产业的发展及乡村振兴，惠及农户十几万人，涌现一批有实力的加工企业，综合产值约为50亿元，一二三产业深度融合，形成育种、快繁、种植、加工完整产业链。以金花茶为导向的特色小镇的建设一方面推动了金花茶产业的转型升级，另一方面为当地提供就业平台，提升乡村风貌，对建设美丽宜居乡村和打造区域新的经济增长点具有重要意义。

第四节　睡莲种质资源多样性及其利用

一、睡莲种质资源基本情况

睡莲为睡莲科（Nymphaeaceae）睡莲属（*Nymphaea*）多年生水生草本浮叶植物，其品种繁多、花色丰富、花形美观、花香四溢，常被称为"池塘调色板""花中睡美人"。全世界睡莲属植物有50多种（含变种），园艺品种有1000余个，遍布全球除南极洲外的所有大陆（黄国振等，2009；李淑娟等，2019；吴倩等，2021）。睡莲属通常分为5个亚属：广温带睡莲亚属（subg. *Nymphaea*）、广热带睡莲亚属（subg. *Brachyceras*）、古热带睡莲亚属（subg. *Lotos*）、新热带睡莲亚属（subg. *Hydrocallis*）及澳大利亚睡莲亚属（subg. *Anecphya*），根据生活型，广温带睡莲亚属通常被称为耐寒睡莲，其余4个亚属通常被称为热带睡莲（杨亚涵等，2019）。

睡莲属植物根据开花习性分为白天开花和晚上开花两种类型。全部的耐寒睡莲和绝大部分的热带睡莲为白天开花类型，花朵开放时间约从 8:00 持续至 15:00～18:00，不同的品种下午花朵闭合时间有较大差异。少部分热带睡莲，如印度红睡莲（*N. rubra*）、埃及白睡莲（*N. lotus*）、小雪夜（*N. potamophila*）等为晚上开花类型，花朵开放时间约从夜间 9:00 持续至次日午前（周庆源和傅德志，2003）。睡莲属植物除极少数原生种为雌雄同熟外，其他均表现出雌蕊先熟的特点。睡莲单朵花期一般为 4 天，第 4 天闭合的花朵不再开放，花梗下弯沉入水中，进行果实和种子的发育（黄国振等，2009）。

睡莲为喜温、喜光植物，对温度和光照有一定的要求，温度过低和光照不足将严重影响睡莲的正常生长和开花。我国华南地区池塘种植的耐寒睡莲在 2 月中下旬抽出新芽，5～7 月为盛花期，11 月下旬停止生长，部分浮叶腐烂下沉，进入休眠期；而热带睡莲在华南地区可全年生长、开花；在长江流域以北地区，热带睡莲不能露天越冬（黄国振等，2009）。

睡莲的根、茎、叶对水中的有害物质和富营养物有极强的吸附能力，对水体净化有重要作用，广泛应用于园林水景。睡莲可观赏和食用，还具有保健养生的作用，应用价值很高（李尚志和陈煜初，2019）。睡莲既是重要的观赏植物，也是重要的基部被子植物，是研究被子植物起源与演化的重要类群（Rebecca et al.，2020；Zhang et al.，2020）。

二、睡莲种质资源类型与分布

根据 *Flora of China* 第 6 卷记载，我国分布的睡莲属原生种（含变种）有 5 个，但据最新文献报道目前野外仅发现 4 个：睡莲（子午莲，*N. tetragona*）、雪白睡莲（*N. candida*）、柔毛齿叶睡莲（*N. lotus* var. *pubescens*）和延药睡莲（*N. nouchali*）（Fu and Wiersema，2001；肖克炎，2017）。广西尚未发现睡莲野生资源分布，目前广西栽培睡莲多为园艺品种。广西跨越中亚热带、南亚热带、北热带 3 个气候带，特别适宜热带睡莲种植及种质资源的保存，睡莲在广西大部分地区几乎可全年开花和生长。目前南宁市、柳州市、玉林市、贵港市、百色市平果市、来宾市武宣县等市（县）有一定面积的睡莲种植，种植单位主要为科研单位、企业、农业合作社及公园等（表 10-4）。广西农业科学院花卉研究所、广西壮族自治区亚热带作物研究所引种保存的睡莲种质资源有 180 余种（含品种）。常见的热带睡莲品种主要为可"胎生"的'保罗蓝'睡莲（*N.* 'Paul Stetson'）、'蓝鸟'睡莲（*N.* 'Blue Bird'）等以及以'黄金国'睡莲（*N.* 'Eldorado'）为代表的九品香水莲系列；晚间开花的有'红色闪耀'睡莲（*N.* 'Red Flare'）以及大型白天开花的热带睡莲品种'红叶金樽'睡莲（*N.* 'Hongye Jinzun'）及澳洲睡莲亚属的大部分种等，这些品种在广西表现优异，具有良好的推广应用前景；耐寒睡莲的生长情况整体上在广西表现不佳，常见的综合性状优良的品种有'品瓦里'睡莲（*N.* 'Pin Waree'）、'科罗拉多'睡莲（*N.* 'Colorado'）、'克莱德艾肯斯'睡莲（*N.* 'Clyde Ikins'）等。

表 10-4　广西部分睡莲引种单位

序号	引种单位	引种数量
1	广西农业科学院花卉研究所	>150 种
2	广西壮族自治区亚热带作物研究所	>150 种

序号	引种单位	引种数量
3	南宁园博园管理中心（南宁市热带植物研究所）	>100 种
4	广西农垦金光农场有限公司	>50 种
5	南宁市植物园	>50 种
6	南宁市人民公园	>30 种
7	广西平果华莲科技研究所	>100 种
8	来宾市武宣县二塘镇荷韵莲藕种植专业合作社	>20 种

三、睡莲种质资源创新利用及产业化应用

目前，广西种植睡莲的主要用途体现在以下 4 个方面：一是公园和专类植物园中的水景营造、净化水质等，如南宁市青秀山风景区、南宁市园博园、南宁市人民公园等，园区内种植有数十个睡莲品种，花朵绚丽多彩，成为园区中一道靓丽的风景线；二是睡莲种质资源的保存、种质创新及基础研究，如广西农业科学院花卉研究所、广西壮族自治区亚热带作物研究所等科研单位，培育新优睡莲品种，开展睡莲引种评价、新品种选育、花粉、精油等相关研究；三是睡莲花茶的制作及产业化，如来宾市武宣县二塘镇荷韵莲藕种植专业合作社，主要从事保罗蓝睡莲花茶制作及销售，该茶已成为当地的特色扶贫产品；四是应用园林绿化的睡莲种苗繁育，如平果市的广西平果华莲科技研究所、广西七色草科技有限公司、广西宏阳园林工程有限公司等，利用广西优越的气候条件，建立睡莲等水生植物繁育基地，销售睡莲种苗，应用于园林水景、黑臭水治理等工程项目中。

第五节　苦苣苔种质资源多样性及其利用

一、苦苣苔种质资源基本情况

苦苣苔科（Gesneriaceae）在全世界约有 160 属 3800 种，主要分布在亚洲东部和南部、非洲、欧洲南部、大洋洲、南美洲至墨西哥等热带至温带地区（李振宇和王印政，2004；Weber et al.，2013；许为斌等，2017；葛玉珍等，2020；温放，2020）。我国是苦苣苔科植物主要分布中心之一，资源丰富而多样。按照 Weber 分类系统，截至 2022 年 2 月 4 日，我国自然分布的苦苣苔科植物已记载有 2 族 14 亚族 45 属 808 种（含种下等级）（温放等，2022），其中特有属 10 个、单型属 11 个（Wei et al.，2010；符龙飞等，2019；温放等，2019；陆昭岑等，2020）。

我国苦苣苔科植物的分布和特有中心是云南、贵州、广西及其相邻地（方瑞征等，1995）。广西西靠云贵高原，南部濒临海洋，地势西北高、东南低，境内群山环绕，岩溶地形广泛发育，有着典型而复杂多变的喀斯特地貌。广西跨越中亚热带、南亚热带、北热带 3 个气候带，独特的喀斯特地貌环境和气候条件为苦苣苔科植物的生长提供了多样的生境。根据《中国植物志　第六十九卷》（中国科学院中国植物志编辑委员会，1990）和《中国苦苣苔科植物》（李振宇和王印政，2004）记载，截至 2004 年，广西区内分布的苦苣苔

科植物有 38 属 166 种，属数占全国总属数的 67.86%、种数占全国总种数的 33.88%，是我国苦苣苔科植物属数最多的省份，种数仅次于云南而位居第二。然而，广西苦苣苔科植物的数量一直在持续更新变化，一方面是该科的分类系统多次进行了属一级水平上的撤销、合并、扩增等修订工作；另一方面是新分布不断增加，新种不断被发现、发表。截至 2020 年 11 月，广西拥有的苦苣苔科植物属数为 33 属，占全国总属数的 73.33%，仅次于云南（75.56%），高于贵州（62.22%），位居全国第二；拥有的种的数量达 320 种，占全国总种数的 40.71%，高于云南（35.88%）和贵州（19.47%），位居全国第一（黄梅等，2022）。

二、苦苣苔种质资源类型与分布

广西苦苣苔科植物的种类和属数量丰富，但属内种间分化明显，除报春苣苔属（*Primulina*）之外，大部分属内所包含的种及种下变种数量较少。在众多种类中，吊石苣苔（*Lysionotus pauciflorus*）和半蒴苣苔（*Hemiboea subcapitata*）的分布范围最广。从植物的株型来看，区内分布有莲座状草本、直立草本、藤状灌木、亚灌木等；从生境类型来看，分布有阴湿半附生岩生型、洞穴型、耐旱喜光型、阴生干燥型、高海拔型、低海拔高温干燥型、阴生喜湿附生型、耐旱附生型以及林下地生型等类型的苦苣苔。由于地域差异、生态环境不同，同一种类的不同居群差异较大。

除南极洲外，苦苣苔科植物在其余六大洲均有分布。我国从西藏南部开始，由南向北，越西南（云南、四川）、华南（广东、广西）向上经湖南、湖北直至河北，以及辽宁西南部均有苦苣苔科植物分布（温放，2008）。常生长于裸露的石灰岩石壁、石缝、林下阴湿处或者岩溶洞穴入口处。

广西苦苣苔科植物的分布几乎覆盖了全境，从南到北、从东到西均有，除北海市及其县、市辖区未采集到标本外，其余市（县）都采集到标本。现以广西及区内行政区域或境内山川河流命名的苦苣苔科植物达 62 种，其中有 34 个市、县及市辖区拥有用自己名字"冠名"的苦苣苔科物种（温放，2018）。在水平分布上，区内各地的种数分布有明显差异。其中种数最多的是桂西南地区，达 40 种以上，以崇左市龙州县最为突出，有 36 种；其次是桂西地区，达 37 种以上，百色市那坡县以 34 种位居该地区的首位；以大瑶山为集中分布区域的桂东至桂中地区有 20 种左右；以九万山为集中分布区域的桂北地区也有 20 种左右；桂南地区分布有 18 种；桂东南地区的分布数量最少（韦毅刚等，2004）。在垂直分布上，以海拔 300～1500m 为主，最高海拔达 2100m，最低海拔为 50m（韦毅刚等，2004；温放，2008）。

三、苦苣苔种质资源主要特点

苦苣苔科植物的形态变化千姿百态，有株型小巧的草本类，也有株型粗犷的小灌木类；花朵颜色丰富绚丽，以蓝色至蓝紫色为主，但不乏白色、红色、黄色、紫色。苦苣苔对荫蔽环境的适应性很强，大部分种类喜阴湿环境，这种独特的生长习性使其非常适宜作为室内观赏花卉，对于庭院活动空间日渐缩小、诸多喜阳植物在人们家庭中较难生存而言，种养苦苣苔是一个十分不错的选择。苦苣苔可开发为盆栽观赏，观赏性依株型、花朵大小及数量、叶片斑纹有无而不同。百寿报春苣苔（*Primulina baishouensis*）、牛耳朵（*Primulina* eburnea）、蚂蟥七（*Primulina fimbrisepala*）、龙氏报春苣苔（*Primulina longii*）、大根报春苣苔（*Primulina macrorhiza*）、黄花牛耳朵（*Primulina lutea*）等一类，花朵硕大，花型优美；桂林报春苣苔（*Primulina gueilinensis*）、柳江报春苣苔（*Primulina liujiangensis*）、药用报春苣苔（*Primulina medica*）、融安报春苣苔（*Primulina ronganensis*）等一类，花量丰富，盛花期花朵几乎掩盖整个盆面。这两类都是观花盆栽的突出类型。荔波报春苣苔（*Primulina liboensis*）、微斑报春苣苔（*Primulina minutimaculata*）、尖萼报春苣苔（*Primulina pungentisepala*）、永福报春苣苔（*Primulina yungfuensis*）等一类的叶片奇特有趣，或具银白色叶脉或具鱼骨状白色脉纹或具白色斑块，是观叶盆栽的绝佳类型。中越报春苣苔（*Primulina sinovietnamica*）、石蝴蝶状报春苣苔（*Primulina petrocosmeoides*）、石蝴蝶（*Petrocosmea duclouxii*）等一类，株型小巧，莲座状明显，可应用于微型盆景。弄岗报春苣苔（*Primulina longgangensis*）、线叶报春苣苔（*Primulina linearifolia*）、线萼报春苣苔（*Primulina linearicalyx*）、文采报春苣苔（*Primulina wentsaii*）、刺齿报春苣苔（*Primulina spinulosa*）、条叶报春苣苔（*Primulina ophiopogoides*）等一类，叶片肉质化明显，多年栽培后具有优美株型，是假山造景、垂直绿化、制作盆景的优良素材。小灌木类的苦苣苔则可用于植物造景。例如，粉绿异裂苣苔（*Pseudochirita guangxiensis* var. *glauca*）、半蒴苣苔等一类，株型硕大，但欠美观，观花效果虽不理想，但直立型好，长势旺盛，覆盖效果好，可群植于林下或与其他景观植物搭配或作为花境植物材料使用。

苦苣苔科植物部分种类还可入药，是优良的药用植物资源。吊石苣苔可治疗跌打损伤、肺结核，具有止咳化痰的功效；半蒴苣苔不仅可食用，全株还可入药，对疮痈肿毒、蛇咬伤和烧烫伤的疗效极佳；牛耳朵则有清肺止咳的功效。

四、苦苣苔种质资源创新利用及产业化应用

苦苣苔科植物株型多样、叶片奇特有趣、花色绚丽、花朵结构精巧、花量丰富，产业前景广阔，但其仍然面临着两个严峻问题。一是野生种质资源虽丰富但不受重视。在苦苣苔科植物中最广为人知的非洲紫罗兰（*Saintpaulia ionantha*）是目前商业化最成功的类群。相比之下，我国苦苣苔的很多资源尚未开发利用。近年来，国产苦苣苔科中的报春苣苔属植物以良好的生物学性状、极高的观赏特性以及优异的抗性被不少科研院所和众多爱好者关注并应用于育种中，新品种数量逐年增加，为产业化奠定了良好的基础。但由于人们对其认识和接受程度不足、品种的推广力度及宣传不够等，真正在市场流行的自主知识产权品种几乎没有。二是由于生境脆弱，易受外来因素干扰，很多物种面临着生境破坏、种质资源流失、无法持续利用等问题。因此，开展苦苣苔种质资源创新利用，不仅对保护野生苦苣苔科植物具有重要作用，对加快其产业化发展也具有重要意义。

第六节　秋海棠种质资源多样性及其利用

一、秋海棠种质资源基本情况

秋海棠通常为秋海棠科（Begoniaceae）植物的统称，包括夏威夷秋海棠属（*Hillebrandia*）

和秋海棠属（*Begonia*）。夏威夷秋海棠属仅 1 种，分布于夏威夷群岛；秋海棠属截至 2022 年 3 月 22 日已公开发表 2076 种（Hughes et al.，2022），为维管植物第六大属，广布于美洲、亚洲和非洲地区潮湿的热带和亚热带区域，尤其喜好林下、溪谷、洞穴及瀑布等小生境，其中亚洲约有 1000 种（税玉民和陈文红，2018；Moonlight et al.，2018）。

中国为世界秋海棠属植物的重要分布中心之一，进入 21 世纪以来，随着彭镜毅、刘演、税玉民、古训铭、田代科等学者在秋海棠野生资源调查方面的不断深入，越来越多中国分布的秋海棠新种得以发现，目前已知分布 277 种（含种下等级），预计未来将达到 300 种，其中约 90% 为中国特有种（管开云和李景秀，2020；田代科，2020a；爱棠 iBegonia，2022）。西南和华南地区则为中国的秋海棠分布中心，其中又以云南和广西两省（区）为绝对分布中心，其次分布较多的省（区）分别为西藏、贵州、台湾、四川、广东、湖南、海南等，分布数量均超过 10 种。而其余部分省（区）也有分布，但整体数量较少，且几乎无该省（区）特有种，均为广布种，如秋海棠（*B. grandis*）、裂叶秋海棠（*B. palmata*）、粗喙秋海棠（*B. longifolia*）等（Tian et al.，2018）。

对 213 种中国分布的秋海棠属植物的濒危保护状况进行统计发现，近危（NT）及以上种类达 75 个，占比为 35.21%，可见目前国内野生秋海棠的生存状况不容乐观（覃海宁，2020）。广西跨越中亚热带、南亚热带、北热带 3 个气候带，域内地形地貌复杂，同时各山区中人迹罕至区域面积广阔，加之各类小气候环境及小生境，为秋海棠属植物资源的生长和进化提供了得天独厚的自然条件。随着近年来广西地区秋海棠新种不断发表，全区秋海棠分布物种达百种（表 10-5），略低于云南省，位居全国第二位（董莉娜和刘演，2019；Tong et al.，2019；Liu et al.，2020；Feng et al.，2021；Tian et al.，2021）。就组成而言，中国分布最多的为扁果组（Section *Platycentrum*）、侧膜组（Section *Coelocentrum*）和东亚秋海棠组（Section *Diploclinium*），种数约占国内秋海棠总种数的 90%，其中扁果组和侧膜组秋海棠以中国为分布中心，而广西广布的喀斯特结构使其成为侧膜组秋海棠的世界分布中心，全球近 70% 的侧膜组秋海棠在广西区内有分布（Ku，2006；丁友芳和张万旗，2017；Tian et al.，2018）。

表 10-5　广西秋海棠属植物调查发现及分布

序号	拉丁名	中文名	组别	调查发现	调查分布
1	*B. arachnoidea*	蛛网脉秋海棠	侧膜组 Section *Coelocentrum*	是	崇左市大新县
2	*B. asteropyrifolia*	星果草叶秋海棠		—	
3	*B. aurantiflora*	橙花侧膜秋海棠		—	
4	*B. auritistipula*	耳托秋海棠		—	
5	*B. austroguangxiensis*	桂南秋海棠		是	崇左市龙州县
6	*B. bamaensis*	巴马秋海棠		是	河池市巴马瑶族自治县
7	*B. biflora*	双花秋海棠		—	
8	*B. × breviscapa*	短葶秋海棠		—	
9	*B. cavaleriei*	昌感秋海棠		是	河池市金城江区、河池市环江毛南族自治县、河池市南丹县等

续表

序号	拉丁名	中文名	组别	调查发现	调查分布
10	*B. chongzuoensis*	崇左秋海棠	侧膜组 Section *Coelocentrum*	是	崇左市江州区
11	*B. cirrosa*	卷毛秋海棠		是	百色市那坡县
12	*B. curvicarpa*	弯果秋海棠		—	
13	*B. cylindrica*	柱果秋海棠		—	
14	*B. daxinensis*	大新秋海棠		是	百色市德保县
15	*B. debaoensis*	德保秋海棠		是	百色市靖西市、德保县
16	*B. fangii*	方氏秋海棠		是	崇左市龙州县
17	*B. ferox*	黑峰秋海棠		是	崇左市龙州县
18	*B. filiformis*	丝形秋海棠		是	崇左市天等县、龙州县
19	*B. fimbribracteata*	须苞秋海棠		—	
20	*B. guangxiensis*	广西秋海棠		是	河池市金城江区、河池市都安瑶族自治县
21	*B. guixiensis*	桂西秋海棠		—	
22	*B. gulongshanensis*	古龙山秋海棠		是	百色市靖西市
23	*B. jingxiensis*	靖西秋海棠		是	崇左市大新县、百色市靖西市、崇左市天等县等
24	*B. jingxiensis* var. *mashanica*	马山秋海棠		是	南宁市马山县
25	*B. lanternaria*	灯果秋海棠		是	崇左市龙州县
26	*B. larvata*	果子狸秋海棠		是	崇左市江州区
27	*B. leipingensis*	雷平秋海棠		是	崇左市大新县
28	*B. leprosa*	癞叶秋海棠		是	崇左市龙州县、南宁市隆安县、桂林市阳朔县等
29	*B. liuyanii*	刘演秋海棠		是	崇左市龙州县
30	*B. longgangensis*	弄岗秋海棠		是	崇左市龙州县
31	*B. longiornithophylla*	长茎鸟叶秋海棠		是	崇左市大新县、崇左市天等县
32	*B. lui*	陆氏秋海棠		是	百色市靖西市、百色市德保县
33	*B. luochengensis*	罗城秋海棠		是	河池市罗城仫佬族自治县
34	*B. luzhaiensis*	鹿寨秋海棠		是	柳州市鹿寨县、河池市凤山县、桂林市阳朔县等
35	*B. masoniana*	铁甲秋海棠		是	崇左市凭祥市、崇左市龙州县
36	*B. morsei*	龙州秋海棠		是	崇左市龙州县
37	*B. morsei* var. *myriotricha*	密毛龙州秋海棠		—	
38	*B. ningmingensis*	宁明秋海棠		是	崇左市宁明县、崇左市龙州县、崇左市大新县等
39	*B. ningmingensis* var. *bella*	丽叶秋海棠		是	崇左市大新县
40	*B. ornithophylla*	鸟叶秋海棠		是	崇左市大新县、百色市靖西市
41	*B. pengii*	彭氏秋海棠		—	

续表

序号	拉丁名	中文名	组别	调查发现	调查分布
42	*B. picturata*	一口血秋海棠	侧膜组 Section *Coelocentrum*	是	百色市那坡县
43	*B. porteri*	罗甸秋海棠		—	
44	*B. pseudodaxinensis*	假大新秋海棠		是	崇左市凭祥市、崇左市龙州县、崇左市天等县等
45	*B. pseudoleprosa*	假癞叶秋海棠		是	崇左市大新县、南宁市江南区
46	*B. pulvinifera*	肿柄秋海棠		是	百色市那坡县
47	*B. retinervia*	突脉秋海棠		是	河池市都安瑶族自治县
48	*B. rhytidophylla*	网脉秋海棠		—	
49	*B. scabrifolia*	涩叶秋海棠		—	
50	*B. semiparietalis*	半侧膜秋海棠		是	崇左市扶绥县
51	*B. setulosopeltata*	刺盾叶秋海棠		—	
52	*B. sinofloribunda*	多花秋海棠		是	崇左市龙州县
53	*B. subcoriacea*	近革叶秋海棠		—	
54	*B. suboblata*	都安秋海棠		是	河池市都安瑶族自治县
55	*B. ufoides*	碟叶秋海棠		—	
56	*B. umbraculifolia*	伞叶秋海棠		—	
57	*B. variifolia*	变异秋海棠		—	
58	*B. wangii*	少瓣秋海棠		是	百色市德保县
59	*B. yishanensis*	宜山秋海棠		是	河池市宜州区
60	*B. yizhouensis*	宜州秋海棠		是	河池市宜州区
61	*B. zhuoyuniae*	倬云秋海棠		—	
62	*B. aurora*	极光秋海棠	扁果组 Section *Platycentrum*	—	
63	*B. baviensis*	金平秋海棠		—	
64	*B. cathayana*	花叶秋海棠		是	百色市那坡县、百色市靖西市
65	*B. circumlobata*	周裂秋海棠		是	桂林市荔浦市、来宾市金秀瑶族自治县、百色市那坡县等
66	*B. daweishanensis*	大围山秋海棠		—	
67	*B. edulis*	食用秋海棠		是	百色市靖西市、南宁市隆安县、百色市那坡县等
68	*B. handelii*	香花秋海棠		是	百色市那坡县、河池市都安瑶族自治县、百色市德保县等
69	*B. handelii* var. *rubropilosa*	红毛香花秋海棠		—	
70	*B. handelii* var. *prostrata*	铺地秋海棠		—	
71	*B. hemsleyana*	掌叶秋海棠		是	百色市那坡县、崇左市天等县
72	*B. hemsleyana* var. *kwangsiensis*	广西掌叶秋海棠		—	
73	*B. longanensis*	隆安秋海棠		—	
74	*B. longiciliata*	长纤秋海棠		—	

续表

序号	拉丁名	中文名	组别	调查发现	调查分布
75	*B. palmata*	裂叶秋海棠	扁果组 Section *Platycentrum*	是	百色市靖西市、百色市那坡县、来宾市金秀瑶族自治县等
76	*B. palmata* var. *bowringiana*	红孩儿		是	崇左市天等县、百色市德保县、百色市那坡县等
77	*B. parvibracteata*	小苞秋海棠		是	崇左市龙州县
78	*B. pedatifida*	掌裂叶秋海棠		—	
79	*B. pseudoedulis*	假食用秋海棠		—	
80	*B. smithiana*	长柄秋海棠		是	河池市南丹县
81	*B. scorpiuroloba*	蝎尾裂秋海棠		是	防城港市防城区
82	*B. tsoongii*	观光秋海棠		—	
83	*B. truncatiloba*	截叶秋海棠		—	
84	*B. villifolia*	长毛秋海棠		—	
85	*B. bambusetorum*	竹林秋海棠	东亚秋海棠组 Section *Diploclinium*	—	
86	*B. fimbristipula*	紫背天葵		是	河池市环江毛南族自治县、来宾市金秀瑶族自治县、贵港市桂平市等
87	*B. gigabracteata*	巨苞秋海棠		—	
88	*B. glechomifolia*	金秀秋海棠		是	来宾市金秀瑶族自治县
89	*B. grandis*	秋海棠		是	南宁市隆安县、桂林市龙胜各族自治县
90	*B. grandis* subsp. *sinensis*	中华秋海棠		是	桂林市龙胜各族自治县
91	*B. hymenocarpa*	膜果秋海棠		—	
92	*B. labordei*	心叶秋海棠		—	
93	*B. lithophila*	石生秋海棠		—	
94	*B. longifolia*	粗喙秋海棠		是	桂林市荔浦市、崇左市龙州县、百色市那坡县等
95	*B. obsolencens*	不显秋海棠		—	
96	*B. sinovietnamica*	中越秋海棠		—	
97	*B. chingii*	凤山秋海棠	单座组 Section *Reichenheimia*	是	河池市凤山县、百色市靖西市、百色市德保县等
98	*B. henryi*	独牛		—	
99	*B. parvula*	小叶秋海棠		是	南宁市隆安县
100	*B. summoglabra*	光叶秋海棠		—	

注："—"表示在本轮野外调查中暂未发现该种的野生居群

二、秋海棠属植物资源类型与分布

对已有文献资料进行统计和鉴别发现,广西地区分布公开发表的秋海棠属植物已达

100 种，包括种 92 个、亚种 1 个、变种 6 个、天然杂交种 1 个，仅次于云南的 119 种（董莉娜和刘演，2019；税玉民等，2019；爱棠 iBegonia，2022），约占全国秋海棠属植物总数的 38%，其中广西特有种约为 60 种。但结合本次实地资源调查情况，上述数据后续将进一步增加。就分类组成而言，已公开发表的广西地区秋海棠属植物中含侧膜组 61 种、扁果组 23 种、东亚秋海棠组 12 种、单座组 4 种（表 10-5），分别占广西秋海棠属植物总数的 61.00%、23.00%、12.00%、4.00%，分别约占全国同组秋海棠属植物总数的 87.14%、19.66%、21.43%、44.44%。由此可见，广西地区秋海棠属植物尤其是侧膜组资源是全国乃至全球秋海棠属植物资源的重要组成部分。

　　根据资源调查情况，结合文献资料，发现广西地区秋海棠植物分布呈现明显的西多东少的现象。尤其是桂西南和桂西方向的崇左市、百色市、河池市 3 个市分布数量较多，分别为 44 种、44 种、40 种；其次为南宁市、防城港市、桂林市、来宾市、柳州市，为 10～20 种；而贵港市、钦州市、贺州市、北海市、玉林市、梧州市 6 个市分布数量相对较少，均未超过 10 种，其中北海市目前资料显示尚无分布（图 10-3）。

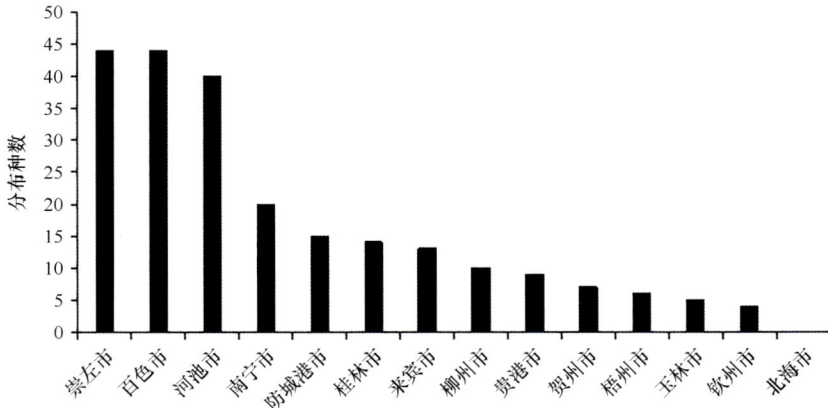

图 10-3　广西地区秋海棠属植物分布情况

　　通过分析各种秋海棠属植物已知分布区域范围可以发现，广西地区全区广布的秋海棠属植物种类较少，仅见于秋海棠、裂叶秋海棠、红孩儿（*B. palmata* var. *bowringiana*）、粗喙秋海棠、紫背天葵（*B. fimbristipula*）等少数几种，且均非侧膜组秋海棠；分布区域达到 3 个（不含）县（市、区）以上的种类约 25 种，其中侧膜组 10 种，癞叶秋海棠（*B. leprosa*）、靖西秋海棠（*B. jingxiensis*）和鹿寨秋海棠（*B. luzhaiensis*）为目前广西地区侧膜组中分布最广的 3 种，均在 10 个县（市、区）左右；分布区域为 2 或 3 个县（市、区）的秋海棠属植物约 25 种，其中侧膜组 15 种；而在广西地区仅在 1 个县（市、区）分布的秋海棠属植物近 40 种，其中侧膜组约 35 种。可见侧膜组秋海棠在分布区域上明显呈现狭域分布特征。2021 年 9 月，国家林业和草原局、农业农村部联合发布第二批《国家重点保护野生植物名录》，7 个秋海棠物种被列为二级重点保护植物，其中侧膜组 3 种，均为广西特有种，分别为蛛网脉秋海棠（*B. arachnoidea*）、黑峰秋海棠（*B. ferox*）、古龙山秋海棠（*B. gulongshanensis*）（国家林业和草原局和农业农村部，2021）。

三、秋海棠属植物主要特点及其多样性

由于野生秋海棠属植物对生长环境要求较高，大部分分布于人迹罕至的区域。受人力、经费、时间等限制，秋海棠属植物资源调查重点为各种质在广西分布情况、野生群体生长状况以及开发潜力评估等，累计发现秋海棠属植物 58 种 200 余个居群，包括侧膜组 41 个、扁果组 10 个、东亚秋海棠组 5 个、单座组 2 个（表 10-5）。现就广西地区秋海棠属植物调查总结和资源特征介绍如下。

（一）调查难度大、覆盖度有限

秋海棠属野生资源种类繁多，分布各异，常见如村屯边、路旁、林下等均可能分布，然而广西地区绝大部分秋海棠种类分布在较为原始区域的溪涧、河谷、洞穴、石壁、天坑等，调查中路途消耗时间极多，且大部分时间需要徒步和徒手攀爬，因此在全区范围内开展全面调查难度极大。调查均采用抽查的方式进行，即某一县（市、区）仅选择几个具有代表性区域或者随机区域开展调查，因此存在和前人调查区域重复、覆盖区域有限的情况。

（二）野生资源丰富、多样性高

广西地区秋海棠属植物野生资源已达 100 种，居全国第二位，尤其是地区特有种约 60 种，展示了该属植物野生资源的丰富性和种间多样性。下属 14 个地级市除北海市外均有分布，统计和调查显示均不低于 4 种，随着后续资源调查的深入，实际各地资源分布数量和部分种类的分布区域均将高于目前统计数据。就崇左市天等县而言，已有资料显示其内仅有大新秋海棠（B. daxinensis）、凤山秋海棠（B. chingii）以及其他几个广布种分布，然而调查发现，除此之外在其境内还有长茎鸟叶秋海棠（B. longiornithophylla）、丝形秋海棠（B. filiformis）、靖西秋海棠、掌叶秋海棠（B. hemsleyana）、假大新秋海棠（B. pseudodaxinensis）等分布。同时同种秋海棠在不同地区和居群的形态上可能表现出明显的差异性和多样性，如宁明秋海棠（B. ningmingensis）、鹿寨秋海棠、癞叶秋海棠等。除此之外，调查发现疑似新种、天然杂交种等 10 余个，具体有待进一步研究确认。

（三）资源分布规律性明显

广西地区 80% 以上的秋海棠属植物在崇左市、百色市和河池市有分布，三市为广西地区秋海棠分布中心，尤其是侧膜组秋海棠。分析原因可能与以下几点有关：一是桂西和桂西南地区为广西喀斯特最为集中连片的区域，且纬度相对较低，更适合秋海棠属植物生长；二是崇左市、百色市、河池市、桂林市一直以来为各类资源调查的热点区域，其历史调查相比其他地市要更加深入；三是百色市、河池市和崇左市为广西人口密度较低的 3 个地级市，人类活动频率和范围相对较低，同样这也是保障野生植物种群长和进化的有利因素；四是南宁市、钦州市、贵港市、玉林市、北海市、梧州市等地级市为广西人工林种植的重要区域，其内单一用材林面积较大，天然林比例相对较少，秋海棠属植物的适生环境明显减少。

（四）野生种群受不同程度人为干扰

随着社会的发展和人民生活水平的不断提升，广西地区秋海棠属植物野生资源受到人类威胁程度逐渐提高，干扰方式呈现多样化，主要体现在：一是房屋、道路、桥梁、隧道、管道等设施建设导致其周边较大区域生境变化；二是很多自然风景区所在区域环境通常较适合秋海棠属植物分布，常为某种或多种秋海棠分布地，景区开发不仅会改变周围环境，大量游客聚集活动同样具有威胁性，如崇左市大新县德天瀑布景区、百色市靖西市通灵大峡谷景区、河池市巴马瑶族自治县百魔洞景区等；三是来自山农、科研人员、标本馆的采挖，尤其是随着近年来秋海棠属植物越来越为大众所接受，山农借助网络售卖野生资源的情况较为常见。资源调查受到各种因素的制约，如桂西秋海棠（*B. guixiensis*）、近革叶秋海棠（*B. subcoriacea*）、伞叶秋海棠（*B. umbraculifolia*）等在资料中的分布点未能找到其野生群体；而部分种类分布区域小、野生群体数量较少，灭绝风险大，如蛛网脉秋海棠、桂南秋海棠（*B. austroguangxiensis*）、古龙山秋海棠等。

四、秋海棠属植物种质资源创新利用

秋海棠属植物在我国具有悠久的栽培历史和文化底蕴，在观赏、文化、食用、药用、饲料等方面均有应用（田代科，2020a）。经查阅资料、现场调查、咨询等，广西地区秋海棠属植物应用同样体现在观赏、食用和药用方面，尤其是部分类群作为传统壮药广为利用，如一口血秋海棠（*B. picturata*）；而利用食用秋海棠茎干制作的酸菜同样别具风味。由于秋海棠属植物在叶片、花朵上表现出的观赏价值，因此不仅是广西地区，在全国甚至世界范围内，其作为观赏植物的开发利用最为普遍，尤其是盆花、花坛、花境应用极为广泛。

19世纪初世界各地陆续开始原生秋海棠的引种和选育，并很快形成了目前市场主流的4个秋海棠类群（四季秋海棠、球根秋海棠、大王秋海棠和丽格秋海棠）的初始栽培类群，发展至今，秋海棠栽培品种已近20 000种，在国际花卉市场尤其是草本花卉中占有重要地位（丁友芳和张万旗，2017）。目前绝大部分秋海棠品种为国外育成，我国秋海棠育种起步明显晚于国外，21世纪才开始迅速发展。目前市场主要栽培种绝大多数是在美洲和非洲的原生种基础上育成的，亚洲类群参与育种相对较少，而中国分布种参与育种则更加少见。

中国科学院昆明植物研究所、上海辰山植物园、深圳市仙湖植物园、广西植物研究所、中国科学院华南植物园、厦门园林植物园以及台湾辜严倬云植物保种中心等为较早进行秋海棠属植物研究的国内科研单位（田代科，2020b）。早期的研究多偏向于引种收集、自然保育、系统分类等基础研究，基于中国分布种秋海棠属植物新品种选育研究开展相对较少。

近年来，侧膜组秋海棠由于株型紧凑、花量丰富，尤其是多变的叶片斑纹，成为秋海棠爱好者的新宠，具有较高的育种价值（管开云和李景秀，2020）。由于较大比例侧膜组秋海棠为2000年及以后的新发表种，其作为亲本参与选育新品种的时间较短，短期之内成效虽未体现，但侧膜组秋海棠已经成为花卉育种者、从业者及民众重点关注的植物类群之一。广西为侧膜组秋海棠的世界分布中心，通过调查和引种栽培发现，其中很多类群在叶形、叶斑、株型、抗性等方面有较好的人工栽培表现，如巴马秋海棠、德保秋海棠（*B. debaoensis*）、黑峰秋海棠、鹿寨秋海棠等，为新品种选育的优良候选亲本，因而近年来广西已成为全国秋海棠科研工作者资源调查、引种等研究的重要区域之一。广西区内各科研单位同样开始注重区内特色秋海棠属植物种质创新利用，开展广西野生秋海棠属植物的筛选和新品种选育工作，并且取得了初步成效。然而花卉新品种选育通常是一个长期的过程，我们预测未来由中国分布的秋海棠属植物尤其是侧膜组参与育种的新品种将会在秋海棠市场占据一席之地。

第七节　杜鹃花种质资源多样性及其利用

一、杜鹃花种质资源基本情况

杜鹃花泛指杜鹃花科（Ericaceae）杜鹃花属（*Rhododendron*）植物，其株形优美、花色艳丽、色泽丰富，素有"木本花卉之王""花中西施"等美誉，被列为世界三大著名高山花卉和中国十大名花之一（Wang et al.，2017）。杜鹃花具有较高的观赏价值和广阔的园林应用前景，此外还有食用、药用、工业原料等多种用途（宋鹤娇，2009）。

全球杜鹃花属植物约有 1200 种，中国有 600 余种，而其中特有种达 420 种。杜鹃花在全球主要分布在亚洲、欧洲和北美洲，其中亚洲最多。在中国除新疆和宁夏外，各省（区）均有杜鹃花分布，其中以云南、四川、西藏、广西和贵州最多（Sharma et al.，2014；常宇航等，2020）。据不完全统计，广西分布有杜鹃花 115 种（含亚种、变种），约占全国种数的 19.17%，其中特有种 40 种，占全国特有种数的 9.52%（李光照，2008）。

二、杜鹃花种质资源分布

广西杜鹃花分布与广西土山山脉分布一致（欧祖兰等，2003），在桂北、桂中、桂东、桂南、桂西地区均有分布。其中，桂中地区的来宾市金秀瑶族自治县的种类最丰富，种数达 38 种（含亚种、变种）；其次是桂北地区的桂林市资源县，种数达 33 种（含亚种、变种）。广西各地区杜鹃花资源分布情况见表 10-6。

表 10-6　广西杜鹃花资源分布情况

分布区域	分布市县
桂北	桂林市资源县（33 种）、桂林市兴安县（30 种）、桂林市龙胜各族自治县（25 种）、桂林市临桂区（25 种）、桂林市灌阳县（24 种）、桂林市全州县（20 种）、桂林市灵川县（14 种）、桂林市恭城瑶族自治县（8 种）、桂林市阳朔县（6 种）、桂林市永福县（4 种）、桂林市荔浦市（2 种）、桂林市平乐县（1 种）
桂中	柳州市融水苗族自治县（26 种）、柳州市融安县（3 种）、柳州市三江侗族自治县（2 种）、来宾市金秀瑶族自治县（38 种）、来宾市象州县（7 种）、来宾市忻城县（1 种）、来宾市区（1 种）、来宾市武宣县（1 种）
桂东	贺州市区（14 种）、贺州市昭平县（4 种）、贺州市钟山县（3 种）、贺州市富川瑶族自治县（1 种）、梧州市蒙山县（4 种）、梧州市苍梧县（2 种）、玉林市陆川县（2 种）、玉林市北流市（2 种）、玉林市容县（7 种）、贵港市区（3 种）、贵港市平南县（5 种）、贵港市桂平市（4 种）
桂南	南宁市武鸣区（20 种）、南宁市上林县（14 种）、南宁市宾阳县（7 种）、南宁市马山县（4 种）、南宁市横州市（6 种）、崇左市大新县（3 种）、崇左市龙州县（2 种）、崇左市宁明县（2 种）、崇左市天等县（1 种）、崇左市扶绥县（1 种）、北海市合浦县（1 种）、钦州市区（3 种）、钦州市浦北县（1 种）、防城港市上思县（11 种）、防城港市区（7 种）

续表

分布区域	分布市县
桂西	百色市田林县（11种）、百色市隆林各族自治县（8种）、百色市乐业县（6种）、百色市凌云县（5种）、百色市区（3种），河池市天峨县（6种）、河池市罗城仫佬族自治县（19种）、河池市环江毛南族自治县（9种）、河池市东兰县（4种）、河池市南丹县（2种）、河池市都安瑶族自治县（1种）

三、杜鹃花种质资源创新利用

广西区内对杜鹃花种质资源利用研究较少，且主要在种质资源保存、引种栽培方面。20世纪60年代，广西植物研究所对黄花杜鹃（*Rhododendron lutescens*）开展引种研究，主要目的是用于中药和农药（李光照，2008）。后期广西植物研究所对桂林市猫儿山、花坪林区红滩等地杜鹃花开展引种驯化，就地引种的长蕊杜鹃（*R. stamineum*）能连年盛开。罗清开展了野生杜鹃在南宁的引种研究，表明广西杜鹃（*R. kwangsiense*）、岭南杜鹃（*R. mariae*）、马银花（*R. ovatum*）和溪畔杜鹃（*R. rivulare*）在南宁地区生长良好并能正常开花，马银花亚属及映山红亚属最适宜生长，是适合南宁本地栽培的品种（罗清等，2018）。广西虽然在杜鹃花引种栽培方面取得了一些研究进展，但对杜鹃花其他方面的开发利用研究鲜有报道。杜鹃花兼具观赏及药用价值，广西拥有丰富的杜鹃花资源，已发现的特有种有40余种（含变种），如何利用本土杜鹃花资源优势，开展园林绿化应用、新品种选育、药用价值开发等研究将是今后广西杜鹃花利用研究的重点。

第十一章

广西农作物种质资源有效保护和可持续利用对策

通过"第三次全国农作物种质资源普查与收集行动"和广西创新驱动发展专项资金项目"广西农作物种质资源收集鉴定与保存"的实施，基本摸清了广西大部分农作物种质资源的情况，对当地农作物种质资源的种类、分布、生长情况、生态环境以及威胁因素等关键信息有了清晰而全面的了解和掌握，这些资源基本涵盖了广西主要农作物种质资源并具有丰富的生物多样性及遗传多样性。这对我国生物多样性的研究、保护以及物种资源的开发利用都具有重要的意义。

从此次任务收集资源类型来看，收集到粮食作物 2401 份、经济作物 820 份、果树作物 367 份、蔬菜作物 1191 份，分别占收集资源总数的 50.24%、17.16%、7.68%、24.92%。本章将根据此次收集、征集资源的各项情况，全面分析广西农作物种质资源保存及共享利用现状的问题，并对这些资源的有效保护和可持续利用提出如下建议。

第一节　广西农作物种质资源的威胁因素及其根源

一、产业发展不平衡对种质资源的影响

经对种质资源调查收集结果的分析发现，各县（市、区）种质资源的保有量及多样性与当地产业经济的发展程度存在一定的关联性。以广西猫儿山地区种质资源收集情况为例，系统调查获得种质资源较少的桂林市阳朔县、兴安县和荔浦市，其产业经济发展程度较高，当地经济发展主要依托二三产业，农业在其产业发展中占比程度较低；而系统调查相对获得种质资源较多的恭城瑶族自治县和灌阳县，其产业经济发展中第一产业占比较大，经济发展水平较低，以农业为主（刘开强等，2020）。以上情况表明，随着社会经济的发展，产业发展的不平衡将导致种质资源赖以兮存的农业空间不断降低，进而导致种质资源的多样性可能不断降低。

二、农业产业结构调整导致传统地方品种流失

随着社会经济的发展，广西农作物种植产业结构不断调整，商品经济效益高的经济作物、果树及其他作物逐步取代传统粮食作物，广西各地农户种植杂粮等传统粮食作物地方

品种的积极性不高，致使粮食作物种植面积、种植点和品种数锐减。以防城港市上思县为例，据前期的查阅资料、走访调查得知，上思县水稻种植面积由 1981 年的 36.9 万亩减少为 2014 年的 10.7 万亩；地方品种种植比例由 1981 年的 8.9% 减少为 2014 年的 4.7%（曾宇等，2019）。

三、种质资源共享机制不健全导致资源利用率偏低

从 1935 年起，广西先后开展了 5 次较大规模的考察与收集。截至 2020 年，共收集保存来自全区不同地方的栽培稻、野生稻、玉米、甘蔗、花生、蔬菜、大豆、果树、绿肥作物等各类农作物种质资源 7 万多份。尽管通过几次大规模的考察和收集，广西农作物种质资源库及数据收录方面已取得显著成效，但仍存在以下问题。

一是种质资源数据管理机制不统一。种质资源数据库作为一种网络化载体的信息资源，已成为各级物种研究单位资源的重要组成部分。广西已完成各类种质资源库（圃）的布局和建设任务，但保存单位的资源评价指标参差不齐，生物资源采集记录信息不完整，典型性和关键性数据缺乏，导致资源共享数量较少、质量较低。目前，广西仍没有建立统一的、规范的种质资源数据管理体系，以至于种质资源数据分散，影响了资源共享工作的开展。

二是种质资源共享服务水平偏低。目前广西农作物种质资源的保护基本上处于分散状态，由于数据分散和资源共享并未完善，对已收集的种质资源缺乏有效管理和评价，存在重复或收集不全的问题，不能满足用户对有效资源的数据获取。

三是种质资源数据利用率低。当前在收集保存的农作物种质资源中，还有相当一部分没有进行编目整理，已经编目整理的却普遍存在数据不齐全、同名异物、异名同物等问题。另外，种质资源繁殖更新、开发利用等基础性工作薄弱，可提供对外共享服务的种质资源并不多，不能适应育种和生产发展的需要。

第二节 广西农作物种质资源多样性变化趋势

一、广西玉米种质资源的遗传多样性

广西农业科学院玉米研究所委托中玉金标记（北京）生物技术股份有限公司使用中玉芯 1 号对 557 份广西玉米农家品种资源进行了 10K 的单核苷酸多态性（SNP）标记分析，这些农家品种资源包括墨白类农家品种 45 份、糯玉米类农家品种 235 份、混合类农家品种 236 份及 41 份不同来源的自交系。不同类型玉米品种种群相对集中。玉米农家品种的 SNP 标记分析及种群的划分，将为后期地方种质的利用及核心种质构建提供科学依据，对地方种质资源的优异基因挖掘及高效利用起到重要的推动作用（图 11-1）。

二、广西普通野生稻遗传结构分析与核心种质构建

广西农业科学院水稻研究所通过应用分子标记对从广西收集的普通野生稻资源进行遗传结构分析，全面了解广西普通野生稻的遗传多样性，并在此基础上构建了包括 351 份种

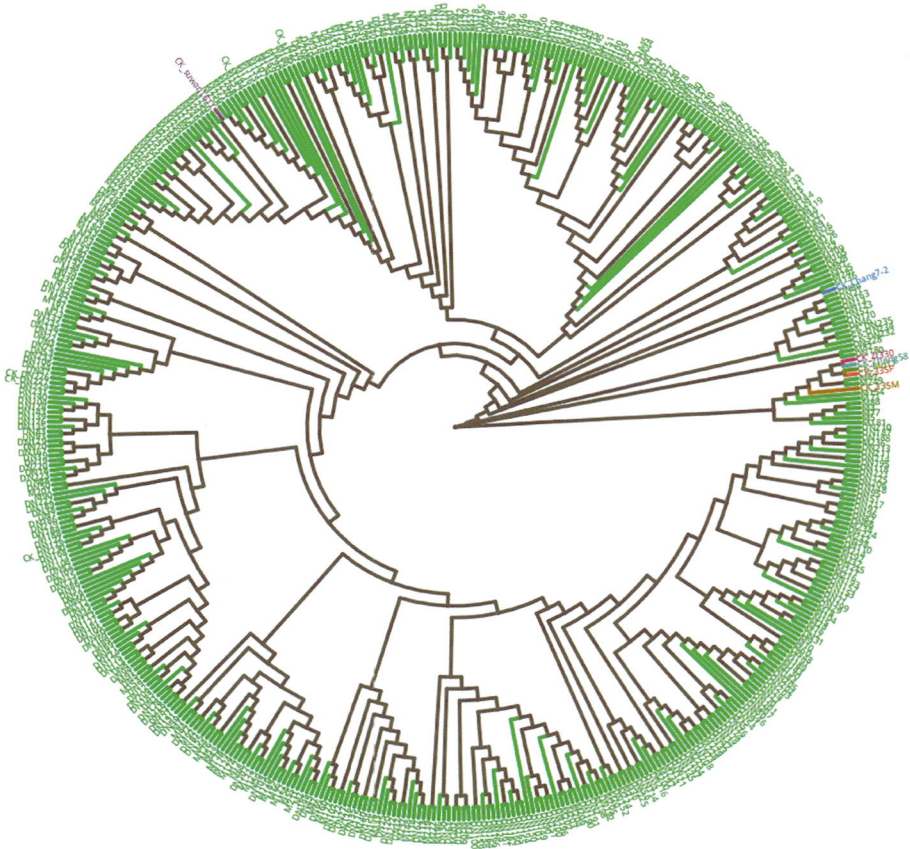

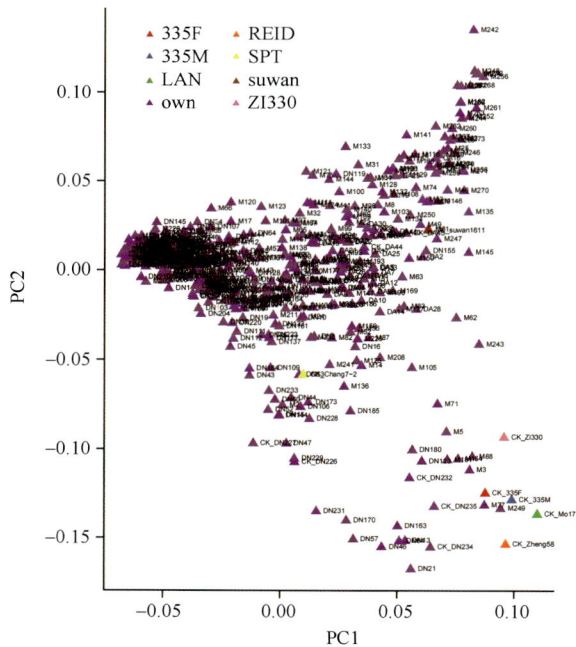

图 11-1　玉米农家品种的 SNP 标记

质资源的广西普通野生稻核心种质，为今后广西普通野生稻资源的保护和育种应用提供重要的理论支撑（图 11-2）。

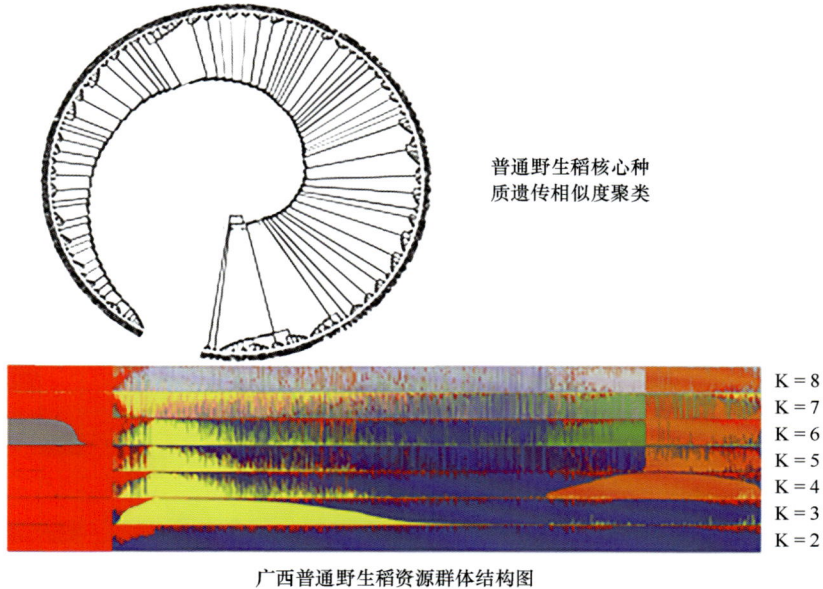

普通野生稻核心种质遗传相似度聚类

广西普通野生稻资源群体结构图

图 11-2　广西普通野生稻的遗传多样性

三、石斛兰遗传多样性分析及 DNA 指纹图谱构建

利用筛选出的 6 个 ISSR 引物对收集引进的 22 种石斛兰原生种构建 DNA 指纹图谱，通过对比发现引物 UBC834、UBC836 和 UBC868 均可单独鉴别出供试的 22 种石斛兰。本研究利用引物 UBC834 构建了 22 种石斛兰的 DNA 指纹图谱（图 11-3），该指纹图谱可用于 22 种石斛兰的分类与鉴定。

四、基于 ISSR 标记的火龙果种质资源遗传多样性分析

2017～2018 年新梢期每份种质采取健康幼嫩茎蔓的茎尖为材料，应用 CTAB 法改良基因组 DNA 的提取。PCR 扩增产物用 1.5%～2.0% 非变性聚丙烯酰胺凝胶电泳检测，用 JS-1075x 型凝胶成像系统观察结果，拍照保存。根据扩增产物在琼脂糖凝胶中的迁移率，对电泳结果进行统计，利用 POPGENE 软件对火龙果遗传多样性参数进行统计分析。

结果表明，等位基因数（N_a）为 1.9698，有效等位基因数（N_e）为 1.4672，Nei's 遗传多样性指数（H）为 0.2790，Shannon-Wiener 多样性指数（I）为 0.4265。就各位点而言，H 最大值为 0.5000，最小值为 0.0000；I 最大值为 0.6931，最小值为 0.0000。这表明 300 份种质间存在丰富的遗传多样性。聚类分析结果表明，300 份种质间相似系数（GS 值）为 0.5283～0.9811。结果显示，同科不同属的仙人掌与火龙果种质间有较远的遗传距离，单独分开，火龙果种质和蛇鞭柱也分开，量天尺属的火龙果种质全部聚为同一类，显示出明确的分类结果，初步揭示了火龙果种质资源间的亲缘关系。

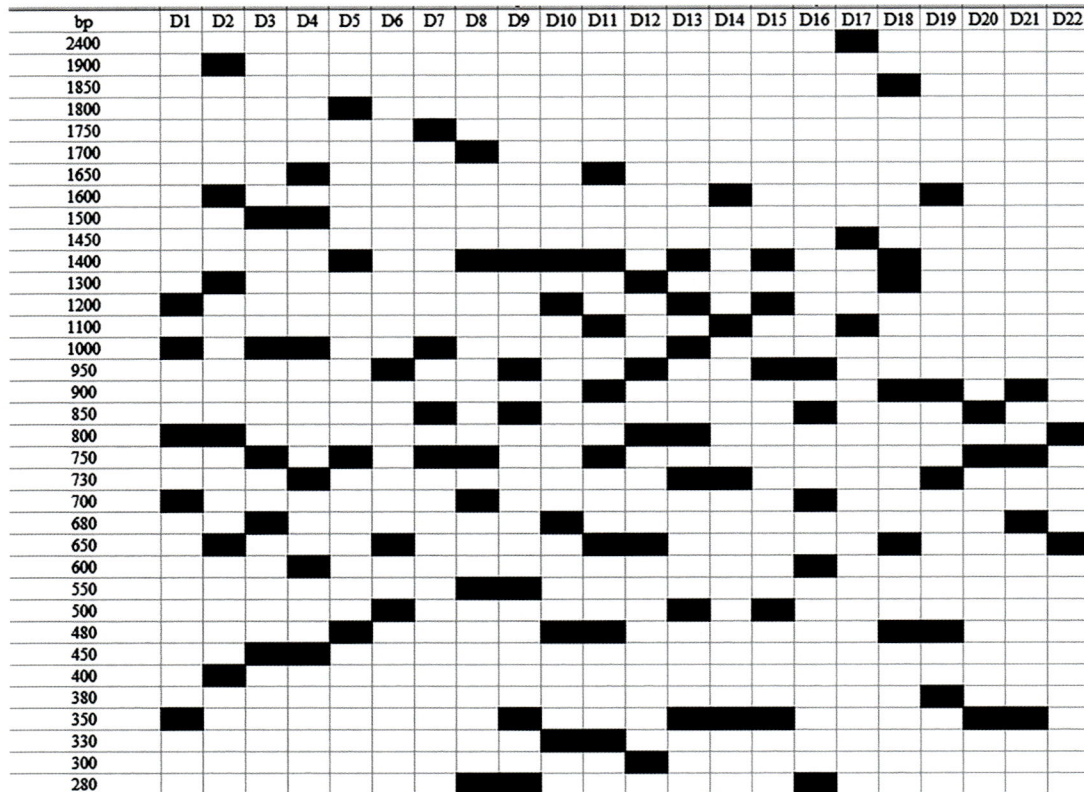

图 11-3　UBC834 引物构建的 22 种石斛兰种质资源 DNA 指纹图谱

五、基于 SCoT 分子标记的阳桃种质资源遗传多样性分析

从 60 条 SCoT 引物中筛选出扩增条带清晰稳定、多态性丰富的引物，对收集的 48 份阳桃种质资源进行 PCR 扩增，统计分析电泳图谱，利用 POPGENE 1.32 软件计算其遗传多样性参数，采用 NTSYSpc 2.1 软件计算种质间的遗传相似系数和遗传距离，利用 UPGMA 法进行聚类分析，并根据遗传相似系数进行主成分分析。

研究结果：从 60 条 SCoT 引物中筛选出的 11 条引物共扩增出 115 条条带，其中多态性条带 102 条，占总条带数的 88.7%，每条 SCoT 引物扩增的总条带数（TNB）和多态性条带数（NPB）分别为 10.45 条和 9.27 条，多态性比率（PPB）为 70.00%～100.00%，平均为 88.84%，多态性信息量（PIC）、有效等位基因数（N_e）、Nei's 遗传多样性指数（H）、Shannon-Wiener 多样性指数（I）的平均值分别为 0.77、1.7758、0.4229、0.6061。48 份阳桃种质间的遗传相似系数为 0.4957～0.9217，平均为 0.6841。聚类分析结果显示，在遗传相似系数 0.6618 处可将 48 份阳桃种质划分为三大类群：第 I 类群均为甜阳桃种质，第 II 类群以酸阳桃种质为主，第 III 类群以甜阳桃种质为主。主成分分析结果与聚类分析结果基本一致，均与阳桃的果实风味和种质来源高度相关。研究结果表明阳桃种质资源具有较丰富的遗传多样性，且筛选获得的 SCoT 引物对阳桃种质资源有较高的多态性检测率，适用于阳桃种质资源鉴别及亲缘关系分析。

六、广西 71 份橄榄种质资源的 ISSR 分析

从 100 条 ISSR 通用引物中筛选出扩增条带清晰稳定、多态性丰富的引物，对从广西收集的 71 份橄榄种质（包括野生、近野生以及栽培的橄榄种质，均以 2020 年新梢期每份种质采取健康幼叶为材料）进行 PCR 扩增，统计分析电泳图谱，利用 POPGENE 1.32 软件分析了 71 份种质的遗传相似系数，并根据遗传相似系数进行主成分分析。

研究结果：从 100 条 ISSR 引物中筛选出的 5 条引物共扩增出 43 条条带，其中多态性条带 34 条，占总条带数的 79.1%。71 份橄榄种质间的遗传相似系数在 0.6047 以上，平均值为 0.8290，遗传距离为 0～0.5031，平均遗传距离为 0.1902。聚类分析结果表明，区内橄榄种质资源与地理位置的相关性较小。

七、基于 SCoT 标记的木奶果种质资源遗传多样性分析

研究方法：采用试剂盒法提取木奶果基因组 DNA，用 1.2% 琼脂糖凝胶电泳和微量紫外分光光度计检测 DNA 的质量和浓度。用 3 份种质来源空间距离较远的木奶果样品（JX3、JC4 和 LG1）对合成的 75 条 SCoT 引物进行筛选，从中选取多态性好、扩增产物条带清晰、重复性好的引物用于所有 DNA 样品的扩增。PCR 扩增反应体系及程序为 25μL 扩增体系：模板 DNA 1.0μL（50ng/μL），dNTP 0.5μL（10mmol/L），SCoT 引物 1.0μL（10μmol/L），Taq 酶 0.13μL（5U/μL），$MgCl_2$ 2.5μL（20mmol/L），补充超纯水至 25μL。扩增程序：95℃预变性 4min，95℃变性 50s，50℃复性 1min，72℃延伸 2min，38 个循环，72℃再延伸 8min，扩增产物于 4℃下保存。扩增完成后，利用琼脂糖凝胶进行电泳，用凝胶成像系统观察拍照。根据 PCR 扩增引物的电泳结果，统计在同一引物下 63 份资源扩增出的条带并赋值，有条带记为 1，无条带记为 0，生成（0，1）矩阵。采用 POPGENE 1.32 软件计算等位基因数（N_a）、有效等位基因数（N_e）、观察杂合度（H_o）、期望杂合度（H_e）、Shannon-Wiener 多样性指数（I）、Nei's 遗传多样性指数（H）、多态性信息量（PIC），利用 NTSYspc 2.10e 软件的 UPGMA 法进行聚类分析。

研究结果：在筛选出的 6 条 SCoT 引物扩增条件下，63 份木奶果种质资源一共扩增出 192 条条带，其中多态性条带为 188 条，多态性比率为 97.92%，每条引物扩增的条带数为 26（SCoT73）～36 条（SCoT68），平均为 32 条，其中多态性条带为 26（SCoT73）～36（SCoT68）条，平均每条引物可扩增出 31.33 条多态性条带，引物多态性比率相差不大，6 条引物的多态性比率为 90.00%（SCoT66）～100.00%（SCoT32、49、68、73）。多态性信息量（PIC）为 0.905（SCoT73）～0.953（SCoT49），平均值为 0.932，说明所筛选的 SCoT 引物多态性检测效率较高，适用于木奶果种质资源的遗传多样性研究和指纹图谱的构建并进行种质鉴定，供试的 63 份木奶果种质资源之间遗传变异大，多样性丰富。

八、籽用西瓜（红瓜子）种质资源遗传多样性分析

研究方法：形态学性状记载采用《西瓜种质资源描述规范和数据标准》的统一规范和标准，观察记载籽用西瓜（红瓜子）种质的质量性状和数量性状，分别采用 RAPD 标记、SSR 标记进行遗传多样性分析，研究结果如下。

在基于 43 份籽用西瓜（红瓜子）种质形态学性状的欧氏距离矩阵中，籽用西瓜（红瓜子）种质间遗传距离为 5.10～17.26。43 份籽用西瓜（红瓜子）种质聚为三大类，在欧氏距离为 11.18 时，43 份籽用西瓜（红瓜子）种质可分为 7 个组群。野生型种质与栽培型种质遗传距离很大，亲缘关系很远，而且野生型种质之间遗传变异也较大，但栽培型种质间遗传距离很近，这表明籽用西瓜（红瓜子）遗传基础非常狭窄。对 43 份籽用西瓜（红瓜子）种质的 39 个形态性状进行主成分分析，结果显示：前 3 个主成分贡献率分别为 14.792%、12.907%、7.680%，前 3 个主成分累计贡献率达 35.379%。

基于 RAPD 标记籽用西瓜（红瓜子）种质资源遗传多样性分析：43 份籽用西瓜（红瓜子）种质的相似系数为 0.38～0.98，43 份籽用西瓜（红瓜子）种质聚为三大类。在相似系数 0.77 处，43 份籽用西瓜（红瓜子）种质可分为 5 个组群：第 Ⅰ、Ⅱ 组为野生型西瓜种质，第 Ⅲ 组为菜用型西瓜种质，第 Ⅳ 组为栽培与野生西瓜中间杂种，第 Ⅴ 组为其他籽用西瓜（红瓜子）种质。对基于 RAPD 标记的数据进行主坐标分析，结果显示：前 3 个主成分贡献率分别为 66.005%、4.214%、3.718%，前 3 个主成分累计贡献率达 73.937%。

基于 SSR 标记籽用西瓜（红瓜子）种质资源遗传多样性分析：43 份籽用西瓜（红瓜子）种质的相似系数为 0.07～1.00，43 份籽用西瓜（红瓜子）种质分为两大类。在相似系数 0.43 处可分为 6 个组群：第 Ⅰ 组为野生西瓜，第 Ⅱ 组为菜用西瓜，第 Ⅲ 组为栽培与野生西瓜的中间杂种，第 Ⅳ 组为黑籽西瓜（西北生态型），第 Ⅴ 组为普通西瓜，第 Ⅵ 组为红籽西瓜（华南生态型）。对基于 SSR 标记的数据进行主坐标分析，结果显示：前 3 个主成分贡献率分别为 44.871%、6.777%、5.423%，前 3 个主成分累计贡献率达 57.071%。

九、基于 SRAP 分子标记的阳桃种质资源多样性分析

从 96 对 SRAP 引物中筛选出 48 对扩增条带丰富的引物组合，用其中 5 对条带多、带型清晰、多态性强的引物组合对收集保存的 45 份阳桃种质资源进行 PCR 扩增，扩增产物采用 1.8% 琼脂糖凝胶进行电泳，经凝胶成像仪检测获得条带成像结果，用 DPS 数据处理系统按照 UPGMA 进行种源聚类分析。

研究结果：共获得 75 条条带，其中多态性条带 59 条，多态性比率为 78.67%，平均每对引物每个样品产生 15 条条带。从 UPGMA 聚类结果来看，5 对引物都能较好地揭示 45 份阳桃种质间的遗传多样性，遗传相似系数 0.52 处将它们分为 4 个类群，聚类结果与部分已知阳桃品种亲缘关系吻合。此外，发现引物 me35～em45 在酸阳桃品种 200bp 处均有一明显条带，栽培种甜阳桃中却无。这些结果可为阳桃种质资源利用及杂种后代鉴定提供依据，我们需进一步增加引物组合及样品数量以确认其严谨性。

十、阳桃 *YABBY* 基因的全基因组鉴定及表达谱分析

阳桃基因组中共鉴定出 8 个 *YABBY* 家族基因（依次命名为 *AcYABBY1*～*AcYABBY8*），并进一步分析了它们的系统发育关系、功能域和基序组成、理化性质、染色体位置、基因结构、原聚体元件、选择性压力和表达谱。结果表明，8 个 *AcYABBY* 基因可聚集成 5 个簇，分布在 8 条染色体上，均为阴性选择。来自不同器官和果肉果实发育阶段的 *AcYABBY* 的表达谱表明，3 个成员（*AcYABBY1*、*AcYABBY3*、*AcYABBY5*），特别是 *AcYABBY1* 和 *AcYABBY5*

可能在果实发育中起特定作用。此外，所有 *AcYABBY* 的转录水平均通过实时定量 PCR 证实。因此，我们的研究结果将对 *AcYABBY* 的特性进行深入研究，以进一步研究它们在果实发育中的作用，并对 *YABBY* 基因的进化提供更深入的理解，也可用于阳桃产量和果形育种。

十一、柑橘 SSR 分子标记筛选及其在沃柑品种鉴定上的应用

研究方法：分别选取柑橘材料，成熟期剪取 1 叶，4℃冰箱保存，采样后 3 天内完成 DNA 提取。每个样品取适量叶片，超纯水冲洗干净，晾干。剪取约 0.1g 置于干净的 2mL EP 管中，加入 800μL CTAB 后用组织研磨仪研磨。混匀，65℃水浴预热 40~60min，每隔 10min 振荡混匀 1 次。12 000r/min 离心 5min，吸取上清转入新的 2mL 离心管中，按照 1∶1 加入氯仿剧烈振荡混匀，室温放置 10min。12 000r/min 离心 10min，吸取上清。加入 1/10 的 3mol/L NaAc 和 2 倍体积的无水乙醇沉淀 DNA。12 000r/min 离心 10min，沉淀用 70% 乙醇洗 2 遍，晾干。100~400μL TE 溶解 DNA，−20℃保存。然后进行柑橘 SSR 检测。

研究结果：使用标品检测 3 对 SSR 引物的多态性时，每对引物均要检测到 5 条以上条带。在 1% 琼脂糖凝胶电泳图中，3 对 SSR 引物扩增产物可清晰区分沃柑、少核茂谷柑、茂谷柑、华晚无籽砂糖橘、贡柑 5 个品种，但沃柑与无核沃柑 SSR 引物扩增产物之间未见显著差异。为进一步检验这 3 个 SSR 分子标记在沃柑育苗、生产中的可靠性，在不同时期、不同地点取样，并增加更多的品种类型，进行 SSR 分子标记检测。结果发现，根据这 3 个 SSR 分子标记，可在 16 个品种（沃柑、无核沃柑、少核茂谷柑、茂谷柑、华晚无籽砂糖橘、贡柑、爱媛 38、晚血 8 号、濑户水、明日见、长叶香橙、清秋脐橙、纽荷尔脐橙、甘平、大雅 1 号、红肉脐橙）中准确、有效地检测到沃柑和无核沃柑，准确率达 100%。

十二、广西斑茅表型性状的遗传多样性分析

对 183 份广西斑茅种质资源主要表型性状及遗传多样性进行分析。选择 5 个数量性状（株高、茎径、叶长、叶宽、锤度）和 13 个质量性状（茎形、空心、蒲心、生长带形状、气根、根点排列、芽位、芽沟、脱叶性、57 号毛群、蜡粉带、叶姿、叶色）进行调查，并从中选取 9 个有多样性表现的质量性状（茎形、蒲心、生长带形状、芽位、芽沟、57 号毛群、蜡粉带、叶姿、叶色）进行广西斑茅种质表型遗传多样性分析。所有描述型和数值型性状均参照《甘蔗种质资源描述规范和数据标准》进行观测和测定。

研究结果表明，广西斑茅种质资源表型遗传多样性比较低，13 个描述型性状的遗传多样性指数为 0.0000~1.2349，平均为 0.3070，以 57 号毛群较高，生长带形状较低，空心、气根、根点排列和脱叶性 4 个性状无多态性表现；不同地区的斑茅资源遗传多样性指数为 0.2851~0.5072，且以钦州的多样性最大，其次是桂林和崇左，以来宾的多样性最小。5 个数量性状的变异系数为 13.54%~29.11%，平均为 19.59%，以叶宽比较大，叶长较小；10 个地区的斑茅资源变异系数为 16.48%~21.92%，以桂林最大，百色最小。通过聚类分析，183 份资源可以分为 10 个类群（图 11-4），各类群遗传分化不明显，与地理来源无密切联系（黄玉新等，2019）。

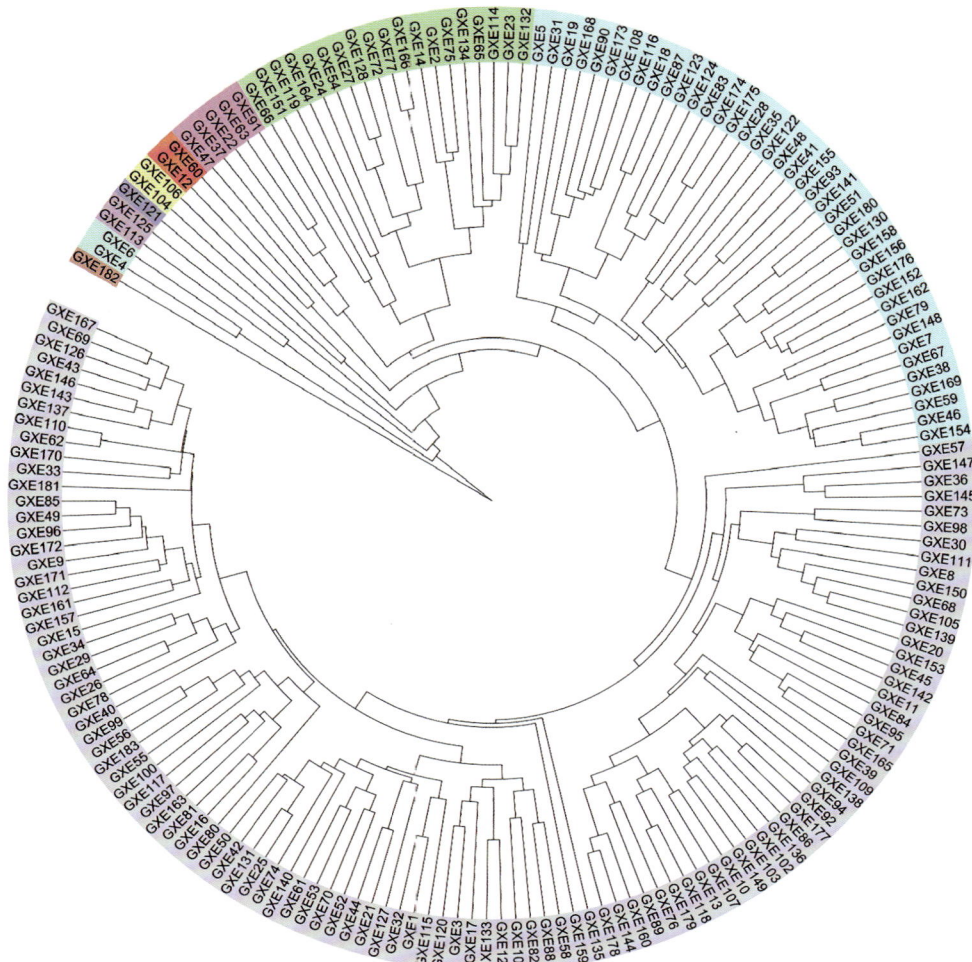

图 11-4　183 份广西斑茅种质聚类图

十三、国内甘蔗种质资源表型性状的遗传多样性分析

以来自国内 8 个不同地区的 160 份甘蔗品系为材料，参照《甘蔗种质资源描述规范和数据标准》的方法，调查和检测成熟期每份材料的 6 个数量性状（株高、茎径、锤度、有效茎、节间长度及黑穗病田间自然发病率）和 20 个质量性状（气生根、茎形、节间形状、曝光前节间颜色、曝光后节间颜色、蜡粉带、木栓、生长裂缝、生长带形状、根点排列、芽形、芽位、芽沟、叶姿、脱叶性、57 号毛群、内叶耳、外叶耳、蒲心和空心）。

研究结果表明：大部分性状表现出丰富的遗传多样性，20 个质量性状的多样性指数为 0.07～1.40，平均为 0.84，以芽形最大，茎形最小；5 个数量性状的变异系数（CV）为 8.74%～38.26%，平均为 17.69%，有效茎的变异系数最大（38.26%），株高的变异系数最小（8.74%），多样性指数（H'）为 1.46～1.83，平均为 1.64，株高的多样性指数最高（1.83），有效茎的多样性指数最低（1.46）；不同地区供试材料的平均变异系数为 13.56%～22.33%，来自海南的品种群体的变异系数最大（22.33%），数量性状的离散程度最大；来自福建的品种群体的变异系数最小（13.56%）。以 4 个数量性状为基础的聚类分析将 160 份种质资源分为 7 类，其中，第 5 类占总资源量的 90.62%，该类群资源具有高产高糖的特性（周珊等，2023）。

第三节　广西农作物种质资源保护和开发利用对策

一、完善政策法规体系建设

不断完善广西生物多样性有关政策法规体系的建设工作。一是将生物多样性保护纳入部门和地方规划中，通过将生物多样性保护纳入地方政府及部门的发展规划，地方政府有关部门可依据本地区生物多样性的现状制定完善本地区生物多样性保护实施方案，努力实现生物多样性保护工作主流化，以实现生物多样性保护的有效实施。二是完善生物多样性保护和可持续利用的相关政策法规，依据广西区情研究制定、完善及出台有关保护政策法规，通过制定和完善相关政策法规，以实现生物多样性的有效保护和可持续利用（广西生物多样性保护战略与行动计划编制工作领导小组，2016）。

二、加大农作物种质资源收集力度

广西跨越中亚热带、南亚热带、北热带 3 个气候带，自然条件优越，喀斯特地貌及多山地形形成复杂的环境条件，使得广西的生物多样性丰富度仅次于云南，位居全国前列，为我国 17 个重点保护的生物多样性地区之一和 16 个生物多样性的研究热点地区之一（韦炳俭等，2014）。本次调查收集行动对全区农作物种质资源开展调查和收集，尽管抢救性收集了高抗黑穗病河八王等一批珍稀、特色种质资源，以及首次发现莲座叶斑叶兰（*Goodyera brachystegia*）等一批广西新分布种、新记录种的宝贵资源，基本查清资源的分布、种类和多样性，但还未完全摸清广西的家底，且现今社会经济产业发展的不平衡又直接威胁濒危农作物种质资源及其生境的安全，加强对全区农作物种质资源的抢救性收集和保护力度迫在眉睫。

十三届全国人大四次会议表决通过了《中共中央关于制定国民经济和社会发展第十四个五年规划和二〇三五年远景目标的建议》（以下简称《规划》），《规划》中强调农业种质资源是保障国家粮食安全与重要农产品供给的战略性资源，是农业科技原始创新与现代种业发展的物质基础，并明确提出加强种质资源保护利用和优良品种选育推广。因此，应依托有利的政策环境和广西大力实施创新驱动发展战略的有利时机，加大区域种质资源收集与保护的资金投入力度，加强对全区农业资源的摸底调查，实现大农业种质资源收集全覆盖，进一步提高对传统优异地方品种资源和优异野生资源的保护力度及资源利用率。

三、加强农作物种质资源原生境保护

种质资源的保存、保护方式对其在后期遗传育种的有效利用上起着关键性的作用（江川等，2018）。一直以来，广西在农作物种质资源保存与保护方面主要采取异位保存的方式，先后建立有国家种质南宁野生稻圃、国家种质野生花生南宁分圃、农业农村部南宁阳

桃种质资源圃、农业农村部南宁番石榴种质资源圃、农业农村部南宁火龙果种质资源圃、广西水稻种质资源圃及广西甘蔗种质资源圃等十余个种质资源圃。而在种质资源原生境保护方面，对野生果树资源、经济作物资源等特异性地方资源品种的原生境保护力度不足，这些野生资源具有十分重要的利用价值，亟须补充建设并完善农作物种质资源保存体系。

针对以上情况，广西应充分利用区内广西十万大山国家级自然保护区、广西猫儿山国家级自然保护区等自然保护区的地理和自然环境优势，在调查摸清自然保护区珍稀、濒危野生植物资源的基础上，开展原地保护管理，或者根据当地特色农作物品种资源，建立种质资源圃，进行重点保护。

四、建设完善农作物种质资源共享平台

通过分析广西农作物种质资源共享利用的现状及存在的问题，反映出实现种质资源的合理共享、提高种质资源的利用率是我们当前急需解决的关键问题。因此，针对以上问题应进一步建立完善的农作物种质资源共享服务平台，通过平台实现对农作物种质资源信息的共享管理，克服种质资源数据仅被个人或单位占有、互相封锁保密的状态，面向广大物种科研机构、教学机构、科研工作者、生产服务部门等提供多元化的农作物种质资源数据共享服务，为开发、利用和保护广西丰富的农作物种质资源提供信息和依据。

五、加强宣传教育与合作交流

构建广西生物多样性保护宣传体系，通过传统新闻媒体平台及新媒体平台结合民族传统文化活动宣传和普及生物多样性保护知识，并结合广西自然保护区、森林公园等科普基地，开展生物多样性保育、生态文化的宣传教育工作。通过上述多途径、多样性的形式，进一步提升广西生态保护教育示范能力，进一步提升广大人民群众对生物多样性保护的认知性，促进广大人民群众自觉、自发性地参与到生物多样性保护的工作中。

此外，构建广西与国内外生物多样性保护机构的合作交流平台，建立合作交流机制，进一步加强与区内外有关保护机构、平台的合作交流，引进其先进的管理经验、技术与方法，进一步提升广西生物多样性保护的能力，进一步提升广西生物多样性保护的区域影响力。

第十二章

广西农作物种质资源数据库与信息系统

农作物种质资源是农业科技原始创新、现代种业发展的物质基础，是保障粮食安全、建设生态文明、支撑农业可持续发展的战略性资源。作物种质资源作为植物种质资源中的重要组成部分，为培育作物优质、高产、抗逆新品种和抗病（虫）性提供有力的物质基础，是农业科技原始创新、现代种业发展的物质基础，是保障粮食安全、建设生态文明、支撑农业可持续发展的战略性资源。作物种质资源数据信息是农业生产和农业科学的重要基础，既为农业生产提供直接服务，又是农业应用科学与技术发展的源泉，对于加强农业基础条件建设，增强农业科技发展后劲，解决农业前瞻性、长远性、全局性的问题十分必要。农作物种质资源的共享和利用是国家和地区可持续发展的迫切需要。农作物种质资源共享是指农作物种质资源的繁殖材料和信息可以为社会公众所利用，而不受地域和时空的限制。

第一节　总体技术路线

广西农作物种质资源数据共享平台采用 B/S 结构，利用 Python 3.6 编程语言、Django 2.2 框架、MySQL 5.7 数据库进行开发设计。设计了基于 PC 端和移动端，外部用户通过浏览器即可访问的平台系统，浏览查询种质资源信息。平台系统采用多层逻辑架构，由展示层、业务逻辑层、基础组件层、数据层构成（具体逻辑架构如图 12-1 所示）。

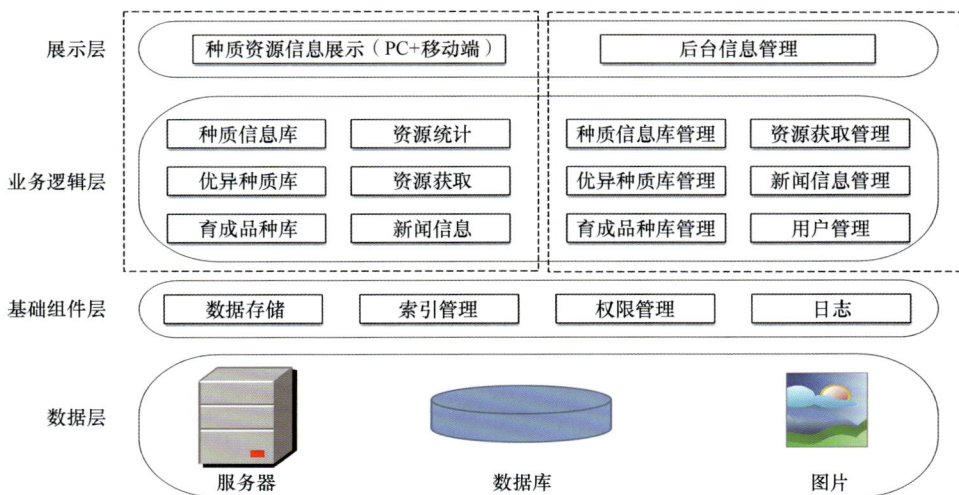

图 12-1　系统分层设计图

1. 展示层

该层主要分为普通外部用户可直接使用的种质资源信息展示和内部管理员使用的后台信息管理两大部分。普通外部用户无须注册即可直接浏览查询平台中的种质资源等信息；内部管理员可以使用平台的受限功能，需要认证成功后才能使用后台管理功能，管理整个平台的数据。

2. 业务逻辑层

该层实现平台的业务功能，业务逻辑层是展示层和数据层之间的桥梁。业务逻辑层将用户提交的数据经过逻辑处理后，更新到数据层存储，或者根据用户的请求，从数据层获取数据，经过逻辑处理后，返回给展示层显示给用户。

3. 基础组件层

该层主要提供通用的组件功能，供业务逻辑层使用。

4. 数据层

主要用来管理数据的存取，该层包括服务器、数据库和图片文件部分。服务器是平台的系统配置，数据库主要用于数据的存储和基础数据的查找，图片文件主要用于存储农作物种质资源的图片资料。

第二节　数　据　库

农作物种质资源的共享和利用是国家和地区可持续发展的迫切需要。本项目在开展主要作物种质资源的普查收集、鉴定评价和编目入库（圃）的基础上，参考《农作物种质资源描述规范和数据标准》，制定主要农作物种质资源的数据接口和记录规范，建立广西农作物种质资源数据库和共享平台，提高种质资源创新和利用效率。

一、数据平台功能模块构建

平台包括种质信息库、优异资源库、育成品种库、资源获取、新闻信息、认证管理等六大功能模块，平台通过这六大功能模块，实现种质资源数据的共享服务及推广展示（平台功能模块结构见图 12-2）。

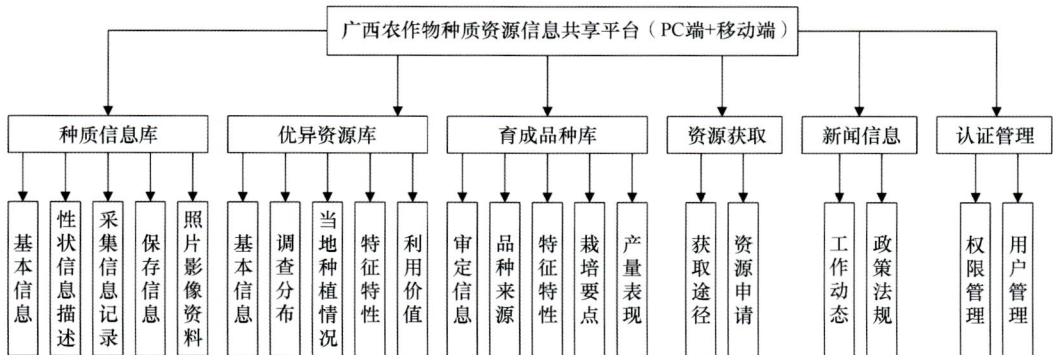

图 12-2　系统功能模块结构

1. 种质信息库

种质信息库主要收集农作物普查到的广西作物种质基本情况数据，包含作物种质基本信息、性状信息描述、采集信息记录、保存信息和照片影像资料等数据。

2. 优异资源库

优异资源库主要包含广西农业科学院编撰的"广西农作物种质资源"丛书12卷本所涵盖的农作物种质数据信息。优异资源库主要包含种质基本信息、调查分布、当地种植情况、特征特性和利用价值等内容。

3. 育成品种库

育成品种库收集广西历年以来育成的作物信息，数据来源于广西种子管理站，主要包含审定信息、品种来源、特征特性、栽培要点、产量表现等内容。

4. 资源获取

资源获取是让用户如何获取共享平台收集的种质资源信息，包含获取途径信息和资源申请，用户提交资源申请表并经过审核后可获得相应种质资源。

5. 新闻信息

系统管理员可以通过系统后台发布新闻动态、通知公告、政策法规、物种展示等信息，用户可了解最新的种质资源信息及优异种质资源信息，促进农业种质资源的高效配置和综合利用，提高农业科技创新能力。

6. 认证管理

平台用户设置为3个类别，分别为系统管理员、物种单位用户及普通用户，不同的用户具有不同的权限，用户根据平台授予的权限进行相应的操作。系统管理员拥有平台的最高权限，可以操作平台的所有功能，包括发布信息及平台所有数据的检索、查看、添加、修改、删除等；物种单位用户可以在平台上管理本单位的种质资源数据，包括查看、添加、修改、删除本单位的数据及检索查看平台所有数据；普通用户只拥有检索及查看平台数据的权限。

二、数据库设计

通过数据库对数据进行管理，能够非常便利地实现相关数据的查询与操作。系统采用MySQL 5.7作为数据库管理工具，对系统中相关的数据表结构进行设计（图12-3，图12-4）。

1. 用户信息表

该表主要存放系统中用户的基本信息，其中用户包含各级管理员。所包含的主要字段：用户名、密码、姓名、身份证号、单位、邮箱、手机等。

2. 种质资源类别表

该表主要存放种质资源类别信息，所包含的主要字段：种质资源专题大类、资源类别等。

广西农作物种质资源信息网
Guangxi Crop Germplasm Resources Information System
广西作物种质资源数据库和共享平台
Database And Sharing Platform Of Crop Germplasm Resources In Guangxi
网站首页 工作动态 种质信息库 优异资源 育成品种 重要资源 政策法规 资源获取
作物查询结果
Crop query results

种质类别	种质名称	学名	采集地/调查分布	详情
花生	南坡红皮花生	–	广西百色市靖西市南坡乡达腊村。	资源详情
花生	莲灯花生	–	广西百色市凌云县玉洪瑶族乡莲灯村。	资源详情
花生	巴内花生	–	广西百色市隆林各族自治县者保乡巴内村。	资源详情
花生	者艾花生	–	广西百色市隆林各族自治县岩茶乡者艾村。	资源详情
花生	共合花生	–	广西百色市那坡县龙合镇共合村。	资源详情
花生	古念花生	–	广西百色市平果市马头镇古念村。	资源详情
花生	陆榜花生	–	广西崇左市大新县恩城乡陆榜村。	资源详情
花生	那加花生	–	广西崇左市扶绥县柳桥镇那加村。	资源详情
花生	渠齐花生	–	广西崇左市扶绥县柳桥镇渠齐村。	资源详情
花生	中山花生	–	广西崇左市龙州县上金乡中山村。	资源详情
花生	丰乐花生	–	广西崇左市凭祥市夏石镇丰乐村。	资源详情
花生	浦门花生	–	广西崇左市凭祥市夏石镇浦门村。	资源详情
花生	上禁花生	–	广西崇左市大新县恩城乡护国村上禁屯。	资源详情
花生	达六花生	–	广西崇左市天等县东平镇东平村达六屯。	资源详情
花生	竹山红花生	–	广西防城港市东兴市东兴镇竹山村。	资源详情
花生	竹山花生	–	广西防城港市东兴市东兴镇竹山村。	资源详情

图 12-3　优异资源库

广西农作物种质资源信息网
Guangxi Crop Germplasm Resources Information System
广西作物种质资源数据库和共享平台
Database And Sharing Platform Of Crop Germplasm Resources In Guangxi
网站首页 工作动态 种质信息库 优异资源 育成品种 重要资源 政策法规 资源获取
作物查询结果
Crop query results

审定年份	审定品种	审定编号	审定情况	详情
2020年	南油丝苗	粤审稻20190013	（桂）引种〔2020〕第 1号(引种备案） 2020年1月9日	品种详情
2020年	南红3号	粤审稻20180008	（桂）引种〔2020〕第 1号(引种备案） 2020年1月9日	品种详情
2020年	南桂占	粤审稻2016004	（桂）引种〔2020〕第 1号(引种备案） 2020年1月9日	品种详情
2020年	南优占	粤审稻20180040	（桂）引种〔2020〕第 1号(引种备案） 2020年1月9日	品种详情
2020年	凤新丝苗2号	粤审稻20180035	（桂）引种〔2020〕第 1号(引种备案） 2020年1月9日	品种详情
2020年	旗1优386	琼审稻2017001	（桂）引种〔2020〕第 1号(引种备案） 2020年1月9日	品种详情
2020年	特优386	琼审稻2018009	（桂）引种〔2020〕第 1号(引种备案） 2020年1月9日	品种详情
2020年	特优382	琼审稻2019003	（桂）引种〔2020〕第 1号(引种备案） 2020年1月9日	品种详情
2020年	中映优116	琼审稻2019006	（桂）引种〔2020〕第 1号(引种备案） 2020年1月9日	品种详情
2020年	繁源优460	粤审稻20180027	（桂）引种〔2020〕第 1号(引种备案） 2020年1月9日	品种详情
2020年	繁源优886	粤审稻20180050	（桂）引种〔2020〕第 1号(引种备案） 2020年1月9日	品种详情
2020年	II 优2008	琼审稻2009022	（桂）引种〔2020〕第 1号(引种备案） 2020年1月9日	品种详情
2020年	Y两优3089	粤审稻20170068	（桂）引种〔2020〕第 1号(引种备案） 2020年1月9日	品种详情
2020年	弘优3089	粤审稻20170061	（桂）引种〔2020〕第 1号(引种备案） 2020年1月9日	品种详情
2020年	深两优1173	粤审稻20180049	（桂）引种〔2020〕第 1号(引种备案） 2020年1月9日	品种详情
2020年	恒两优华占	湘审稻20190070	（桂）引种〔2020〕第 1号(引种备案） 2020年1月9日	品种详情

图 12-4　育成品种库

3. 种质信息库表

该表主要存放种质资源属性描述信息，所包含的主要字段：调查对号、种质资源专题大类、资源类别、资源名称、采集时间、采集地点、采集编号、是否有样本、是否有照片、采集人、提供者、采集部位、特征特性、海拔、经纬度、保存地点、有无标本、抗病性、抗虫性、抗旱性、抗寒性、耐贫瘠性、单产、最高单产、株高、茎径、叶长、叶宽、锤度、脱叶情况、果实直径、穗长、籽粒大小、播种期、收获期、前茬作物、后茬作物、栽培管理要求、留种保存方法、穗形、口感、水分含量、是否有香味、食用味道、采收期长短、用途、利用部位、外观颜色、外观形状、手感体验。

4. 优异资源库表

该表主要存放优异种质资源信息，所包含的主要字段：种质资源专题大类、资源类别、资源名称、学名、俗名、采集地、调查分布、当地种植情况、特征特性、利用价值、品种来源、生长发育条件、广西栽培情况等。

5. 育成品种库表

该表主要存放已育成品种信息，所包含的主要字段：审定时间、种质资源专题大类、作物类别、审定编号、品种名称、选育单位、品种来源、特征特性、产量表现、栽培技术要点、审定意见等。

第三节　信息系统

一、调查信息导入系统

本系统采用 B/S 结构，以 Web 浏览器为工作界面。种质资源数据类型多、数据量大、结构复杂，为减轻后台人工录入工作量，避免重复录入操作，系统提供标准 Excel 数据录入模板，用户按照这个 Excel 数据模板编辑操作种质资源数据，系统实现 Excel 表格数据的自动导入，对不规范的数据进行计算机校验和提示，只有满足标准 Excel 的数据才能导入系统，在提高工作效率的同时，又在一定程度上确保了录入数据的准确性和完整性。

二、调查数据信息共享

广西农作物种质资源信息网首页包括工作动态、种质信息库、优异种质、育成品种、重要资源、政策法规和资源获取等栏目。建设有广西农作物种质资源微信公众号，实现移动端访问。该平台集成了广西最全的农作物种质资源信息数据，包含粮食作物、经济作物、果树作物、蔬菜作物、花卉、牧草、绿肥作物等多个农作物种质类别，分别建设了种质信息库、优异资源库和育成品种库，保存了广西实施"第三次全国农作物种质资源普查与收集行动"及广西创新驱动发展专项资金项目"广西农作物种质资源收集鉴定与保存"的成果，还保存了目前广西历年育成的品种信息，收集信息齐全。建成的共享平台既有 PC 端又支持手机移动端访问和查询，是目前最全面的平台农作物种质资源共享平台之一。广西农作物种质资源共享服务平台的建立在促进农业种质资源信息共享利用、政府宏观决策支持、科普教育等方面发挥十分重要的作用。此外，平台对外提供信息共享服务能力，有力地促进种质资源实物共享，提高资源的利用效率（平台部分主要功能展示见图 12-5～图 12-8）。

图 12-5　平台网站首页

图 12-6　种质资源信息查询

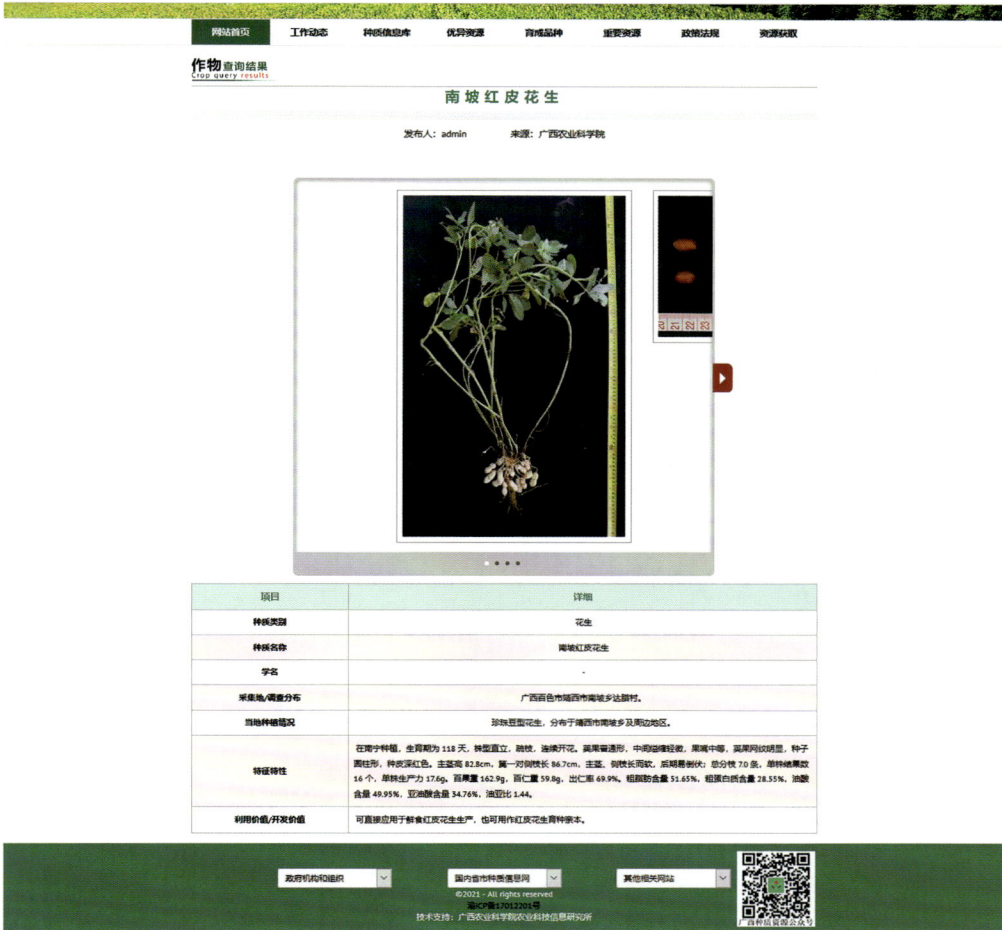

图 12-7　优异资源库查询

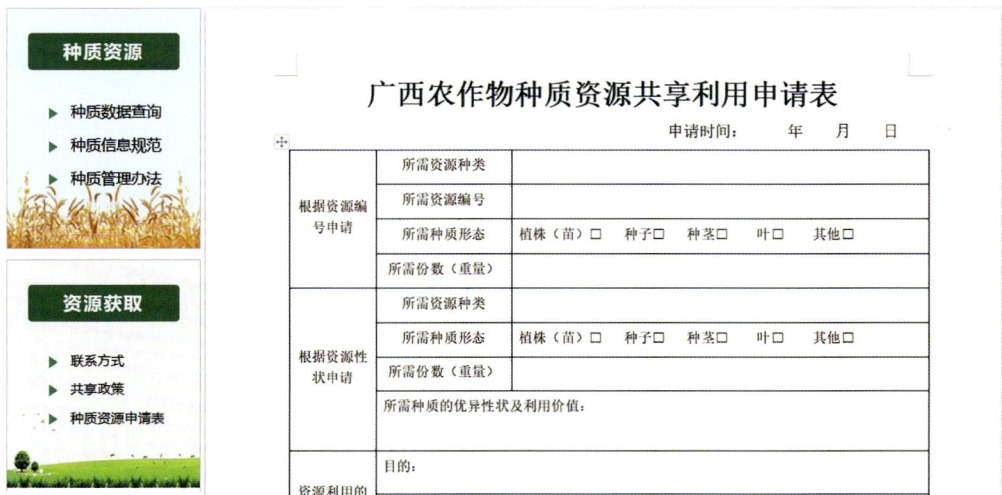

图 12-8　种质资源共享利用申请

三、种质资源数据平台手机移动端信息查询

为方便种质资源的信息查询、共享，项目开发了广西农作物种质资源手机公众号，公众号设置行业信息（工作动态、政策法规）、种质资源（优异资源库、育成品种库）、资源获取（联系方式、种质申请）等模块，可实现在线资讯获取、种质信息查询和资源获取功能。

主要功能架构模式图如图 12-9 和图 12-10 所示。

图 12-9　广西农作物种质资源数据库手机移动端首页及微信公众号

种质类别	种质名称	采集地点
花生	南坡红皮花生	广西百色市靖西市南坡乡达腊村。
花生	莲灯花生	广西百色市凌云县玉洪瑶族乡莲…
花生	巴内花生	广西百色市隆林各族自治县者保…
花生	者艾花生	广西百色市隆林各族自治县岩茶…
花生	共合花生	广西百色市那坡县龙合镇共合村。
花生	古念花生	广西百色市平果市马头镇古念村。
花生	陆榜花生	广西崇左市大新县恩城乡陆榜村。
花生	那加花生	广西崇左市扶绥县柳桥镇那加村。
花生	渠齐花生	广西崇左市扶绥县柳桥镇渠齐村。
花生	中山花生	广西崇左市龙州县上金乡中山村。
花生	丰乐花生	广西崇左市凭祥市夏石镇丰乐村。
花生	浦门花生	广西崇左市凭祥市夏石镇浦门村。
花生	上禁花生	广西崇左市大新县恩城乡护国村…
花生	达六花生	广西崇左市天等县东平镇东平村…

图 12-10　广西农作物种质资源数据库手机移动端资源获取及种质查询功能截图

参 考 文 献

爱棠 iBegonia. 2022. 2022 年中国秋海棠属物种报告. https://mp.weixin.qq.com/s/OAyd1xWQKHBrIjDf2vTo4w[2023-01-18].

安汝东, 楚连璧, 孙有方, 等. 2007. 甘蔗新品种云蔗 99-155 的选育. 甘蔗糖业, (3): 7-10, 15.

安婷婷, 汤佳立, 孙健英, 等. 2012. 甘薯栽培种及其近缘野生种的 DAPI 核型及 rDNA-FISH 分析. 西北植物学报, 32(4): 682-687.

卜朝阳, 张自斌, 等. 2020. 广西农作物种质资源·花卉卷. 北京: 科学出版社.

蔡骥业, 王倩仪, 陈东, 等. 1993. 广西油料作物史. 南宁: 广西民族出版社.

蔡胜忠, 李绍鹏, 张少若, 等. 1998. 油梨种质的主要性状研究. 热带作物研究, (2): 22-28.

曹继钊, 韦颖文, 杨开太. 1998. 建议广西种植美国籽粒苋. 广西林业科学, 27(4): 217-219.

曹卫东, 包兴国, 徐昌旭, 等. 2017. 中国绿肥科研 60 年回顾与未来展望. 植物营养与肥料学报, 23(6): 1450-1461.

曹卫东, 黄鸿翔. 2009. 关于我国恢复和发展绿肥若干问题的思考. 中国土壤与肥料, (4): 1-3.

曹卫东, 徐昌旭, 鲁剑魏, 等. 2010. 中国主要农区绿肥作物生产与利用技术规程. 北京: 中国农业科学技术出版社.

常宇航, 田晓玲, 张长芹, 等. 2020. 中国杜鹃花品种分类问题与思考. 世界林业研究, 33(1): 60-65.

陈安国. 2003. 红麻雄性不育株的发现及其初步研究. 中国麻业, 2: 61.

陈成斌, 赖群珍, 徐志建, 等. 2009. 广西野生稻种质资源保护利用现状与展望. 植物遗传资源学报, 10(2): 338-342.

陈成斌, 梁云涛, 徐志健, 等. 2008. 广西薏苡种质资源考察报告. 西南农业学报, 21(3): 792-797.

陈成斌, 庞汉华. 2001. 广西普通野生稻资源遗传多样性初探: Ⅰ普通野生稻资源生态系统多样性探讨. 植物遗传资源科学, (2): 16-21.

陈传华, 李虎, 刘广林, 等. 2017. 广西香稻育种现状及发展策略. 中国稻米, 23(6): 117-120.

陈大洲, 肖叶青, 皮勇华, 等. 2003. 东乡野生稻抗冷育种研究. 中国的遗传学研究——中国遗传学会第七次代表大会暨学术讨论会论文摘要汇编: 192-193.

陈东奎, 邓铁军, 尧金燕, 等. 2020. 广西农作物种质资源·果树卷. 北京: 科学出版社.

陈虎, 何新华, 罗聪, 等. 2010. 龙眼 24 个品种的 SCoT 遗传多样性分析. 园艺学报, 37(10): 1651-1654.

陈怀珠, 梁江, 曾维英, 等. 2020. 广西农作物种质资源·大豆卷. 北京: 科学出版社.

陈金表, 叶荫云, 池德生. 1978. 鳄梨（*Persea americana* Mill.）花的生物学特性观察. 植物学报, (3): 84-87.

陈丽娜. 2009. 山银花的抗菌作用初步研究. 临床医学工程, 16(10): 46-47.

陈庆富. 2012. 荞麦属植物科学. 北京: 科学出版社: 1-9.

陈涛, 杨祥燕, 蔡元保, 等. 2012. 8 份剑麻种质亲缘关系的 ISSR 和 RAPD 分析. 中国农学通报, 28(21): 86-91.

陈涛林, 葛智文. 2018. 柳州融水九万山古茶树研究. 长沙: 湖南科学技术出版社.

陈香玲, 苏伟强, 刘业强, 等. 2012. 36 份菠萝种质的遗传多样性 SCoT 分析. 西南农业学报, 25(2): 625-629.

陈雪凤, 吴圣进, 刘增亮, 等. 2022. 秀珍菇高产栽培技术及常见问题图解. 北京: 中国农业出版社.

陈振东, 张力, 刘文君, 等. 2020. 广西农作物种质资源·蔬菜卷. 北京: 科学出版社.

陈振妮, 陈丽新, 韦仕岩, 等. 2014. 广西大明山自然保护区野生菌资源可持续利用研究. 南方园艺, 25(4): 3.

程伟东, 覃兰秋, 谢和霞, 等. 2020. 广西农作物种质资源·玉米卷. 北京: 科学出版社.

程伟东, 谢和霞, 曾艳华, 等. 2021. 广西玉米农家品种资源品质分析与评价. 玉米科学, 29(1): 33-38.

楚连璧. 2000. "YN"甘蔗育种体系研究: 应用"异质复合分离理论"获云南割手密 F_1 高糖性状超优新种质. 甘蔗, 7(4): 22-23.

戴志刚, 粟建光, 陈基权, 等. 2012. 我国麻类作物种质资源保护与利用研究进展. 植物遗传资源学报, 13(5): 714-719.

邓崇岭, 刘冰浩, 陈传武, 等. 2015. 广西龙胜野生宜昌橙种群生命表分析. 果树学报, 32(1): 1-5.

邓崇岭, 徐志美, 邓光宙, 等. 2013. 广西贺州姑婆山野生柑桔资源的复核调查. 中国南方果树, 42(5): 8-10.

邓福春. 2004. 广西桉树幼林间作美国籽粒苋适宜性分析. 广西热带农业, 93(4): 1-2.

邓国富, 李丹婷, 夏秀忠, 等. 2020. 广西农作物种质资源·水稻卷. 北京: 科学出版社.

邓国富, 张宗琼, 李丹婷, 等. 2012. 广西野生稻资源保护现状及育种应用研究进展. 南方农业学报, 43(9): 1425-1428.

邓海华. 2002. 甘蔗遗传育种有关问题的商榷. 甘蔗, (1): 44-46.

邓海华, 李奇伟, 陈子云. 2004. 甘蔗亲本的创新与利用. 甘蔗, 11(3): 7-12.

邓海华, 周耀辉, 许玉娘, 等. 1996. 我国主要甘蔗杂交品系血缘分析. 甘蔗糖业, (6): 1-8.

邓丽卿, 翟正文, 陶博, 等. 1985. 红麻品种对光温反应的研究. 中国麻作, (4): 1-7.

邓绍林, 李开祥, 韦灿格, 等. 2005. 靖西大果山楂的优良性状及其发展前景. 广西热带农业, (6): 28-29.

邓祖湖, 陈如凯, 陈凤森, 等. 2004. 国家甘蔗区试新品种（系）主要亲本分析评价. 甘蔗, (4): 17-22.

丁峰, 彭宏祥, 罗聪, 等. 2011. 荔枝 APETALA1（AP1）同源基因 cDNA 全长克隆及其表达研究. 园艺学报, 38(12): 2373-2380.

丁小余, 徐珞珊, 王峥涛. 2001. 铁皮石斛居群差异的研究（Ⅰ）: 植物体形态结构差异. 中草药, 32(9): 828-831.

丁友芳, 张万旗. 2017. 野生秋海棠的引种栽培与鉴赏. 南京: 江苏凤凰科学技术出版社.

董利娟, 张曙光. 2001. 茉莉花的生产现状与科研方向. 茶叶通讯, (2): 11-13.

董莉娜, 刘演. 2019. 《广西植物志》秋海棠属（Begonia L.）增订. 广西植物, 39(1): 16-39.

董艳芬, 梁燕玲, 罗艳, 等. 2006. 乌榄果降压作用的实验研究. 医学理论与实践, 19(8): 880-882.

段维兴, 黄玉新, 周珊, 等. 2017. 甘蔗与河八王杂交 F_1 对黑穗病的抗性鉴定与初步评价. 西南农业学报, 30(7): 1560-1564.

樊吴静, 李丽淑, 杨鑫, 等. 2021. 广西旱藕产业现状分析及其发展建议. 南方农业学报, 52(6): 1492-1500.

方瑞征, 白佩瑜, 黄广宾, 等. 1995. 滇黔桂热带亚热带（滇黔桂地区和北部湾地区）种子植物区系研究. 云南植物研究, 17(增刊Ⅶ): 111-150.

冯旭, 李耀华, 梁臣艳, 等. 2014. 赤苍藤叶挥发油化学成分分析. 时珍国医国药, 25(6): 1338-1339.

符成, 刘少谋, 杨业后, 等. 2004. "九五"期间海南甘蔗育种场甘蔗种质研究与利用回顾. 甘蔗糖业, (3): 1-8.

符龙飞, 黎舒, 辛子兵, 等. 2019. 中国苦苣苔科植物中王文采旧分类系统与 Weber 新分类系统的名实更替. 广西科学, 26(1): 118-131.

葛玉珍, 辛子兵, 黎舒, 等. 2020. 广西苦苣苔科植物濒危程度和优先保护序列研究. 广西植物, 40(10): 1491-1504.

耿中耀. 2019. 主粮政策调整与环境变迁研究：以中国南方桄榔类物种盛衰为例. 中国农业大学学报（社会科学版）, (2): 107-115.

顾志平, 陈碧珠, 冯瑞芝, 等. 1996. 中药葛根及其同属植物的资源利用和评价. 药学学报, 31(5): 387-393.

管开云, 李景秀. 2020. 秋海棠属植物纵览. 北京: 北京出版社.

广东省植物研究所. 1977. 海南植物志 第四卷. 北京: 科学出版社.

广西生物多样性保护战略与行动计划编制工作领导小组. 2016. 广西生物多样性区情研究. 北京: 中国环境出版社.

广西野生大豆资源考察组. 1983. 广西野生大豆资源考察报告. 广西农业科学, (3): 14-18.

广西壮族自治区地方志编纂委员会. 2016. 广西年鉴·2016. 南宁: 广西年鉴社.

广西壮族自治区统计局. 2018. 广西统计年鉴 2018. 北京: 中国统计出版社.

国家药典委员会. 2005. 中华人民共和国药典 2005 年版 一部. 北京: 化学工业出版社.

国家药典委员会. 2009. 中华人民共和国药典 2009 年版 一部. 北京: 中国医药科技出版社.

国家药典委员会. 2010. 中华人民共和国药典 2010 年版 一部. 北京: 中国医药科技出版社.

国家药典委员会. 2020. 中华人民共和国药典 2020 年版 一部. 北京: 中国医药科技出版社.

何红. 1994. 广西甘蔗种属间杂交现状及问题. 广西甘蔗, (1): 5.

何金兰, 肖开恩, 康丽茹, 等. 2004. 番石榴原汁制番石榴果汁饮料的研究. 食品与机械, 20(1): 40-42.

何录秋, 罗保生. 2016. 湖南薏苡资源考察及生产调研. 现代农业科技, (9): 53-54.

何顺长, 杨清辉, 萧凤迴, 等. 1994. 全国甘蔗野生种质资源的采集与考察. 甘蔗, 1(1): 11-17.

何铁光, 李忠义, 唐红琴, 等. 2020. 广西绿肥. 北京: 中国农业出版社.

何伟俊, 曾荣, 白永亮, 等. 2019. 苦荞麦的营养价值及开发利用研究进展. 农产品加工, (12): 69-75.

贺普超. 2012. 中国葡萄属野生资源. 北京: 中国农业出版社.

贺熙勇, 倪书邦. 2008. 世界澳洲坚果种质资源与育种概况. 中国南方果树, 37(2): 34-38.

洪日新, 叶云峰, 覃斯华, 等. 2019. 广西甜瓜 70 年发展回顾与展望. 中国瓜菜, 32(8): 40-44.

侯文焕, 唐兴富, 廖小芳, 等. 2021. 菜用黄麻不同生育期各部位有机硒的分布特性. 南方农业学报, 52(5): 1222-1228.

侯文焕, 赵艳红, 唐兴富, 等. 2019. 菜用黄麻种质萌发期耐盐性评价. 植物遗传资源学报, 20(2): 309-320.

侯延杰, 周泽秀, 秦献泉, 等. 2020. 广西大新县龙眼实生资源调查及果实性状分析. 中国南方果树, 49(6): 45-51.

胡宝清, 毕燕. 2011. 广西地理. 北京: 北京师范大学出版社: 3-4, 311-316.

黄宝优, 吕惠珍, 黄雪彦, 等. 2012. 广西兰科药用植物新资源的调查研究. 西南农业学报, 25(5): 1940-1943.

黄凤珠. 2008. 南方酿酒葡萄一年两茬果栽培技术研究. 中国南方果树, 37(6): 51-53.

黄凤珠. 2015. 毛葡萄杂交后代：'桂葡 2 号'的选育. 果树学报, 32(1): 166-168.

黄凤珠, 陆贵锋, 韦蒴瞳, 等. 2021. 火龙果花表型性状多样性及其与结果性状的相关性. 中国热带农业, (4): 24-29.

黄凤珠, 陆贵锋, 武志江, 等. 2019. 火龙果种质资源果实品质性状多样性分析. 中国南方果树, 48(6): 46-52.

黄国弟, 赵英, 李日旺, 等. 2013. 广西杧果种质资源与品种选育研究现状及策略探讨. 中国热带农业, 53(4): 46-49.

黄国振, 邓惠勤, 李祖修, 等. 2009. 睡莲. 北京: 中国林业出版社.

黄亨履, 陆平, 朱玉兴, 等. 1995. 中国薏苡的生态型－多样性及利用价值. 作物品种资源, (4): 4-8.

黄亨履, 钟永模. 1996. 川陕黔桂作物种质资源考察文集. 北京: 中国农业出版社.

黄家雍, 廖江雄, 诸葛莹. 1997. 甘蔗与河八王、五节芒、滇蔗茅属间交配性及杂种 F_1 无性系的形态学和同工酶分析. 西南农业学报, 10(3): 92-96.

黄建明. 2019. 广西葛根产业现状及发展对策. 南宁: 广西大学硕士学位论文.

黄金盟, 江一红, 全金成. 2017. 广西甜柿发展前景分析. 南方园艺, 28(6): 13-16.

黄梅, 李美君, 黄红, 等. 2022. 贵州省野生苦苣苔科物种多样性与地理分布. 广西植物, 42(2): 210-219.

黄启尧. 1983. 甘蔗开花研究及其利用. 甘蔗糖业, (10): 1-7.

黄启尧. 1991. 从 80 年代育成甘蔗新品种看我国的育种途径和海南甘蔗育种场的贡献. 甘蔗糖业, (4): 7-14.

黄瑞斌, 和太平, 庄嘉, 等. 2007. 广西防城港市金花茶组植物资源及其保育对策. 广西农业生物科学, (S1): 32-37.

黄诗宇, 张向军, 李婷, 等. 2021. 广西新兴药食同源蔬菜赤苍藤产业发展现状与发展对策. 中国瓜菜, 34(8): 109-115.

黄兴贤, 邹蓉, 胡兴华, 等. 2011. 十四种金花茶组植物叶总黄酮含量比较. 广西植物, 31(2): 281-284.

黄毅斌, 刘晖, 应朝阳. 2017. 红萍的应用技术研究. 北京: 中国农业科学技术出版社.

黄玉新, 张保青, 高轶静, 等. 2019. 广西斑茅表型性状遗传多样性分析. 热带作物学报, 40(9): 1706-1712.

江川, 朱业宝, 张丹, 等. 2018. 稻种资源收集、保存和更新中存在的问题及对策. 江西农业学报, 30(9): 16-20.

姜建福. 2017. 196 份葡萄属 (*Vitis* L.) 种质资源耐热性评价. 植物遗传资源学报, 18(1): 70-79.

焦彬. 1986. 中国绿肥. 北京: 农业出版社.

焦彬, 陈礼智. 1987. 中国绿肥品种资源研究专集. 北京: 中国农业科学院土壤肥料研究所.

揭英英, 蒋锋, 刘同庆, 等. 2020. 防城港市金花茶特色小镇旅游业发展对策思考. 南方农业, 14(19): 65-70.

金海燕. 2016. 广西小杂粮产业现状调查分析. 南方农业学报, 47(4): 691-696.

经艳芬, 董立华, 孙有芳, 等. 2013. 云南不同生态型割手密及其血缘 F_1 代种质的抗旱性遗传分析. 湖南农业大学学报 (自然科学版), 39(S1): 1-6.

孔庆山. 2014. 中国葡萄志. 北京: 中国农业科学技术出版社.

郎宁, 祁亮亮, 陈雪凤, 等. 2020. 广西农作物种质资源·食用菌卷. 北京: 科学出版社.

劳方业, 符成, 陈仲华, 等. 2006. 斑茅杂交后代的分子鉴定. 甘蔗糖业, (1): 6-11.

雷振光, 李桂珍. 1989. 广西玉米品种资源研究简报. 作物品种资源, (4): 20.

黎维勇, 陈华庭, 陈军, 等. 1998. 肝靶向顺铂白芨微球含量的衍生化测定法. 光谱实验室, 15(6): 62.

李炳东, 弋德华. 1985. 广西农业经济史稿. 南宁: 广西民族出版社.

李朝昌, 蒋漓生. 2018. 广西野生茶树资源集锦. 桂林: 漓江出版社.

李初英, 黄其椿, 赵洪涛, 等. 2015. 富硒高钙保健型帝皇麻菜新品种 '桂麻菜 1 号' 的选育. 北方园艺, 3: 140-142.

李春花, 王艳青, 卢文洁, 等. 2015. 云南薏苡种质资源农艺性状的主要成分和聚类分析. 植物遗传资源学报, 16(2): 277-281.

李春牛, 李先民, 杜婵娟, 等. 2021. 茉莉花白绢病露天接种技术及盆栽抗病性鉴定. 热带作物学报, 42(8): 2350-2355.

李道远, 梁耀懋, 杨华铨. 2001. 广西农作物种质资源遗传多样性. 云南植物研究, 8(S1): 18-21.

李德芳, 陈安国, 唐慧娟. 2007. 红麻质核互作型雄性不育系的发现及初步创制. 中国麻业科学, 2: 78.

李冬波, 徐宁, 秦献泉, 等. 2020a. 广西博白野生荔枝资源调查及果实性状评价. 中国热带农业, 97(6): 5-11.

李冬波, 徐宁, 秦献泉, 等. 2020b. 广西原产和引种荔枝种质资源的遗传多样性分析及核心种质构建. 南方农业学报, 51(7): 1537-1544.

李凤金, 王博, 霍金海, 等. 2019. 桃榔子醇提物对小鼠/大鼠的镇痛、抗炎作用. 中国药房, 30(1): 59-63.

李富生, 何丽莲, 杨清辉, 等. 2003. 蔗茅 (*Erianthus fulvus*) 的特异性状及其与甘蔗杂交 F₁ 代的染色体和 RAPD 鉴定研究. 分子植物育种, (Z1): 775-781.

李光照. 2008. 中国广西杜鹃花. 上海: 上海科学技术出版社.

李国杰, 文华安. 2009. 中国红菇属分类研究进展. 菌物学报, 28(2): 303-309.

李果果, 麦彩胜, 刘要鑫, 等. 2017. 柑橘新品种'桂野生山金柑'的选育. 果树学报, 34(6): 769-771.

李海鹰, 范嘉晔, 王桂文, 等. 1995. 广西浦北鳞盖红菇的形态与生态环境. 广西科学, (2): 33-35.

李海鹰, 王桂文, 范嘉晔, 等. 2000. 红菇与红锥形成的根共生体形态的描述. 微生物学通报, 27(3): 182-184.

李金泉, 卢永根, 张鹏, 等. 2009. 华南地区栽培稻种质资源遗传多样性与核心种质构建的研究. 2009 年中国作物学会学术年会论文摘要集: 144.

李开拓, 钟凤林, 郭志雄, 等. 2009. 40 个黄皮品种的 ISSR 分析. 亚热带植物科学, 38(4): 22-26.

李全文, 蒋壹桥, 吕溆之, 等. 2020. 广西防城港金花茶产业技术分析及开发对策. 企业科技与发展, (5): 4-7.

李尚志, 陈煜初. 2019. 睡莲文化与应用. 武汉: 湖北科学技术出版社.

李石初, 唐照磊, 张培坤. 2005. 广西玉米农家品种纹枯病抗性鉴定. 广西农业科学, (5): 452-453.

李淑娟, 尉倩, 陈尘, 等. 2019. 中国睡莲属植物育种研究进展. 植物遗传资源学报, 20(4): 829-835.

李婷婷, 何铁光, 俞月凤, 等. 2020. 桂东北坡地果园生草栽培减流减沙效应. 水土保持通报, 40(2): 31-36.

李伟明, 陈晶晶, 段雅健, 等. 2018. 香蕉野生种质资源的分类、分布和分子系统发育研究进展. 园艺学报, 45(9): 1675-1687.

李文凤, 蔡青, 黄应昆, 等. 2005. 甘蔗野生资源对蔗茅柄锈菌的抗性鉴定. 植物保护, (2): 51-53.

李文信, 李天艳, 冯以更, 等. 1994. 西瓜综合栽培新技术. 南宁: 广西科学技术出版社: 17-21.

李晓晖. 2012. 不同凉粉草种质资源的生理特性及种质评价. 南宁: 广西大学硕士学位论文.

李辛雷, 王佳童, 孙振元, 等. 2018. 金花茶花朵和叶片 UPLC-QTOF-MS 分析. 林业科学研究, 31(6): 83-88.

李昕升, 王思明. 2018. 清代玉米、番薯在广西传播问题再探: 兼与郑维宽、罗树杰教授商榷. 中国历史地理论丛, 33(4): 78-86.

李艳平. 2019. 凉粉草主要活性成分含量、抗氧化性及其居群变异研究. 广州: 华南农业大学硕士学位论文.

李艳英, 韦本辉, 严华兵, 等. 2021. 广西淮山产业现状分析及其发展建议. 南方农业学报, 52(6): 1485-1491.

李燕, 龚友才, 陈基权, 等. 2010. 菜用黄麻嫩梢营养成分测定与分析. 中国蔬菜, 14: 67-70.

李杨瑞. 2010. 现代甘蔗学. 北京: 中国农业出版社.

李杨瑞, 何红, 陈彩虹, 等. 2010. 广西农业科学院获奖科技成果. 南宁: 广西科学技术出版社.

李英材. 1996. 广西薏米与马援. 广西地方志, (3): 59-60.

李英材, 覃初贤. 1995. 广西薏苡资源性状分析与分类. 西南农业学报, 8(4): 109-112.

李玉贞. 2007. 蘑菇 As2796 菌株栽培要点. 福建农业科技, (5): 51-52.

李媛甜, 李富生, 李翠英, 等. 2018. 含有蔗茅血缘的甘蔗新品系在德宏蔗区的适应性评价. 中国糖料, 40(5): 1-5, 9.

李振宇, 王印政. 2004. 中国苦苣苔科植物. 郑州: 河南科学技术出版社.

李政祥. 1983. 平菇大面积栽培的几个问题. 食用菌科技, (3): 2-5.

李志芳, 付瑜华, 黎青, 等. 2019. 薏苡种质资源收集、保存与创新利用研究进展. 分子植物育种, 17(8): 2728-2734.

李中岳, 叶蔚理. 1998. 天然无毒胶: 白芨胶. 安徽林业, (1): 29.

梁启明. 1982. 介绍一种新兴的经济植物玫瑰茄. 韩山师范学院学报, 1: 18-19.

梁盛业. 1993. 金花茶. 北京: 中国林业出版社.

梁盛业. 2007. 世界金花茶植物名录. 广西林业科学, 36(4): 221-223.

梁盛业, 陆敏珠, 黄晓娜. 2012. 中国金花茶图谱（汉英对照）. 北京: 中国林业出版社.

梁耀懋. 1984. 广西作物品种资源调查征集概况. 广西农业科学, (4): 23-26.

梁耀懋. 1991. 广西栽培稻资源类型初析. 西南农业学报, (3): 10-14.

梁云涛, 陈成斌, 梁世春, 等. 2006. 中日韩三国薏苡种质资源遗传多样性研究. 广西农业科学, 37(4): 341-343.

廖剑华. 2013. 双孢蘑菇杂交新菌株 W192 选育研究. 中国食用菌, 32(2): 11-14.

廖振钧, 韦志扬, 王助引, 等. 2001. 无籽西瓜高产栽培及病虫害防治. 南宁: 广西科学技术出版社: 4-5.

林多胡, 顾荣申. 2000. 中国紫云英. 福州: 福建科学技术出版社.

林玲. 2013. 南方湿热地区不同葡萄品种霜霉病抗性鉴定. 西北农业学报, 22(2): 136-140.

林妙正. 1987. 广西食用豆类及荞麦品种资源征集考察简报. 广西农业科学, (1): 6.

林日坚. 1987. 我国自育甘蔗品种系谱的遗传分析. 甘蔗糖业, (7): 10-18.

林秀琴, 陆鑫, 刘新龙, 等. 2017. 甘蔗与滇蔗茅杂交后代 F_1、BC_1 表型和 GISH 分析. 分子植物育种, 15(6): 2307-2316.

凌用全. 2013. 藤县粉葛产业化发展研究. 南宁: 广西大学硕士学位论文.

刘冰浩, 朱建华, 潘丽梅, 等. 2010. 广西野生荔枝博白种群生命表分析. 果树学报, 27(3): 445-448.

刘飞虎, 郭清泉, 郑思乡, 等. 2001. 苎麻种质资源研究导论. 北京: 中国农业出版社.

刘建林, 夏明忠, 袁颖. 2005. 番石榴的综合利用现状及发展前景. 中国林副特产, 6(79): 60-62.

刘开强, 李博胤, 车江旅, 等. 2020. 广西猫儿山及其周边地区农作物种质资源收集与多样性分析. 植物遗传资源学报, 21(5): 1186-1195.

刘连军, 黎萍. 2009. 桄榔树的人工栽培. 广西热带农业, 122(3): 38.

刘美凤, 谷灵灵, 蒋利荣, 等. 2013. 番石榴叶抗糖尿病进展. 中国新药杂志, 22(2): 183-205.

刘润进, 陈应龙. 2007. 菌根学. 北京: 科学出版社: 1-447.

刘少谋, 符成, 陈勇生. 2007. 近十年海南甘蔗育种场斑茅后代回交利用研究. 甘蔗糖业, (2): 1-6, 17.

刘少谋, 符成, 吴其卫, 等. 2007. 斑茅杂种甘蔗 BC_1 选育研究. 热带农业科学, (3): 9-12.

刘寿春. 1965. 广西冬季绿肥. 南宁: 广西壮族自治区科学技术协会.

刘淑芹, 王雪, 高晨光, 等. 2019. 不同籽粒苋种质资源的形态解剖学观察研究. 白城师范学院学报, 33(10): 10-13.

刘伟杰. 1991. 中国作物栽培. 北京: 科学普及出版社: 329-345.

刘文娟, 陈雨, 马鑫, 等. 2013. 灰毡毛忍冬化学成分研究进展. 中国野生植物资源, 32(1): 6-10.

刘文君, 陈宝玲, 周建辉, 等. 2022. 广西南瓜属地方资源遗传多样性分析与鉴定评价. 植物遗传资源学报, 23(5): 1287-1297.

刘文奇, 何明菊, 于孟生, 等. 2016. 广西荞麦生产现状调查研究. 广西农学报, 31(3): 52-55.

刘昔辉, 方锋学, 高铁静, 等. 2012a. 斑茅割手密杂种后代真实性鉴定及遗传分析. 作物学报, 38(5): 914-920.

刘昔辉, 方锋学, 张荣华, 等. 2012b. 甘蔗与河八王属间杂种的 SSR 标记鉴定. 西南农业学报, 25(1): 38-43.

刘小梅, 潘建平, 曾杨, 等. 2007. 黄皮种质资源的 RAPD 分析. 广东农业科学, (2): 13-15.

刘晓, 陈健. 1999. 澳洲坚果的起源、栽培史及国内外发现现状. 西南园艺, 27(2): 18-20.

刘旭. 2008. 农作物种质资源基本描述规范和术语. 北京: 中国农业出版社.

刘旭. 2019. 四十年改革开放几代人梦想成真：记中国作物种质资源 40 年发展巨变. 中国种业, (1): 1-7.

刘苑秋, 黄小珊. 1999. 籽粒苋林地及果园种植利用研究. 江西农业大学学报, 21(2): 175-180.

刘治先, 张发军, 孟昭东, 等. 2000. 热带亚热苛玉米种质的利用研究进展. 山东农业科学, (4): 49-51.

柳唐镜, 郑秀国, 汪李平. 2007. 籽用西瓜种质资源抗枯萎病离体筛选技术的研究. 中国蔬菜, (10): 16-19.

龙兴, 秦献泉, 方仁, 等. 2017. 广西野生蕉种质资源调查与鉴定. 西南农业学报, 30(6): 1284-1293.

隆卫革, 黎素平, 安家成, 等. 2017. 森林蔬菜示苍藤营养分析与评价. 食品研究与开发, 38(24): 124-127.

卢新雄, 辛霞, 刘旭. 2019. 作物种质资源安全保存原理与技术. 北京: 科学出版社: 29-32.

卢燕华. 2012a. 广西极小种群野生植物名录（上）. 广西林业, (6): 47.

卢燕华. 2012b. 广西极小种群野生植物名录（下）. 广西林业, (7): 47.

卢玉娥, 梁耀懋. 1987. 广西紫米稻品种资源. 广西农业科学, (3): 10-12.

陆广念, 宋晓敏, 谈甜甜. 2010. 扬州市售蔬菜抗氧化活性与黄酮含量分析. 扬州大学烹饪学报, 27(1): 46-49.

陆广念, 朱志雄, 宋晓敏. 2009. 常见蔬菜抗氧化活性与总酚含量的研究. 食品科技, 34(9): 68-71.

陆贵锋, 黄川, 刘钰, 等. 2017. 24 份古荔枝种质资源 ISSR 遗传多样性分析. 南方农业学报, 48(2): 197-201.

陆平, 左志明. 1996. 广西薏苡资源的分类研究. 广西农业科学, (2): 81-84.

陆漱韵, 刘庆昌, 李惟基. 1998. 甘薯育种学. 北京: 中国农业出版社.

陆昭岑, Nguyen K S, Phan K L, 等. 2020. 苦苣苔科凹柱苣苔属在越南的发现及水晶凹柱苣苔的补充描述. 广西植物, 40(10): 1445-1449.

罗高玲, 李经成, 陈燕华, 等. 2020. 广西农作物种质资源·食用豆类作物卷. 北京: 科学出版社.

罗立娜, 韩树全, 范建新, 等. 2018. 基于 3S 技术贵州省油梨种植区规划. 分子植物育种, 16(24): 8219-8229.

罗清, 於艳萍, 谢振兴, 等. 2018. 野生杜鹃在南宁的引种研究. 农业研究与应用, 31(4): 20-24.

罗琼, 郝近大, 杨华, 等. 2007. 葛根的本草考证. 中国中药杂志, 32(12): 1141-1144.

罗树杰. 2014. 清代玉米、番薯在广西的传播差异原因新解：兼与郑维宽教授商榷. 广西民族大学学报（哲学社会科学版）, 36(5): 105-108.

罗同平. 2014. 广西有色稻米育种研究进展. 中国稻米, 20(2): 106-108.

罗新根, 刘文庸, 张卫东, 等. 1999. 中药白及的化学成分及临床研究进展. 药学实践杂志, 17(6): 359-364.

骆君骕. 1984. 甘蔗学. 广州: 广东甘蔗学会: 167-169.

吕镇城, 尹艳, 林丽静, 等. 2014. 乌榄果化学成分研究. 中药材, 37(10): 1081-1083.

马世宏, 金玲, 揭遽, 等. 2009. 白芨-丹皮酚包合物在化妆品中的应用研究. 日用化学品科学, 32(6): 30-33.

蒙秋伊, 刘鹏飞, 张志勇. 2013. 薏苡种质资源及育种研究进展. 贵州农业科学, 41(5): 33-37.

闵天禄. 1992. 山茶属茶组植物的订正. 植物分类与资源学报, 14(2): 115-132.

闵天禄, 张文驹. 1993. 山茶属古茶组和金花茶组的分类学问题. 云南植物研究, (1): 1-15.

聂婷婷, 李芳, 祝振洲, 等. 2016. 籽粒苋的应用研究进展. 安徽农业科学, 44(4): 8-10.

欧昆鹏, 张尚文, 苏宾, 等. 2017. 葛新品种桂粉葛 1 号的选育. 中国蔬菜, (11): 75-77.

欧珍贵, 周正邦, 周明强. 2012. 芭蕉芋的种质资源及栽培技术研究进展. 湖北农业科学, 51(3): 441-445.

欧祖兰, 李光照, 漆小雪, 等. 2003. 广西特有杜鹃花种群特征研究. 广西植物, 23(6): 533-538, 542.

潘建平. 2008. 黄皮种质资源描述规范和数据标准. 北京: 中国农业出版社.

潘丽梅, 秦献泉, 朱建华, 等. 2016. 广西龙荔种质资源调查报告. 南方农业学报, 47(7): 1083-1087.

潘丽梅, 朱建华, 刘冰浩, 等. 2011. 广西龙虎山自然保护区龙荔种群生命表分析. 园艺学报, 38(7): 1349-1355.

潘英华, 徐志健, 梁云涛. 2018. 广西普通野生稻群体结构解析与核心种质构建. 植物遗传资源学报, 19(3): 498-509.

裴超群, 陶玉兰. 1992. 剑麻斑马纹病重病区补植的新品种: 杂种76416号. 广西热作科技, (1): 29-33.

裴超群, 陶玉兰. 1993. 龙舌兰杂种76416抗斑马纹病选育. 广西热作科技, (2): 5-10.

彭宏祥. 1999. 桂西岩溶山区野生葡萄资源与繁殖技术. 西南农业学报, 12(4): 101-105.

彭宏祥, 李冬波, 朱建华, 等. 2008. 用AFLP标记分析广西龙眼种质遗传多样性. 园艺学报, 35(10): 1511-1516.

彭宏祥, 苏伟强, 刘业强, 等. 1995. 广西李资源调查及品种分类. 西南农业学报, 8(2): 113-118.

彭宏祥, 苏伟强, 谭裕模, 等. 1993. 广西李品种同工酶分类研究初报. 广西农业科学, (6): 265-267, 272.

彭绍光. 1990. 甘蔗育种学. 北京: 农业出版社.

钱学射, 张卫明, 顾龚平, 等. 2010. 鳄梨资源的开发利用. 中国野生植物资源, 29(5): 23-25.

秦献泉. 2009. 广西野生蕉资源调查、分类及遗传多样性研究. 南宁: 广西大学硕士学位论文.

秦献泉, 彭宏祥, 尧金燕, 等. 2008. 广西博白野生蕉植物学性状观察及分类学地位. 亚热带植物科学, 37(4): 9-11.

覃初贤, 陆平, 王一平. 1995. 桂西山区杂粮和小宗作物种质资源考察. 广西农业科学, (2): 92-93.

覃初贤, 陆平, 王一平. 1996. 桂西山区食用豆类种质资源考察. 广西农业科学, (1): 26-28.

覃初贤, 覃欣广, 望飞勇, 等. 2020. 广西籽粒苋资源品质性状的鉴定与评价. 中国农学通报, 36(33): 50-56.

覃初贤, 覃欣广, 邢钇浩, 等. 2020. 广西荞麦种质资源主要农艺性状鉴定与评价. 广东农业科学, 47(10): 11-17.

覃海宁. 2020. 中国种子植物多样性名录与保护利用. 石家庄: 河北科学技术出版社.

覃海宁, 刘演. 2010. 广西植物名录. 北京: 科学出版社.

覃海宁, 杨永, 董仕勇, 等. 2017. 中国高等植物受威胁物种名录. 生物多样性, 25(7): 696-744.

覃兰秋, 程伟东, 谭贤杰, 等. 2006. 广西玉米种质资源的特征特性及利用评价. 广西农业科学, (5): 510-512.

覃蔚谦. 1995. 广西甘蔗史. 南宁: 广西人民出版社: 1-2.

覃逸明. 2014. 桂北特色野生食用菌资源调查及开发利用. 河池学院学报, 34(2): 1-5.

覃振师, 邓立宝, 王文林, 等. 2016. 广西崇左市山黄皮种质资源调查及ISSR遗传多样性分析. 南方农业学报, 47(7): 1071-1076.

覃振师, 王文林, 何铣扬, 等. 2012. 乌榄新品种'桂榄1号'. 园艺学报, 39(3): 597-598.

邱瑞强. 2011. 乌榄优质丰产栽培. 广州: 广东科技出版社.

邱武陵, 章恢志. 1996. 中国果树志 龙眼 枇杷卷. 北京: 中国林业出版社.

仇树林, 王晓, 李兵, 等. 2007. 白芨胶载重组人表皮生长因子对创面表皮细胞DNA含量及周期的影响. 中国组织工程研究与临床康复, 11(1): 63-66.

全国农业技术推广服务中心. 1999. 中国有机肥料资源. 北京: 中国农业科学技术出版社.

任跃英, 白根本, 郭巧生, 等. 2018. 药用植物遗传育种学. 北京: 中国中医药出版社.

芮海云, 吴国荣, 陈景耀, 等. 2003. 白芨中性多糖抗氧化作用的实验研究. 南京师范大学学报, 26(4): 94-98.

山东花生研究所. 1982. 中国花生栽培学. 上海: 上海科学技术出版社.

尚小红, 曹升, 严华兵, 等. 2020. 葛种质资源的研究及其开发利用. 农学学报, 10(4): 65-70.

尚小红, 曹升, 严华兵, 等. 2021. 广西粉葛产业现状分析及其发展建议. 南方农业学报, 52(6): 1510-1519.

沈庆庆, 朱建华, 彭宏祥, 等. 2011. 桂西南早熟荔枝实生资源调查. 中国农学通报, 27(22): 291-295.

沈庆庆, 朱建华, 彭宏祥, 等. 2013. 桂西南早熟荔枝实生资源遗传多样性的 ISSR 分析. 广西植物, 33(2): 225-228.

沈丸钧, 刘新婷, 刘照宇, 等. 2022. 黄皮果实 ClPPO 基因克隆及表达分析. 分子植物育种, 20(19): 6341-6349.

石健泉. 1988. 广西柑橘品种图册. 南宁: 广西人民出版社.

石健泉. 1991. 广西黄皮果资源调查. 西南农业学报, 4(4): 15-19.

石韧. 2005. 非洲"玫瑰茄"致富好帮手. 农家致富, (23): 13.

税玉民, 陈文红. 2018. 中国秋海棠. 昆明: 云南科技出版社.

税玉民, 陈文红, 彭华, 等. 2019. 世界秋海棠分类及系统. 昆明: 云南科技出版社.

宋斌, 李泰辉, 吴兴亮, 等. 2007. 中国红菇属种类及其分布. 菌物研究, 5(1): 20-42.

宋鹤娇. 2009. 两种杜鹃花属无毒药用植物化学成分研究. 昆明: 昆明理工大学硕士学位论文.

苏广达, 叶振邦, 吴伯焌, 等. 1983. 甘蔗栽培生物学. 北京: 轻工业出版社: 32-39.

苏孝良, 于东平, 高武国. 2005. 喀斯特石漠化地区种植金银花的生态与经济效益. 贵州林业科技, (1): 50-54.

苏宗明, 莫新礼. 1988. 我国金花茶组植物的地理分布. 广西植物, (1): 75-81.

粟建光, 戴志刚, 龚友才, 等. 2006. 大麻种质资源描述规范和数据标准. 北京: 中国农业出版社.

粟建光, 戴志刚, 王殿奎, 等. 2016. 中国麻类作物种质资源及其主要性状. 北京: 中国农业出版社.

粟建光, 龚友才, 等. 2005. 黄麻种质资源描述规范和数据标准. 北京: 中国农业出版社.

孙鸿良, 岳绍先. 2017. 籽粒苋食品纳入营养健康产业的发展趋向. 中国种业, (5): 11-14.

谭秋锦, 王文林, 陈海生, 等. 2020. 基于 SNP 分子标记的澳洲坚果种质遗传多样性分析. 分子植物育种, 18(21): 7246-7253.

谭秋锦, 王文林, 韦媛荣, 等. 2019. 澳洲坚果种质果实产量相关性状的多样性分析. 果树学报, 36(12): 1630-1637.

汤秀华, 王文林, 谭德锦. 2014. 油梨的营养功效与经济价值. 中国热带农业, (4): 42-44.

唐荣华, 韩柱强, 钟瑞春, 等. 2020. 广西农作物种质源 · 花生卷. 北京: 科学出版社.

桃联安. 1996. 云南甘蔗野生资源杂种优势研究与利用初探. 云南农业科技, (5): 13-16.

田代科. 2020a. 中国秋海棠的多样性、保护及开发利用现状（上）. 花木盆景（花卉园艺）, 11: 4-7.

田代科. 2020b. 中国秋海棠的多样性、保护及开发利用现状（下）. 花木盆景（花卉园艺）, 12: 4-7.

涂世堃, 陆洁珍. 1988. 广西麻类作物. 广西: 广西民族出版社.

涂书新, 郭智芬, 孙锦荷. 2001. 籽粒苋的资源与利用. 特种经济动植物, (1): 24-25.

万书波. 2003. 中国花生栽培学. 上海: 上海科学技术出版社.

万正林, 黄雄彪, 武鹏, 等. 2014. 广西二种野韭菜与栽培韭菜叶片营养品质综合评价分析. 北方园艺, (23): 10-13.

王发松. 2000. 河南葡萄属分类研究. 河南农业大学学报, 34(2): 53-58.

王桂文, 孙文波. 2004. 广西红菇子实体及分离株的 rDNA ITS 序列分析. 广西科学, (3): 261-265.

王红英. 1997. 白及甘露聚糖抗胃溃疡及抗炎镇痛作用的实验研究. 浙江中医药大学学报, 38(7): 389.

王惠君, 卢诚, 黎明, 等. 2015. 广西优质黄皮种质资源 ISSR 分子遗传多样性分析. 河北林业科技, (3): 1-4.

王景梓, 徐贵发. 2005. ω-3 和 ω-6 多不饱和脂肪酸的药理作用. 滨州医学院学报, 28(4): 253-254.

王力川. 2009. 金银花的化学成分及功效研究进展. 安徽农业科学, 37(5): 2036-2037.

王丽萍, 蔡青, 范源洪, 等. 2006. 甘蔗细茎野生种（$S.$ $spontaneum$）远缘杂种 F_2 代模糊综合评判分析. 种子, (11): 4-7.

王丽萍, 蔡青, 范源洪, 等. 2007. 甘蔗（$Saccharum$ spp.）与斑茅（$Erianthus$ $arundinaceus$）远缘杂交利用研究. 西南农业学报, 20(4): 721-726.

王丽萍, 蔡青, 陆鑫, 等. 2008. 甘蔗近缘属野生种滇蔗茅（$Erianthus$ $rockii$）的种质创新利用. 中国糖料, (2): 8-11.

王丽萍, 范源洪, 蔡青, 等. 2003. 甘蔗种质资源杂交利用研究进展. 甘蔗, (3): 17-23.

王玲娜, 张永清. 2017. 金银花的植物特征及生物学特性. 安徽农业科学, 45(17): 110-112.

王璐琦, 王永炎, 于占国, 等. 2008. 药用植物种质资源研究. 上海: 上海科学技术出版社.

王其礼, 彭秋, 崔崶, 等. 1996. 贵州苋属作物种质资源分布及初步鉴定. 贵州农业科学, (3): 34-38.

王启柱. 1979. 蔗作学. 台北: 台湾编译馆: 201-307.

王勤南, 陈俊吕, 张伟, 等. 2017. 甘蔗细茎野生种质资源叶绿素荧光特性比较及聚类分析. 广东农业科学, 44(5): 19-25.

王勤南, 谢静, 张垂明, 等. 2017. 含斑茅血缘甘蔗亲本及组合经济育种值评价. 热带作物学报, 38(7): 1274-1279.

王树安, 刘兴海, 李家义. 1985. 粒用苋营养品质及生物学特性研究初报. 北京农业大学学报, 11(8): 265-272.

王天云. 1987. 西藏籽粒苋资源. 作物品种资源, (1): 12-13.

王文林, 谭秋锦, 陈海生. 2018. 广西澳洲坚果产业现状、优势与发展对策. 安徽农业科学, 46(35): 199-201.

王象坤. 2003. "亚洲史前文化与小鲁里古稻" 第一届国际研讨会. 作物学报, (3): 446.

王晓敏, 吴明开, 罗晓青. 2011. 珍稀药用兰科植物白及的研究现状与展望. 贵州农业科学, 39(3): 42-45.

王艳青, 卢文洁, 李春花, 等. 2020. 云南籽粒苋种质资源的表型多样性分析. 中国农学通报, 36(18): 44-54.

王艳荣, 王鸿升, 张海棠, 等. 2011. 优质饲用植物: 籽粒苋的研究进展. 饲料研究, (1): 19-20.

王泽远. 1991. 四川省大凉山地区籽粒苋品种资源的搜集和研究. 作物品种资源, (4): 18-19.

韦炳俭, 周凌雁, 覃德文. 2014. 广西生物多样性评价发展研究. 黑龙江科学, 5(11): 42-43.

韦彩会, 董文斌, 李忠义, 等. 2024. 广西地方紫云英种质资源收集及表型多样性评价. 湖北农业科学, 63(2): 67-73.

韦发才, 陈香玲, 梁侠, 等. 2010. 广西李种质资源及其生产现状. 落叶果树, (4): 24-26.

韦静峰, 刘晓东. 2019. 广西茶产业发展历程与展望. 广西农学报, 34(4): 65-73.

韦仕岩, 莫天砚, 刘斌, 等. 1998. 广西浦北六万山椎林的红菇及其生态环境的调查研究. 广西农业大学学报, 1(17): 25-32.

韦霄, 蒋运生, 韦记青, 等. 2007. 珍稀濒危植物金花茶地理分布与生境调查研究. 生态环境, 16(3): 895-899.

韦毅刚, 钟树华, 文和群. 2004. 广西苦苣苔科植物区系和生态特点研究. 云南植物研究, (2): 173-182.

魏兴华. 2019. 我国水稻品种资源研究进展与展望. 中国稻米, 25(5): 8-11.

温放. 2008. 广西苦苣苔科观赏植物资源调查与引种研究. 北京: 北京林业大学博士学位论文.

温放. 2018. 苦苣苔植物 广西之花藏深闺. 中国国家地理, 688(2): 62-73.

温放. 2020. 苦苣苔科植物介绍. 广西植物, 40(10): 1386.

温放, 黎舒, 辛子兵, 等. 2019. 新中文命名规则下的最新中国苦苣苔科植物名录. 广西科学, 26(1): 37-63.

温放, 韦毅刚, 符龙飞, 等. 2022. 中国苦苣苔科植物名录. http://gccc.gxib.cn/cn/about-68.aspx[2022-3-24].

文庆, 舒毕琼, 丁野, 等. 2018. 金银花与山银花的资源分布和种植技术发展概况. 中国药业, 27(2): 1-5.

文仁来, 魏菊宋, 谭华, 等. 1991. 广西大豆种质资源蛋白质脂肪含量分析. 广西农业科学, 6: 252-254.

吴才文, 赵培芳, 夏红明, 等. 2014. 现代甘蔗杂交育种及选择技术. 北京: 科学出版社: 45-49.

吴建明, 段维兴, 张保青, 等. 2020. 广西农作物种质资源·甘蔗卷. 北京: 科学出版社.

吴倩, 张会金, 王晓晗, 等. 2021. 睡莲花色研究进展. 园艺学报, 48(10): 2087-2099.

吴庆华, 昌荣伟. 2012. 广西山银花生产现状、问题与对策. 农业研究与应用, (5): 53-56.

吴庆华, 黄宝优. 2008. 广西山银花种质资源调查报告. 时珍国医国药, 19(2): 394-395.

吴震西. 1997. 白及止血生肌效著. 中医杂志, 38(7): 389.

夏微. 2018. 基于 SLAF-seq 技术的凉粉草居群遗传多样性分析. 广州: 华南农业大学硕士学位论文.

夏雪娟, 廖芙蓉, 阚建全. 2014. 籽粒苋籽实中淀粉的理化性质. 食品科学, 15(1): 110-113.

夏远, 李弟灶, 裴振昭, 等. 2012. 金银花化学成分的研究进展. 中国现代中药, 14(4): 26-32.

萧凤迥, 李富生, 何丽莲, 等. 1996. 甘蔗近缘野生种蔗茅（*Erianthus rufipilus*）的研究. 甘蔗, 3(2): 1-5.

肖克炎. 2017. 中国野生睡莲的分布、现状和保护. 人文园林, (8): 34-35.

谢代祖, 牙正高, 韩俊严, 等. 2014. 天峨金花茶分布现状及保护策略研究. 绿色科技, (4): 89-91.

谢和霞, 覃兰秋, 程伟东, 等. 2009. 广西玉米地方品种调查. 植物遗传资源学报, 10(3): 490-494.

谢毅栋. 2009. 广西食用菌发展历程及对策. 安徽农学通报, 15(21): 86-87.

邢相楠, 黄永才, 陈格, 等. 2020. 广西百香果产业发展现状、存在问题及对策建议. 南方农业学报, 51(5): 1240-1246.

熊和平. 2008. 麻类作物育种学. 北京: 中国农业科学技术出版社.

徐炳声. 1979. 中药金银花原植物的研究. 药学学报, 14(1): 25-36.

徐昌. 1982. 广西野生大豆资源考察初报. 广西农业科学, (7): 8-10.

徐程. 2006. 铁皮石斛种质资源与组培工厂化生产研究. 杭州: 浙江大学博士学位论文.

徐环宇, 姜福成, 陈淑君, 等. 2018. 籽粒苋品种类型特性及综合利用趋势. 现代农业科技, (2): 249-250.

徐志健, 陈成斌, 梁云涛, 等. 2010. 野生稻种质资源安全保存技术. 中国农学通报, 26(12): 301-305.

许为斌, 郭婧, 盘波, 等. 2017. 中国苦苣苔科植物的多样性与地理分布. 广西植物, 37(10): 1219-1226.

薛红卫, 周超凡. 2011. 金银花和山银花的合理使用. 中国新药杂志, 20(22): 2211-2214.

严华兵, 周咏梅, 周灵芝, 等. 2020. 广西农作物种质资源·薯类作物卷. 北京: 科学出版社.

严伟, 张本能. 1995. 甜荞部分营养成分分析及评价. 四川师范大学学报（自然科学版）, 18(4): 93-96.

杨江帆, 傅天龙, 叶乃兴, 等. 2008. 福建茉莉花茶. 厦门: 厦门大学出版社.

杨克理. 1995. 我国荞麦种质资源研究现状与展望. 作物品种资源, (3): 11-13.

杨李和. 2004. 云南割手密种、斑茅种、滇蔗茅种后代黑穗病抗性研究初报. 甘蔗, 11(1): 10-14.

杨庆文. 1990. 神农架及三峡地区苋属种质资源考察与研究. 种子世界, (6): 18-20.

杨泉光, 柴胜丰, 吴儒华, 等. 2020. 濒危植物东兴金花茶伴生群落及其种群结构特征. 广西林业科学, 49(4): 492-497.

杨世雄. 2021. 广西的茶树资源. 广西林业科学, 50(4): 414-416.

杨守臻, 李初英, 陈怀珠, 等. 2005. 广西春大豆地方品种农艺性状鉴定及聚类分析. 广西农业科学, 36(1): 71-74.

杨万仓. 2007. 中国薏苡遗传改良研究进展. 中国农学通报, 23(5): 189.

杨旭东, 王爱勤, 何龙飞. 2014. 葛根种质资源及其开发利用研究进展. 中国农学通报, 30(24): 11-16.

杨亚涵, 苏群, 田敏, 等. 2019. 桂南地区芳香型睡莲切花优良品种筛选. 热带农业科学, 39(6): 24-31.

杨勇, 阮小凤, 王仁梓, 等. 2005. 柿种质资源及育种研究进展. 西北林学院学报, 20(2): 133-137.

尧金燕, 彭宏祥, 秦献泉, 等. 2008. 广西蕉类种质资源概况及其育种创新利用前景. 广西农业科学, 4: 527-529.

叶和杨, 邱峰, 曾靖, 等. 2003. 大豆苷元抗心律失常作用的研究. 中国中药杂志, 28(9): 853-856.

叶敬用. 2015. 玫瑰茄'H190'品种特征特性及高产栽培技术要点. 东南园艺, 3(2): 58-59.

应存山, 罗利军, 王一平, 等. 1993. 国外新引进稻种资源雄性不育恢复系的筛选和利用. 作物品种资源, (4): 32-34.

余淑华, 何春琳, 张培, 等. 2022. 番石榴叶总黄酮对高血压模型大鼠心肌肥厚的改善作用. 中国药房, 33(2): 191-195, 202.

于慧, 赵南先. 2004. 甘蔗亚族的地理分布. 热带亚热带植物学报, 12(1): 29-35.

俞华先, 经艳芬, 安汝东, 等. 2019. 基于主成分与聚类分析的大茎野生种血缘后代育种潜力评价. 江西农业学报, 31(10): 16-22.

虞富莲. 2018. 中国古茶树. 云南: 云南科技出版社.

岳绍先, 孙鸿良, 常碧影, 等. 1987. 籽粒苋的营养成分及其应用潜力. 作物学报, 13(2): 151-155.

曾辉, 杜丽清. 2017. 澳洲坚果品种图谱. 北京: 中国农业出版社.

曾维英, 梁江, 陈渊, 等. 2010. 广西野生大豆的考察与收集. 广西农业科学, 41(4): 390-392.

曾小飚. 2013. 广西岑王老山国家级自然保护区野生食用菌资源调查. 北方园艺, (2): 141-144.

曾宇, 刘开强, 车江旅, 等. 2019. 广西十万大山农作物种质资源调查收集及多样性分析. 植物遗传资源学报, 20(6): 1447-1455.

曾宇, 夏秀忠, 农保选, 等. 2017. 广西特色香稻地方品种香味及其香味基因型的鉴定. 南方农业学报, 48(9): 1548-1553.

张波, 郑长清, 赵立宁, 等. 1998. 中国苎麻近缘野生种的种类、分布与评价. 作物品种资源, (4): 1-2.

张宏达. 1981. 茶树的系统分类. 中山大学学报（自然科学版）, 20(1): 87-99.

张宏达. 1984. 茶叶植物资源的订正. 中山大学学报（自然科学版）, 23(1): 1-12.

张立明, 王庆美, 张海燕. 2015. 山东甘薯资源与品种. 北京: 中国农业科学技术出版社.

张美莉, 胡小松. 2004. 荞麦生物活性物质及其功能研究进展. 杂粮作物, 24(1): 26-29.

张木清, 邓祖湖, 陈如凯, 等. 2006. 糖料作物遗传改良与高效育种. 北京: 中国农业出版社.

张启堂. 2015. 中国西部甘薯. 重庆: 西南师范大学出版社.

张蕊, 韩慧蓉, 高尔, 等. 2005. 葛根素对脑缺血损伤家兔皮质血管超微结构和血液流变学的影响. 潍坊医学院学报, 27(6): 421-423.

张素英, 何林. 2016. GC-MS对不同提取法的牛油果油化学成分的分析. 食品工业, 37(6): 284-287.

张新春, 赵建忠, 孙传章. 1992. 白及医用超声耦合剂的研制及应用. 中国中药杂志, 17(9): 544-545.

张学森, 周迎春, 吴旖芬, 等. 2006. 番石榴叶治疗婴幼儿诺瓦克样病毒腹泻20例. 医药导报, 25(1): 43-44.

张亦诚. 2007. 白芨的生物特性及栽培技术. 中药材, 10: 45.

张跃彬, 邓军, 胡朝晖. 2022. "十三五" 我国蔗糖产业现状及 "十四五" 发展趋势. 中国糖料, 44(1): 71-76.

张治国. 2006. 名贵中药: 铁皮石斛. 上海: 上海科学技术文献出版社.

赵腾芳. 1983. 浅谈香蕉起源地问题. 农业考古, (2): 238-241.

赵亚梅, 李笑平, 吴春梅, 等. 2022. 植物茎花现象研究进展. 植物生理学报, 58(2): 223-236.

赵艳红, 侯文焕, 唐兴富, 等. 2018. 菜用黄麻对硒的累积规律. 北方园艺, 9: 73-76.

赵艳霞, 邓雁如, 张晓静, 等. 2013. 白及属药用植物化学成分及药理作用研究进展. 天然产物研究与开发, 25: 1137-1145.

赵曾菁, 吴星, 赵虎, 等. 2020. 广西地方辣椒种质资源调查收集与鉴定分析. 植物资源遗传学报, 21(4): 908-913.

赵志常, 高爱平, 黄建峰, 等. 2017. 黄皮 DFR 基因的克隆与成熟过程部分生理指标的分析. 中国园艺学会 2017 年论文摘要集.

赵佐成, 周明德, 王中仁, 等. 2002. 中国苦荞麦及其近缘种的遗传多样性研究. 遗传学报, 29(8): 723-734.

郑维宽. 2009. 清代玉米和番薯在广西传播问题新探. 广西民族大学学报（哲学社会科学版）, (6): 120-127.

郑希龙, 蔡时可, 邱道寿, 等. 2011. 铁皮石斛种质资源研究进展. 广东农业科学, S1: 110-114.

郑笑沸. 1995. 白及代血浆的临床应用. 时珍国药研究, 6(1): 12-13.

中华人民共和国农业部. 2010. 农作物种质资源鉴定技术规程　龙舌兰麻: NY/T 1941—2010. 北京: 中国标准出版社.

中国科学院北京植物研究所. 1976. 中国高等植物图鉴　第五册. 北京: 科学出版社.

中国科学院中国植物志编辑委员会. 1987. 中国植物志　第六十卷　第一分册. 北京: 科学出版社.

中国科学院中国植物志编辑委员会. 1990. 中国植物志　第六十九卷. 北京: 科学出版社.

中国科学院中国植物志编辑委员会. 1992. 中国植物志　第六十一卷. 北京: 科学出版社.

中国科学院中国植物志编辑委员会. 1995. 中国植物志　第四十一卷. 北京: 科学出版社.

中国科学院中国植物志编辑委员会. 1997. 中国植物志　第十卷　第二分册. 北京: 科学出版社.

中国科学院中国植物志编辑委员会. 1998a. 中国植物志　第四十八卷　第二分册. 北京: 科学出版社.

中国科学院中国植物志编辑委员会. 1998b. 中国植物志　第四十九卷　第三分册. 北京: 科学出版社.

中国科学院中国植物志编辑委员会. 1999a. 中国植物志　第十九卷. 北京: 科学出版社.

中国科学院中国植物志编辑委员会. 1999b. 中国植物志　第十八卷. 北京: 科学出版社.

钟昌松, 唐照磊, 黄梅燕, 等. 2019. 广西鲜食玉米产业现状和发展前景探讨. 广西农学报, 34(3): 63-67.

周宏伟. 1998. 清代两广农业地理. 长沙: 湖南教育出版社.

周鸿举. 1994. 青稻草栽培侧耳菌株选育. 浙江食用菌, (2): 20-21.

周建玉. 2009. 金银花中化学成分分析研究进展. 天津药学, 21(5): 60-62.

周庆源, 傅德志. 2003. 睡莲属植物的开花生物学 // 中国植物学会. 中国植物学会七十周年年会论文摘要汇编（1933—2003）. 成都: 中国植物学会七十周年年会.

周瑞阳. 2002. 红麻雄性不育株的发现. 中国农业科学, 35(2): 212.

周瑞阳, 张新, 张加强, 等. 2008. 红麻细胞质雄性不育系的选育及杂种优势利用取得突破. 中国农业科学, 41: 314.

周涛, 江维克, 魏升华, 等. 2008. 野生白及的资源调查和利用现状分析 // 中华中医药学会. 中华中医药学会第九届中药鉴定学术会议论文集. 北京: 中华中医药学会第九届中药鉴定学术会议.

朱建华, 潘丽梅, 秦献泉, 等. 2013. 不同生态类型龙眼种质亲缘关系的 ISSR 分析. 植物遗传资源学报, 14(1): 65-69.

朱建华, 彭宏祥, 谭建国, 等. 2006. 广西钦北区实生荔枝资源调查及优良单株筛选. 中国南方果树, 35(1): 25-26.

朱建华, 于平福, 黄凤珠, 等. 2006. 广西龙眼种质主要果实性状的数量化分析研究. 西南农业学报, 19(2): 283-286.

朱文东. 2014. 不同水稻品种的硒富集能力及品质分析. 河南农业科学, 43(10): 11-14.

朱校奇, 周佳民, 黄艳宁, 等. 2011. 中国葛资源及其利用. 亚热带农业研究, 7(4): 230-234.

庄体德, 潘泽惠, 姚欣梅, 等. 1994. 薏苡属的遗传变异性及核型演化. 植物资源与环境, 3(2): 16-21.

邹亚杰, 张美敬, 仇志恒, 等. 2015. 侧耳属真菌经济利用的研究进展. 菌物学报, 34(4): 541-552.

Agerer R. 2006. Fungal relationships and structural identity of their ectomycorrhizae. Mycological Progress, 5(2): 67-107.

Beenken L. 2001. *Russula vinosa* Lindbl. + *Picea abies* (L.) H. Karst. Descriptions of Ectomycorrhizae, 5: 193-198.

Cerqueira-Silva C B M, Faleiro F G, de Jesus O N, et al. 2016. The genetic diversity, conservation, and use of passion fruit (*Passiflora* spp.) // Ahuja M, Jain S. Genetic Diversity and Erosion in Plants. Sustainable Development and Biodiversity, Vol. 8. Cham: Springer: 215-231.

Chiu F W. 1945. The Russulaceae of Yunnan. Lloydia, 8: 31-59.

Daniels J, Roach B T. 1987. Taxonomy and evolution // Heinz D J. Sugarcane Improvement Through Breeding. Amsterdam: Elsevier Press: 7-84.

D'Hont A, Ison D, Alix K, et al. 1998. Determination of basic chromosome numbers in the genus *Saccharum* by physical mapping of ribosomal RNA genes. Genome, 41(2): 221-225.

D'Hont A, Paulet F, Glaszmann J C. 2002. Oligoclonal interspecific origin of 'North Indian' and 'Chinese' sugarcanes. Chromosome Res, 10: 253-262.

Diana C O, Adriana B, Myriam C D, et al. 2012. Evaluating purple passion fruit (*Passiflora edulis* Sims f. *edulis*) genetic variability in individuals from commercial plantations in Colombia. Genetic Resources and Crop Evolution, 59: 1089-1099.

Duangjai S, Wallnöfer B, Samuel R, et al. 2006. Generic delimitation and relationships in Ebenaceae sensu lato: evidence from six plastid DNA regions. American Journal of Botany, 93(12): 1808-1827.

Fang R Z, Bai P Y, Huang G B, et al. 1995. A floristic study on the seed plants from tropics and subtropics of Dian-Qian-Gui. Acta Bot Yunnan, Supp. Ⅶ: 111-150.

Ding F, Li H R, Zhang S W, et al. 2021. Comparative transcriptome analysis to identify fruit coloration-related genes of late-ripening litchi mutants and their wild type. Scientia Horticulturae, 288(12): 1-11.

Ding F, Zhang S W, Chen H B, et al. 2015. Promoter difference of LcFT1 is a leading cause of natural variation of flowering timing in different litchi cultivars (*Litchi chinensis* Sonn.). Plant Science, 241: 128-137.

Feng T T, Xiao Y, Liu Z X, et al. 2021. *Begonia pseudoedulis*, a new species in *Begonia* Section *Platycentrum* (Begoniaceae) from southern Guangxi of China. PhytoKeys, 182: 113-124.

Fu D Z, Wiersema J H. 2001. Flora of China. Vol. 6. Nymphaeaceae. Beijing: Science Press: 115-118.

Grassl C O. 1967. Introgression between Saccharum and *Miscathus* in New Guinea and the Pacific area. Proc ISSCT, 12: 995-1003.

Hansen L, Kundsen H. 1993. Nordic Macromycetes. Vol. 2 (Polyporales, Boletales, Agaricales, Russulales). Nordsvmp: 1-474.

Hu R, Wei S, Liufu Y, et al. 2019. *Camellia debaoensis* (Theaceae), a new species of yellow camellia from limestone karsts in southwestern China. PhytoKeys, 135(3): 49-58.

Huang X H, Kurata N, Wei X H, et al. 2012. A map of rice genome variation reveals the origin of cultivated rice. Nature, 490(7421): 497-501.

Hughes M, Moonlight P W, Jara-Muñoz A, et al. 2022. Begonia Resource Centre. http://padme.rbge.org.uk/begonia/[2023-03-24].

Irvine J E. 1999. *Saccharum* species as horticultural classes. Theoretical and Applied Genetics, 98(2): 186-194.

Janzantti N S, Monteiro M. 2014. Changes in the aroma of organic passion fruit (*Passiflora edulis* Sims f. *flavicarpa* Deg.) during ripeness. LWT-Food Science and Technology, 59: 612-624.

Kirk P, Cannon P, Minter D, et al. 2008. Dictionary of the Fungi. 10th. Wallingford: CABI International.

Ku S M. 2006. Systematics of *Begonia* Section *Coelocentrum* (Begoniaceae) of China. Tainan: Taiwan Cheng-Kung University Master's Thesis.

Li M C, Liang J F, Li Y C, et al. 2010. Genetic diversity of Dahongjun, the commercially important "Big Red Mushroom" from Southern China. PLOS ONE, 5(5): 1-11.

Liu Y, Tseng Y H, Yang H A, et al. 2020. Six new species of *Begonia* from Guangxi, China. Botanical Studies, 61: 21.

Lura S B, Whittemore A T. 2021. International Registration of Cultivar Names for Unassigned Woody Genera: December 2016 to January 2021. HortScience, 56(8): 995-1000.

Miller S L, Buyck B. 2002. Molecular phylogeny of the genus *Russula* in Europe with a comparison of modern infrageneric classifications. Mycological Research, 106(3): 259-276.

Moonlight P W, Ardi W H, Padilla L A, et al. 2018. Dividing and conquering the fastest-growing genus: towards a natural sectional classification of the mega-diverse genus *Begonia* (Begoniaceae). Taxon, 67(2): 267-323.

Onildo N J, Taliane L S, Eduardo A G, et al. 2016. Evaluation of intraspecific hybrids of yellow passion fruit in organic farming. African Journal of Agricultural Research, 11(24): 2129-2138.

Rebecca A P, Jeffrey M D, Christopher G, et al. 2020. Water lily (*Nymphaea thermarum*) genome reveals variable genomic signatures of ancient vascular cambium losses. Proc Natl Acad Sci USA, 117(15): 8649-8656.

Sharma A, Poudel R C, Li A, et al. 2014. Genetic diversity of *Rhododendron delavayi* var. *delavayi* (CB Clarke) Ridley inferred from nuclear and chloroplast DNA: implications for the conservation of fragmented populations. Plant Systematics and Evolution, 300(8): 1853-1866.

Sharma H K, Sarkar M, Choudhary S B, et al. 2016. Diversity analysis based on agro-morphological traits and microsatellite based markers in global germplasm collections of roselle (*Hibiscus sabdariffa* L.). Industrial Crops and Products, 89: 303-315.

Shen J G, Yao M F, Chen X C, et al. 2009. Effects of puerarin on receptor for advanced glycation end products in nephridial tissue of streptozotocin-induced diabetic rats. Molecular Biology Reports, 36(8): 2229-2233.

Simmonds N W, Shepherd K. 1955. The taxonomy and origins of cultivated banana. Bot J Linn Soc, 55: 302-312.

Stenvenson G C. 1965. Genetics and Breeding of Sugar Cane. London: Longman.

Tian D K, Ge B J, Xiao Y, et al. 2021. *Begonia scorpiuroloba*, a new species in *Begonia* sect. *Platycentrum* (Begoniaceae) from southern Guangxi of China. Phytotaxa, 479(2): 191-197.

Tian D K, Xiao Y, Tong Y, et al. 2018. Diversity and conservation of Chinese wild begonias. Plant Diversity, 40(3): 75-90.

Tong Y, Tian D K, Shu J P, et al. 2019. *Begonia yizhouensis*, a new species in *Begonia* sect. *Coelocentrum* (Begoniaceae) from Guangxi, China. Phytotaxa, 407(1): 59-70.

Ugale S P, Khuspe S S. 1976. Cytoplasmic genetic male sterility in *Hibiscus cannabinus* L. JMAU, 2: 102-106.

Vallejo-Perez M R, Daniel T O, Rodolfo D L T A, et al. 2017. Avocado sunblotch viroid: pest risk and potential impact in México. Crop Protection, 99(9): 118-127.

Wang S, Li Z, Jin W, et al. 2017. Development and characterization of polymorphic microsatellite markers in *Rhododendron simsii* (Ericaceae). Plant Species Biology, 32(1): 100-103.

Wang X H, Yang Z L, Li Y C, et al. 2009. *Russula griseocarnosa* sp. nov. (Russulaceae, Russulales), a commercially important edible mushroom in tropical China: mycorrhiza, phylogenetic position, and taxonomy. Nova Hedwigia, 88(1-2): 269-282.

Wang Y, Wang W L, Xie W L, et al. 2013. Puerarin stimulates proliferation and differentiation and protects against cell death in human osteoblastic MG-63 cells via ER-dependent MEK/ERK and PI3K/Akt activation. Phytomedicine, 20(10): 787-796.

Weber A, Clark J L, Moeller M. 2013. A new formal classification of Gesneriaceae. Selbyana, 31(2): 68-94.

Wei Y G, Wen F, Chen W H, et al. 2010. *Litostigma*, a new genus from China: a morphological link between basal and derived didymocarpoid Gesneriaceae. Edinburgh Journal of Botany, 67(1): 161-184.

Wu S S, Sun W, Xu Z C, et al. 2020. The genome sequence of star fruit (*Averrhoa carambola*). Horticulture Research, 7(1): 95.

Wu Z Y, Peter H. 2007. Flora of China. Vol. 12. Beijing: Science Press: 367-412.

Zhang G F, Guan J M, Lai X P, et al. 2012. RAPD fingerprint construction and genetic similarity of *Mesona chinensis* (Lamiaceae) in China. Genetics and Molecular Research, 11(4): 3649-3657.

Zhang L, Chen F, Zhang X, et al. 2020. The water lily genome and the early evolution of flowering plants. Nature, 577(7788): 1-6.